Die induktive Wärmebehandlung

Die induktive Wärmebehandlung

unter besonderer Berücksichtigung
des Härtens der Stähle

Von

Dipl.-Ing. Walter Brunst

Stuttgart-Ditzingen

Unter Mitarbeit von
Dr.-Ing. Kurt Kegel, Berlin
und Dipl.-Ing. Norbert Weyss, Mannheim

Mit 264 Abbildungen und 5 Tafeln

Springer-Verlag
Berlin / Göttingen / Heidelberg
1957

ISBN-13: 978-3-642-92696-9   e-ISBN-13: 978-3-642-92695-2
DOI: 10.1007/978-3-642-92695-2

Vorwort

Das Verfahren der induktiven Wärmebehandlung hat in der Fertigungstechnik, insbesondere im Zuge der Rationalisierung und Automatisierung, immer mehr an Bedeutung gewonnen. Für diese Maßnahmen ist diese Art der Wärmebehandlung hervorragend geeignet, weil sie die Erwärmung eines Werkstückes in kürzester Zeit und in gewünschtem engen oder weiten Bereich gestattet. Das Verfahren ermöglicht dies, weil es dasjenige ist, welches die höchste Energieübertragung auf ein Werkstück gestattet. Sie ist ein vielfaches derjenigen anderer Verfahren. Während z. B. mit der Flamme etwa 1000 Watt/cm² übertragen werden können, sind diese bei dem induktiven Verfahren bis zu 10000 Watt/cm². Durch das Prinzip der direkten Stromerwärmung des Werkstückes, die dem induktiven Verfahren eigen ist, kann es nur für stromleitende Werkstoffe verwendet werden. Selbstredend steht hiermit die Wärmebehandlung der Stähle, neben den Nichteisenmetallen, im Vordergrund; aber auch Werkstoffe, die nur in bestimmten Temperaturbereichen Leiter der Elektrizität sind, müssen hier genannt werden, wie auch die Anwendung in der Elektro-Medizin.

Das vorliegende Buch befaßt sich mit der induktiven Energieübertragung auf die metallischen Werkstoffe unter besonderer Berücksichtigung der Wärmebehandlung und Härtung der Stähle mit den Mittel- und Hochfrequenzen.

Im Gegensatz zum amerikanischen und englischen Schrifttum sind in Deutschland die Veröffentlichungen, bis auf das vor kurzem von E. HÖHNE im Springer-Verlag erschienene Werkstattbuch „Induktionshärten", in den Fachzeitschriften zerstreut, und es ist keine zusammenfassende Arbeit mit den zum Verständnis des Verfahrens und seiner Geräte notwendigen technisch-wissenschaftlichen Unterlagen vorhanden. Der Verfasser hat es sich zur Aufgabe gemacht, diese Lücke mit dem vorliegenden Buche zu schließen. Mit Rücksicht auf den Umfang desselben wurden nur die wichtigsten Dinge für den Strom- und Temperaturverlauf sowie für das Verständnis der Umformer und die Wärmebehandlung der Stähle aufgenommen. Charakteristische Beispiele für Berechnung und ausgeführte Anlagen sollen insbesondere dem Ingenieur und Meister, beiden als Hersteller und Anwender derartiger Anlagen, eine abgerundete Übersicht über das Verfahren geben. Sicher kann es auch dem Studierenden ein Leitfaden für seine Arbeiten sein.

Bei der Namensgebung der besprochenen Vorrichtungen wurden von den heute gebräuchlichsten diejenigen verwendet, die nach Ansicht des Verfassers bezüglich ihrer Aufgabe und Bedeutung die zweckentsprechendsten sind. Zum Beispiel wurde für die Energiequelle einheitlich für den Mittel- und Hochfrequenzbereich das Wort „Umformer" gewählt, da diese Bezeichnung der technischen Aufgabe voll und ganz entspricht. Ferner wurde für die Arbeitsspule die Bezeichnung „Heizspule" bzw. „Heizleiter" gewählt, weil auch dies am sinnfälligsten erschien.

Abschließend möchte ich noch die angenehme Pflicht erfüllen und allen denjenigen meinen Dank sagen, die meine Arbeit ermöglicht und unterstützt haben. Zuerst möchte ich hier der Robert Bosch GmbH., Stuttgart, danken. Durch ihr Einverständnis und Entgegenkommen wurde es überhaupt ermöglicht, daß das Buch zustande kam.

Herrn Dr.-Ing. Kurt Kegel, Berlin, möchte ich für seine Mitarbeit und das Überlassen vieler Unterlagen sowie seinen Beitrag über den Temperaturverlauf danken. Er hat auch die mühevolle Arbeit des Korrekturlesens übernommen. Herrn Dipl.-Ing. Norbert Weyss, Mannheim, danke ich für seinen umfassenden Beitrag über die Oszillatorröhren und die Unterlagen für die Röhrenumformer. Die Beiträge von Herrn Kegel und Herrn Weyss haben das Buch wesentlich bereichert. Auch möchte ich Herrn Dr.-Ing. Paul Wiest, Stuttgart, für die Durchsicht des Abschnittes über den stofflichen Teil der Stähle danken.

Den verschiedenen Firmen, die durch Überlassung der vielen Unterlagen meine Arbeit unterstützt haben, spreche ich ebenfalls meinen verbindlichsten Dank aus.

Nicht zuletzt möchte ich aber dem Springer-Verlag für die ausgezeichnete Drucklegung, unter Berücksichtigung meiner besonderen Wünsche und derjenigen der Mitarbeiter danken.

Stuttgart-Ditzingen, im Winter 1956/57

W. Brunst

Inhaltsverzeichnis

Tafelanhang

Liste der wichtigsten Bezeichnungen

a	Temperaturleitfähigkeit	
A	Ausnützungsgrad eines Umformers	
A_e	Arbeit in elektrischen Einheiten	Ws; kWh
B	Magn. Induktion	Volt $\cdot$ sek $\cdot$ cm^{-2}
c	Spez. Wärme	cal $\cdot$ g^{-1} $\cdot$ °C^{-1}
C	Konstante	
d	Wanddicke bei Rohren	mm, cm
D	Durchgriff	
D	Durchsatz	kg/h
e	Basis der natürlichen Logarithmen	2,718
e	Elementarladung	1,602 $\cdot$ 10^{-19} A $\cdot$ sek
E	Elektrische Feldstärke	Volt $\cdot$ cm^{-1}
E_D	Einschaltdauer	
f	Frequenz	Hertz
h	Abstand Heizleiter-Werkstück	mm, cm
H	Magn. Feldstärke	Amp $\cdot$ cm^{-1} (effektiv)
i	Momentanwert eines (sinusförmigen) veränderlichen Stromes	Amp
i_a	Anodenstrom, Momentanwert	Amp
i_g	Gitterstrom, Momentanwert	Amp $\cdot$
i_k	Kathodenstrom, Momentanwert	Amp
i_m	Maximalwert eines (sinusförmigen) veränderlichen Stromes	Amp
I	Effektivwert eines Stromes	Amp
I_a	Anodengleichstrom (arithmet. Mittelwert)	Amp
I_{ap}	Bei eingipfeligen Stromkuppen: Gipfelwert der Anodenstromkuppe („Spitzenstrom"). Allgemein: Momentanwert in der *Mitte* der Anodenstromkuppe	Amp
I_{apd}	Tatsächliche Anodenstrom*spitze* bei doppelgipfeligen (eingesattelten) Stromkuppen	Amp
I_{a1p}	Amplitude der Grundschwingung der Anodenstromkuppe	Amp
I_{a2p}	Amplitude der zweiten Harmonischen der Anodenstromkuppe	Amp
I_e	Durchschnittliche Emissionsspitzenwerte des Kathodenstromes	Amp
I_f	Heizstrom einer Oszillatorröhre	Amp
I_g	Gittergleichstrom (arithmet. Mittelwert)	Amp
I_{gp}	Gipfelwert der Gitterstromkuppe	Amp
I_H	Effektivwert des Stromes in einer Heizspule	Amp
I_k	Kathodengleichstrom	Amp
I_{kp}	Gipfelwert der Kathodenstromkuppe („Kathodenspitzenstrom")	Amp
I_w	Effektivwert des Stromes im zu erwärmenden Werkstück	Amp
j	Sättigungsstromdichte	Amp/cm^{-2}
k	Kopplungsfaktor	
K	Kosten/Anwärmgut	Pfg/kg
K_R	Röhrenkosten	Pfg/kWh

K_s	Strompreis	Pfg/kWh
K_u	Energiekosten bezogen auf Ausgang des Umformers	DM
l	Länge	cm
L	Induktivität	Henry
M	Gegeninduktivität	Henry
N	Leistung	Watt, kW
N_f	Spez. Flächenleistung	Watt/cm²
N_g	Gesamtleistung	Watt, kW
N_L	Leerlaufleistung	Watt, kW
N_n	Nennleistung des Umformers	Watt, kW
N_s	Spez. Leistung	Watt/cm³
P_a	Anodenverlustleistung	Watt
P_f	Heizleistung einer Oszillatorröhre	Watt
P_g	Gitterverlustleistung	Watt
P_{gs}	Gittersteuerleistung	Watt
P_{ia}	Anodeneingangsleistung	Watt
P_o	Ausgangsleistung an der Anode	Watt
P_{oN}	Nutzleistung an der Anode einer Oszillatorröhre (Gittersteuerleistung bereits abgezogen)	
Q	Wärmeinhalt	cal, Cal
Q_e	Wärmeinhalt in elektr. Einheiten	Watt · sek
r	Radius	cm
R	Widerstand	Ohm
R_a	Reelle Komponente des Arbeitswiderstandes für die Grundschwingung, mit Einschluß der Kreis- und Leitungsverluste, transformiert auf die Anoden-Kathoden-Strecke („Anoden-Außenwiderstand" je Röhre)	Ohm
R_{a-a}	Aperiodischer Außenwiderstand von Anode zu Anode bei Gegentaktschaltung	Ohm
R_g	Gitter(ableit)widerstand	Ohm
R_i	Innerer Widerstand der Anoden-Kathoden-Strecke	
R_{iL}	Für die Grenzleistung „maßgeblicher" Innenwiderstand (nach Urtel)	Ohm
s	Eindringtiefe	cm
S	Steilheit einer Oszillatorröhre	mA/V
t	Zeit	sek
t_H	Heizzeit	sek
t_p	Pausenzeit	sek
T	Periodendauer $= \dfrac{1}{f}$	sek
u	Momentanwert einer (sinusförmigen) veränderlichen Spannung	Volt
u_a	Anodenspannung, Momentanwert	Volt
u_f	Heizspannung, Momentanwert	Volt
U	Effektivwert einer (sinusförmigen) veränderlichen Spannung	Volt
U_A	Stoffabhängiger Spannungswert als Maß für die Austrittsarbeit der Elektronen	Volt
U_a	Anodengleichspannung (Speisespannung)	Volt
U_{ap}	Amplitude der Anodenwechselspannung (HF) (meist gleichgesetzt U_{a1p} Grundschwingung)	Volt
$U_{ap\,min}$	Anodenwechselspannung mit Gleichspannungskomponente, Talwert („Anodenrestspannung")	Volt
U_f	Heizspannung, Effektivwert	Volt
U_g	Gittergleichspannung	Volt
$\|-U_g\|$	Positiv gerechneter Zahlenwert der (negativen) Gittergleichspannung	Volt

U_{gp}	Amplitude der Gitterwechselspannung	Volt
$U_{gp\,max}$	Gitterwechselspannung mit Gleichspannungskomponente, positiver Gipfelwert	Volt
U_{gv}	Verschiebungsspannung des ideellen Anoden-Stromflußeinsatzes	Volt
U_h	Hall-Spannung	Volt
U_H	Effektivwert der Spannung am Eingang der Heizwicklung	Volt
v	Geschwindigkeit	
w	Windungszahl	
X	Reaktanz	Ohm
Z	Impedanz	Ohm
α	Temperaturkoeffizient	
η	(Anoden-) Wirkungsgrad	
η_n	Wirkungsgrad bei Nennlast	
η_t	Wirkungsgrad bei Teillast	
η_u	Übertragungswirkungsgrad ab Umformer Ausgang	
ϑ	Temperatur	°C
Θ	Durchflutung	Amp
Θ_a	Halber Stromflußwinkel der Anodenstromkuppe	
Θ_g	Halber Stromflußwinkel der Gitterstromkuppe	
$\varkappa$	Leitwert	Siemens
$\varkappa_s$	Suszeptibilität	
λ	Wellenlänge	m oder cm
	Wärmeleitfähigkeit	cal $\cdot$ cm$^{-1}\cdot$ sek$^{-1}\cdot$ °C^{-1}
μ	Verstärkungskoeffizient	
	Permeabilität	
ϱ	Spez. Widerstand	Ohm $\cdot$ cm
φ	Phasenwinkel	
φ_a	(Anoden-) Verlustfunktion	
$\varphi_{a\,0,9}$	(Anoden-) Verlustfunktion bei Spannungsaussteuerung $= 0,9$	
Φ	Magn. Induktionsfluß	Volt $\cdot$ sek
χ_a	Halbe Anodenstromaussteuerung	
χ_g	Halbe Gitterstromaussteuerung	
ψ_a	Reziproker Anodenstromfaktor	
ψ_g	Reziproker Gitterstromfaktor	
ω	Kreisfrequenz	sek^{-1}

I. Einleitung

Wird in das Innere einer Spule ein Körper aus einem Leiter oder Halbleiter gebracht, so werden in diesem, wenn in der Spule ein Wechselstrom fließt, Spannungen induziert, die je nach Leitfähigkeit Ströme verschiedener Größen und diese wiederum eine Erwärmung des Körpers zur Folge haben. Diese Erscheinung kann auf verschiedenste Weise benützt werden, um notwendige Warmbehandlungen durchzuführen. Die älteste Anwendung des Verfahrens ist das Schmelzen von Metallen in eigens hierzu konstruierten Öfen. Das einfachste Beispiel hierfür sind Tauchlötbäder, die auf diesem Wege auf die notwendige Temperatur gebracht und gehalten werden. Ein derartiges Bad kann u. a. so aufgebaut sein, wie es Abb. 1 zeigt. Um den Kern *I* des Umspannergestells und die Spule *II* ist die Rinne *III* zur Aufnahme des Schmelzbades gelegt. Fließt durch die Spule *II* ein Wechselstrom niederer oder hoher Frequenz, so induziert er in dem Metallring der Rinne eine Spannung und es fließt in ihm ein Strom. Mittels dem Übersetzungsverhältnis dieses „Transformators" wird die Spannung niedrig und der Strom hoch transformiert bzw. dem Widerstand

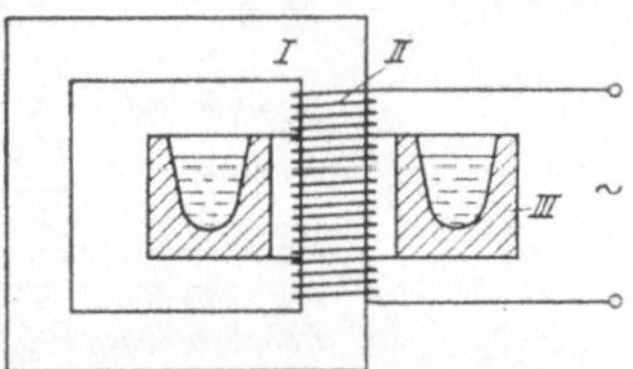

Abb. 1. Niederfrequenz-Induktionsofen

des Schmelzbades angepaßt. Der Strom hat eine Erhitzung des Metalls zur Folge und außerdem eine elektromagnetische Durchwirbelung und Mischung des Schmelzbades (PINTSCH-Effekt) [23][1]. Diese grundsätzliche Anordnung wird mit verschiedenen Abwandlungen auch für größere Schmelzöfen verwendet. Kennzeichnend für sie ist, daß sie zur Verstärkung des magnetischen Kraftflusses mit einem Eisenkern arbeitet. Eine andere Anordnung verwenden die sog. kernlosen Induktionsöfen. Sie arbeiten ohne Eisenkern und haben einen Aufbau, wie ihn Abb. 2 zeigt. Der Schmelztiegel *I* ist hier im Innern der Spule *II* angeordnet. Diese bildet wieder die Primärwicklung dieses Transformators und erzeugt Kraftlinien, die den Tiegelinhalt längsachsig durchsetzen und sich außen in der Luft schließen und damit entsprechende Ströme im Schmelzbad zur Folge haben.

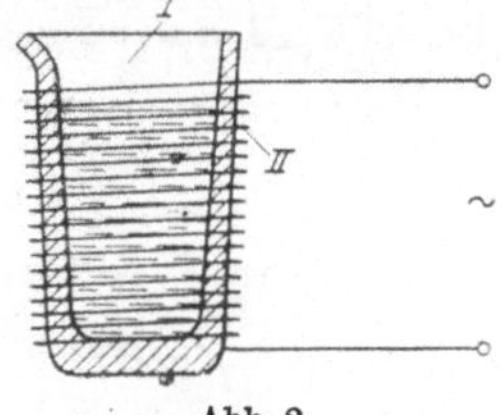

Abb. 2.
Hochfrequenz-Induktionsofen

Die bei der transformatorischen Übertragung der Schmelzwärme auf das Schmelzbad auftretenden ponderomotorischen Kräfte ermöglichen das sog. Schwebeschmelzen (s. § 14), was aber heute wohl technisch noch nicht auf breiter Basis verwendet wird.

Die transformatorische Erzeugung von Erwärmungsströmen in dem zu behandelnden Gut wird seit vielen Jahren nicht nur für Schmelzprozesse verwendet, sondern auch für Wärmebehandlungen, insbesondere von Formteilen unterhalb des Schmelzpunktes. Für diese Art der Wärmeerzeugung hat sich der Begriff „induktive Wärmebehandlung" eingeführt. Das Verfahren kommt in erster Linie

---

[1] Die in den eckigen Klammern angegebenen Zahlen beziehen sich auf das Literaturverzeichnis S. 233 ff.

für gute Leiter der Elektrizität in Frage. Für schlechte Leiter eignet sich vornehmlich die „dielektrische Wärmebehandlung". Bei diesem Verfahren wird das hochfrequente Spannungsfeld verwendet, wobei das „aktive" Schaltelement der Kondensator ist. Die induktive Wärmebehandlung kann in erster Linie bei folgenden Arbeitsgängen eingesetzt werden:

Erwärmen von Werkstücken, Anlassen, Glühen, Härten, Schmieden, Löten, Schweißen, Trocknen, Sintern.

Bei der Aufzählung der Anwendungsmöglichkeiten muß auch in diesem Zusammenhang die Wärmebehandlung mit der Spulenfeldmethode in der *Elektromedizin* erwähnt werden. Die hier verwendeten Elektroden bestehen meist aus einem starken Kabel, das mit dem HF-Umformer unmittelbar in Verbindung steht. Es wird in 2 bis 3 Windungen an den Patienten angelegt oder bei Behandlung von Extremitäten um diese herumgeschlungen. Konzentrierte Behandlungsspulen haben spezielle Bezeichnungen; z.B. Drum, Monode, Thermode u.ä. Die verwendete Frequenz liegt im Bereich der Ultrakurzwellen. Die Wirbelstromerzeugung erfolgt vorwiegend in gut leitenden Schichten (z.B. Muskulatur), wodurch im Unterhautfettgewebe wegen seiner geringen elektrischen Leitfähigkeit nur wenig Wärme erzeugt wird.

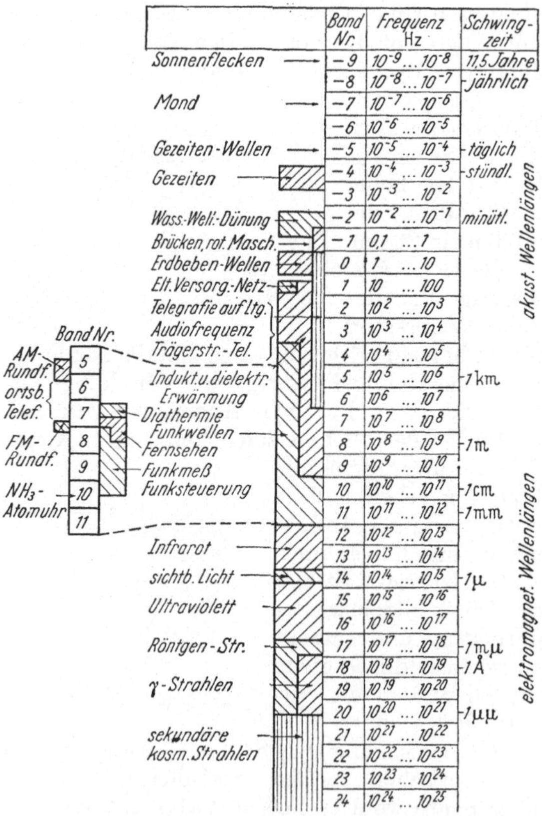

Der Frequenzbereich für die fertigungstechnische Anwendung erstreckt sich über fast alle heute technisch verwendeten Frequenzen der elektrischen Schwingungen. Diese stellen im wesentlichen den unteren Bereich der elektromagnetischen Schwingungen dar. Eine Übersicht des heute bekannten Bereiches letzterer gibt Abb. 3 wieder. Es wurde die von der amerikanischen AJEE Joint technical Committee on Standard Frequency Bands and Designations[1] gewählte Darstellung und Bezifferung der Frequenzbänder benützt. Als Bandnummer, durch die ein Frequenzbereich gekennzeichnet ist, wird der Zehnerexponent der niedrigsten Frequenz des Bereiches gewählt. Der untere

	Band Nr.	Frequenz Hz	Schwing-zeit	
Sonnenflecken	-9	$10^{-9} \ldots 10^{-8}$	11,5 Jahre	
	-8	$10^{-8} \ldots 10^{-7}$	jährlich	
Mond	-7	$10^{-7} \ldots 10^{-6}$		
	-6	$10^{-6} \ldots 10^{-5}$		
Gezeiten-Wellen	-5	$10^{-5} \ldots 10^{-4}$	täglich	
Gezeiten	-4	$10^{-4} \ldots 10^{-3}$	stündl.	akust. Wellenlängen
	-3	$10^{-3} \ldots 10^{-2}$		
Wass.-Well.-Dünung	-2	$10^{-2} \ldots 10^{-1}$	minütl.	
Brücken, rot. Masch.	-1	$0,1 \ldots 1$		
Erdbeben-Wellen	0	$1 \ldots 10$		
Elt. Versorg.-Netz	1	$10 \ldots 100$		
Telegrafie auf Ltg.	2	$10^2 \ldots 10^3$		
Audiofrequenz	3	$10^3 \ldots 10^4$		
Trägerstr.-Tel.	4	$10^4 \ldots 10^5$		
Indukt. u. dielektr. Erwärmung	5	$10^5 \ldots 10^6$	1 km	
	6	$10^6 \ldots 10^7$		
Diathermie	7	$10^7 \ldots 10^8$		
Funkwellen	8	$10^8 \ldots 10^9$	1 m	
Fernsehen	9	$10^9 \ldots 10^{10}$		
Funkmeß	10	$10^{10} \ldots 10^{11}$	1 cm	
Funksteuerung	11	$10^{11} \ldots 10^{12}$	1 mm	
	12	$10^{12} \ldots 10^{13}$		elektromagnet. Wellenlängen
Infrarot	13	$10^{13} \ldots 10^{14}$		
sichtb. Licht	14	$10^{14} \ldots 10^{15}$	1 μ	
Ultraviolett	15	$10^{15} \ldots 10^{16}$		
	16	$10^{16} \ldots 10^{17}$		
Röntgen-Str.	17	$10^{17} \ldots 10^{18}$	1 mμ	
	18	$10^{18} \ldots 10^{19}$	1 Å	
γ-Strahlen	19	$10^{19} \ldots 10^{20}$		
	20	$10^{20} \ldots 10^{21}$	1 μμ	
sekundäre	21	$10^{21} \ldots 10^{22}$		
kosm. Strahlen	22	$10^{22} \ldots 10^{23}$		
	23	$10^{23} \ldots 10^{24}$		
	24	$10^{24} \ldots 10^{25}$		

Band Nr.: AM-Rundf. — 5; ortsb. Telef. — 6; — 7; FM-Rundf. — 8; — 9; NH_3-Atomuhr — 10; — 11

Abb. 3. Numerierung und Anwendungen der Frequenzbereiche der elektromagnetischen Schwingungen

Bereich der elektromagnetischen Schwingungen, die Bänder 0 bis 11, umfaßt die elektrischen Schwingungen. Band 1 ist im wesentlichen der Bereich der heutigen Starkstromtechnik; in die Frequenzbänder 1 bis 4 fallen die Tonfrequenzen. Der übrige Bereich der elektrischen Schwingungen ist derjenige der Hochfrequenz-

---

[1] Electr. Engng. Bd. 68 (1949) S. 672.

technik, der noch teilweise in das Gebiet der Wärmestrahlen hineinreicht. Das nächste enge Frequenzspektrum ($3{,}7 \cdot 10^{14}$ bis 10^{15} Hz) umfaßt dasjenige des sichtbaren Lichtes, an das sich das Gebiet der ultravioletten Strahlen anschließt. Die höchsten Bereiche umschließen das Gebiet der Röntgen-, Gamma- und Höhenstrahlen.

Die Wirkung der einzelnen Frequenzbereiche ist eine sehr unterschiedliche, aber auf Grund der verschiedensten Merkmale (geradlinige Ausbreitung, Reflektion, Beugung, Brechung und Polarisation) läßt sich eine Verwandtschaft der elektrischen Schwingungen mit den übrigen magnetischen Schwingungen feststellen. Insbesondere stellen sie alle gleichgeartete periodische Vorgänge dar, die sich im freien Raum mit der gleichen Geschwindigkeit (Lichtgeschwindigkeit) ausbreiten, und zwar mit $c = 3 \cdot 10^5$ km/sek. Die Wellenlänge λ ergibt sich aus dem Quotienten

$$\lambda = c/f \, .$$

Bezüglich der Auswirkung der einzelnen Frequenzbereiche ist zu beachten, daß in dem Bereich der Höchstfrequenzen[1] wesentliche Abweichungen gegenüber den niedrigen Frequenzen auftreten. Sind die räumlichen Abmessungen der Schaltmittel so klein, daß für sie statt der endlichen Ausbreitungsgeschwindigkeit der elektrischen und magnetischen Felder eine unendliche Ausbreitungsgeschwindigkeit gesetzt werden kann, so bezeichnet man einen elektrischen Kreis als quasistationär, Ströme und Spannungen sind dann nur von der Zeit, aber nicht vom Ort abhängig. Diese Voraussetzung trifft in der Regel bei den üblichen Schaltungsaufbauten zu. Ist dies nicht der Fall, was insbesondere für die Wellenlängengebiete ab einigen Metern bis zu wenigen Zentimetern gilt, so machen sich folgende Erscheinungen bemerkbar:

1. Die Elektronenströmungen arbeiten nicht mehr trägheitslos. Es ist also z. B. in einer Verstärkerröhre die Flugzeit eines Elektrons von der Kathode zur Anode nicht mehr verschwindend klein gegen die Periodendauer der Wechselspannung. Das Elektron kann für seinen Flug einen beträchtlichen Teil der Periodendauer, wenn nicht sogar mehr wie diese, benötigen; es zeigen sich sogenannte Laufzeiterscheinungen.

2. Bei den leitenden Werkstoffen wird die Stromdichte an der Leiteroberfläche besonders groß. Diese als „Hauteffekt" bezeichnete Erscheinung wird bei den Höchstfrequenzen so stark, daß nur noch Oberflächenschichten von einigen tausendstel Millimetern Dicke wirksam durchströmt werden. Die hierdurch auftretenden erhöhten Leitungsverluste müssen durch eine entsprechende Vergrößerung der Leiteroberfläche ausgeglichen werden.

3. Bei der Fortleitung der hochfrequenten Energie haben die Leitungen im Bereich der Höchstfrequenzen fast immer eine Länge, die der Wellenlänge gleichkommt oder diese sogar übertrifft. Es kann sich dann längs der Leitung eine nicht stationäre Strom- und Spannungsverteilung ausbilden, die häufig die Form von stehenden Wellen[2] hat. Das gleiche gilt auch für den Querschnitt der Leiter. Die sich auf diese Weise ausbildende Wellenform ermöglicht es, elektromagnetische

---

[1] Unter Höchstfrequenzgebiet wird nach DIN-Einheitsblatt 40015 dasjenige oberhalb von 300 MHz verstanden.

[2] Durch Interferenz zweier ebener Wellenzüge mit gleicher Amplitude, gleicher Wellenlänge und entgegengesetzter Ausbreitungsrichtung können sich stehende Wellen bilden. Auf den zur Ausbreitungsrichtung senkrecht stehenden Ebenen, für welche $\cos 2\pi x/\lambda$ verschwindet, ist die Amplitude der stehenden Welle immer Null (Knotenebenen). Der Abstand dieser Ebenen ist $\lambda/2$. Sie liegen an den Stellen $x = \lambda/4,\ 3\lambda/4,\ 5\lambda/4$ usw. Auf dazwischenliegenden Ebenen, für welche $\cos 2\pi x/\lambda = 1$ ist, hat die Amplitude ein Maximum (Schwingungsbäuche). Es sind die Stellen $x = 0,\ \lambda/2,\ \lambda,\ 3\lambda/2,\ 2\lambda$ usw. Wird eine fortschreitende Welle an einem Spiegel reflektiert, dann bilden sich in dem Gebiet, in welchem einfallende und reflektierte Wellen interferieren, stehende Wellen [61].

Wellen durch hohle Rohrleitungen ohne Mittelleiter fortzuleiten. Auch Schaltelemente, z.B. Schwingungskreise, sind in ihren Abmessungen häufig vergleichbar mit der Größe der Wellenlängen. Diese Eigenschaft kann zum Bau von Resonatoren und Transformatoren günstig ausgenützt werden.

Um ein Werkstück induktiv zu erwärmen, können grundsätzlich zwei verschiedene Wege eingeschlagen werden. Das eine Verfahren beruht darauf, daß die induzierten Ströme in Querschnittsebenen des Werkstückes, während beim anderen die Ströme in Ebenen parallel zur Achse des Werkstückes verlaufen. Im ersten Fall verwendet man eine Spule, die das Werkstück umschließt, und im zweiten Fall eine solche, die dasselbe nicht umschließt. In Abb. 4 ist dies beim Erwärmen eines Rundeisens schematisch dargestellt. Die induzierte Strombahn 2 im Werkstück 1 schließt sich in einer Ebene, die senkrecht zur Achse 4 des Werkstückes steht, d.h. also, sie wird von einer werkstückumschließenden Spule erzeugt. Die Strombahn 3 dagegen schließt sich in einer Ebene, die parallel zur Achse 4 des Werkstückes liegt, wird also von einer Leiterschleife er

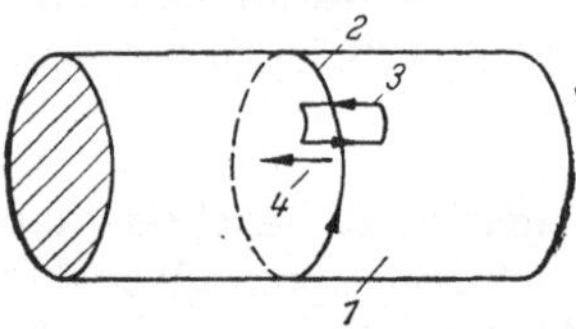

Abb. 4. Die zwei Arten der induktiven Erwärmung eines Rundstabes

zeugt, die das Werkstück 1 nicht umschließt. Wird im letzteren Fall mit einer geeigneten Frequenz gearbeitet, so können ausgeprägte Pole verwendet werden, wie es Abb. 5 andeutet. Handelt es sich um ringförmige Körper, so kann in diesem Fall auch mit magnetischem Rückschluß gearbeitet werden, s. Abb. 6. Neben diesen beiden grundsätzlichen Arbeitsweisen kann die Aufheizung des Werkstückes auf fünf verschiedene Arten erfolgen. Es sind dies die Vollerwärmung, die Teilerwärmung, die Standerwärmung, die Schritterwärmung und die Vorschuberwärmung, d.h. also, das Aufheizen des Werkstückes kann entweder gleichzeitig über den gesamten vorgesehenen Bereich erfolgen oder fortschreitend unter Verschiebung von Heizvorrichtung oder Werkstück. Ferner kann sich die Erhitzung auf das ganze Werkstück oder aber nur einzelner

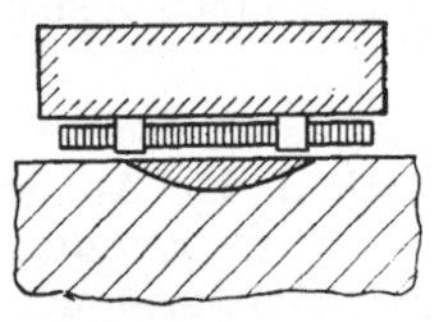

Abb. 5. Induktionsheizung mit einem ausgeprägten Pol

Teile desselben erstrecken. In Abb. 7 sind die fünf Arten schematisch dargestellt.

Bei der Anwendung der induktiven Wärmebehandlung unterscheidet man drei Frequenzbereiche. Einmal denjenigen der Netzfrequenz (50 Hz), dann den Bereich der Mittelfrequenz (500 bis 10000 Hz) und als dritten den der Hochfrequenz $(10^5$ bis $2 \cdot 10^6$ Hz). Man soll immer bestrebt sein mit der niedrigsten Frequenz zu arbeiten, die auf Grund der physikalischen und fertigungstechnischen Bedingungen möglich ist. Die Forderung nach der niedrigsten Frequenz ist aus wirtschaftlichen Gründen bedingt, und zwar deswegen, weil der Gesamtwirkungsgrad einer induktiven Erwärmungsanlage mit steigender Frequenz sinkt. Dies ist durch den grundsätzlich unterschiedlichen Aufbau der Anlage für die einzelnen Frequenzbereiche bedingt. Ein schematischer Vergleich

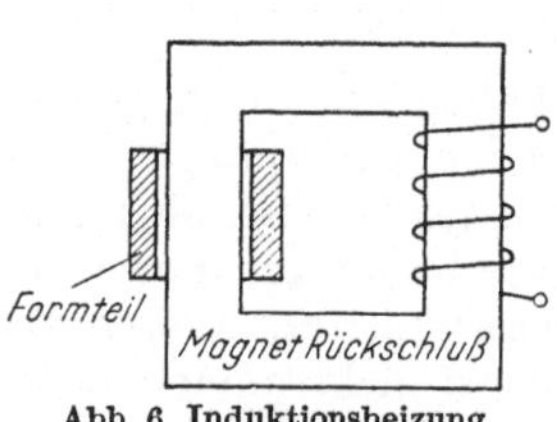

Abb. 6. Induktionsheizung mit magnetischem Rückschluß

der drei Frequenzbereiche ist in Abb. 8 skizziert. Aus der Aufstellung ersehen wir, daß bei der Netzfrequenz die Heizspule direkt an das Netz angeschlossen werden kann; wohingegen bei der Mittelfrequenz ein Maschinenumformer und bei den Hochfrequenzen ein Röhrenumformer erforderlich ist. Setzt man nun bei der Übertragung der Leistung von der Heizspule auf das Werkstück den gleichen Wirkungsgrad voraus, um zu einer Vergleichsmöglichkeit zu kommen, so erkennt man, daß sich der Wirkungsgrad wie 75 : 60 : 37,5 verhält. Hierbei ist auch noch zu berücksichtigen, daß die Amortisation bei der Netzfrequenz am günstigsten ist, weil der Umformer fortfällt. Um einen Vergleich für die Anlagekosten zu haben, sind in Tab. 1 die Kosten in DM je kW für die drei Frequenzbereiche nach dem Stand des Jahres 1953 angegeben.

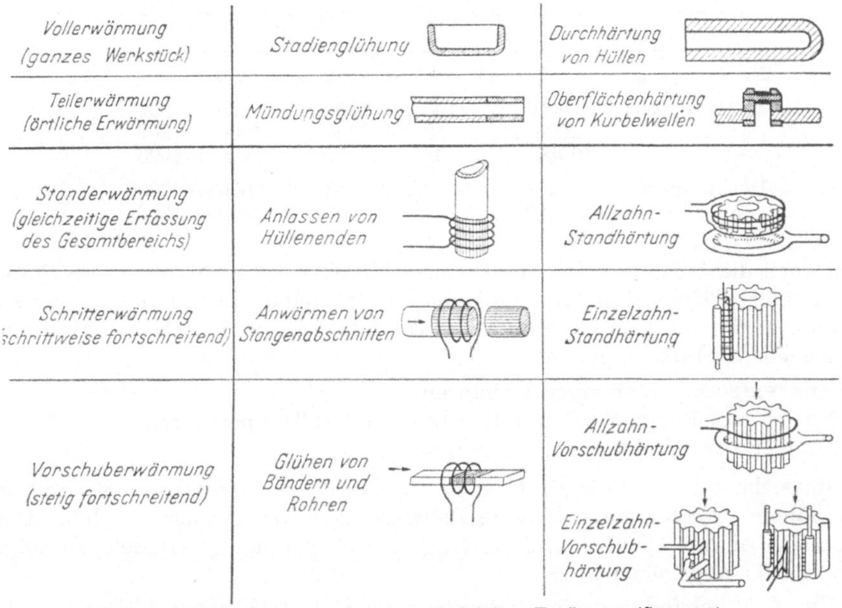

Abb. 7. Die Anwendungsformen der induktiven Erwärmung (SIEMENS)

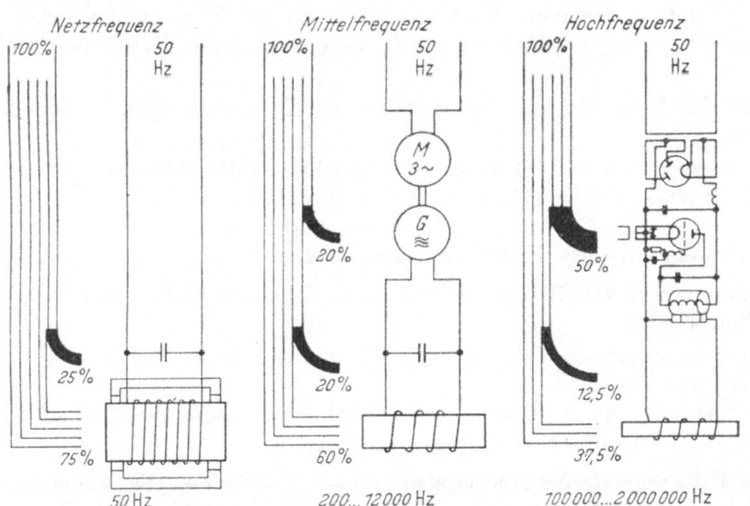

Abb. 8. Wirtschaftlichkeitsvergleich zwischen Netz-, Mittel- und Hochfrequenz-Induktionsglühanlagen bei gleichem Heizspulenwirkungsgrad (HENNICKE)

Daß die Anlagekosten bei den Netzfrequenzanlagen noch verhältnismäßig hoch liegen, ist deswegen der Fall, weil die für die Kompensation erforderlichen Kondensatoren bei gleicher Leistung etwa 4mal soviel kosten als diejenigen für eine Mittelfrequenzanlage.

Bezüglich des notwendigen Energiebedarfes werden entsprechende Angaben im § 24 gemacht. Entscheidend für den Bedarf ist, ob das Werkstück durchgewärmt oder nur an der Oberfläche erwärmt werden soll. Selbstredend spielt

Tabelle 1. *Anlagekosten für induktive Erwärmungsanlagen*

Frequenzbereich Hz		Leistung kW		Kosten DM/kW	
Netzfrequenz	50	10	$\div$ 1000	400 $\div$	200
Mittelfrequenz	500	100	$\div$ 1000	800 $\div$	500
	2000	10	$\div$ 200	1000 $\div$	800
	10000	10	$\div$ 70	1400 $\div$	1000
Hochfrequenz	10^5	0,5 $\div$	3	6000 $\div$	4000
bis	$2 \cdot 10^6$	5	$\div$ 50	2000 $\div$	1200

hierbei auch die Höhe der Temperatur eine Rolle. Aber nicht nur diese Punkte sind bei einer Wärmebehandlung zu beachten, in vielen Fällen hat auch die Zeit einen entscheidenden Einfluß. Man kann also folgende vereinfachende Einteilung der Wärmebehandlungen geben:

1. Nur temperaturabhängige Verfahren.
2. Nur zeitabhängige Verfahren (bei bestimmten Temperaturen).
3. Temperatur-zeitabhängige Verfahren.

Kennzeichnend für die letzte Gruppe ist, daß bei der induktiven Behandlung durch höhere Temperaturen kürzere Behandlungszeiten erreicht werden, als sie bisher z.B. bei der Ofenbehandlung vorgeschrieben werden. Als Beispiel mögen hier zwei Fälle angegeben werden:

a) Zur Glühbehandlung von Ziehteilen aus St VII 23 wurde bisher im Ofen eine Glühzeit von einer Stunde bei 640 °C vorgeschrieben. Der gleiche Vorgang konnte auf dem induktiven Wege in 1,2 sek bei 840 °C erreicht werden. Abb. 84 zeigt, daß die gewünschte Einformung der langgestreckten Ferritkristalle eindeutig erfolgt ist.

b) Für das Vergüten von Drehteilen aus CK 45 war folgendes Verfahren vorgeschrieben:

1. Erwärmen auf 840 °C in 9 Min. Anschließendes Abschrecken in Wasser. Erreichte Härte: 55 HRc (Härte in Rockwelleinheiten).
2. Anlassen auf 560 °C innerhalb 45 Min. und Halten der Temperatur 30 Min. Dann Abkühlen an Luft. Erreichte Härte nach der Vergütung ~30 HRc.

Bei der induktiven Behandlung konnten folgende Zeiten und Temperaturen vorgesehen werden:

1. Erwärmen auf 950 °C in 17,5 sek, dann Abschrecken mit Wasserbrause. Erreichte Härte 55 HRc.
2. Anlassen auf 590 °C in 30 sek. Ohne Haltezeit anschließend in Luft abkühlen. Erreichte Härte nach der Vergütung ~30 HRc.

Diese Unterschiede im Temperatur—Zeit-Verlauf einer Wärmebehandlung ergaben sich im wesentlichen aus der Art des Erwärmungsvorganges. Die grundsätzlichen Unterschiede derselben sollen hier ganz kurz charakterisiert werden, und zwar für folgende Verfahren:

1. Rauchgasheizung; Energiequelle: Koks, Öl und Gas.
2. Elektrisch beheizte (Widerstands-) Öfen.
3. Direkte Widerstandserwärmung.
4. Induktive Erwärmung.

Für die Bemessung einer Erwärmungsanlage werden die folgenden fünf Grundgesetze benützt:

1. Die Gesetze über den Wärmezustand:

a) Das Gesetz von der Erhaltung der Energie (Erster Hauptsatz der Wärmelehre). — b) Das Gesetz vom notwendigen Temperaturgefälle (Zweiter Hauptsatz der Wärmelehre).

2. Die Gesetze der Wärmebewegung:

a) Das Gesetz des Verbrennungsablaufes. — b) Das Gesetz des Wärmeüberganges. — c) Das Gesetz der Wärmeleitung.

Zur Erläuterung der Anwendung dieser Gesetze auf die einzelnen Verfahren möge Abb. 9 dienen.

Abb. 9 a: Im rauchgasbeheizten Ofen erfolgt die Wärmeübertragung auf das aufzuheizende Gut durch Strahlung von der Rauchgassäule und dem umgebenden Mauerwerk her. Von vorbeistreichendem Rauchgas aus wird auch noch ein Wärmeübergang stattfinden. Die Wärmeenergie selber entsteht durch Verbrennen von Öl, Gas, Koks oder Generatorgas. Die Energie wird durch das Rauchgas dem Wärmegut zugeführt. Sowohl die Strahlung als auch der Übergang bedingen ein Temperaturgefälle oberhalb der Nutztemperatur. Je größer dieses Temperaturgefälle ist, desto größer ist die übertragene Leistung. Die Rauchgaserwärmung wird durch alle fünf oben aufgeführten Gesetze bestimmt. Zu beachten ist, daß mit steigendem Temperaturgefälle auch die Gefahr der Überschreitung der gewünschten Endtemperatur steigt.

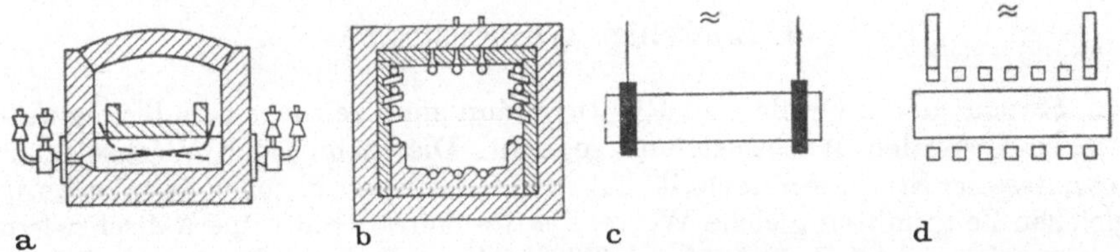

Abb. 9. Zur Erläuterung der für die einzelnen Erwärmungsanlagen gültigen Grundgesetze

a Rauchgasbeheizung, Gesetze: 1. I. Hauptsatz d. W., 2. II. Hauptsatz, 3. Verbrennung, 4. Wärmeübergang, 5. Wärmeleitung; — *b Widerstandsofen*, Gesetze: 1. I. Hauptsatz, 2. II. Hauptsatz, 3. Wärmeübergang, 4. Wärmeleitung; — *c Direkte Stromerwärmung*, Gesetze: 1. I. Hauptsatz, 2. II. Hauptsatz, 3. Wärmeleitung; — *d Induktive Erwärmung*, Gesetze: 1. I. Hauptsatz, 2. Wärmeleitung (BBC)

Abb. 9 b: Beim Widerstandsofen kommt von den fünf Gesetzen dasjenige des Verbrennungsablaufes nicht in Anwendung. Die Wärme entsteht in den Heizwiderständen und wird von dort durch Strahlung und Konvektion auf das Heizgut übertragen. Auch hier ist wie bei der Rauchgasbeheizung ein Temperaturgefälle und seine Gesetzmäßigkeiten oberhalb der Nutztemperatur notwendig.

Abb. 9 c: Bei dieser direkten Widerstandserwärmung durch den elektrischen Strom müssen die beiden Hauptsätze der Wärmelehre und die Wärmeleitung berücksichtigt werden. Bei diesem Verfahren werden aber die erforderlichen Kontakte, insbesondere bei hohen Stromstärken und hohen Temperaturen, erhebliche Schwierigkeiten bereiten, so daß es wohl nur in wenigen Fällen zur Anwendung kommt. Das Verfahren könnte den Idealfall der elektrischen Erwärmung darstellen.

Abb. 9 d: Bei der induktiven Erwärmung muß nur das Gesetz über die Erhaltung der Energie und das der Wärmeleitung berücksichtigt werden. Es ist auch ein Verfahren der direkten Erwärmung durch den elektrischen Strom, bei dem aber das Problem der Kontaktfrage hinfällig ist, weil die Energieübertragung nach dem Transformatorprinzip, d.h. also mit Hilfe des elektromagnetischen Feldes erfolgt.

Stellt man die bei den verschiedenen Verfahren mögliche Energiekonzentration auf ein Werkstück einander gegenüber, so kann man folgende Werte angeben [79]:

Konvektion	0,5	Watt/cm²	Flamme	1 000 Watt/cm²
Strahlung	8	Watt/cm²	Ind. Erwärmung (HF)	10 000 Watt/cm²
Berührung	20	Watt/cm²		

Bei diesem Spitzenwert des induktiven Verfahrens wird man sich sofort die Frage vorlegen, wie man dasselbe nutzbar machen kann. Aus dem oben Gesagten ergibt sich, daß zum Verständnis des Verfahrens die Gesetze der direkten Widerstandserwärmung, insbesondere in ihrer Frequenzabhängigkeit, die der Energieübertragung mit Hilfe des elektromagnetischen Feldes, außerdem die Gesetze der Erhaltung der Energie und der Wärmeleitung bekannt sein müssen. Ihre Einflüsse auf das Verfahren werden in den folgenden Abschnitten erläutert.

II. Elektrotechnische Grundlagen

A. Induktions- und Durchflutungsgesetz

1. Einwellige Wechselströme

§ 1. Ströme, deren Größe und Richtungssinn einer zeitlichen Änderung unterworfen sind, werden Wechselströme genannt. Die technischen Wechselströme, insbesondere der Starkstromtechnik, haben innerhalb von gleichen Zeitabschnitten zu gleichen Zeitpunkten gleiche Werte. Da die Zeitabschnitte periodisch wiederkehren, werden sie mit Periodendauer T bezeichnet. Es ist einleuchtend, daß man z.B. aus rechnerischen Gründen den einfachsten periodischen Verlauf des Stromes anstreben wird. Die einfachste periodische Funktion ist die Sinusfunktion und ein mit Hilfe dieser Funktion dargestellter Strom, ein sog. einwelliger Sinusstrom, hat folgende Gleichung (Abb. 10):

$$i = i_m \sin(\omega t + \varphi).$$

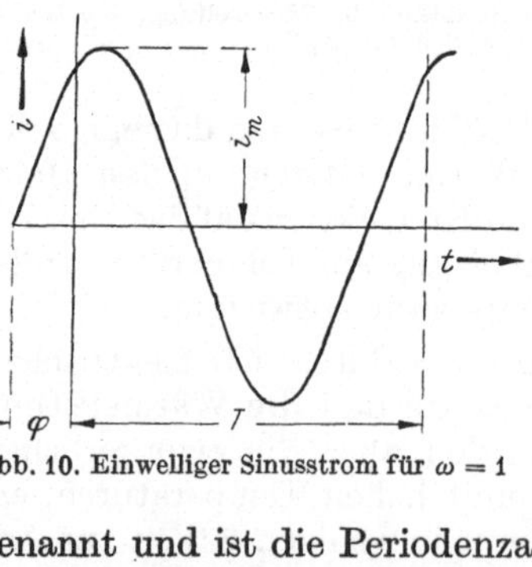

Da die Sinusfunktion sich zwischen den Grenzwerten $+1$ und -1 bewegt, ist i_m der jeweilig größte Wert, den der Strom annehmen kann. Dieser Wert wird mit Amplitude bezeichnet. Die Periode der Sinusfunktion ist 2π und es gilt: $2\pi = \omega T$, wo $\omega = 2\pi f$. ω wird Kreisfrequenz genannt und ist die Periodenzahl in 2π sek. f ist der reziproke Wert von T bzw. die Periodenzahl in der Sekunde und heißt die Frequenz. φ heißt der Phasenwinkel und hängt von der willkürlichen Wahl der Zeitzählung ab. Er dient dazu, die zeitliche Aufeinanderfolge zweier Größen (z.B. von Strom und Spannung) festzulegen. Positive Werte von φ bedeuten voreilende und negative Werte nacheilende Phasenverschiebung von φ.

Abb. 10. Einwelliger Sinusstrom für $\omega = 1$

2. Induktionsgesetz

§ 2. Bei der Bewegung von elektrischen Ladungen, d. h. also beim Fließen elektrischer Ströme, tritt immer ein magnetisches Feld auf, genauso wie bei der Anwesenheit von elektrischen Spannungen immer ein elektrisches Feld vorhanden ist. Beide Arten von Felder werden durch Kraftlinien dargestellt. Ein stromdurchflossener Leiter erzeugt in seiner Umgebung ein magnetisches Feld, dessen Kraftlinien geschlossene Kurven sind. Diese sind bei einem geraden, unendlich langen Leiter Kreise, s. Abb. 11. Wickelt man aus diesem geraden Leiter eine zylindrische Spule, so erhält man ein Feld, wie es Abb. 12 darstellt. Alle Kraftlinien sind immer in sich geschlossene Kurven, die mit dem elektrischen Stromkreis, der sie erzeugt, verkettet sind, wie die Glieder einer Kette.

Der von einem magnetischen Feld ausgefüllte Raum ist dadurch gekennzeichnet, daß in ihm mechanische Kraftwirkungen und elektrische Induktionswirkungen vorhanden sind. Erstere Erscheinung kann z. B. dadurch demonstriert werden, daß auf einem stromdurchflossenen Leiter in einem von einem anderen Leiter herrührenden Magnetfeld eine mechanische Kraft ausgeübt wird. Als Maß für die Dichte des Magnetfeldes dient die sog. magnetische Induktion, die mit dem Buchstaben B bezeichnet wird. Die Einheit, 1 Gauß, der magnetischen Induktion liegt vor, wenn auf einen Meßstab von der Länge 1 cm, der von einem Strom mit der Stärke 10 Amp durchflossen ist, eine Kraft von 1 dyn ausgeübt wird. Es gilt damit:

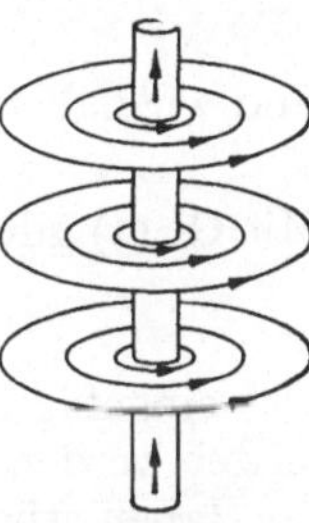

Abb. 11. Magnetisches Feld eines geraden Leiters

$$1 \text{ Gauß} = \frac{1}{10} \frac{\text{dyn}}{\text{Amp} \cdot \text{cm}} = 1{,}020 \cdot 10^{-4} \frac{\text{Pond}}{\text{Amp} \cdot \text{cm}} \cdot$$

Auf Grund der Äquivalenz der mechanischen und elektrischen Arbeit läßt sich nachweisen, daß

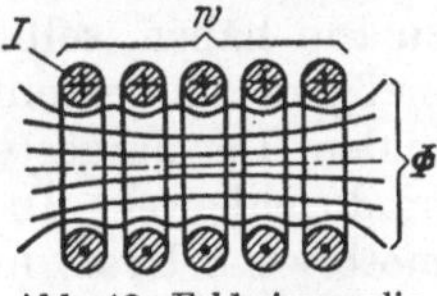

$$1 \text{ Gauß} = 10^{-8} \frac{\text{Watt} \cdot \text{sek}}{\text{Amp} \cdot \text{cm}^2} = 10^{-8} \frac{\text{Volt} \cdot \text{sek}}{\text{cm}^2} \cdot$$

Abb. 12. Feld einer zylindrischen Spule

Faßt man die Induktion als einen Vektor $\mathfrak{B}$ in Richtung der Kraftlinien auf, so kann man für den magnetischen Induktionsfluß Φ durch die Fläche F anschreiben (Abb. 13):

$$\Phi = \int_f \mathfrak{B}\, df \, . \tag{1}$$

Die Induktionswirkung in einem magnetischen Feld ist folgende: Wird ein elektrischer Leiter durch ein derartiges Feld hindurchbewegt, so werden in dem Innern des Leiters die Leitungselektronen in Bewegung gesetzt, und zwar erfahren sie Kräfte senkrecht zur Bewegungsrichtung des Leiters und zur Kraftlinienrichtung. Hierdurch tritt an dem einen Leiterende ein Überschuß und an dem anderen ein Mangel an Elektronen auf; wir erhalten also ein Potentialgefälle. Letzteres versucht die Elektronen in entgegengesetzter Richtung zu bewegen. Im Gleichgewichtszustand halten die mit dem Potentialgefälle verbundenen elektrischen Feldkräfte den magnetischen Feldkräften die Waage. Damit kann das Induktionsgesetz in folgender vektorieller Form angeschrieben werden:

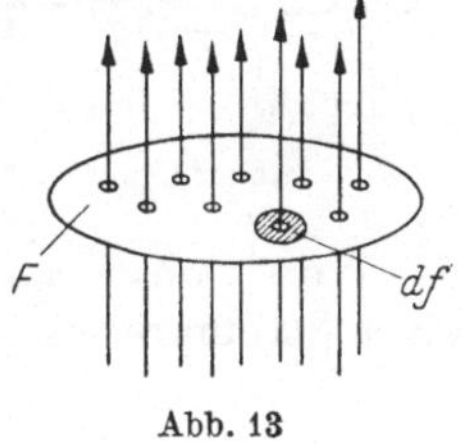

Abb. 13

$$\mathfrak{E} = \mathfrak{v}\,\mathfrak{B} \, ,$$

wobei die Geschwindigkeit durch den Vektor $\mathfrak{v}$ dargestellt sein soll.

Die gesamte induzierte Spannung, die als induzierte elektromotorische Kraft (EMK) bezeichnet wird, erhalten wir durch Multiplikation mit der Leiterlänge l

$$e = v\,\mathfrak{B}\,l\,.$$

Schneidet der Leiter die Kraftlinien senkrecht und wird er senkrecht zu sich selber bewegt, so können wir schreiben:

$$e = v\,B\,l$$

und das Produkt $v\,l$ bedeutet die in der Zeiteinheit überstrichene Fläche:

$$v\,l = d\,f/d\,t$$

und wir haben

$$e = B\,d\,f/d\,t\,.$$

Mit Gl. (1) gilt dann:

$$e = -\,d\,\Phi/d\,t\,.$$

Das eingefügte Minuszeichen bedeutet, daß zur Erzeugung der EMK Arbeit geleistet werden muß.

Haben wir jedoch ein nichthomogenes magnetisches Feld oder einen Leiter beliebiger Form, so kann das Induktionsgesetz nur auf ein Leiterelement dl angewendet werden. Die auftretende elektromotorische Kraft ist dann:

$$e = \mathfrak{E}\,dl = v\,\mathfrak{B}\,dl\,. \tag{2}$$

Es ist jedoch zu beachten, daß wir es immer mit einem geschlossenen Leiterkreis zu tun haben, selbst wenn er z.B. nur durch die Zuleitungen zum Spannungsmeßgerät dargestellt ist. Wir müssen also das Linienintegral entsprechend Abb. 14 bilden. Der dargestellte Leiterkreis werde durch ein beliebiges magnetisches Feld hindurchbewegt. In jedem Leiterabschnitt wird entsprechend Gl. (2) eine elektromotorische Kraft induziert. Bei der vorgesehenen Bewegungsrichtung hat dann die elektrische Feldstärke nach dem oben Gesagten die eingezeichnete Richtung. Wir erhalten folgende Gleichung:

$$\oint \mathfrak{E}\,dl = e = -\,d\,\Phi/d\,t\,. \tag{3}$$

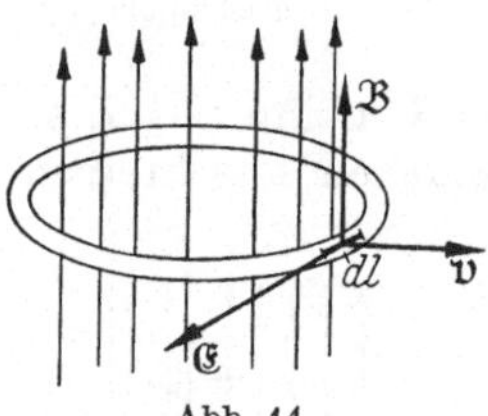

Abb. 14

Es ist dies die allgemeine Form des Induktionsgesetzes. Hierin bedeutet $d\Phi$ nichts anderes als die Änderung des von der Schleife umschlossenen magnetischen Flusses. Es kann also offenbar gefolgert werden, daß, wenn der Leiter stillsteht und das magnetische Feld sich zeitlich ändert, der Induktionsvorgang ebenso auftritt. Allgemein erhalten wir für die Änderung eines Stromkreises gegenüber dem Felde in einer Richtung

$$-\,\frac{d\,\Phi}{d\,t} = -\left(\frac{\partial\,\Phi}{\partial\,t} + \frac{\partial\,\Phi}{\partial\,x}\,\frac{d\,x}{d\,t}\right).$$

Das rechte erste Glied entspricht der zeitlichen Änderung des gegenüber dem Leiter ruhenden Flusses und das zweite entspricht der Änderung der Lage bei zeitlich unveränderlichem Fluß. Man spricht demgemäß auch von einer EMK der Ruhe und einer solchen der Bewegung. Erstere wird in der praktischen Anwendung bei Transformatoren und letztere bei den meisten rotierenden Maschinen ausgenützt, wobei auch vielfach beide Induktionsformen auftreten können. Bei der induktiven Wärmebehandlung haben wir es überwiegend mit der ersten Form zu tun.

Wenn ein Leiter die magnetischen Kraftlinien mehrmals umschlingt, wie z. B. bei einer Spule, so ist der mit dem Stromleiter verkettete Fluß durch Multiplikation des von einer Windung umschlungenen Flusses mit der Windungszahl w zu berechnen. Der Gesamtfluß Ψ ist dann:

$$\Psi = w\,\Phi$$

bzw. es ist:

$$e = -\,w\,d\Phi/dt\,.$$

3. Durchflutungsgesetz

§ 3. Das Durchflutungsgesetz dient zur Ermittlung der magnetischen Feldstärke. Es beschreibt den Zusammenhang zwischen der Stärke magnetischer Felder und dem erzeugenden Strom. Unter Durchflutung wird die gesamte durch eine Fläche tretende elektrische Strömung verstanden. Sie wird mit Θ bezeichnet. Auf Grund dieser Definition ist, wenn $\mathfrak{S}_n$ die Normalkomponente der Stromdichte auf einem Flächenelement df:

$$\int \mathfrak{S}_n\,df = \Theta\,.$$

Die Feldlinien eines Leiters sind konzentrische Kreise, deren Mittelpunkt der Leiter ist. Die Feldstärke $\mathfrak{H}$ in jedem Punkt steht also senkrecht auf dem Abstandsvektor $\mathfrak{r}$ dieses Punktes. Bildet man das Linienintegral der Feldstärke längs einer geschlossenen Feldlinie mit dem Linienelement dl, so ist dieses gleich der magnetischen Umlaufspannung V.

$$\oint \mathfrak{H}\,dl = V\,.$$

Bei konstantem Leiterstrom nimmt dies für alle Feldlinien den gleichen Wert an, da die Feldstärke mit zunehmendem Abstand im gleichen Verhältnis abnimmt wie der Integrationsweg zunimmt. Die magnetische Umlaufspannung ist also dem Leiterstrom direkt proportional und es gilt:

$$V = \oint \mathfrak{H}\,dl = \int \mathfrak{S}_n\,df = \Theta\,. \tag{4}$$

Es ist dies das Durchflutungsgesetz. Hat man mehrere Leiterströme, so berechnet sich die Durchflutung aus der Summe der Einzelströme und es ist:

$$\Theta = \sum i\,.$$

Haben wir eine Spule mit w Windungen, die alle denselben Strom führen, so gilt für den Integrationsweg der mit allen Windungen verkettet ist:

$$\oint \mathfrak{H}\,dl = \Theta = i\,w\,. \tag{5}$$

Die Größe des magnetischen Flusses, den ein Strom erregt, ist außer von dem Strom auch noch von dem Stoff abhängig, in dem er erregt wird. Zur eindeutigen Definition des magnetischen Feldes sind daher zwei Vektoren notwendig: Die Feldstärke $\mathfrak{H}$ und die Induktion $\mathfrak{B}$. Sie haben beide die gleiche Richtung. Ihr Verhältnis wird mit Permeabilität bezeichnet und es ist:

$$\mathfrak{B} = \mu\,\mathfrak{H}\,. \tag{6}$$

μ setzt sich folgendermaßen zusammen:

$$\mu = \mu_0\,\mu_r\,,$$

worin μ_0 die Permeabilität des leeren Raumes und μ_r die relative Permeabilität ist, und man kann für die magnetische Induktion schreiben:

$$\mathfrak{B} = \mu_0\,\mu_r\,\mathfrak{H}\,.$$

Wird hierin $\mathfrak{B}$ in Volt sek/cm² und $\mathfrak{H}$ in Amp/cm gemessen, dann ist:

$$\mu_0 = 1{,}25664 \cdot 10^{-8}\,\frac{\text{Volt} \cdot \text{sek}}{\text{Amp} \cdot \text{cm}} = 4\,\pi \cdot 10^{-9}\,\text{Henry/cm}$$

und μ_r eine Zahl, die für Stahl noch von B und H abhängig und größer als 1 ist. Für die Luft und die meisten anderen Stoffe ist $\mu_r = 1$.

Siehe hierzu auch § 13.

4. Induktivität

§ 4. Das Induktionsgesetz besagt, daß in einem Stromkreis eine elektromotorische Kraft induziert wird, wenn der mit ihm verkettete Induktionsfluß geändert wird. Hierbei ist es gleichgültig, ob sich der Fluß selber ändert oder die Änderung durch eine Bewegung des Stromkreises relativ zum ruhenden Fluß hervorgerufen wird. Jeder Strom hat in seiner Umgebung ein magnetisches Feld zur Folge, dessen Kraftlinien mit dem Strom verkettet sind. Ändert sich die Stromstärke im Leiter, so tritt ebenfalls eine elektromotorische Kraft auf. Diese Erscheinung wird mit Selbstinduktion bezeichnet. Haben wir in der Umgebung des Leiters Stoffe konstanter Permeabilität, dann ist nach dem Durchflutungsgesetz die Flußdichte an jeder Stelle des Raumes proportional der Stromstärke im Leiter. Da nun der insgesamt erzeugte Induktionsfluß Φ jederzeit dem Augenblickswert der Stromstärke i proportional ist, kann man schreiben:

$$\Phi = L\,i\,. \tag{7}$$

Hierin ist L eine Proportionalitätskonstante, die von der Form des Leiters abhängig ist und Induktivität genannt wird. Sie wird in Henry gemessen, und zwar besitzt ein Leiter die Induktivität $L = 1$ Henry, wenn die Stromänderung 1 Amp/sek eine Spannung von $e = 1$ Volt erzeugt. Für die EMK der Selbstinduktion e_s gilt:

$$e_s = -L \cdot di/dt\,.$$

Die Induktivität eines Leiters kann auf Grund der Gl. (7) berechnet werden, was viele Autoren bereits getan haben. In Abb. 15 ist ein Nomogramm wiedergegeben, das es gestattet, die Induktivität kreisrunder Spulen verschiedener Abmessungen verhältnismäßig rasch zu ermitteln. Gleichungen für einige einfache Spulenformen sollen nachstehend angegeben werden.

I. *Eisenlose Spulen* ($\mu = 1$): a) Die Induktivität eines einfachen Drahtkreises mit dem Kreisradius R (cm) und dem Drahtradius r (cm) ist:

$$L = 4\,\pi\left(R\ln\frac{R}{r} + K\right)\quad [\text{cm}]\quad \text{oder}\quad [10^{-9}\,\text{Henry}]\,.$$

Für niedrige Frequenzen ist $K = 0{,}329$, für hohe Frequenzen $K = 0{,}079$ [164]. Besteht der Kreis aus einem Flachband von der Breite b (cm), der gegenüber der Dicke des Bandes vernachlässigt werden kann, so ist:

$$L = 4\,\pi\,R\left(\ln 8\,\frac{R}{b} - 0{,}5\right)\quad [\text{cm}]\,. \tag{9}$$

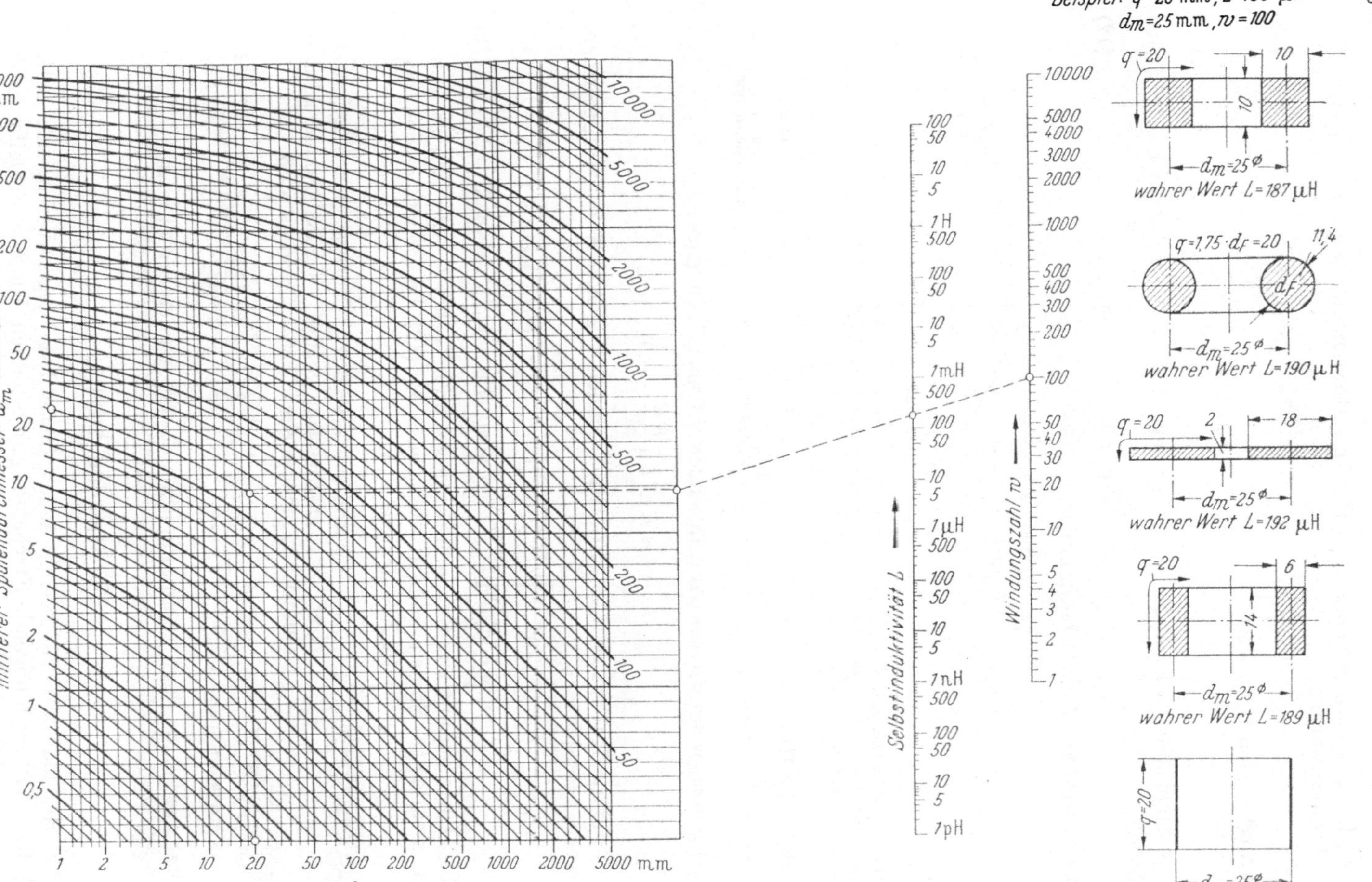

Abb. 15. Nomogramm zur Bestimmung der Selbstinduktivität einer kreisrunden Luftspule mit Rechteck- oder Kreisfenster (WEYSS [166])

b) **Lange einlagige Spule** (Abb. 16): In erster Annäherung kann folgende Formel benutzt werden:

$$L = \frac{4\,\pi^2\,R^2\,w^2}{l} \quad [\text{cm}]. \tag{10}$$

Ist $\pi R^2 = q$ (cm²), so wird:

$$L = \frac{4\,\pi\,q\,w^2}{l} \quad [\text{cm}]. \tag{11}$$

c) **Spulenlänge** l ist klein gegenüber dem Radius R: In diesem Fall gilt nach LORENZ:

$$L = R\,w^2\,f(2\,R/l) \quad [\text{cm}] \tag{12}$$

$f(2\,R/l)$ wird aus Abb. 17 entnommen.

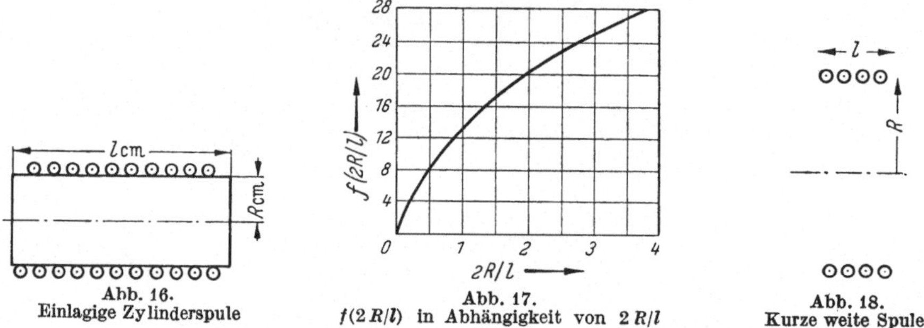

Abb. 16.
Einlagige Zylinderspule

Abb. 17.
$f(2\,R/l)$ in Abhängigkeit von $2\,R/l$

Abb. 18.
Kurze weite Spule

d) **Kurze, weite Spulen** (Abb 18): Hier gilt nach RAYLEIGH:

$$L = 4\,\pi\,R\,w^2\left(\ln\frac{8\,R}{l} - 0{,}5\right) \quad [\text{cm}]. \tag{13}$$

e) **Mehrlagige Spulen** (Abb. 19): Hier können folgende Annäherungsformeln verwendet werden:

$$L = 10{,}5\,w^2\,D\,\sqrt[4]{(D/U)^3} \quad [\text{cm}] \quad \text{für} \quad D/U = 0 \text{ bis } 1 \tag{14}$$

$$L = 10{,}5\,w^2\,D\,\sqrt{D/U} \quad [\text{cm}] \quad \text{für} \quad D/U = 1 \text{ bis } 3 \tag{15}$$

wobei D (cm) der mittlere Spulendurchmesser und $U = l_1 + l_2 + 2\,b$ (cm) ist. Lange, enge mehrlagige Spulen können auch nach Gl. (12) berechnet werden, wenn $2\,R = D$ gesetzt wird.

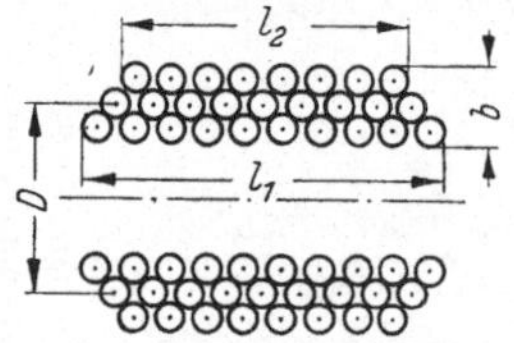

Abb. 19. Mehrlagige Spule

II. *Spulen mit Eisenkern.* Enthält der magnetische Kreis ferromagnetische Körper, also insbesondere Eisen, dann ist L nicht mehr konstant, und es muß

$$e_s = -\frac{d\,(L\,i)}{d\,t} = -\left(L\,\frac{d\,i}{d\,t} + i\,\frac{d\,l}{d\,i}\,\frac{d\,i}{d\,t}\right) = -\left(L + i\,\frac{d\,L}{d\,t}\right)\frac{d\,i}{d\,t}$$

gesetzt werden, da dann L eine Funktion des erregenden Stromes ist.

5. Gegeninduktivität

§ 5. Hat man zwei in beliebig angeordneter Lage gegenüberliegende Leiterschleifen, so ist noch folgende Erscheinung zu beachten. Die zwei Schleifen mögen die Lage der Abb. 20 haben. Fließt in der Schleife 1 ein Strom i_1, so ist der von ihm erzeugte Fluß

$$\Phi_1 = L_1\,i_1.$$

Dieser Fluß durchdringt die Leiterschleife 2 nur teilweise. Der durchdringende Anteil ist ebenfalls proportional i_1 und man kann für diesen Fluß Φ_{12} anschreiben:

$$\Phi_{12} = M_{12}\, i_1$$

und für die in der Leiterschleife 2 auf Grund des Induktionsgesetzes induzierte Spannung

$$e = -\,(d\Phi_{12}/dt) = -\,M_{12}\,(d i_1/dt)\,. \tag{16}$$

Wir erkennen, daß die Größe M dieselbe Rolle bei der gegenseitigen Beeinflussung zweier Leiterschleifen spielt wie L bei der Selbstinduktion in einem Leiter. M wird daher die Gegeninduktivität zwischen Schleife 1 und 2 genannt und die ganze Erscheinung Gegeninduktion. Dimensionen und Einheiten der Gegeninduktivität

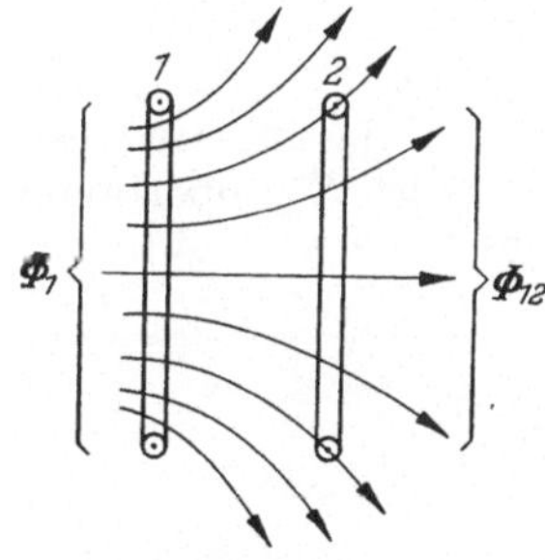

Abb. 20. Zur Erläuterung der Gegeninduktivität

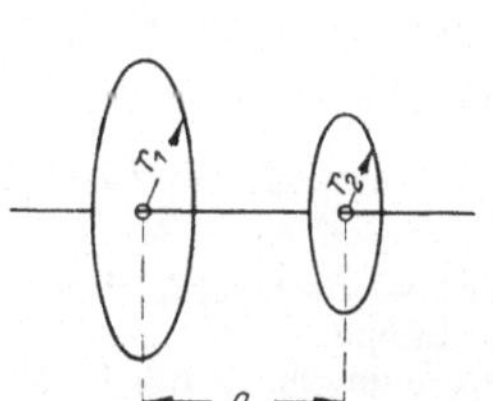

Abb. 21. Koaxiale Kreisringe

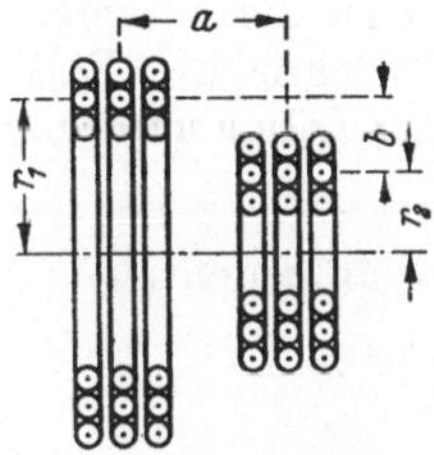

Abb. 22. Gekoppelte Spulen

sind die gleichen wie bei der Selbstinduktivität. Ihre Größe ergibt sich aus der geometrischen Form und gegenseitigen Lage der beiden Stromkreise. Festgestellt wird sie häufig durch Messung, da ihre Berechnung im allgemeinen ziemlich umständlich ist. Für einige besondere Formen seien die Berechnungsformeln angegeben:

1. Die Gegeninduktivität zweier koaxialer Kreisringe (Abb. 21) in parallelen Ebenen ist mit:

$$b = r_1 - r_2 \qquad d = \sqrt{a^2 + b^2}$$

$$\left.\begin{aligned} M = 4\pi r_2 &\left(1 + \frac{1}{2}\frac{b}{r_2} + \frac{1}{16}\frac{(b^2 + 3 a^2)}{r_2^2} - \frac{1}{32}\frac{(b^3 + 3 b a^2)}{r_2^3} + \cdots\right)\ln\left(\frac{8 r_2}{d}\right) \\ + 4\pi r_2 &\left(-2 - \frac{1}{2}\frac{b}{r_2} + \frac{1}{16}\frac{(3 b^2 - a^2)}{r_2^2} - \frac{1}{48}\frac{(b^3 - 6 b a^2)}{r_2^3} + \cdots\right) \quad [\text{cm}]\,. \end{aligned}\right\} \tag{17}$$

2. Gegeninduktivität zweier kurzer weiter Spulen (Abb. 22): Die Windungsflächen sind koaxial und parallel. Dann gilt:

$$b = r_1 - r_2$$

$$M = 4\pi w_1 w_2 \left(\ln\frac{8 r_2}{\sqrt{a^2 + b^2}} - 2\right) \quad [\text{cm}]\,. \tag{18}$$

3. Die Gegeninduktivität zweier gleich langer, enger, übereinandergeschobener Spulen mit den Radien r_1 und r_2, den Windungszahlen w_1 und w_2 und den Längen $l_1 = l_2 = l$ ist:

$$M = \frac{4\pi w_1 w_2 q}{l}\left\{1 - \frac{2(r_2 + b)}{l}\left[\frac{1}{2} - \frac{1}{16}\left(\frac{r_2}{r_2 + b}\right)^2\right]\right\} \quad [\text{cm}]\,. \tag{19}$$

Darin ist $b = r_1 - r_2$ und $q = \pi r_2^2\ [\text{cm}^2]$ der mittlere Querschnitt der inneren Spule.

B. Elektrischer Widerstand

1. Allgemeines

§ 6. Alle in der Praxis verwendeten Festkörper haben eine mehr oder weniger gute elektrische Leitfähigkeit. Diese Erscheinung wird durch das Ohmsche Gesetz beschrieben. Die Lehre von dem Leitungsmechanismus erforscht die Arten der Ladungsträger, ferner wie groß ihre Masse und Ladung sind, in welcher Weise ihre Wanderung durch das Kristallgitter des Festkörpers behindert und wie diese Ursache des Widerstandes durch Temperatur und Magnetfelder beeinflußt wird. Das Ohmsche Gesetz gilt mit großer Strenge für metallische Leiter. Es hat die Form:

$$U = R I .$$

R ist der Widerstand des Leiters, der in der Einheit „Ohm" [Ω] gemessen wird. Im einfachen Fall unveränderlichen Querschnitts des Leiters ist R proportional der Länge und umgekehrt proportional dem Querschnitt des Leiters. Es gilt also:

$$R = \varrho\, l/q \quad [\text{Ohm}] ,$$

wenn bedeuten

ϱ der spezifische elektrische Widerstand,
l die Länge,
q den Querschnitt des Leiters.

Der spezifische Widerstand ist der Widerstand eines Leiters von 1 cm Länge und 1 cm² Querschnitt. Seine Dimension ist im praktischen Maßsystem [Ohm · cm]. Da der spezifische Widerstand ϱ für die meisten Metalle von der Größenordnung 10^{-5} [Ohm · cm] ist, wird vielfach das 10^4fache von ϱ angegeben. Dies ist der Widerstand eines Drahtes von 1 m Länge und 1 mm² Querschnitt. Der Kehrwert

$$1/\varrho = \varkappa$$

wird als spezifische elektrische Leitfähigkeit bezeichnet.

Silber, der beste technische Leiter, hat einen 10^{24}mal kleineren spez. Widerstand als Bernstein. Ein Supraleiter[1] einen noch mindestens 10^{14}mal kleineren spez. Widerstand als Silber.

Es konnte durch Versuche von Tolman und Stewart nachgewiesen werden, daß die Annahme der Elektronentheorie der Metalle zu Recht besteht und die in den Kathodenstrahlen entdeckten Elektronen auch die Träger der elektrischen Leitfähigkeit der Metalle sind. Sie konnten nachweisen, daß die spezifische Ladung e/m_0 der metallischen Ladungsträger mit dem aus den Kathodenstrahlversuchen bekannten Wert $e/m_0 = 1{,}76 \cdot 10^8$ [Amp sek/g] übereinstimmt. Dies hat zur Folge, daß die Unveränderlichkeit des Ohmschen Widerstandes an das Vorhandensein einer ausreichenden Dichte von Ladungsträgern konstanter Beweglichkeit geknüpft ist. Abweichungen hiervon können also wahrscheinlich nur bei höchsten Stromdichten erwartet werden; s. hierzu die Versuche von W. P. Bridgman [19, 20]. Nach diesen Versuchen ergibt sich bei dünnsten Folien (Silberfolie mit $2 \cdot 10^{-5}$ cm) und einer Strombelastung von $5 \cdot 10^6$ Amp/cm² eine Abweichung von 1,5%. Andere Abweichungen vom Ohmschen Gesetz betreffen nicht den Leitungsmechanismus der Metalle. Der Übergang von gleichmäßiger Dichte zum Oberflächeneffekt bei Wechselstrom mit steigender Frequenz läßt sich lediglich aus den Maxwellschen Feldgleichungen ableiten (s. § 11) ohne Hinzuziehung atomistischer Gesichtspunkte.

---

[1] Die Supraleitung ist die Eigenschaft einiger Metalle, den elektrischen Widerstand bei sehr tiefen Temperaturen vollständig zu verlieren, und zwar nimmt dieser ab einer bestimmten Temperatur sprunghaft unmeßbar kleine Werte an. Abb. 23 zeigt den Verlauf der Widerstands-Temperaturkurve von Blei und Cadmium in der Nähe des absoluten Nullpunktes. Die Supraleitung ist eng mit den magnetischen Eigenschaften der Metalle verknüpft. Sie ist keine reine Atom- oder Molekül-, sondern eine Kristalleigenschaft [103].

Der Absolutwert des spez. Widerstandes eines Metalles kann durch die verschiedensten Einflüsse geändert werden. Die wesentlichsten sollen im folgenden kurz, insbesondere für Stahl, besprochen werden, soweit sie für die induktive Wärmebehandlung von Bedeutung sind. Der elektrische Widerstand eines Metalles wird schon durch geringe Verunreinigungen stark erhöht, auch in dem Fall, wenn das reine Zusatzmetall besser leitet als das Grundmetall. Ferner erhöht sich der Widerstand durch mechanische Spannungen, wie sie durch Ziehen, Walzen und Drehen hervorgerufen werden. Diese Widerstandsänderung kann aber meist durch Wärmebehandlung (z. B. Glühen bei etwa $^2/_3$ der absoluten Schmelztemperatur) rückgängig gemacht werden. Die MATTHIESENsche Regel sagt nun

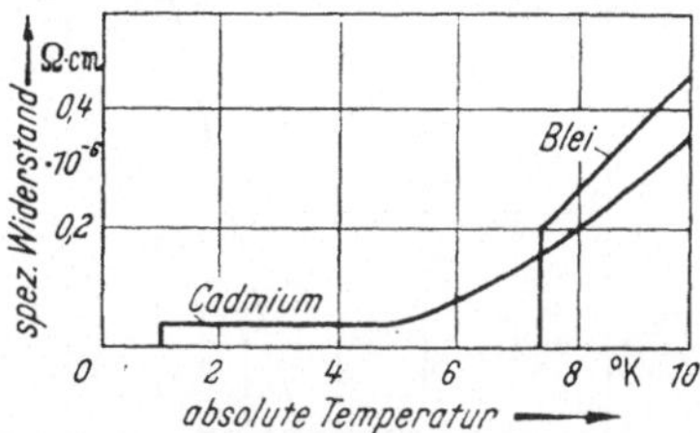

Abb. 23. Widerstands-Temperaturkurve von Blei und Kadmium in der Nähe des absoluten Nullpunktes

aus, daß der Zusatzwiderstand ξ, veranlaßt von der Störung des Kristallgefüges durch Fremdatome und auch durch Deformation, von der Temperatur *unabhängig* ist [*83*].

Der spez. Widerstand ϱ ist bei beliebiger fester Temperatur zwischen $0°$ und $100\,°C$ um so niedriger, je größer der relative Temperaturkoeffizient $\beta = \dfrac{1}{\varrho}\dfrac{d\,\varrho}{d\,\Theta}$ ist, und zwar ist das Produkt

$$\beta\,\varrho = \frac{1}{\varrho}\frac{d\,\varrho}{d\,\Theta}\,\varrho = \frac{d\,\varrho}{d\,\Theta} = \text{const}$$

bei gegebener Temperatur unabhängig von Art und Größe der Verunreinigung oder Verformung. $d\varrho/d\Theta$ ist also eine reine Temperaturfunktion $f(\Theta)$. Der spez. Widerstand

$$\varrho_\Theta = f(\Theta) + \xi$$

setzt sich aus einer für das reine und unverformte Metall gültigen Temperaturfunktion $f(\Theta)$ und einem temperaturunabhängigen spez. Zusatzwiderstand ξ zusammen, der durch Verunreinigungen und Verformung hervorgerufen ist.

Die NERNSTsche Formulierung dieser Regel führt an Stelle des Widerstandes ϱ_Θ das Widerstandsverhältnis $r_\Theta = \varrho_\Theta/\varrho_{273}$ und $z = \xi/\varrho_{273}$ ein und man erhält für das Widerstandsverhältnis im Idealzustand

$$r_{\Theta id} = \frac{f(\Theta)}{f(273)} = \frac{\varrho_\Theta - \xi}{\varrho_{273} - \xi} = \frac{\varrho_\Theta/\varrho_{273} - \varrho/\varrho_{273}}{1 - \xi/\varrho_{273}} = \frac{r_\Theta - z}{1 - z}.$$

Für $z \ll 1$ ist der Nenner ≈ 1 und man erhält eine additive Zusammensetzung der Widerstandsverhältnisse.

Mit Hilfe der MATTHIESEN-NERNSTschen Regel wurden die in Tab. 2 zusammengestellten Grenzwerte der spez. Widerstände der Metalle $10^4 \cdot \varrho_{273}$ im ideal reinen und spannungsfreien Zustand ermittelt [*83*]. Diese Zahlen sollen auf etwa 1% sicher sein, wenn der Restwiderstand durch Messungen bei hinreichend tiefen Temperaturen genau genug bekannt ist. Abweichungen sind zu erwarten, wenn die Verunreinigungen so groß sind, daß der Restwiderstand nicht mehr als klein gegenüber dem Idealwiderstand betrachtet werden kann.

Die bisherigen Gedankengänge haben im wesentlichen die im Grunde genommen willkürlich gewählte Temperatur $\vartheta = 0\,°C = 273°$ abs vorausgesetzt. Es soll nun die Frage der Temperaturabhängigkeit besprochen werden. Der Widerstand eines metallischen Leiters nimmt mit steigender Temperatur zu; dagegen nimmt er bei C, Si und Te ab. Ist R_0 der Widerstand bei 0 °C, so gilt mit erster Näherung für den Widerstand bei ϑ °C:

$$R = R_0\,(1 + \alpha\,\vartheta)\,.$$

Dabei ist der Temperaturbeiwert α die relative Widerstandsänderung je °C. Werte für α sind ebenfalls in Tab. 2 angegeben. Die Größe R_Θ/R_{273} wird als Widerstandsverhältnis bezeichnet. Der Verlauf dieses Wertes ist für verschiedene Metalle in Abb. 24 in Abhängigkeit von der Temperatur ϑ dargestellt. KLAUSIUS [92] hatte vermutet, daß R proportional zur absoluten Temperatur ansteigt, daß also $\alpha = 1/273$ ist. Dann wäre das Widerstandsverhältnis

$$R_\Theta/R_{273} = \Theta/273\,.$$

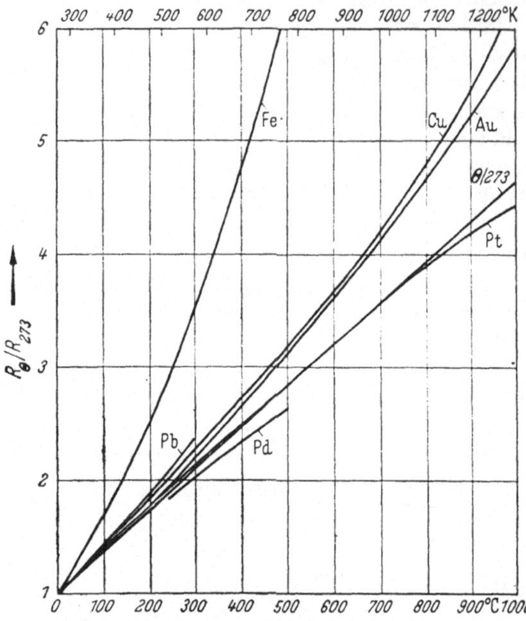

Abb. 24. Relative elektrische Widerstandsänderung von Metallen als Funktion der Temperatur oberhalb des Eispunktes (JUSTI)

Diese Gerade ist ebenfalls in Abb. 24 eingetragen. Bezogen hierauf erkennt man drei verschiedene Kurvenscharen. Der mittleren gehören die meisten Metalle, z.B. Cu, Pb, Au an; sie zeigt einen steileren Aufstieg als $\Theta/273$. Einen noch steileren Anstieg haben die Ferromagnetika, während in der Platingruppe Metalle vorkommen, die die Gerade unterschreiten.

In diesem Zusammenhang sei auf den sog. THOMSON-Effekt verwiesen. Unter diesem von THOMSON experimentell sichergestellten Effekt versteht man, wenn ein elektrischer Strom I [Amp] in einem homogenen Leiterstück Δs [cm] ein Temperaturgefälle $\Delta\Theta/\Delta s$ [Grd cm^{-1}] durchläuft, so erzeugt oder vernichtet er Wärme. Diese THOMSON-Wärme ΔQ_{Th} (Watt sek) ist in der Zeit t (sek):

$$\Delta Q_{Th} = \sigma_{Th}\,\Delta s\cdot\frac{\Delta\Theta}{\Delta s}\,I\,t = \sigma_{Th}\,\Delta\Theta\,I\,t\,,$$

σ_{Th} ist der THOMSON-Koeffizient. Er ist positiv, wenn ein in Richtung fallender Temperatur fließender Strom Wärme erzeugt. Möglich, aber noch völlig ungeklärt, ist die Existenz eines inversen THOMSON-Effektes. Danach müßte in einem *homogenen* Leiter ein sich änderndes Temperaturgefälle einen Thermostrom hervorrufen.

Mit der Temperatur können die Amplituden der thermischen Störschwingungen der Metallionen geändert werden und damit kann erwartungsgemäß infolge z.B. verminderter Schwingungsweite der OHMsche Widerstand gesenkt werden, den man sich als Reibungswiderstand zwischen den Leitungselektronen und den Metallatomrümpfen veranschaulichen kann. Analog muß eine Abstandsänderung der Metallionen im Kristallgitter auch eine Widerstandsänderung herbeiführen. So wurde durch Versuche von P. W. BRIDGMAN [22] nachgewiesen, daß eine Abstandsvergrößerung für gewöhnlich eine Widerstandszunahme hervorruft und umgekehrt eine Verminderung durch allseitigen Druck eine Widerstandsabnahme.

In diesem Zusammenhang sei auch darauf verwiesen, daß mit der Volumzunahme beim Schmelzen der Metalle ebenfalls eine Widerstandszunahme verbunden ist. Allerdings ist es nicht ohne weiteres angängig, hierin die wirkliche Gesetzmäßigkeit einer einfachen Elektronentheorie der Metalle erkennen zu wollen. Zum Bei-

Tabelle 2. *Grenzwerte spez. Widerstände von Metallen* [83]

Spezifischer Widerstand $10^4 \cdot \varrho_{273}$ [Ω-cm], spezifische Leitfähigkeit $10^{-4} \varkappa_{273} = 1/\varrho_{273}$ [$\Omega^{-1}\,cm^{-1}$] bei 0 [°C] = 273 [° abs] und mittlerer relativer Temperaturkoeffizient $10^3\,\alpha$ [Grad^{-1}] des elektrischen Widerstandes zwischen 0 und 100 [°C] für reine und spannungsfreie reguläre Metalle. ϱ_{273} bzw. $\varkappa_{273}$ sind Widerstand bzw. Leitfähigkeit eines [cm³]-Würfels. $10^4 \cdot \varrho_{273}$ bzw. $10^{-4} \varkappa_{273}$ diejenigen einer Drahtprobe von 1 [m] Länge und 1 [mm²] Querschnitt. $\alpha = (\varrho_{373} - \varrho_{273})/100\,\varrho_{273}$ ist die mittlere relative Widerstandszunahme pro Grad zwischen 0 [°C] = 273 [° abs] und 100 [°C] = 373 [°abs.]; $10^3\,\alpha$ ist dieselbe Größe in Promille des Eispunktwiderstands

Gruppe	Metall	Symbol	$10^4 \varrho_{273}$	$10^3 \alpha$	$10^{-4} \varkappa_{273}$
I a	Lithium	Li	0,085	4,35	11,8
	Natrium	Na	0,0427	5,5	23,8
	Kalium	K	0,0160	5,7	15,9
	Rubidium	Rb	0,1162	4,8	8,6
	Caesium	Cs	0,190	5,0	5,6
I b	Kupfer	Cu	0,0156	4,31	64,3
	Silber	Ag	0,0152	4,10	66,7
	Gold	Au	0,0204	3,98	49,0
II a	Calcium	Ca	0,0430	3,8	23,5
	Strontium	Sr	0,3029	3,5	3,3
	Barium	Ba	0,6	—	1,7
III a	Aluminium	Al	0,0250	4,67	40
	Lanthan	La	0,576	—	1,74
	Praseodym	Pr	0,66	—	1,5
IV a	Silicium	Si	3—15	—	0,3—0,07
	Thorium	Th	0,13	—	7,7
IV b	Blei	Pb	0,1928	4,22	5,2
V a	Vanadium	V	1,7	—	0,59
	Niobium	Nb	0,217	—	4,61
	Tantal	Ta	0,14	3,47	7,2
VI a	Chrom	Cr	0,150	(anomal)	6,7
	Molybdän	Mo	0,0503	4,73	20
	Wolfram	W	0,0491	4,82	20,4
	Uran	U	0,193	—	5,2
VII a	Mangan $(\alpha + \beta)$	Mn	1,5	—	0,7
	Rhenium	Re	0,258	4,63	3,88
VIII a	α-Eisen	Fe	0,0871	6,57	11,2
	α-Kobalt	Co	0,0620	6,58	19
	Nickel	Ni	0,0658	6,75	16,1
	Rhodium	Rh	0,0458	4,43	22
	Palladium	Pd	0,1072	3,77	10,3
	Iridium	I	0,0493	4,11	20,0
	Platin	Pt	0,0981	3,92	10,2

spiel zeigen die Metalle Ni, Sr und Bi parallel zur Zugrichtung eine Widerstandsabnahme, hingegen Li, Sb und Ca nicht, ferner haben Ni, Sr und Bi unter allseitigem Druck eine positive Widerstandsänderung; s. hierzu auch Abb. 25, die Meßergebnisse der BRIDGEMANschen Versuche wiedergibt. Auf eine neuere Arbeit von C. C. KUCZYNSKI [98] sei in diesem Zusammenhang verwiesen, die den Einfluß der elastischen Dehnung auf den elektrischen Widerstand von Cu, Ni, Al, Pt, Fe, Co, Mo, Ta, W, Sn und Bi untersucht hat. Frühere Meßergebnisse werden hierdurch bestätigt. An Hand theoretischer Überlegungen kann die Elektronentheorie der Metalle qualitativ durch diese Beobachtungen bestätigt werden. Die Arbeit von E. GRÜNEISEN [58], über die Theorie der Druckabhängigkeit des OHMschen Widerstandes ist hier ebenfalls zu erwähnen. Seine Untersuchungen beruhen auf der Annahme, daß die Schwingungsfrequenz der Metallionen druckabhängig ist.

Nicht nur Einflüsse auf die Metallionen durch Temperatur- und Abstandsänderung, wie sie bis jetzt kurz gekennzeichnet wurden, haben eine Widerstandsänderung zur Folge, sondern auch Einflüsse, die sich unmittelbar auf die Leitungselektronen auswirken.

2*

Hier ist die Beeinflussung durch magnetische Felder zu nennen. Man unterscheidet eine transversale und eine longitudinale Widerstandsänderung, je nachdem das Magnetfeld senkrecht oder parallel zur Richtung des elektrischen Stromes steht[1]. Die zweite Art der Änderung hat bis heute keine technische Bedeutung infolge ihrer Geringfügigkeit erlangt. Dieser Effekt wurde von W. THOMSON entdeckt [156]. Bei ferromagnetischen Metallen ist diese Erscheinung durch die gleichzeitige Erzeugung der Magnetisierungsintensität gegenüber den anderen Metallen abgeändert. Siehe hierzu auch R. GAUS und J. VON HARLEM [45], und R. BECKER und W. DÖRING [4]. Die erstere Art der Änderung, also diejenige im transversalen Magnetfeld, hat in den letzten Jahren insofern an Bedeutung gewonnen, als es gelungen ist, Werkstoffe zu entwickeln, die hierfür besonders geeignet sind. Der Effekt beruht darauf, daß in dem dünnen bandförmigen Leiter, der seiner Länge nach von einem Strom durchflossen wird, eine Querspannung auftritt, sobald sich der Leiter in einem Magnetfeld befindet, das senkrecht zur Stromrichtung steht. Der Effekt wird nach HALL benannt, der ihn 1879 entdeckte. Die Messungen ergeben, daß die Spannung U_h (HALL-Spannung) zur Stromstärke I und zur Dichte des Magnetfeldes B proportional ist, während sie der Dicke d [cm] des Leiters umgekehrt proportional ist. Es ist:

$$U_h = R_h \frac{IB}{d} \quad \text{[s. Fußn. S. 22]}.$$

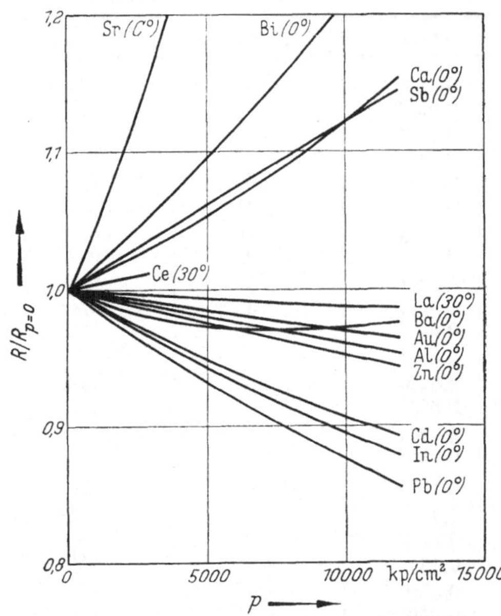

Abb. 25. Isothermen der relativen Widerstandsänderung von Metallen bei allseitigem Druck nach BRIDGMAN

In dieser Beziehung ist R_h die für jedes Metall charakteristische HALL-Konstante. Diese bzw. die HALL-Spannung kann u.a. dazu dienen, verschiedene Eigenschaften eines Leiters, wie z.B. die Beweglichkeit der Ladungsträger, zu bestimmen. Auf Grund der Widerstandsänderung durch den HALL-Effekt hat man diesen auch zur Ausmessung von magnetischen Feldern herangezogen (s. Wismutspirale). Eine weitere Anwendung war sonst im allgemeinen nicht möglich, weil selbst beim Germanium, das sich durch eine besonders große HALL-Konstante auszeichnet, die HALL-Spannung noch zu klein ist, um eine nennenswerte Belastung zuzulassen, auch ist der relativ große Temperatureinfluß nachteilig. Es ist nun neuerdings gelungen, Halbleiter zu entwickeln, die eine wesentlich höhere HALL-Konstante haben. Zu erwähnen ist hier das Indiumantimonid (InSb) und Indiumarsenid (InAs). Bei ersterem ist der HALL-Effekt ungefähr 10- bis 20mal größer als beim Germanium. Die erreichbare HALL-Spannung ermöglicht Leistungen in der Größenordnung von einigen Milliwatt, die die Anwendung auf dem meß- und regeltechnischen Gebiet ermöglicht hat, z.B. Drehmomentmessung bei Gleichstrommotoren und Ausführung von Multiplikationen (W. HARTEL [64], F. KUHRT und E. BRAUNERSREUTHER [100], H. WELKER [165]). In diesem Zusammenhang sei noch kurz darauf hingewiesen, daß die relative Widerstandsvermehrung mit sinkender Temperatur beträchtlich zunimmt. Die Versuche von JUSTI und SCHEFFERS [84] haben bei Feldstärken bis über 40000 Gauß und Senkung der Temperatur bis annähernd 1° abs den Widerstand von reinstem Wolfram um über das 10^5fache erhöhen können. JUSTI folgert aus dem durchweg quadratischen Anstieg von $\Delta \varrho_{h\Theta}/\varrho_{0\Theta}$ mit der Feldstärke, daß es wahrscheinlich ist, solche reinen Metalle durch hinreichende Abkühlung und Magnetisierung tatsächlich zu Isolatoren zu machen. Theoretische Überlegungen (s. hierzu auch A. SOMMERFELD und N. H. FRANK [146]), die hierzu in Widerspruch stehen, begründet er mit der kristallographischen Anisotropie, die trotz der regulären, also höchstsymmetrischen Kristallstruktur (z.B. bei reinstem Gold) auftritt.

---

[1] Die Erscheinungen zählen zu den sog. galvanomagnetischen Effekten. Die älteste Anwendung ist das Ausmessen von Magnetfeldern mit der Wismutspirale. Es beruht auf der starken Vergrößerung des spezifischen Widerstandes des Metalles Wismut im transversalen Magnetfeld. Die Nachteile des Verfahrens sind einmal die starke Temperaturabhängigkeit und die verhältnismäßig komplizierte Abhängigkeit der Widerstandsänderung vom Magnetfeld.

2. Reines Eisen

§ 7. Im Zusammenhang mit der induktiven Wärmebehandlung interessiert insbesondere das Verhalten des Eisens und der Stähle. Wie schon aus Abb. 24 hervorgeht, ist der Einfluß der Temperatur auf den Widerstand des Eisens größer als bei den meisten anderen Metallen. Dies gilt jedoch nur bis zum CURIE-Punkt. Oberhalb dieses Punktes entspricht der Temperatureinfluß den anderen unmagnetischen Metallen. Mit Annäherung an den CURIE-Punkt strebt ϱ einem ausgeprägten Maximum zu, um nach Überschreitung desselben schroff auf den für nichtferromagnetische Metalle normalen Wert zu fallen; s. hierzu Abb. 26, die die Wider-

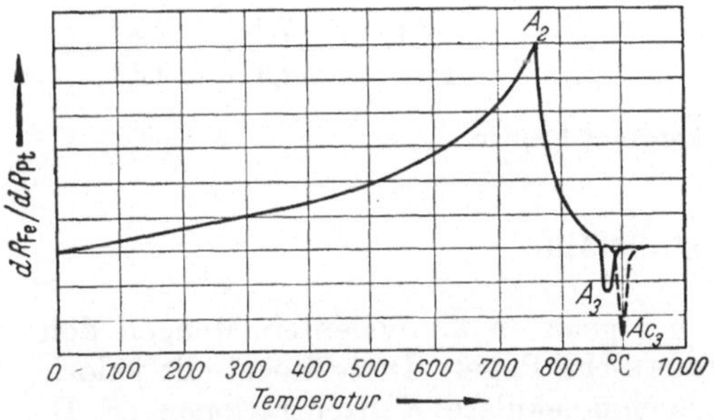

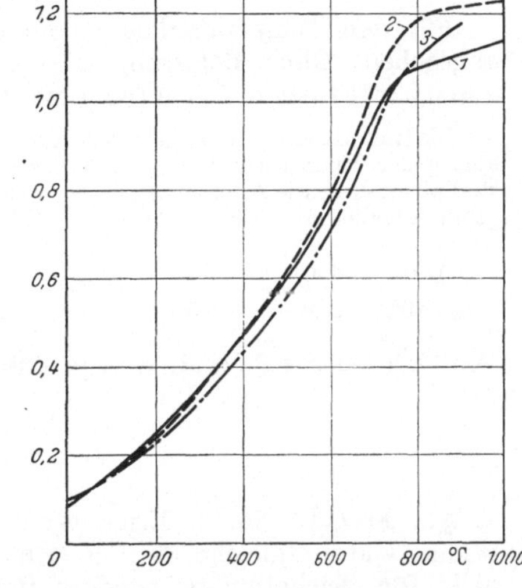

Abb. 26. Widerstandsänderung des reinen Eisens im Vergleich mit der des Platins (BURGESS und KELLBERG)

Abb. 27. Widerstandswerte von drei Eisensorten in Abhängigkeit der Temperatur. Stoffangaben s. Tab. 3

Tabelle 3. Stoffwerte zu Abb. 27

Stoff 1: 0,015% SiO_2; 0,001% Mn; 0,04% Cu; 0,004% Ni; Spuren von O_2.

Stoff 2: Nichtrostende Holzkohleneisen der American Rolling Mill Co., mit 99,94% Fe.

Stoff 3: Elektrolyteisen: 0,00% C, Cu, Mn, Si; 0,0008% S; 0,007% P.

standsänderung des reinen Eisens mit der Temperatur im Vergleich zu Platin darstellt. Im allgemeinen kann man sagen, daß sich der Widerstand des Eisens von 0° bis 150° verdoppelt, bis 430° verfünffacht, bis ungefähr 800° verelffacht. In Abb. 27 sind noch gemessene Widerstandswerte für drei Eisensorten angegeben.

Bezüglich des Einflusses mechanischer Beanspruchungen kann man bei reinem Eisen angeben: Zug vergrößert und steigender Druck verringert den Widerstand. Nach P. W. BRIDGMAN [17] wird die

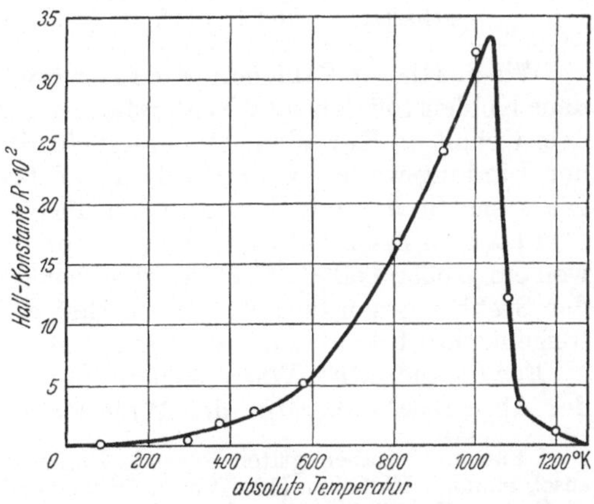

Abb. 28. Temperaturabhängigkeit des HALL-Koeffizienten R_h

Größe $\frac{1}{R}\frac{dR}{dp}$ bei konstanter Temperatur mit steigendem Druck kleiner und bei konstantem Druck mit steigender Temperatur größer. Es werden folgende Zahlenangaben gemacht:

Temperatur		0°	25°	50°	75°	100°
$-\frac{1}{R}\frac{dR}{dp}\cdot 10^7$	bei 0 kg	24,05	24,20	24,36	24,51	24,68
	bei 1200 kg	21,19	21,50	21,80	22,09	22,38

Für den Temperaturkoeffizienten wurden von dem gleichen Verfasser [18] angegeben: Ohne Belastung $\alpha = 0{,}006206$ und bei 12000 kg/mm² Belastung $\alpha = 0{,}006184$ beide Werte für 0 bis 100°.

Die HALL-Konstante R_h für reines Eisen wächst mit steigender Temperatur, im allgemeinen analog der Temperaturabhängigkeit der Permeabilität, um oberhalb 1050° absolut wieder steil abzufallen, wie Abb. 28 zeigt[1] (A. W. SMITH [143] und [144]). E. BOSSA [13,14] macht folgende Angaben über den Einfluß der Feldstärke $\mathfrak{H}$ auf den R_h-Wert:

$\mathfrak{H}$ (in Örsted)	0,2	0,5	1,0	3,5	5,1	7,1	10,5
$R_h \cdot 10^8$ (in cgs)	34,5	30,7	27,2	17,5	14,1	12,6	12,3

Von 10 Örsted an soll der R_h-Wert praktisch konstant bleiben.

3. Kohlenstoffstähle

§ 8. Fremdstoffe im Eisen erhöhen bei gelösten äquivalenten Mengen den Widerstand um gleiche Beträge (BENEDICKsche Regel). Diese Regel gilt jedoch nicht für gleichatomare, sondern für gleichmolekulare Konzentrationen (E. D. CAMPBELL [34]). Demnach nimmt der spez. Widerstand des Eisens mit steigendem C-Gehalt zu, und zwar bis zu 0,9% C stärker als oberhalb der eutektoiden Zusammensetzung, s. hierzu Abb. 29. Bezüglich des Einflusses der Härtung auf die Höhe des spez. Widerstandes mögen die in Tab. 4 zusammengestellten Zahlenangaben gemacht werden (E. D. CAMPBELL, G. W. WITHNEY [35]):

Tabelle 4

Gew.-% C	0	0,11	0,23	0,45	0,60	0,82	0,97	1,02	1,19	1,30
$\varrho \cdot 10^6\,\Omega$ cm geglüht	10,48	10,93	11,35	12,12	12,66	13,54	14,00	14,80	15,52	16,16
gehärtet:	10,63	10,99	11,58	14,46	19,19	24,99	29,19	34,04	38,81	37,37

Wie aus diesen Zahlenangaben hervorgeht, erhöht auch der als Karbid gebundene Kohlenstoff den spez. Widerstand merklich, und zwar annähernd proportional dem Gehalt an Karbiden. Der unterschiedliche Einfluß des Kohlenstoffes je nach der Bindungsweise erklärt auch die Tatsache, daß die Leitfähigkeit eines angelassenen Stahles mit Bestandteilen, die eine größere Verwandtschaft zum Kohlenstoff als zum Eisen haben, nur wenig von der ohne jene Elemente verschieden ist, weil ein großer Teil als Karbide abgeschieden wird, also nicht in Lösung ist. Wird der Stahl dagegen entkohlt, so wächst der Widerstand merklich, weil sich das freigemachte Fremdmetall im Eisen löst [50].

Für die induktive Wärmebehandlung ist von Interesse, daß auch mit steigender Abschrecktemperatur der Widerstand zunimmt, und zwar um so mehr, je

---

[1] Für die Angaben gelten folgende Dimensionen: Transversale Potentialdifferenz U_h in absol. el.magn. Einheiten (10⁻⁸ Volt); Dicke der Leiterplatte $d = 1$ cm (in Richtung der magnetischen Kraftlinien gemessen); Strom $I = 1$ CGS (10 Amp); Feldstärke $\mathfrak{H} = 1$ Örsted. $\mathfrak{B} = 1$ GAUSS (10⁻⁴ Volt · sek/m²).

größer der C-Gehalt ist. Es seien hier die Zahlenangaben einer älteren Arbeit wiedergegeben (E. MAURER nach A. PORTEVIN [107]) s. Tab. 5, s. a. W. KÖSTER [95].

Der Einfluß von Kaltverformungen wird durch Glühen bei Temperaturen unterhalb von 400° bis zu einem Minimalwert des Widerstandes bei etwa 600° aufgehoben, um bei höheren Temperaturen wieder anzusteigen. In Abb. 30 sind die Meßergebnisse aus einer Arbeit von W. KÖSTER und H. TIEMANN [96] wiedergegeben[1].

In Abb. 31 sind Isothermen für den elektrischen Widerstand in Abhängigkeit des C-Gehaltes aufgetragen. Bemerkenswert ist, daß sich der eutektoide (geglühte) Stahl mit einem Gehalt von 0,89% C von den benachbarten Gemischen unterscheidet, indem er ein relatives Maximum aufweist. Dieses bleibt beim Erhitzen bis zum Übergang in die feste Lösung bei 760° erhalten und tritt beim Abkühlen bis zur kritischen Temperatur 720° von neuem auf (s. P. SALDAU [131]).

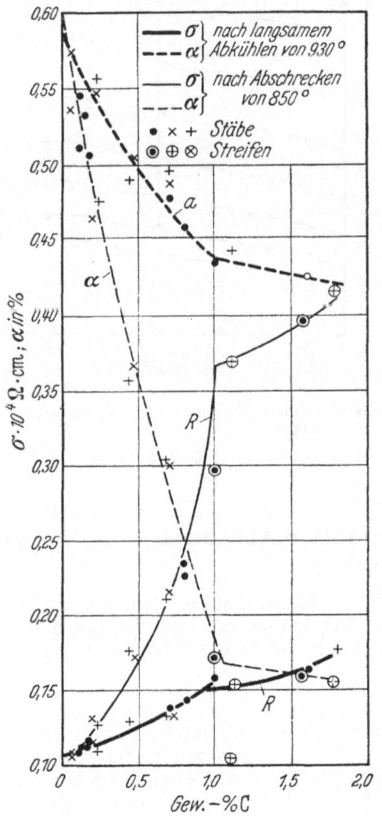

Abb. 29. Spezifischer Widerstand und Temperaturkoeffizient in Abhängigkeit vom C-Gehalt und der thermischen Weiterbehandlung ($\sigma = \varrho$)

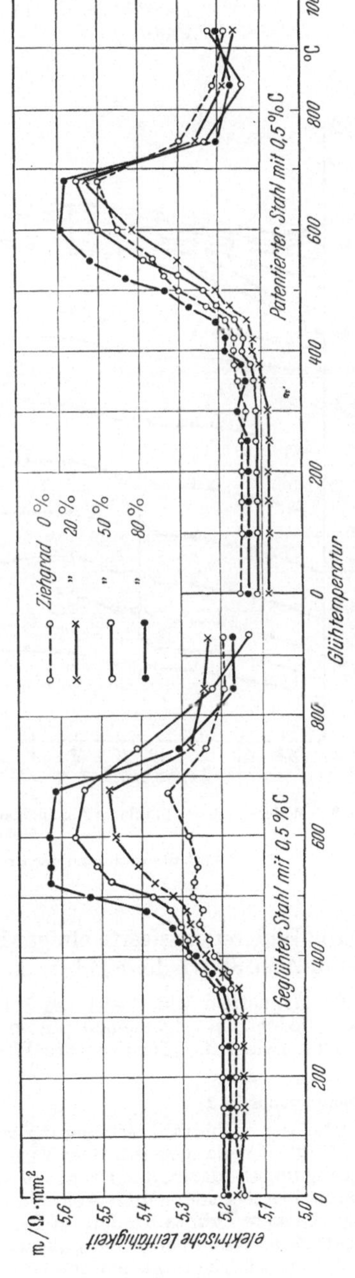

Abb. 30. Abhängigkeit der elektrischen Leitfähigkeit von der vorhergegangenen Glühung für verschiedene Stähle und Ziehgrade

---

[1] Fußnote siehe S. 24.

Tabelle 5 ·

Gew.-% C	0,4	0,83		1,2	
$\varrho \cdot 10^6\,\Omega \cdot$ cm 800° geglüht	0,139	0,142	0,144	0,184	0,216
Zunahme von ϱ in % durch Härten bei: 800°	—	43	—	74	—
1000°	15	—	—	—	—
1100°	—	—	83	—	126

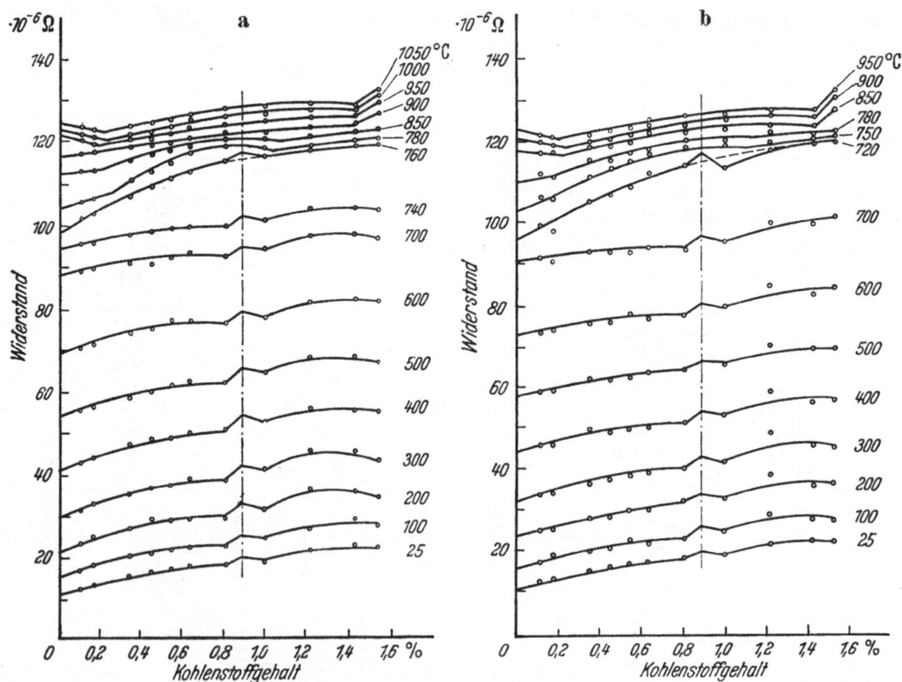

Abb. 31. Widerstand der Stähle in Abhängigkeit des Kohlenstoffgehaltes bei verschiedenen Temperaturen nach einer Arbeit von P. SALDAU

a Verhalten während der Erwärmung;   b Verhalten während der Abkühlung

Die Widerstandswerte einiger legierter Stähle in Abhängigkeit der Temperatur sind in Abb. 32 wiedergegeben (s. auch Tab. 6).

Im Magnetfeld ändert sich der Widerstand der Kohlenstoffstähle analog dem des reinen Eisens, jedoch im allgemeinen um so weniger, je härter der Stahl ist. Bei hohen Temperaturen überwiegt die *Abnahme* des Widerstandes durch die in der Nähe des CURIE-Punktes

---

Fußnote 1 von Seite 23.

[1] Bei der Stahldrahtverfeinerung werden Drähte, von denen hohe Festigkeit bei genügender Zähigkeit verlangt wird, einer Vergütung unterzogen: *Patentieren* oder *Zementieren*. Dieser Vorgang besteht darin, den Draht auf geeignete Temperatur zu erhitzen und im Durchlaufofen sodann einer beschleunigten Abkühlung zu unterwerfen: *Luft*patentierung und *Blei*patentierung. Stärkere Drähte werden im Ring in einem Muffelofen erhitzt und in flüssiges Blei getaucht: *Zementieren* oder *Tauchpatentieren*. Durch diese Behandlung wird das Gefüge in einen für das nachfolgende Ziehen besonders geeigneten Zustand übergeführt: in den sorbitischen Perlit, der neben einer verhältnismäßig hohen Festigkeit ein ausgezeichnetes Kaltverformungsvermögen besitzt [*47*].

stets beträchtliche Steigerung der *wahren* Magnetisierung durch das Magnetfeld die Widerstandszunahme im longitudinalen Magnetfeld so, daß stets — im longitudinalen und transversalen — Magnetfeld eine Widerstandsabnahme stattfindet, s. hierzu [49] und H. H. POTTER, H. H. WILLS [119].

Tabelle 6. *Werte zu Abb. 32*

Kurve	Stahlzusammensetzung in Gew.-%								Literatur
	C	Ni	Cr	Mn	Si	W	S	P	
A	0,023			0,025	0,007	—	0,020	0,007	POWELL, R. W.: Proc.
B	0,39	3,55	0,85	0,64	0.21	—			physic Soc. London **46,**
C	0,27	0,37	13,65	0,29	0;27	—			659, (1934).
D	0,15	8,04	17,87	0,26	0,19	—			HANDAU, K., u. T. SIMI-
E	0,46	26,86	15,20	1,18	1,30	2,77	0,014	0,018	DU: Tohoku Imp Univ.
F	0,44								Sci. Repts. **6,** 219, (1917).
G	1,50								RIBBECK, F.: Z. Phys.
H		5,5							**39,** 787, (1926).
J		14,7							
K		25,0							RUF, K.: Z. Elektro-
L			12,0						chemie **34,** 813, (1928).
M			25,0						

Freie Felder bedeuten, daß Angaben fehlen.

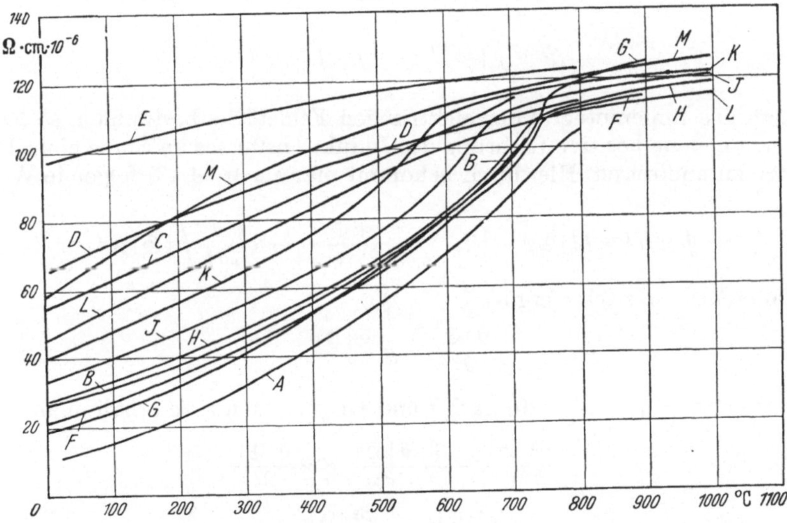

Abb. 32. Widerstände verschiedener Stähle in Abhängigkeit der Temperatur. Nähere Angaben s. Tab. 6 (nach POWELL, HANDAU, SIMIDU, RIBBECK, RUF, STANSEL)

C. Axialer Stromfluß in einem zylindrischen Leiter

1. Allgemeines

§ 9. Wir betrachten den kurzen Abschnitt eines geraden zylindrischen Leiters, wie er in Abb. 33 skizziert ist. In diesem Fall kann man annehmen, daß die elektrische und magnetische Feldstärke nur vom Radius r abhängt und in jedem Querschnitt die gleichen Werte besitzt. Die elektrische Feldstärke ist wie die Stromdichte axial gerichtet und die magnetische Feldstärke hat überall tangentiale Richtung. Für die Beziehung zwischen Stromdichte und Feldstärke gilt

$$\mathfrak{G} = \varkappa\,\mathfrak{E}$$

(Ohmsches Gesetz für das Volumelement).

Auf Grund des Durchflutungsgesetzes [Gl. (4)]

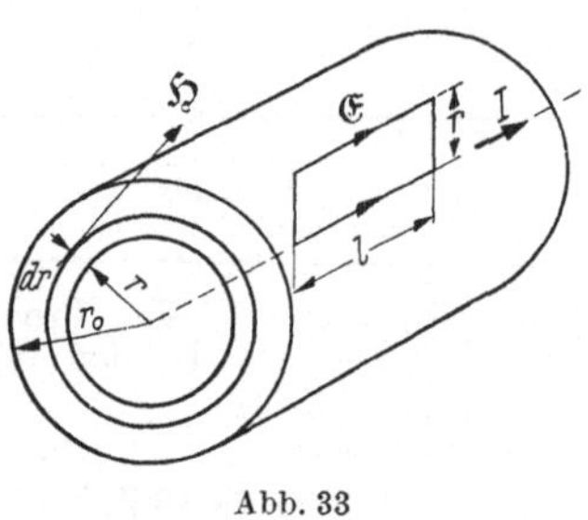

Abb. 33

$$\oint \mathfrak{H}\,dl = \int_0^i \mathfrak{G}\,df$$

erhält man:

$$2\,\pi\,r\,|\mathfrak{H}| = \int_0^r |\mathfrak{G}|\,2\,\pi\,r\,dr\,.$$

Differenziert man nach r, so wird:

$$\frac{\partial |\mathfrak{H}|}{\partial r}\,r + |\mathfrak{H}| = r\,\mathfrak{G}$$

oder

$$\frac{\partial |\mathfrak{H}|}{\partial r} + \frac{|\mathfrak{H}|}{r} = \varkappa\,|\mathfrak{E}|\,. \tag{20}$$

Nach Gl. (1) ergibt sich für die Rechteckfläche mit den Seiten r und l

$$\varPhi = \int_0^r |\mathfrak{B}|\,l\,dr = \mu\,l\int_0^r |\mathfrak{H}|\,dr\,.$$

Will man das Linienintegral der elektrischen Feldstärke bestimmen, so hat man die angenommene positive Richtung des Induktionsflusses im Sinne einer Rechtsschraube zu umkreisen. Hierdurch bekommt man nach Gl. (3) folgende Werte:

$$\oint \mathfrak{E}\,dl = l\,(|\mathfrak{E}_0| - |\mathfrak{E}_r|) = -\frac{d\varPhi}{dt} = -\mu\,l\frac{\partial}{\partial t}\int_0^r |\mathfrak{H}|\,dr\,.$$

Das Differenzieren nach r ergibt:

$$\frac{\partial |\mathfrak{E}|}{\partial r} = \mu\,\frac{\partial |\mathfrak{H}|}{\partial t}\,. \tag{21}$$

Differenziert man jetzt Gl. (20) nach t und Gl. (21) nach r, so erhält man

$$\frac{\partial^2 |\mathfrak{H}|}{\partial r\,\partial t} + \frac{1}{r}\,\frac{\partial |\mathfrak{H}|}{\partial t} = \varkappa\,\frac{\partial |\mathfrak{E}|}{\partial t}$$

und

$$\frac{\partial^2 |\mathfrak{E}|}{\partial r^2} = \mu\,\frac{\partial^2 |\mathfrak{H}|}{\partial t\,\partial r}\,.$$

Ferner durch Verwendung dieser Werte und der Gl. (21):

$$\frac{\partial^2 |\mathfrak{E}|}{\partial r^2} + \frac{1}{r}\,\frac{\partial |\mathfrak{E}|}{\partial r} = \varkappa\,\mu\,\frac{\partial \mathfrak{E}}{\partial t}\,, \tag{22}$$

Die Feldgrößen $\mathfrak{G}$, $\mathfrak{H}$ und $\mathfrak{E}$ stellen hier Augenblickswerte dar. Ändern sie sich zeitlich sinusförmig, so kann man die komplexe Darstellung benützen:

$$\left.\begin{aligned}
\mathfrak{E} &= |\mathfrak{E}|\,\sqrt{2}\cdot e^{j\omega t}\\
\mathfrak{G} &= |\mathfrak{G}|\,\sqrt{2}\cdot e^{j\omega t}\\
\mathfrak{H} &= |\mathfrak{H}|\,\sqrt{2}\cdot e^{j\omega t}
\end{aligned}\right\} \tag{23}$$

Differenziert man nach der Zeit, so ist:

$$\frac{\partial \mathfrak{E}}{\partial t} = j\,\omega\,|\mathfrak{E}|\,\sqrt{2}\cdot e^{j\omega t} = j\,\omega\,\mathfrak{E}$$

$$\frac{\partial \mathfrak{H}}{\partial t} = j\,\omega\,|\mathfrak{H}|\,\sqrt{2}\cdot e^{j\omega t} = j\,\omega\,\mathfrak{H}$$

$$\frac{\partial \mathfrak{G}}{\partial t} = j\,\omega\,|\mathfrak{G}|\,\sqrt{2}\cdot e^{j\omega t} = j\,\omega\,\mathfrak{G}\,.$$

Führt man diese Ansätze in Gl. (22) ein, so wird:

$$\frac{d^2\mathfrak{E}}{d\,r^2} + \frac{1}{r}\,\frac{d\mathfrak{E}}{d\,r} - j\,\omega\,\mu\,\varkappa\,\mathfrak{E} = 0\,. \tag{24}$$

Es können jetzt die totalen Differentialquotienten verwendet werden, da die Zeitabhängigkeit bereits durch die Einführung der Zeitvektoren berücksichtigt ist. Zur Vereinfachung setzen wir:

$$-\,j\,\omega\,\mu\,\varkappa = k^2 \tag{24 a}$$

und erhalten:

$$\frac{d^2\mathfrak{E}}{d\,r^2} + \frac{1}{r}\,\frac{d\mathfrak{E}}{d\,r} + k^2\,\mathfrak{E} = 0\,.$$

Dies ist die Differentialgleichung für die BESSELschen Funktionen der Ordnung Null, die auch als Gleichung einer eindringenden Welle aufgefaßt werden kann [*86*], mit der allgemeinen Lösung:

$$\mathfrak{E} = c_1\,J_0\,(k\,r) + c_2\,Y_0\,(k\,r)\,.$$

Da die Feldstärke an allen Stellen im Leiterquerschnitt nur endliche Werte annehmen kann, kommen nur diejenigen Werte der Funktion in Frage, die auch für $r = 0$ endlich werden, und dies ist die Funktion erster Art. Damit erhalten wir die Feldstärke:

$$\mathfrak{E} = c_1\,J_0\,(k\,r)\,. \tag{25}$$

Die Entwicklung dieser BESSELschen Funktion ist:

$$J_0\,(k\,r) = 1 - \frac{1}{1!^2}\left(\frac{k\,r}{2}\right)^2 + \frac{1}{2!^2}\left(\frac{k\,r}{2}\right)^4 - \frac{1}{3!^2}\left(\frac{k\,r}{2}\right)^6 + \cdots$$

Bildet man hiervon die erste Ableitung, so ergibt sich:

$$\frac{d\,J_0\,(k\,r)}{d\,r} = -\,\frac{2\,k^2\,r}{2^2} + \frac{4\,k^4\,r^3}{2!^2\,2^4} - \frac{6\,k^6\,r^5}{3!^2\,2^6} + \cdots = -\,k\left(\frac{k\,r}{2} - \frac{(k\,r)^3}{2^4} + \frac{(k\,r)^5}{6\cdot 2^6} - \cdots\right).$$

Der Klammerausdruck stellt eine BESSEL-Funktion erster Ordnung dar und wird mit $J_1(k\,r)$ bezeichnet (s. JAHNKE und EMDE: Funktionentafeln [*81*]). Mit Hilfe der Gl. (21) erhält man für die magnetische Feldstärke

$$\mathfrak{H} = \frac{1}{j\,\omega\,\mu}\,\frac{d\,\mathfrak{E}}{d\,r}$$

oder

$$\mathfrak{H} = \frac{-\,k\,c_1\,J_1\,(k\,r)}{j\,\omega\,\mu}\,.$$

Für den durch den Leiter fließenden Gesamtstrom ergibt sich auf Grund des Durchflutungsgesetzes, Gl. (4):

$$I = 2\,\pi\,r_0\,\mathfrak{H}_{r_0} = -\,\frac{2\,\pi\,k\,r_0\,\boldsymbol{J}_1\,(k\,r)}{j\,\omega\,\mu}\,c_1\,. \tag{26}$$

Die Konstante c_1 läßt sich leicht folgendermaßen bestimmen:
In der Beziehung

$$\mathfrak{E} = c_1\,\boldsymbol{J}_0\,(k\,r) \tag{27}$$

wird $\boldsymbol{J}_0(k\,r) = 1$ für $r = 0$, d.h. c_1 ist gleich $\mathfrak{E}_0$, wo $\mathfrak{E}_0$ die Feldstärke in der Mittellinie des Leiters ist. Damit erhält man für den Gesamtstrom

$$I = -\,\frac{2\,\mu\,k\,r_0\,\boldsymbol{J}_1\,(k\,r)}{j\,\omega\,\mu}\,\mathfrak{E}_0$$

und aus Gl. (25) für die Feldstärke an der Oberfläche

$$\mathfrak{E}_{r_0} = \mathfrak{E}_0\,\boldsymbol{J}_0\,(k\,r_0)\,.$$

Es möge nun ein Leiterstück von der Länge l betrachtet werden, und zwar für zwei Fälle: Erstens möge es ein schlechter und zweitens ein guter Leiter sein.

2. Schlechter Leiter

§ 10. In diesem Fall besteht die Leitfähigkeit aus einem ohmschen und kapazitiven Anteil. Das Ersatzschaltbild gibt Abb. 34 wieder. Hierfür ist die Leitfähigkeit

$$\varkappa = 1/\varrho + j\,\omega\,\zeta\,.$$

Entsprechend unserer Voraussetzung möge ϱ sehr hoch sein, so daß der Ausdruck $1/\varrho$ vernachlässigbar klein wird. Wir erhalten also für Gl. (24a)

$$k^2 = -\,j\,\omega\,\mu\,j\,\omega\,\zeta = \omega^2\,\mu_0\,\mu_r\,\zeta\,.$$

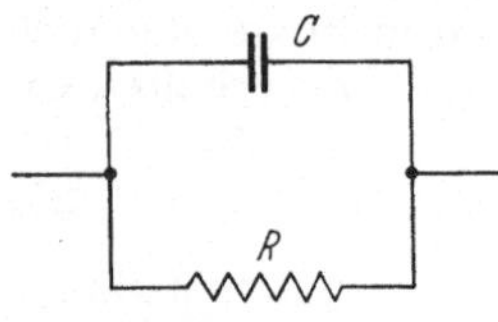

Abb. 34

μ_r wird in diesem Fall voraussetzungsgemäß gleich 1 und es ist:

$$\mu = \mu_0 = 4\,\pi\,10^{-9}\ \text{Volt} \cdot \text{sek}/\text{Amp} \cdot \text{cm}\,.$$

C beziehen wir auf die Einheit 1 cm³ und einen Stoff, der die Dielektrizitätskonstante ε_r haben möge. Damit können wir für $C = \varepsilon_0 \cdot \varepsilon_r$ schreiben. ε_0 ist die Dielektrizitätskonstante des leeren Raumes und hat den Wert

$$\frac{1}{4\,\pi\,9 \cdot 10^{11}}\ \text{Coulomb}/\text{Volt} \cdot \text{cm}\,.$$

Damit erhalten wir für:

$$\varepsilon_0\,\mu_0 = \frac{1}{9 \cdot 10^{20}}\ \text{sek}^2/\text{cm}^2$$

und für

$$\sqrt{\varepsilon_0\,\mu_0} = \frac{1}{3 \cdot 10^{10}}\ \text{sek}/\text{cm} = 1/c\,,$$

wo c die Lichtgeschwindigkeit im leeren Raum ist. Es wird also

$$k = \frac{2\,\pi\,f}{3 \cdot 10^{10}}\,\sqrt{\varepsilon_r} = \frac{2\,\pi}{\lambda}\,\sqrt{\varepsilon_r}\,,$$

wo λ die Wellenlänge in cm ist. Gemäß Gl. (25) und (27) und Vorausgesagtem haben wir somit für die Feldstärke

$$\mathfrak{E} = \mathfrak{E}_0\, \boldsymbol{J}_0 \left(\frac{2\pi}{\lambda}\, \sqrt{\varepsilon_r}\, r \right). \tag{28}$$

Das Verhältnis $\mathfrak{E}/\mathfrak{E}_0$ für einen Stoff mit $\varepsilon_r = 49$ ist beispielsweise in Abb. 35 für verschiedene Wellenlängen aufgezeichnet.

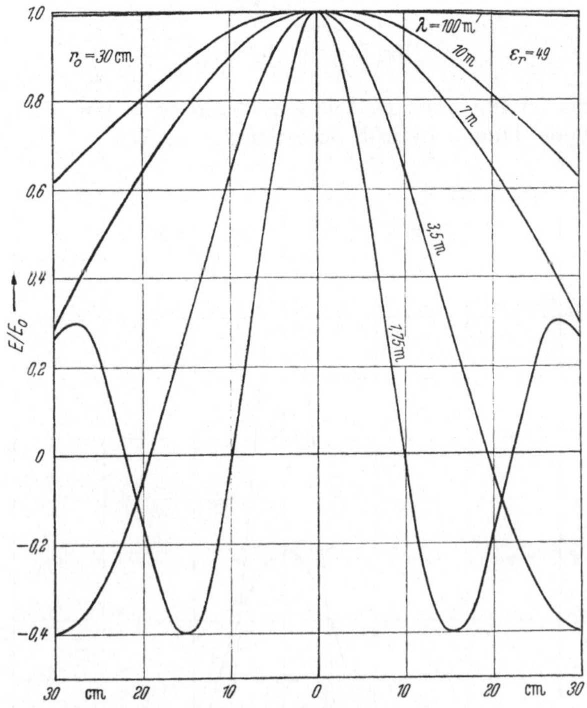

Abb. 35. Feldstärkenverteilung in einem schlechten Leiter mit einem Radius von $r_0 = 30$ cm für verschiedene Wellenlängen

Die in dem Leiterstück an einer beliebigen Stelle r erzeugte spezifische Leistung ist:

$$N = \frac{\mathfrak{E}^2}{\varrho} = \frac{\mathfrak{E}_0^2\, \boldsymbol{J}_0^2 \left(\dfrac{2\pi}{\lambda}\, \sqrt{\varepsilon_r}\, r \right)}{\varrho}$$

und die gesamte in der Längeneinheit erzeugte Leistung:

$$N_g = \int\limits_0^{r_0} \frac{2\pi r\, \mathfrak{E}^2\, d r}{\varrho} = \int\limits_0^{r_0} \frac{2\pi r\, \mathfrak{E}_0^2\, \boldsymbol{J}_0^2 \left(\dfrac{2\pi}{\lambda}\, \sqrt{\varepsilon_r}\, r \right) d r}{\varrho} = \frac{2\pi\, \mathfrak{E}_0^2}{\varrho\, (2\pi\, \sqrt{\varepsilon_r}/\lambda)^2} \int\limits_{x=0}^{x=\frac{2\pi r_0}{\lambda_0}\sqrt{\varepsilon_r}} (x)\, \boldsymbol{J}_0^2 (x)\, d x\,.$$

Die Auflösung des Integrals ergibt:

$$N_g = \frac{\pi\, r_0^2\, \mathfrak{E}_0^2}{\varrho} \left[\boldsymbol{J}_0^2 \left(\frac{2\pi r_0}{\lambda}\, \sqrt{\varepsilon_r} \right) + \boldsymbol{J}_1^2 \left(\frac{2\pi r_0}{\lambda}\, \sqrt{\varepsilon_r} \right) \right].$$

Hieraus erhält man für die mittlere spezifische Leistung:

$$N_m = \frac{\mathfrak{E}_0^2}{\varrho}\left[\boldsymbol{J}_0^2\left(\frac{2\pi r_0}{\lambda}\sqrt{\varepsilon_r}\right) + \boldsymbol{J}_1^2\left(\frac{2\pi r_0}{\lambda}\sqrt{\varepsilon_r}\right)\right].$$

Setzen wir nun N und N_m zueinander ins Verhältnis, so erhalten wir einen Ausdruck, der uns die Verteilung der im Feld erzeugten Leistung angibt:

$$N/N_m = \frac{\boldsymbol{J}_0^2\left(\dfrac{2\pi r_0}{\lambda}\sqrt{\varepsilon_r}\right)}{\boldsymbol{J}_0^2\left(\dfrac{2\pi r_0}{\lambda}\sqrt{\varepsilon_r}\right) + \boldsymbol{J}_1^2\left(\dfrac{2\pi r_0}{\lambda}\sqrt{\varepsilon_r}\right)}. \tag{29}$$

Dieses Verhältnis ist für einen Radius von 30 cm bei einem Wert für $\varepsilon_r = 49$ für verschiedene Wellenlängen in Abb. 36 aufgetragen. Wir erkennen, daß mit Ab-

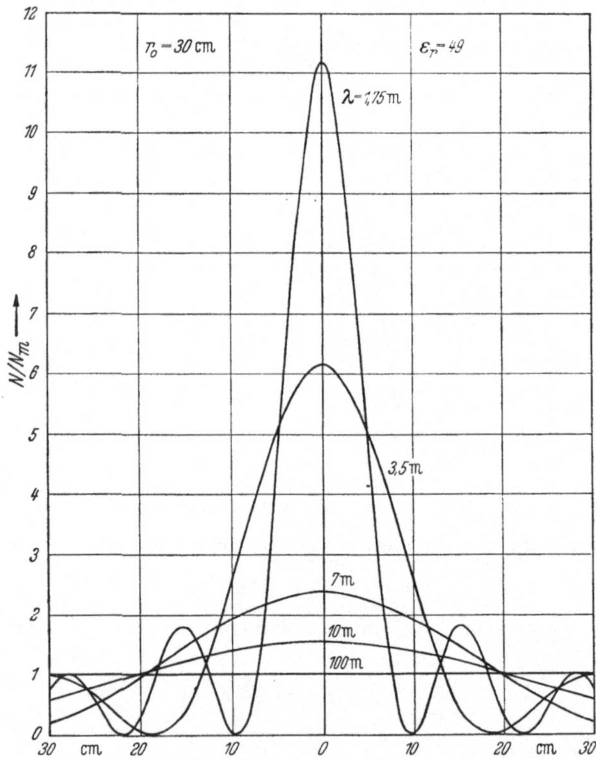

Abb. 36. Leistungsverteilung in einem schlechten Leiter mit einem Radius von $r_0 = 30$ cm für verschiedene Wellenlängen

nehmen der Wellenlänge diese Verteilung sehr ungleichmäßig werden kann. Für die kleinste Wellenlänge, die man anwenden darf, wenn der maximale Unterschied in der Verteilung nur 5% betragen soll, erhält man:

$$\lambda_k = 2{,}02 \cdot r_{\mathrm{cm}}\sqrt{\varepsilon_r}. \tag{30}$$

Es ist dies z. B. die kritische Frequenzschwelle, die bei der dielektrischen Wärmebehandlung beachtet werden muß.

3. Guter Leiter

§ 11. Das Ersatzschaltbild hat in diesem Fall einen ohmschen Anteil und einen solchen der Induktivität, s. Abb. 37. Für den Widerstand gilt dann:

$$\Re = R + j\,\omega\,L\,.$$

Die an diesem Leiterstück meßbare Spannung kann durch das an der Oberfläche gebildete Linienintegral der elektrischen Feldstärke $\mathfrak{E}_{r_0}$ dargestellt werden, und man kann für $l = 1$ schreiben:

$$I\,(R + j\,\omega\,L) = \mathfrak{E}_{r_0}\,.$$

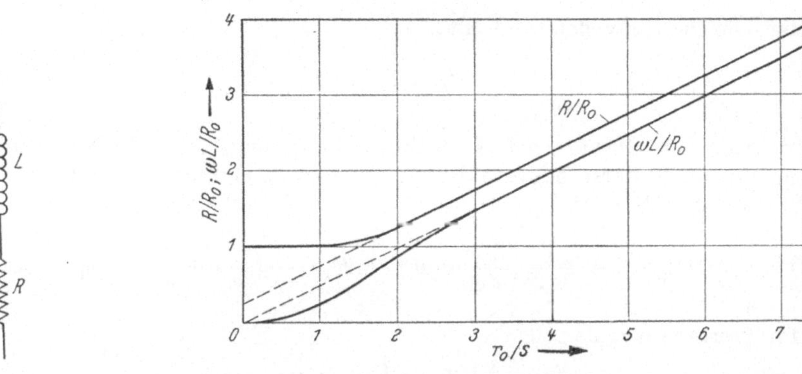

Abb. 37   Abb. 38. Widerstandsverhältnisse für Wechselstrom (R und $\omega\,L$) zu Gleichstrom (R_0) in Abhängigkeit von r_0/s

Die Feldstärke läßt sich aus Gl. (27) bestimmen. Zunächst ergibt sich aus Gl. (26) für

$$c_1 = -\,\frac{j\,\omega\,\mu}{2\,\pi\,r_0\,k}\,\frac{I}{J_1\,(k\,r_0)}$$

und mit Gl. (24a) und (27):

$$\mathfrak{E}_{r_0} = \frac{I\,k\,\varrho}{2\,\pi\,r_0}\,\frac{J_0\,(k\,r_0)}{J_1\,(k\,r_0)}\,,$$

so daß auf die Längeneinheit bezogen

$$R + j\,\omega\,L = \frac{k\,\varrho}{2\,\pi\,r_0}\,\frac{J_0\,(k\,r_0)}{J_1\,(k\,r_0)}\,.$$

Aus dieser Beziehung lassen sich die Größen R und L durch Gleichsetzung mit den (von k herrührenden) reellen und imaginären Teilen berechnen. Es ist nun üblich, den Begriff der Eindringtiefe zu verwenden. Bei den *höheren Frequenzen* nimmt die Stromdichte von der Leiteroberfläche nach dem Leiterinnern nach einer Exponentialfunktion ab, so daß die Stromleitung unter Umständen nur in einer dünnen Schicht an der Leiteroberfläche erfolgt. Man spricht vom Haut- oder Skineffekt. Als Ein-

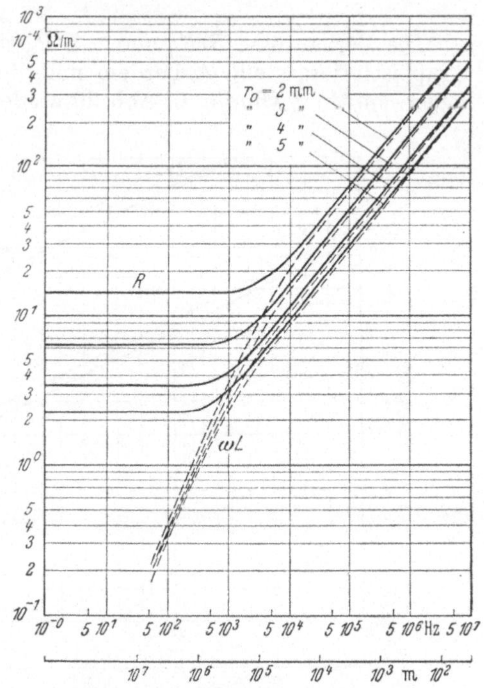

Abb. 39. Wechselstrom-Widerstandswerte für verschiedene Cu-Leiter in Abhängigkeit der Frequenz

dringtiefe wird die jenige definiert, bei der der Strom auf den e^{-1}-Teil des Randwertes abgeklungen ist.

Man setzt

$$s = \sqrt{\frac{\varrho}{\pi \mu f}} \tag{31}$$

und führt eine neue Größe x ein:

$$x = \frac{r_0}{2} \sqrt{\frac{\pi f \mu}{\varrho}} = \frac{r_0}{2s} \,.$$

Für den Gleichstromwiderstand gilt:

$$R_0 = \frac{\varrho}{r_0^2 \pi} \,.$$

Mit Hilfe der BESSELschen Funktionen kann man folgende Näherungsgleichungen für die Widerstandsverhältnisse ableiten (s. G. OBERDORFER [*115*]): Für die Werte von $r_0/2s < 1$:

$$R/R_0 = 1 + \frac{1}{3 \cdot 2^4} \left(\frac{r_0}{s}\right)^4 \text{ und } \omega L/R_0 = \frac{1}{4} \left(\frac{r_0}{s}\right)^2 - \frac{1}{6 \cdot 2^6} \left(\frac{r_0}{s}\right)^6$$

und für Werte von $r_0/2s > 1$:

$$R/R_0 = \frac{1}{2} \frac{r_0}{s} + \frac{1}{4} + \frac{3}{32} \left(\frac{s}{r_0}\right)$$

$$\omega L/R_0 = \frac{1}{2} \frac{r_0}{s} - \frac{3}{32} \left(\frac{s}{r_0}\right) + \frac{3}{32} \left(\frac{s}{r_0}\right)^2 \,.$$

Die Verhältnisse R/R_0 und $\omega L/R_0$ sind in Abb. 38 in Abhängigkeit von r_0/s graphisch dargestellt. Außerdem sind die Widerstandswerte für verschiedene Cu-Querschnitte in Ohm/m in Abb. 39 wiedergegeben. Abb. 40 zeigt die Eindringtiefe

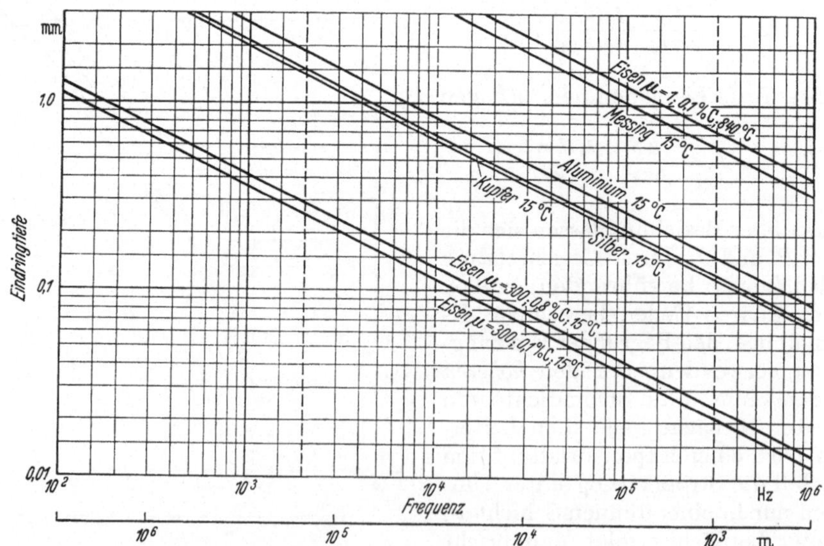

Abb. 40. Eindringtiefe für verschiedene Stoffe in Abhängigkeit der Frequenz bzw. Wellenlänge. $\mu = \mu_r$

für verschiedene Stoffe in Abhängigkeit der Frequenz, und zwar berechnet in mm nach der Formel (31):

$$s = 503 \sqrt{\frac{\varrho}{\mu_r f}}\ [\text{mm}]\,, \qquad (32)$$

worin

ϱ der OHMSCHE Widerstand in $\Omega \cdot \text{mm}^2 \cdot \text{m}^{-1}$, f die Frequenz in sek^{-1}, μ_r die relative Permeabilität ist.

Zu dieser Gleichung ist zu bemerken, daß die Eindringtiefe noch von der Leistung abhängt und zu niedrigen Frequenzen hin höhere Werte annimmt. Siehe hierzu § 13 und Abb. 50.

D. Strom- und Leistungsverteilung in einer Platte

1. Metallplatte

§ 12. Die elektrischen Wellen hat man sich transversal in den Raum mit Lichtgeschwindigkeit vorstoßend zu denken. Tritt einer solchen Welle ein Metallkörper in den Weg, so dringt sie nur teilweise in den Körper und wird zu einem Teil reflektiert und zerstreut. Für sehr lange elektrische Wellen und für die Wechselströme der normalen Betriebsfrequenz (50 Hz) ist die elektromagnetische Strömung mehr oder weniger an die Strombahn der Leiter gebunden. Die Fortpflanzung der Energie in den Luftraum hinein ist verhältnismäßig gering. Für den Induktionsvorgang und die Energieübertragung auf einen sekundären Leiterkreis ist die Strömung des elektromagnetischen Feldes in den sekundären Leiter hinein maßgebend, wobei das Kraftfeld von dem primären Leiterkreis ausgestrahlt wird. Hiermit ist zu gleicher Zeit eine Energieströmung in das Innere des sekundären Leiters verknüpft. Diese Energie, die dem elektromagnetischen Feld entzogen wird, äußert sich in einer Erwärmung des Leiters. Die elektromagnetische Wellenenergie strömt senkrecht zur Richtung der elektrischen sowie magnetischen Kraft, die Fortpflanzungsrichtung ist also eine Normale zur Ebene der elektrischen und magnetischen Kraftrichtung, siehe hierzu Abb. 41. Fällt die Oberfläche eines Metallkörpers mit den Kraftrichtungen einer elektromagnetischen Strömung zusammen, so dringt die elektromagnetische Energie senkrecht in den Körper ein.

Wir nehmen an, daß wir als Metallkörper eine unendlich große Platte haben, die einseitig vom Luftraum begrenzt ist. Wird die Platte in ein magnetisches

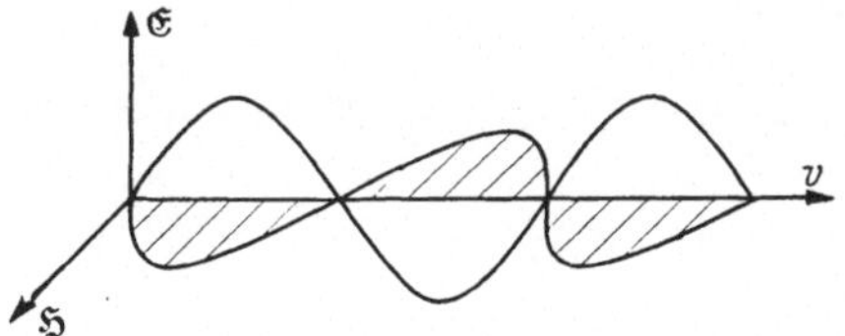

Abb. 41. Ebene elektromagnetische Welle

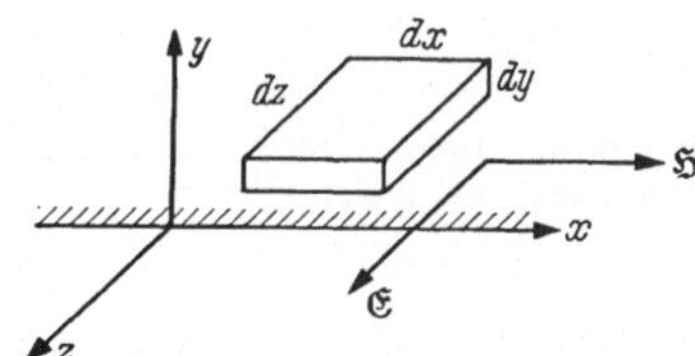

Abb. 42. Zur Stromverteilung in einer ebenen Platte

Wechselfeld gebracht, so werden in den Teilen, die mit den magnetischen Induktionslinien verkettet sind, Wirbelströme erzeugt. Auch in diesem Fall sind die magnetische und elektrische Feldstärke durch das Induktions- und Durchflutungsgesetz miteinander verknüpft. Auf Grund letzterem erhalten wir, wenn wir die magnetische Feldstärke in die x-Richtung, s. hierzu Abb. 42, und die elektrische

Feldstärke in die z-Richtung des Koordinatensystems legen:

$$\mathfrak{H}\,dx - \left(\mathfrak{H} + \frac{\partial \mathfrak{H}}{\partial y}\,dy\right) dx = \varkappa\,\mathfrak{E}\,dx\,dy$$

oder

$$-d\,\mathfrak{H}/dy = \varkappa\,\mathfrak{E}. \tag{33}$$

Das Induktionsgesetz ergibt:

$$-\mathfrak{E}\,dz + \left(\mathfrak{E} + \frac{\partial \mathfrak{E}}{\partial y}\,dy\right) dz = -\mu\,\frac{\partial \mathfrak{H}}{\partial t}\,dy\,dz$$

oder

$$d\,\mathfrak{E}/dy = -j\,\omega\,\mu\,\mathfrak{H}. \tag{34}$$

Aus Gl. (33) und (34) folgt:

$$d^2\,\mathfrak{H}/d\,y^2 = j\,\omega\,\varkappa\,\mu\,\mathfrak{H}.$$

Eine Lösung für diese Gleichung ist der komplexe Ansatz:

$$\mathfrak{H} = c_1\,e^{-\sqrt{j\omega\varkappa\mu}\,y} + c_2\,e^{+\sqrt{j\omega\varkappa\mu}\,y}$$

Da die Feldstärke mit zunehmender Tiefe nicht unbegrenzt zunehmen kann, muß $c_2 = 0$ sein, und wir erhalten als Lösung:

$$\mathfrak{H} = c_1\,e^{-\sqrt{j\omega\varkappa\mu}\,y}$$

Wir setzen nun:

$$\sqrt{j\,\omega\,\mu\,\varkappa} = \frac{\sqrt{2j}}{s} = \frac{1+j}{s} \tag{35}$$

und erhalten:

$$\mathfrak{H} = c_1\,e^{-\frac{1+j}{s}\,y}. \tag{36}$$

Ferner ist:

$$\frac{d\,\mathfrak{H}}{d\,y} = -\frac{1+j}{s}\,c_1\,e^{-\frac{1+j}{s}\,y},$$

und mit Hilfe der Gl. (33) ergibt sich für die elektrische Feldstärke:

$$\mathfrak{E} = \frac{1+j}{s\varkappa}\,c_1\,e^{-\frac{1+j}{s}\,y}. \tag{37}$$

Fügen wir in diese Gleichung für den rechten ersten Faktor den Wert von Gl. (35) nochmals ein, so wird:

$$\mathfrak{E} = \sqrt{\frac{j\,\omega\,\mu}{\varkappa}}\,c_1\,e^{-\frac{1+j}{s}\,y}.$$

Vergleichen wir nun diesen Ausdruck mit demjenigen der Gl. (36), so kommen wir zu folgender wichtigen Erkenntnis:

Zwischen Strom und Spannung in der Metallplatte, d. h. also in dem induktiv zu erwärmenden Werkstück, besteht eine Phasenverschiebung von $45°$ entsprechend dem Winkel von $\sqrt{j}$, unabhängig von dessen Leitfähigkeit und Permeabilität. Man muß also für eine zum Aufheizen des Werkstückes notwendige Wirkleistung eine gleich große Blindleistung aufbringen.

Die Konstante c_1 können wir folgendermaßen bestimmen: Der Wert $\varkappa\,\mathfrak{E}$ ist gleichbedeutend mit der Stromdichte $\mathfrak{G}$. Integrieren wir diesen Wert von 0 bis ∞, so erhalten wir den gesamten in der Platte fließenden Strom. Wir können also schreiben:

$$I_g = \int_0^\infty \mathfrak{G}\, dy = \int_0^\infty \varkappa\,\mathfrak{E}\, dy = \int_0^\infty \frac{1+j}{s}\, c_1 e^{-\frac{1+j}{s} y}\, dy\,.$$

Durch Integration ergibt sich: $I_g = c_1$. Damit erhalten wir für die Stromdichte

$$\mathfrak{G} = \mathfrak{E}\varkappa = I_g \frac{1+j}{s} e^{-\frac{1+j}{s} y}$$

bzw. für das Verhältnis

$$\frac{\mathfrak{G}}{I_g} = \frac{1+j}{s} e^{-\frac{1+j}{s} y}\,. \tag{38}$$

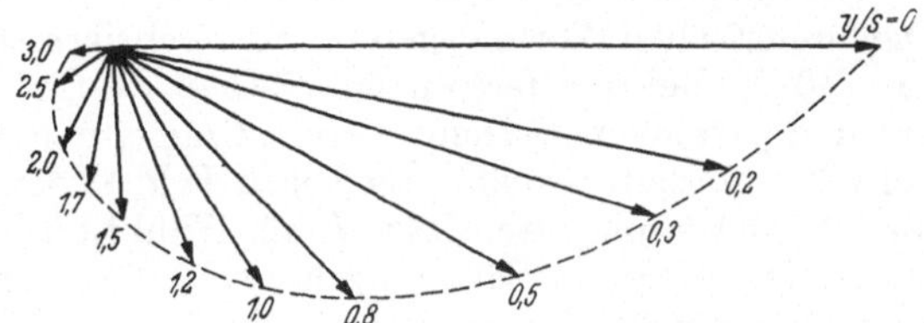

Abb. 43. Vektorielle Darstellung der Stromverteilung in einer Platte

Der Strom klingt also von der Oberfläche aus nach einer e-Funktion ab, allerdings mit einer zunehmenden Phasenverschiebung. Die vektoriellen Werte für verschiedene y/s sind in Abb. 43 wiedergegeben und die Absolutwerte in Abhängigkeit von y/s in Abb. 44. Siehe hierzu auch G. Joos [82].

Die in der Platte je mm³ umgesetzte Leistung, d.h. die Leistungsdichte, erhalten wir aus dem Produkt $\varkappa\,\mathfrak{E}^2$. Da uns nur die Absolutwerte interessieren, können wir schreiben:

$$N = \varkappa\,\mathfrak{E}^2 = \frac{2}{\varkappa s^2} I_g^2\, e^{-2y/s}\,\text{Watt}\,.$$

Wollen wir die gesamte je mm² Oberfläche wirkende Leistung, so müssen wir folgendermaßen integrieren:

$$N_g = \int_0^\infty \frac{2}{\varkappa s^2} I_g^2\, e^{-2y/s}\, dy = \frac{I_g^2}{\varkappa s}\,. \tag{39}$$

Damit erhalten wir für das Verhältnis

$$\frac{N}{N_g} = \frac{2}{s} e^{-2y/s}\,.$$

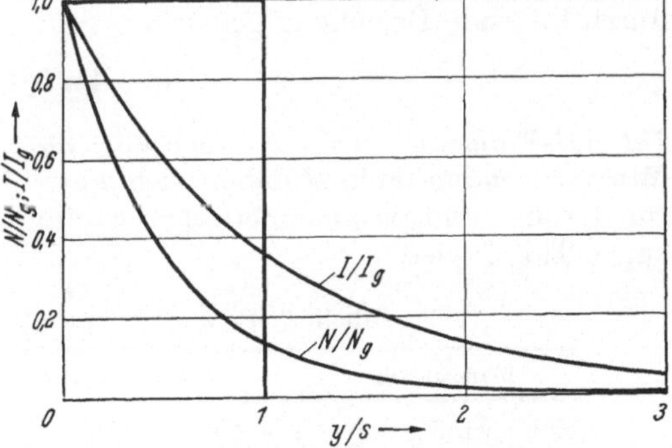

Abb 44. Absolutwerte der Strom- und Leistungsverteilung in Abhängigkeit der Plattentiefe bzw. von y/s

Die Leistung klingt also ebenfalls von der Plattenoberfläche aus nach einer e-Funktion ab. Dies ist auch in Abb. 44 eingetragen. Aus Gl. (39) erkennen wir aber auch noch, daß wir für die Rechnung tatsächlich einen stromführenden Querschnitt mit einer Schichtdicke von s annehmen dürfen.

2. Ferro-magnetische Platte

§ 13. Wir haben seither den Faktor μ in unseren Gleichungen für den jeweiligen Stoff als eine konstante Größe angesehen. Dies ist aber bei den ferro-magnetischen Stoffen, z.B. Stahl, nicht mehr angängig. Die Stoffe teilt man entsprechend ihren magnetischen Eigenschaften in drei Gruppen ein: in diamagnetische, paramagnetische und ferro-magnetische. Diamagnetische bewegen sich im inhomogenen

Magnetfeld zu Stellen geringerer Kraftliniendichte, para- und ferro-magnetische zu Stellen größerer. Ein diamagnetisches Stäbchen stellt sich also zwischen Magnetpolen quer zur Verbindungslinie der Pole und die beiden anderen Gruppen verhalten sich entgegengesetzt. Als Maß für die Polarisierbarkeit dient die Suszeptibilität $\varkappa_s$, die als das Verhältnis der Magnetisierungsintensität J zur erzeugenden Feldstärke H in Örsted definiert ist.

$$\varkappa_s = J/H \quad (cgs\text{-Einheiten}/\text{Örsted}).$$

Für die paramagnetischen Stoffe ist $\varkappa_s > 0$ und für die diamagnetischen $\varkappa_s < 0$. Die numerischen Werte liegen für alle nichtferro-magnetischen Stoffe nahe bei Null ($\varkappa_s \sim 10^{-6}$). Bei den ferro-magnetischen Stoffen ist $\varkappa_s$, das dem Vorzeichen nach mit den paramagnetischen übereinstimmt, um einige Zehnerpotenzen größer und bei schon verhältnismäßig niedrigen Feldstärken keine Konstante mehr. Da sich die Magnetierungsintensität J als Funktion von H mit einem Wendepunkt asymptotisch einem Sättigungswert J_∞ nähert, muß $\varkappa_s$ als Funktion von H oder J eine durch ein Maximum gehende Größe sein. Diese Ausdrucksweise mit Hilfe von J ist im wesentlichen in der physikalischen Literatur gebräuchlich. In der Technik der ferro-magnetischen Stoffe interessiert aber die Summe der J-Linien und der erzeugenden H-Linien, und man bezeichnet sie als Induktion B gemessen in Gauß. Es gilt dann:

$$4\mu J + H = B.$$

Das Verhältnis:

$$B/H = \mu \quad (\text{Gauss}/\text{Örsted})$$

wird als Permeabilität bezeichnet. Damit ist der Zusammenhang zwischen $\varkappa_s$ und μ durch folgende Beziehung gegeben:

$$\mu = 4\pi\varkappa_s + 1.$$

Die μH-Funktion wird also auch eine durch ein Maximum gehende Größe sein. Mit wachsendem Feld H nähert sich μ dem Wert 1. Die sich aus obiger Beziehung für die dia- und paramagnetischen Stoffe ergebenden Werte gibt für einige Beispiele Tab. 7 wieder.

Tabelle 7. *Permeabilitätswerte für* $\mu_r = \mu/\mu_0$ *(s. a. § 3)*

Diamagnetika	μ_r	Paramagnetika	μ_r
Kohlenstoff	$1 - 10 \cdot 10^{-5}$	Zinn	$1 + 0,25 \cdot 10^{-5}$
Silber	$1 - 2 \cdot 10^{-5}$	Magnesium	$1 + 1,5 \cdot 10^{-5}$
Kupfer	$1 - 1 \cdot 10^{-5}$	Aluminium	$1 + 2,1 \cdot 10^{-5}$
Schwefel	$1 - 1 \cdot 10^{-5}$	Chrom	$1 + 33 \cdot 10^{-5}$
Wasser	$1 - 0,9 \cdot 10^{-5}$	Mangan	$1 + 100 \cdot 10^{-5}$

Alle dia- und paramagnetischen Stoffe haben μ-Werte nahe bei 1, und zwar ist bei den ersteren $\mu < 1$ und bei den letzteren $\mu > 1$. Die Werte der ferro-magnetischen Stoffe können Größenordnungen von 10^5 erreichen.

Wir erkennen also, daß wir den Faktor μ in unserer Gleichung für die Eindringtiefe, insbesondere bei den ferro-magnetischen Stoffen, nicht als eine Konstante ansehen dürfen. Sie ist stark feldabhängig. Zur Erklärung der starken Magnetisierbarkeit von Eisen, Stahl und anderen ferro-magnetischen Stoffen bedient man sich der Annahme der Molekularmagnete. Es sind dies kleine, leicht drehbare magnetische Dipole mit konstantem Moment. Die Richtung dieser Molekularmagnete ist im nichtmagnetisierten Stoff völlig ungeordnet, so daß das gesamte magnetische Moment in dem Körper gleich Null ist. Mit steigender Magnetisierung bildet sich immer mehr eine Vorzugsrichtung der Molekularmagnete aus. In einem magnetischen Feld versuchen sich letztere in die Feldrichtung zu stellen, was dann eben eine Magnetisierung des Stoffes zur Folge hat.

Die ferro-magnetischen Stoffe unterscheiden sich noch durch zwei wesentliche Erscheinungen von den paramagnetischen; dies sind die Hysteresis und CURIE-Temperatur.

Zur Erläuterung der Hysteresis der ferro-magnetischen Stoffe fassen J. A. EWING und P. CURIE viele Molekularmagnete zu kleinen Teilgebieten zusammen, in denen sie alle parallel gestellt sind. Die Ausrichtung dieser Teilgebiete unter sich soll, wenn sie sich in keinem magnetischen Feld befinden, vollkommen regellos sein und über größere Bereiche möge die Gesamtmagnetisierung Null sein. Bei schwacher` Magnetisierung drehen sich die Molekularmagnete in den Teilgebieten ein wenig in die Richtung des Feldes, werden aber beim Verschwinden des Feldes in ihre alte Richtung zurückgehen. Mit steigendem Feld wird die Lage der Molekularmagnete immer instabiler, bis sie schließlich in eine neue Lage, die der Feld-richtung eher entspricht, umklappen. Verschwindet nun das Feld wieder, so wird die neue Lage beibehalten werden und damit eine gewisse Magnetisierung zurückbleiben, d. h. es zeigt sich die magnetische Hysteresis.

Bei der Aufnahme einer Magneti-sierungskurve wirkt sich die Hyste-resis wie folgt aus: Hat man die Sätti-gung $4\pi J = B - H$ erreicht und läßt dann die magnetisierende Feldstärke H wieder abnehmen, ändert ihren Rich-tungssinn und geht bis zur entgegen-gesetzten Sättigung $-4\pi J$, so erhält man nicht den gleichen Kurvenverlauf wie bei der erstmaligen Magnetisierung,

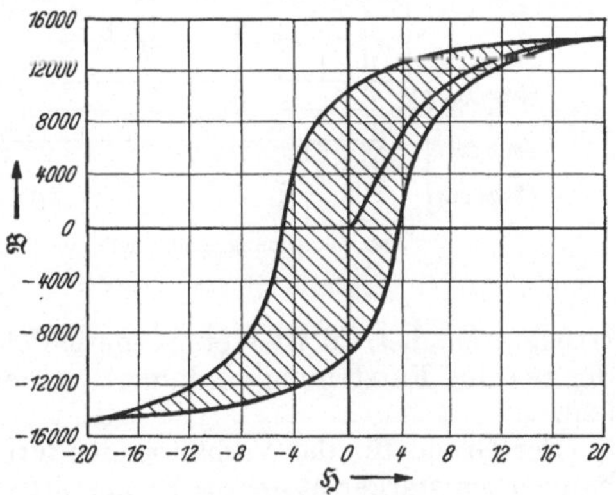

Abb. 45. Magnetische Hysteresiskurve

sondern die in Abb. 45 dargestellte Schleife. Sie wird wegen des Zurückbleibens der Magnetisierung mit Hysteresisschleife bezeichnet. Die von ihr umschlossene Fläche ist ein Maß für die bei der Ummagnetisierung verbrauchte Arbeit, die in Wärme umgesetzt wird. Planimetriert man die Schleife aus, so erhält man für die Arbeit

$$A_B = \frac{1}{4\pi} \int \mathfrak{H}\, d\mathfrak{B} \ \text{erg/cm}^3 \, .$$

Zu beachten ist bei der Permeabilität und der Hysteresis, daß sie eine Fre-quenzabhängigkeit besitzen. Auf Grund mehrerer Versuchsergebnisse, s. Abb. 46, kann man mit großer Wahrscheinlichkeit annehmen, daß die Permeabilität bis zu $3 \cdot 10^5$ Perioden nicht merklich beeinflußt wird [54] und daß sie mit den höheren Frequenzen immer mehr absinkt, um im Bereich der cm-Wellen den Wert 1 zu erreichen. Desgleichen sinken die Hysteresisverluste mit steigender Frequenz merklich. Dies ist durch Meßergebnisse in Feldstärkenbereichen bis zu 14 Ö an dünnen Drähten bestätigt worden (K. KREIELSHEIMER [97]). Es wird angegeben, daß eine Frequenzabhängigkeit für die reversiblen Vorgänge bis zu der 46 m-Welle noch nicht vorhanden ist. Ein merklicher Abfall soll erst bei Frequenzen, welche wesentlich über 10^8 Hz liegen, zu erwarten sein (R. BECKER und W. DÖRING [4]).

Für das Ausfallen des Ferro-Magnetismus bei hohen Frequenzen werden die mikroskopischen Wirbelströme verantwortlich gemacht. Eine Anschauung, die für die Deutung der bisherigen Beobachtungen ausgereicht haben soll. Sie werden in der Umgebung aller Umdrehungen der Molekularmagnete induziert und ihre Stärke ist der Geschwindigkeit der Magnetisierung proportional. Das von ihnen

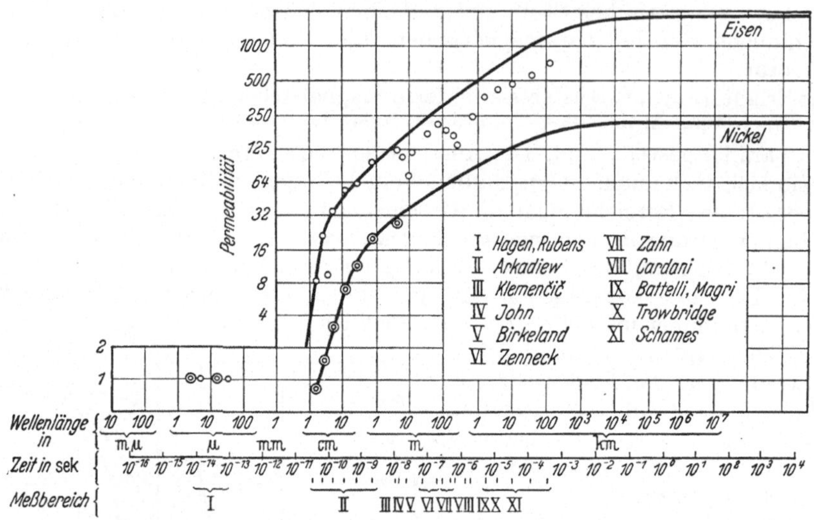

Abb. 46. Abhängigkeit der Permeabilität von der Wellenlänge (Frequenz)

erzeugte Magnetfeld ist stets so gerichtet, daß es die Magnetisierungsänderung, der es seine Entstehung verdankt, zu bremsen versucht (s. BECKER und DÖRING [4]).

Der Grund für das Verhalten der ferro-magnetischen Stoffe ist in dem Vorhandensein starker atomarer Richtkräfte zu suchen, die bestrebt sind, die Molekularmagnete parallel zu stellen. Diese Kräfte werden aber durch Wärmebewegungen, welche die Atome regellos hin und her schwingen lassen, geschwächt. Diese Wärmebewegungen werden mit steigender Temperatur immer intensiver, so daß schließlich diese immer mehr in Erscheinung treten und die Richtkräfte unbedeutend werden. Die Hysteresisschleife wird immer schmäler, und wir erhalten letzten Endes einen paramagnetischen Körper. Dieser Vorgang ist zuerst von P. CURIE mit Sicherheit festgestellt worden. Die Temperatur oberhalb der die ferro-magnetischen Stoffe diese Eigenschaft verlieren, wird mit CURIE-Temperatur bezeichnet. Der Verlust des Ferro-Magnetismus erstreckt sich immer über einen größeren Temperaturbereich, so daß die CURIE-Temperatur meist ungenau definiert ist. Es ist üblich, mit dieser diejenige zu bezeichnen, bei der die Änderung der Magnetisierungsintensität mit der Temperatur am größten ist. Die Verhältnisse beim Eisen-Einkristall sind für verschiedene Feldstärken in Abb. 47 wiedergegeben. Die CURIE-Temperaturen einiger ferromagnetischer Stoffe sind in Tab. 8 aufgeführt. Im CURIE-Punkt ändern sich die

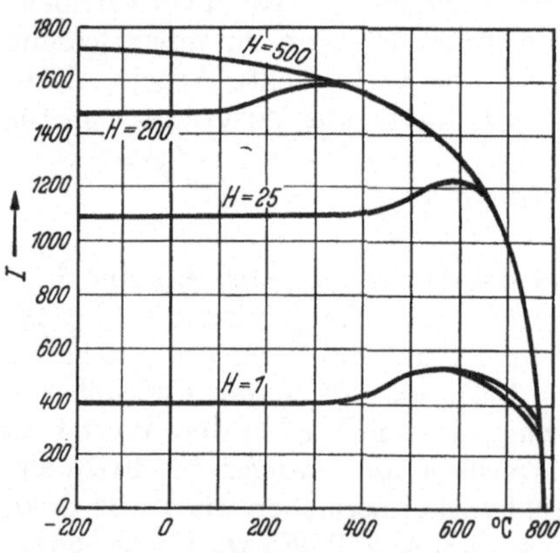

Abb. 47

$J = f(°C)$ nach HONDA, MASUMATO und KAYER

physikalischen Eigenschaften der Stoffe sprunghaft, dies gilt besonders für die spezifische Wärme.

Tabelle 8. *Curie-Temperatur einiger Stoffe*

Stoff:	Eisen	Stahl	Kobalt	Nickel	Fe-Ni
°C	770	870	1130	358	365

Die Abhängigkeit der relativen Permeabilität von der Feldstärke gibt für normalen Stahl Abb. 48 wieder. Wir erkennen, daß μ_r einem Höchstwert zustrebt, um dann wieder abzufallen. Der Bereich oberhalb des Maximums wird als Sättigung bezeichnet.

Wir haben im vorigen Abschnitt gesehen, daß der Strom von der Oberfläche zum Innern des Leiters nach einer e-Funktion abklingt. Das gleiche gilt für die Leistung. Die Steilheit des Abklingens wird durch den Ausdruck s, die Eindringtiefe, bestimmt. In ihm ist auch die relative Permeabilität als Faktor enthalten.

Auf Grund der obigen Gedankengänge erkennen wir nun, daß wir in der Nähe der Oberfläche des Metalls eine hohe magnetische Feldstärke und damit eine niedrige Permeabilität haben. Nach dem Leiterinnern zu nimmt die Feldstärke ab, was aber zunächst eine Zunahme der Permeabilität mit sich bringt. Letzteres zieht aber wieder eine steilere Abnahme der Feldstärke nach sich. Der Effekt steigert sich also immer mehr, bis eben das Maximum von μ_r durchschritten ist. Bei den weiteren Berechnungen machen wir nun die vereinfachende Annahme, daß der verwendete Wert von μ_r derjenige ist, der durch die magnetische Feldstärke unter der Oberfläche bestimmt wird. Hierdurch können wir die früher gewonnenen Ergebnisse weiterhin verwenden (s. hierzu auch § 31).

Bei der induktiven Wärmebehandlung des Stahles werden wir uns in der Mehrzahl der Fälle im Bereich oberhalb des Maximums von μ_r befinden, ins-

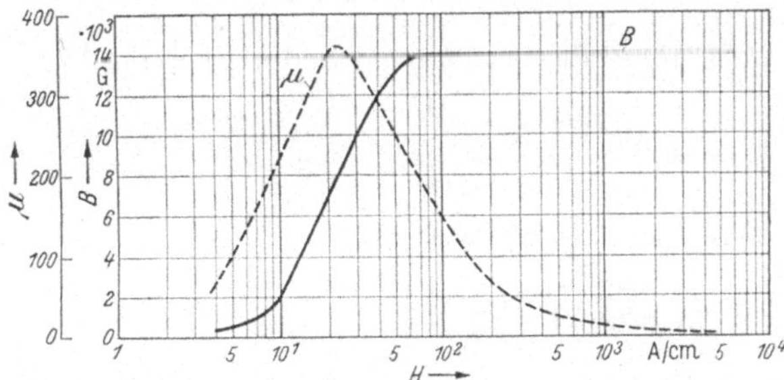

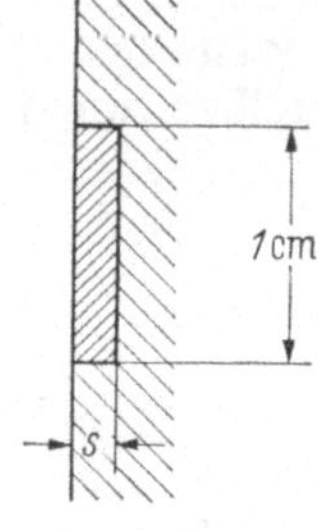

Abb. 48. $B = f(H)$ und $\mu_r = f(H)$ für normalen Stahl   Abb. 49

besondere, wenn wir beim Härten Oberflächeneffekte erzielen wollen. In diesem Feldstärkebereich haben wir eine nahezu lineare Abhängigkeit und wir können für den Stahl der Abb. 48 schreiben:

$$\mu H = 14\,000 \text{ Gauß}.$$

Wir betrachten jetzt einen kleinen Abschnitt der Oberfläche der Stahlplatte entsprechend Abb. 49 mit der Dicke s und von der Länge 1 cm.

Da die magnetische Feldstärke tangential zur Leiteroberfläche gerichtet ist, so muß sie an der Oberfläche stetig übergehen, d.h. es muß auch im Leiterinnern eine magnetische Feldstärke der gleichen Richtung vorhanden sein. Die gesamte

Feldstärke an der Oberfläche wird sich also aus der Summe der von außen aufgezwungenen Feldstärke H_a und der innen direkt an der Oberfläche herrschenden

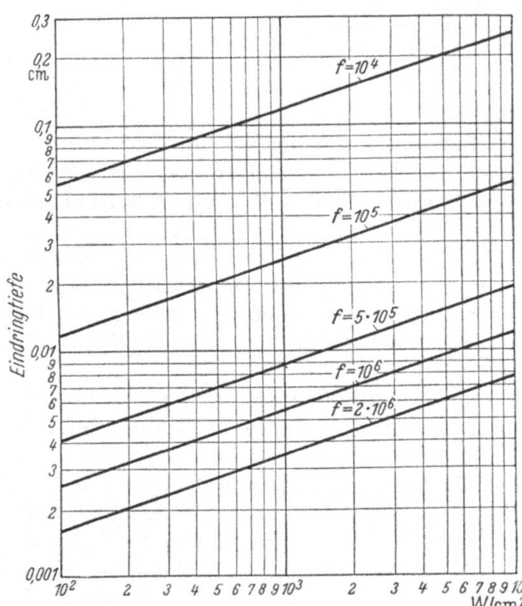

Feldstärke H_i ergeben. Es läßt sich nachweisen, daß für alle praktischen Fälle guter metallischer Leiter die beiden Feldstärken als gleich angenommen werden können (G. H. Brown, C. N. Hoyler und R. A. Bierwirth [29]). Wir können also anschreiben:

$$H = 2 H_a$$

und auf Grund der Gl. (39):

$$N_g = I_g^2/\varkappa s = H^2/\varkappa s \ [\text{Watt} \cdot \text{cm}^{-2}], \tag{40}$$

worin H die magnetische Feldstärke in Amp/cm ist. Setzen wir hierin den Wert von s ein und quadrieren, so erhalten wir

$$H^4 = \frac{N_g^2 \, 10^9 \, \varkappa}{4 \pi^2 \mu_r f} = \frac{H N_g^2 \, 10^9 \, \varkappa}{4 \pi^2 f B}$$

$$\left.\begin{aligned} H = \left(\frac{10^9 \, \varkappa}{4 \pi^2 f B}\right)^{1/3} N_g^{2/3} \\ [\text{Amp} \cdot \text{cm}^{-1}]. \end{aligned}\right\} \tag{41}$$

Abb. 50. Eindringtiefen in Abhängigkeit der spezifischen Leistung für die Stähle C 45 und C 60 bei 420 °C

Die Beziehung sagt uns, daß sich die magnetische Feldstärke direkt an der Oberfläche mit der dritten Wurzel aus dem Quadrat der spezifischen Flächenleistung ändert.

Weiterhin können wir noch folgende Beziehung für die Eindringtiefe s anschreiben, wenn wir für

$$s = \sqrt{\frac{H}{4 \pi^2 \cdot 10^{-9} \varkappa B f}}$$

annehmen und hierin den Wert der Gl. (41) einsetzen:

$$s = \left(\frac{10^9}{4 \pi^2 B f}\right)^{2/3} \left(\frac{N_g}{\varkappa}\right)^{1/3}.$$

Diese Gleichung besagt, daß bei Stahl die Eindringtiefe mit der dritten Wurzel aus der spezifischen Flächenleistung ansteigt. Entsprechende Kurven sind für die Stähle C 45 bzw. C 60 bei 420 °C in Abb. 50 angegeben. Der Berechnung wurde für B ein Wert von 14000 Gauß und für $\varkappa$ ein solcher von $2 \cdot 10^4$ Ohm$^{-1} \cdot$ cm^{-1} zugrunde gelegt.

E. Erwärmung zylindrischer Leiter durch Induktionsströme

§ 14. Bringen wir in das Innere einer zylindrischen Spule A (Abb. 51) einen zylindrischen Leiter B, so werden in ihm, wenn in der Spule ein Wechselstrom fließt, Spannungen induziert, die Ströme zur Folge haben, und diese wiederum eine Erwärmung des Werkstückes. Die magnetische Feldstärke verläuft dann parallel zu der Achse der Spule, und wir können dann ähnlich wie auf S. 26 auf Grund des Durchflutungsgesetzes anschreiben:

$$2\pi r\,|\mathfrak{E}| = \int_0^r j\omega\mu\,|\mathfrak{H}|\,2\pi r\,dr\,.$$

Differenziert man nach r, so erhalten wir

$$\frac{\partial\,|\mathfrak{E}|}{\partial r}\,r + |\mathfrak{E}| = j\omega\mu\,|\mathfrak{H}|\,r$$

oder

$$\frac{\partial\mathfrak{E}}{\partial r} + \frac{1}{r}\,\mathfrak{E} = j\omega\mu\,\mathfrak{H}\,. \tag{42}$$

Andererseits ist auch

$$\left(\mathfrak{H} + \frac{d\mathfrak{H}}{dr}\,dr\right)dl - \mathfrak{H}\,dl = \varkappa\mathfrak{E}\,dr\,dl$$

$$\frac{d\mathfrak{H}}{dr} = \varkappa\mathfrak{E}\,.$$

Setzt man diesen Wert in Gl. (42) ein, dann ergibt sich

$$\frac{1}{\varkappa}\,\frac{d^2\mathfrak{H}}{dr^2} + \frac{1}{r\varkappa}\,\frac{d\mathfrak{H}}{dr} - j\omega\mu\,\mathfrak{H} = 0$$

oder

$$\frac{d^2\mathfrak{H}}{dr^2} + \frac{1}{r}\,\frac{d\mathfrak{H}}{dr} - j\omega\mu\varkappa\mathfrak{H} = 0\,. \tag{43}$$

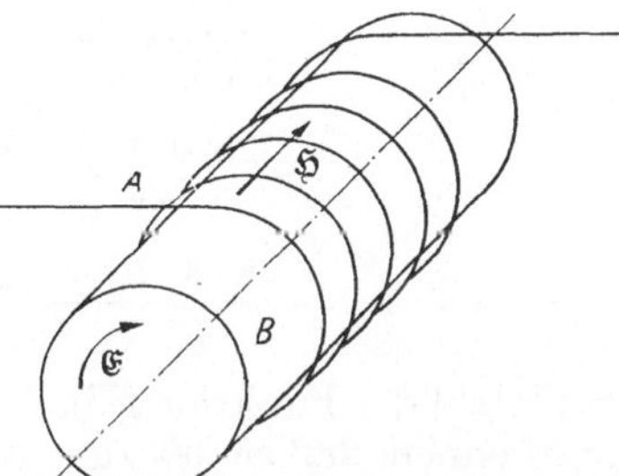

Abb. 51. Induktive Erwärmung eines zylindrischen Leiters

Diese Gleichung gehört zu der Gruppe der BESSELschen Differentialgleichungen, deren Lösung lautet:

$$\mathfrak{H} = c_1 J_0(kr) + c_2 Y_0(kr)\,.$$

Es treten BESSELsche Funktionen nullter und erster Ordnung auf. Andererseits zeigt sich, daß die Funktionen zweiter Art, Y_0, verschwinden, da sie für das gegen Null gehende Argument divergieren und die Feldstärke zum Leiterinnern hin nicht unendlich ansteigen kann.

Wir setzen wieder

$$\sqrt{\frac{1}{\pi\mu f\varkappa}} = s$$

und

$$k^2 = -j\,2\pi f\mu\varkappa\,.$$

Damit wird

$$k = \sqrt{-j}\,\frac{\sqrt{2}}{s}$$

und die Lösung der Gl. (43)

$$\mathfrak{H} = c_1 J_0(kr)\,.$$

Die BESSELsche Funktion besitzt ein komplexes Argument und kann folgendermaßen angeschrieben werden (s. JAHNKE-EMDE [81]):

$$\mathfrak{H} = c_1[\mathfrak{Re}(kr) + j\mathfrak{Im}(kr)]\,. \tag{44}$$

Für die elektrische Feldstärke ist dann

$$\mathfrak{E} = \frac{1}{\varkappa}\,\frac{d\mathfrak{H}}{dr} = -\frac{\sqrt{2}\,c_1}{\varkappa s}\,[\mathfrak{Re}'(kr) + j\mathfrak{Im}'(kr)]\,.$$

Setzen wir in Gl. (44) $r = r_0$, so haben wir die Gleichung für die magnetische Feldstärke an der Oberfläche des Leiters, so daß wir für die elektrische Feldstärke folgenden Wert gewinnen:

$$\mathfrak{E} = \frac{-\sqrt{2}\,\mathfrak{H}}{\varkappa s}\,\frac{[\mathfrak{Re}'(kr) + j\,\mathfrak{Im}'(kr)]}{[\mathfrak{Re}(kr_0) + j\,\mathfrak{Im}(kr_0)]}.$$

Da uns für die Ermittlung der umgesetzten Leistung nur der Absolutwert interessiert, schreiben wir:

$$E = \frac{\sqrt{2}\,H}{\varkappa s}\,\sqrt{\frac{[\mathfrak{Re}'(kr)]^2 + [\mathfrak{Im}'(kr)]^2}{[\mathfrak{Re}(kr_0)]^2 + [\mathfrak{Im}(kr_0)]^2}}.$$

Für die umgesetzte Leistung je Längeneinheit gilt:

$$N = \int_{r=0}^{r=r_0} 2\,\pi\,r\,E^2\,\varkappa\,dr$$

$$= \frac{2\pi H^2 \sqrt{2}\,r_0}{\varkappa s}\,\frac{\mathfrak{Re}(kr_0)\,\mathfrak{Re}'(kr_0) + \mathfrak{Im}(kr_0)\,\mathfrak{Im}'(kr_0)}{[\mathfrak{Re}(kr_0)]^2 + [\mathfrak{Im}(kr_0)]^2}$$

$$= \frac{8{,}88 \cdot H^2}{\varkappa}\,\frac{r_0}{s}\,F(kr_0)\ [\text{Watt} \cdot \text{cm}^{-1}]. \tag{45}$$

Der Verlauf der Funktion F in Abhängigkeit von r_0/s ist in Abb. 52 wiedergegeben. Wir erkennen, daß sie bis zum Wert $r_0/s = 3$ ziemlich steil ansteigt, um sich dann asymptotisch dem Wert 0,707 zu nähern. Es bringt also eine Steigerung der Frequenz über den Wert 3 hinaus keine wesentliche Erhöhung des Leistungsumsatzes mit sich.

Für die spätere Ermittlung der Abmessungen der Heizspule ist die notwendige Feldstärke maßgebend. Für sie ergibt sich aus Gl. (45):

$$H^2 = N\,\frac{\varkappa s}{8{,}88\,r_0 F(kr_0)} \tag{46}$$

oder wenn wir die gewünschte Leistung als eine Konstante ansehen:

$$\left.\begin{array}{c} H = C\,\sqrt{\dfrac{\varkappa s}{8{,}88\,r_0 F(kr_0)}} \\[2mm] [\text{Amp} \cdot \text{cm}^{-1}]. \end{array}\right\} \tag{47}$$

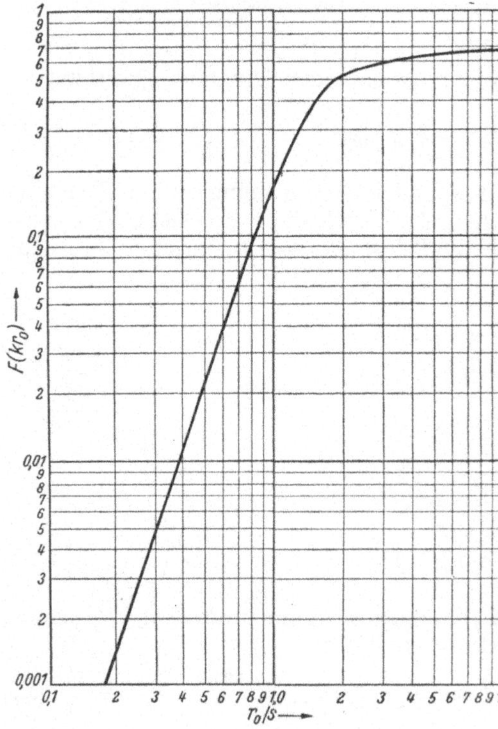

Abb. 52. Verlauf der Funktion $F(kr_0)$ in Abhängigkeit von r_0/s

Diese Gleichung gestattet uns einen Anhaltspunkt darüber zu bekommen, wie sich die Feldstärke in Abhängigkeit der Frequenz, dem elektrischen Leitwert des Werkstückes und dessen Abmessungen ändert. Diese Feldstärke, die hier als die *relative* bezeichnet werden möge, ist für den Durchmesserbereich von 0,002 bis 20 cm und $C = 1$ in den Abb. 53 und 54 aufgezeichnet, und zwar in Abb. 53 für Stahl mit

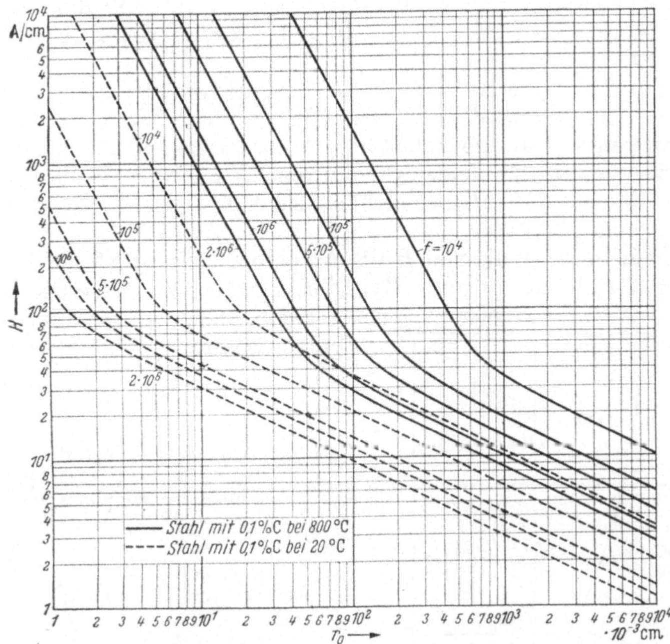

Abb. 53. Relative, effektive Feldstärke in Abhängigkeit des Werkstückradius für einen Stahl mit 0,1% C bei 20 und 800 °C. $f = 10^4$; 10^5; $5 \cdot 10^5$; 10^6 und $2 \cdot 10^6$

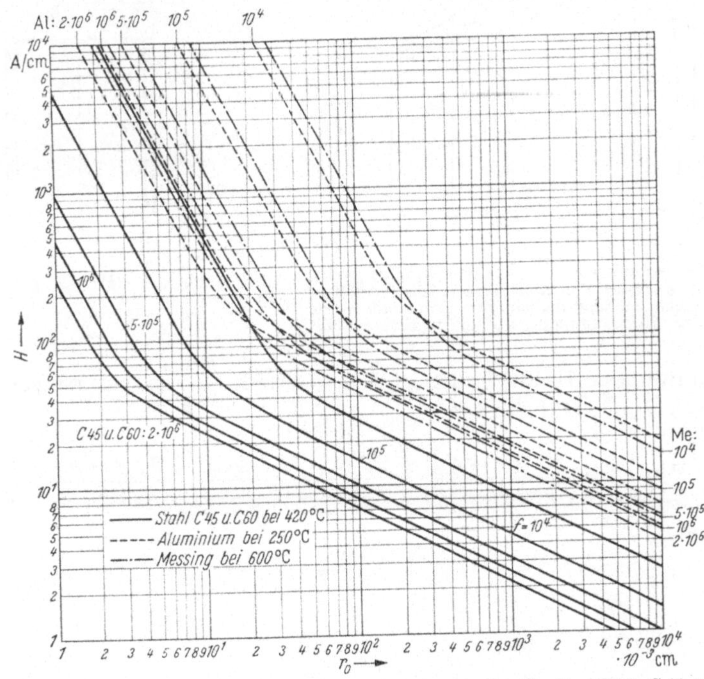

Abb. 54. Relative, effektive Feldstärke in Abhängigkeit des Werkstückradius für die Stähle C 45 und C 60 bei 420 °C und Reinaluminum bei 250 °C, sowie Messing bei 600 °C. f wie in Abb. 53

0,1% C bei einer Temperatur von 20 und 800 °C, in Abb. 54 für die Stähle C 45 und C 60 bei 420 °C ($x = 2 \cdot 10^4$ Ohm$^{-1} \cdot$ cm^{-1}), für Reinaluminium (99,5%) bei 250 °C ($\varkappa = 18 \cdot 10^4$ Ohm$^{-1} \cdot$ cm^{-1}) und Messing (63% Cu; 37% Zn) bei 600 °C ($\varkappa = 7,7 \cdot 10^4$ Ohm$^{-1} \cdot$ cm^{-1}).

Eingezeichnet sind die Kurven für die Frequenzen 10^4; 10^5; $5 \cdot 10^5$; 10^6 und $2 \cdot 10^6$. Auch sie zeigen wieder, daß für eine jeweilige Frequenz von einem bestimmten Durchmesser an die Feldstärke rascher ansteigt. Multipliziert man die aus den Kurven gewonnene Feldstärke mit dem Wurzelwert aus der gewünschten Leistung, so hat man die aufzuwendende Feldstärke. (Siehe hierzu auch die Berechnungsbeispiele § 23.)

Verwendet man an Stelle von H die Amperewindungszahl und berechnet die Totalleistung N_T für die gesamte Zylinderlänge des Werkstückes, so läßt sich Gl. (45) noch folgendermaßen umformen, wenn:

$$H = \frac{wI}{l},$$

worin

     w Windungszahl der Heizwicklung,
     I Strom in der Heizwicklung in Amp,
     l Länge der Wicklung in cm.

Dann ist:

$$N_T = \frac{8{,}88\, w^2\, I^2\, l\, r_0}{l^2\, \varkappa\, 8} F(k r_0)$$

$$= \frac{8{,}88\, w^2\, I^2\, r_0}{l\, \varkappa\, 8} F(k r_0) \text{ Watt}. \qquad (48)$$

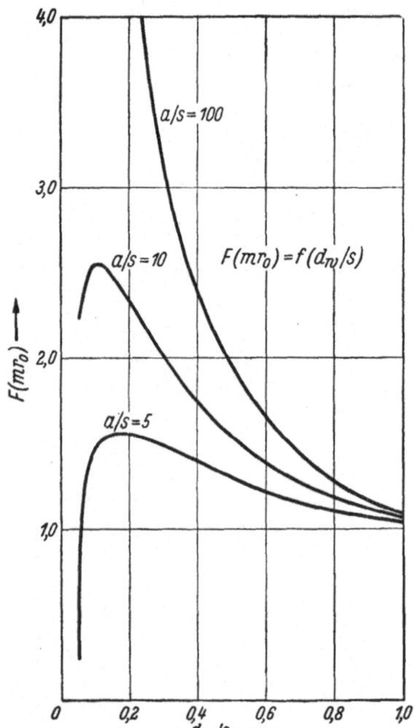

Abb. 56. Die Funktion $F(m r_0)$ für dünnwandige, hohle, zylindrische Werkstücke in Abhängigkeit vom Verhältnis Werkstückdicke zu Eindringtiefe. Als Parameter wurde das Verhältnis Hohlraumradius zu Eindringtiefe gewählt

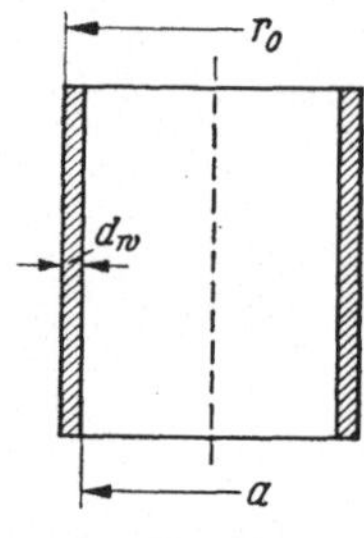

Abb. 55

Für dünnwandige Hohlzylinder ist $F(k r_0)$ durch $\dfrac{F(m r_0)}{\sqrt{2}}$ zu ersetzen (s. STANSEL [147] und C. W. OATLEY [114])

$$F(m r_0) = \frac{(\operatorname{Sin} \varDelta + \sin \varDelta) + 2\,\xi^2(\operatorname{Sin} \varDelta - \sin \varDelta) + 2\,\xi(\operatorname{Cos} \varDelta - \cos \varDelta)}{(\operatorname{Cos} \varDelta - \cos \varDelta) + 2\,\xi^2(\operatorname{Cos} \varDelta + \cos \varDelta) + 2\,\xi(\operatorname{Sin} \varDelta + \sin \varDelta)} \cdot$$

Hierin ist:

$$\varDelta = \frac{\sqrt{2}\, d_w}{s / \sqrt{2}} = 2\, \frac{d_w}{s}$$

$$\xi = \frac{s}{a} \cdot$$

Siehe hierzu Abb. 55.

Die Funktion $F(m r_0)$ ist in Abb. 56 in Abhängigkeit von d_w/s dargestellt, und zwar wurde das Verhältnis a/s als Parameter gewählt. Man erkennt, daß diese Korrektur erst von Einfluß wird, wenn $d_w/s < 1,5$ ist.

In diesem Zusammenhang möge noch darauf verwiesen werden, daß bei der Wechselwirkung zwischen dem Strom in der Spule und den im zu erwärmenden Gut induzierten Strömen sehr bedeutende ponderomotorische Kräfte zustande kommen. Diese treten insbesondere dann in Erscheinung, wenn die Erwärmung des zu behandelnden Gutes bis zum Schmelzen desselben gesteigert wird. In dem schmelzflüssigen Bad treten dann unter Umständen Bewegungen auf, die eine starke Wölbung des Badspiegels zur Folge haben.

Für die Größe der wirkenden Oberflächenkräfte leitet W. ESMARCH [40] mit Hilfe der MAXWELLschen Theorie folgende Gleichung ab:

$$P_n = \frac{\sqrt{\mu}}{\sqrt{f \varkappa}} \frac{N}{F} \ \text{dyn/cm}^2, \tag{49}$$

wovon F die Mantelfläche des zylindrischen Werkstückes in cm² ist. Die anderen Größen sind im elektromagnetischen Maß ausgedrückt. Diese Betrachtung beschränkt sich nur auf die Normalkomponente der Spannung. Die Kraft P_n ist senkrecht zu der aus Induktion und Sekundärstrom gebildeten Ebene und von der Heizspule fort gerichtet. Von den tangentialen Kräften wurde abgesehen, die aber auf dem gewölbten Badspiegel vorhanden sind und sich ebenfalls auf die Badbewegung auswirken. Setzt man in Gl. (49) die Größen $\varkappa$ in Ohm $\cdot$ m^{-1} $\cdot$ mm^{-2}, N in kW und den Druck in Einheiten von 10^6 dyn $\cdot$ cm$^{-2} = 1$ kg/cm² ein, so erhält man

$$P_n = 31,6 \frac{\sqrt{\mu}}{\sqrt{f \varkappa}} \frac{N}{F} \ \text{kg/cm}^2 \ .$$

Dies ist der Druck, mit welchem das flüssige Metall in der Mitte heraufgedrückt wird. Die Kuppe muß also so hoch stehen, daß diesem Druck das Gleichgewicht gehalten wird. Er ist umgekehrt proportional der Quadratwurzel aus der Frequenz und dem spezifischen Widerstand. Der Druck wird sich also bei niederer Frequenz stärker bemerkbar machen als bei hoher.

Erhöht man nun die Leistung so weit, daß sich die obere Kuppe abheben kann, dann wird der Augenblick eintreten, in dem das Metallvolumen der Kuppe von dem Schmelzbad abgelöst wird und es im elektromagnetischen Feld freischwebend im Raum stehen bleibt [23]. Diesen Zustand zeigt Abb. 57, und zwar für zwei übereinander schwebende Aluminiumkugeln bei sinngemäßer Anordnung der Spulen. Da die ponderomotorische Kraft linear mit der aufgenommenen Leistung verbunden ist, schwebt das Stück nur, wenn es genügend Leistung aufnimmt. Durch die aufgenommene Leistung wird das Stück erwärmt und kann zum Schmelzen kommen, wenn die zugeführte Leistung größer ist als die durch Strahlung verlorene. Dieser Vorgang gestattet also ein Metall freischwebend im Raum, d. h. ohne Tiegel, zu schmelzen. Es wird also möglich sein, solche reinste Schmelzen herzustellen, bei denen das Einsatzmetall mit allen

Abb. 57. Zwei mit Hilfe des elektromagnetischen Feldes im Raum freischwebende Aluminiumkugeln. Untere Kugel bereits im schmelzflüssigen Zustand

bisher bekannten Tiegelwerkstoffen reagiert oder durch sie verunreinigt wird. Bei den beiden in Abb. 57 gezeigten Kugeln ist die untere schon in den schmelzflüssigen Zustand übergegangen. Die beiden Spulen sind nun elektrisch so geschaltet, daß ihre Leistung getrennt geregelt werden kann. Auf diese Weise ist es bei dieser Anordnung möglich, Legierungen herzustellen. Hat die obere Kugel auch den schmelzflüssigen Zustand erreicht, so schwächt man das Feld so lange, bis sie langsam durch die Spule nach unten hindurchgleitet und sich mit der

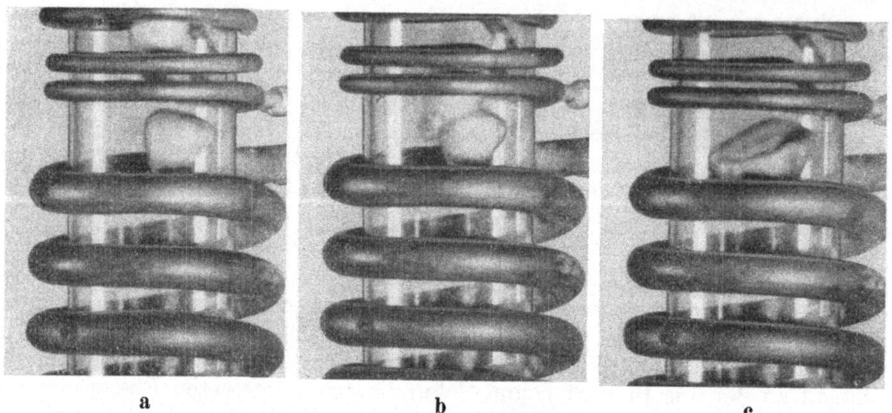

a   b   c

Abb. 58. Vorgang der Vereinigung der schmelzflüssigen Aluminiumkugeln der Abb. 58
a Obere Kugel fallend, und zwar kurz vor der Vereinigung mit der unteren Kugel; b Beginn der Vereinigung beider Kugeln; c Ende der Vereinigung. Neuere größere Kugel der neuen Legierung

unteren Kugel vereinigt. Das Feld der unteren Spule muß dann so verstärkt werden, daß es beide vereinigten Kugeln tragen kann. Diesen Vorgang der Vereinigung der Kugeln zeigt Abb. 58. Er ist hier innerhalb einem Glasrohr gezeigt, wodurch man in der Lage ist, ihn unter Vakuum oder einem geeigneten Schutzgas vorzunehmen.

Das „Schwebeschmelzen" wird sicher im Laufe der Zeit der induktiven Wärmebehandlung ein neues Anwendungsgebiet eröffnen.

F. Glühübertrager und Vektordiagramm

1. Allgemeines

§ 15. Die grundsätzliche Anordnung einer Anlage für die induktive Wärmebehandlung wurde schon in der Einleitung an Hand der Abb. 8 angedeutet. Jeder Umformer, oder überhaupt jede Stromquelle, arbeitet dann mit dem besten Wirkungsgrad, wenn sie auf den für sie geeigneten Außen- bzw. Belastungswiderstand arbeitet. Wie wir schon in den vorausgegangenen Ausführungen gesehen haben, ist für jede Art von Werkstück ein geeigneter Heizleiter notwendig. Form und Abmessungen dieses Heizleiters werden jedoch durch das zu erwärmende Werkstück weitgehend bestimmt, womit auch die elektrischen Daten für den Heizleiter im wesentlichen festgelegt sind. Diese werden aber nun für die jeweilige Stromquelle nicht immer die günstigsten sein und man ist gezwungen, ihn auf irgendeine Weise der Stromquelle anzupassen. Das günstigste Schaltelement hierfür ist der Transformator, da er uns die Möglichkeit einräumt, einen Widerstand R in einen solchen der Größe $\ddot{u}^2 \cdot R$ zu übersetzen, wo $\ddot{u}$ das Übersetzungsverhältnis des Transformators, d. h. etwa das Verhältnis der primären zur sekundären Windungszahl (w_1/w_2) ist. Dieser Transformator, der zum Anpassen des Werkstückes bzw. der Heizwicklung an den Umformer dient, wird mit Glühübertrager, Adapter oder Konzentrator bezeichnet. Er ist in der Mehrzahl der Fälle bei den hohen Frequenzen ein Lufttransformator, wohingegen bei den mittleren Frequenzen auch vielfach der eisengeschlossene Transformator anzutreffen ist.

Abb. 59 zeigt z. B. einen Glühübertrager für den Hochfrequenzbereich als Lufttransformator ausgeführt. In der Abbildung sind deutlich die einlagige Primärwicklung (1) und die als Blechmantel ausgebildete Sekundärwicklung (2) zu erkennen. Aus Anpassungsgründen an die HF-Umformer ist es am günstigsten, wenn man die Sekundärwicklung einwindig als Cu-Mantel ausführt. Bei dem hier gezeigten Übertrager kann die Primärwicklung gegenüber dem Sekundärmantel mittels einem Handrad (3) verschoben werden. Hierdurch ist es möglich, das Übersetzungsverhältnis bzw. die Ankopplung zu verändern. Der Anschluß der Heizspule erfolgt bei (4). Derartige Übertrager werden meistens in Versuchswerkstätten verwendet, um die günstigsten Anpassungsverhältnisse zu ermitteln. Hat man einmal die richtigen Daten gefunden, so

Abb. 59. HF-Glühübertrager für Versuchsfeld mit verschiebbarer Primärwicklung

1 Primärwicklung; – *2* Sekundärmantel; – *3* Handrad für die Verstellung der Primärwicklung; – *4* Heizspulenanschluß

Abb. 60. Allseitig in Harz eingegossener Glühübertrager für Fertigungseinrichtung auf Kreuzsupport

1 Heizspule; – *2* HF- und Kühlwasseranschluß (*AEG*)

wird man für die Fertigung eines Werkstückes, insbesondere bei großen Stückzahlen, feste Übertrager verwenden. Dies können auch Luftübertrager sein. Andererseits verwendet man aber gerne Übertrager, die ganz in ein Gießharz eingegossen sind. Sie haben den Vorteil hoher Isolationsfestigkeit. Insbesondere können sie bezüglich ihrer Spannungsfestigkeit nicht durch die Bildung von Kondenswasser gefährdet werden. Einen solchen Übertrager zeigt Abb. 60. Er ist auf einem Kreuzsupport befestigt, der eine allseitige Einstellungsmöglichkeit der Heizspule (1) in bezug auf das Werkstück gestattet. Die primärseitigen Anschlüsse für die Hochfrequenz und zugleich für das Kühlwasser befinden sich bei (2). Im übrigen ist hier die Heizspule (1) ebenfalls zur Stabilisierung in Harz eingegossen. Über ihre Ausbildung und Anschluß an den Übertrager s. weiteres in § 35 u. f.

2. Lufttransformator

§ 16. Ein Lufttransformator besitzt als wesentlichstes Bauelement zwei Spulen, die sich gegenseitig induzieren und ruhend zueinander angeordnet sind. Im Schema, Abb. 61, sind diese beiden Spulen mit I und II bezeichnet. Die erstere, Primärspule genannt, soll an eine Stromquelle angeschlossen sein; der Stromkreis der

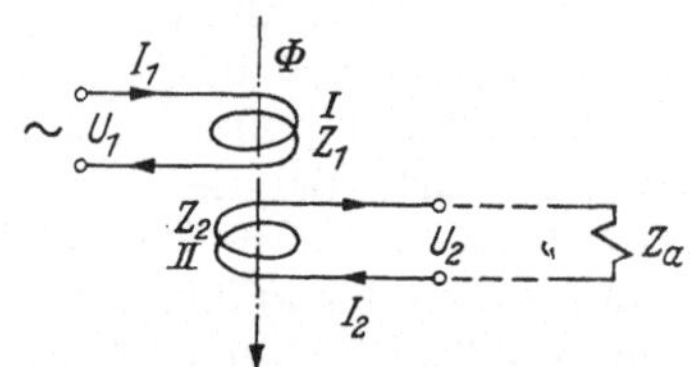

Abb. 61. Zur Erläuterung des Glühübertragers

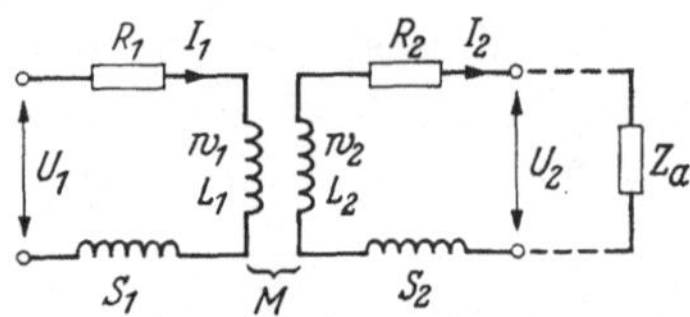

Abb. 62. Ersatzschaltbild des Transformators

zweiten, Sekundärspule genannt, möge über einen Widerstand geschlossen sein. Sind R_1 und R_2 die Widerstände, L_1 und L_2 die Induktivitäten der beiden Spulen und M deren Gegeninduktivität, so kann, wenn man diese Werte als konstant und einwellige Ströme und Spannungen annimmt, auf Grund des Induktionsgesetzes angeschrieben werden:

$$\mathfrak{U}_1 = (R_1 + j\,\omega\,L_1)\,\mathfrak{J}_1 + j\,\omega\,M\,\mathfrak{J}_2 \tag{50}$$

und

$$\mathfrak{U}_2 = (R_2 + j\,\omega\,L_2)\,\mathfrak{J}_2 + j\,\omega\,M\,\mathfrak{J}_1. \tag{51}$$

Aus diesen beiden Gleichungen kann man für die Leerlauf- und Kurzschlußwiderstände folgende Werte gewinnen [2]:

Primärer Leerlaufwiderstand, $\mathfrak{J}_2 = 0$

$$\mathfrak{Z}_{1_0} = \mathfrak{U}_1/\mathfrak{J}_{1_0} = R_1 + j\,\omega\,L_1.$$

Sekundärer Leerlaufwiderstand, $\mathfrak{J}_1 = 0$

$$\mathfrak{Z}_{2_0} = \mathfrak{U}_2/\mathfrak{J}_{2_0} = R_2 + j\,\omega\,L_2.$$

Primärer Kurzschlußwiderstand, $\mathfrak{U}_2 = 0$

$$\mathfrak{Z}_{1K} = \mathfrak{U}_1/\mathfrak{J}_1 = \mathfrak{Z}_{1_0} - \mathfrak{M}^2/\mathfrak{Z}_{2_0}.$$

Sekundärer Kurzschlußwiderstand, $\mathfrak{U}_1 = 0$

$$\mathfrak{Z}_{2K} = \mathfrak{U}_2/\mathfrak{J}_2 = \mathfrak{Z}_{2_0} - \mathfrak{M}^2/\mathfrak{Z}_{1_0}.$$

Bei einer sekundären Belastung durch $\mathfrak{Z}_a$ ist

$$\frac{\mathfrak{U}_1}{\mathfrak{J}_1} = \mathfrak{Z}_1 = \mathfrak{Z}_{1_0} - \frac{\mathfrak{M}^2}{\mathfrak{Z}_{2_0} + \mathfrak{Z}_a} = \mathfrak{Z}_{1K} + \frac{\mathfrak{M}^2\,\mathfrak{Z}_a}{\mathfrak{Z}_{2_0}(\mathfrak{Z}_{1_0} + \mathfrak{Z}_a)}. \tag{52}$$

Für die weitere Betrachtung zeichnen wir das Ersatzschaltbild (Abb. 62) des Transformators auf. Nicht alle magnetischen Kraftlinien werden die Sekundärwicklung des Transformators durchsetzen, wie es schon ähnlich bei der Betrachtung über die Gegeninduktivität (§ 5) angegeben wurde. Es tritt eine sog. Streuung auf. In Abb. 62 ist die Streuung durch die Streuinduktivitäten S_1 und S_2 berücksichtigt. Als Maß für die Streuung benützt man den Streufaktor σ. Man kann jetzt folgende allgemeingültige Größen anschreiben:

$$R = R_1 + \ddot{u}^2 R_2; \quad S = S_1 + \frac{1}{\ddot{u}^2} S_2; \quad \ddot{u} = \frac{w_2}{w_1} = \sqrt{\frac{L_2}{L_1}}; \tag{53}$$

$$\sigma_1 = S_1/L_1; \quad \sigma_2 = S_2/L_2; \quad \sigma = L_{1K}/L_{1_0}.$$

Ferner bestehen zwischen dem Streufaktor und dem Kopplungsfaktor der beiden Wicklungen die Beziehungen:

$$k_{12} = 1 - \sigma_1 \quad \text{und} \quad k_{21} = 1 - \sigma_2$$

und für den totalen Kopplungsfaktor

$$k = \sqrt{k_{12} k_{21}} = \sqrt{(1 - \sigma_1)(1 - \sigma_2)} = \sqrt{1 - \sigma} = M/\sqrt{L_1 L_2}$$

oder

$$\sigma = 1 - k^2. \tag{54}$$

k ist eine von $\ddot{u}$ unabhängige Größe, die zwischen 1 und 0 liegt. Bei *fester* Kopplung sind die Streuinduktivitäten S_1 und S_2 klein, dann wirkt bei Leerlauf, d.h. $\mathfrak{Z}_a = \infty$, hauptsächlich der verhältnismäßig große Querwiderstand $\ddot{u}\mathfrak{M} = k j \omega L_1$,

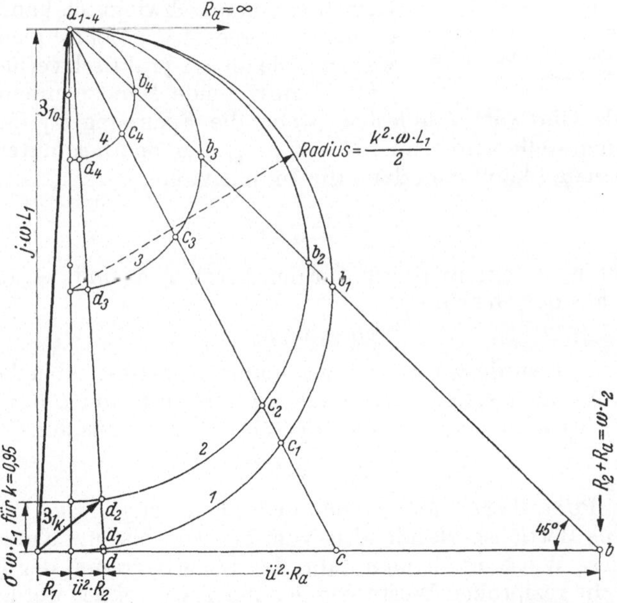

Abb. 63. Transformatordiagramm. Lufttransformator: Geometrischer Ort für den Primärwiderstand bei veränderlicher Ohmscher Belastung R_a auf der Sekundärseite für verschiedene Kopplungen

a: Leerlauf $R_a = \infty$; $\mathfrak{Z}_1 = \mathfrak{Z}_{10}$; — b: 45°-Belastung $R_2 + R_a = \omega L_2$; — c: Belastung für $R_2 + R_a = 1/2 \omega L_2$; — d: Kurzschluß $R_a = 0$; $\mathfrak{Z}_1 = \mathfrak{Z}_{1k}$

Halbkreis 1: $k = 1,0$ $k^2 = 1,0$ Halbkreis 2: $k = 0,95$ $k^2 = 0,9$
Halbkreis 3: $k = 0,707$ $k^2 = 0,5$ Halbkreis 4: $k = 0,5$ $k^2 = 0,25$

der noch den geringen Leerlaufstrom durchläßt. Bei Kurzschluß $\mathfrak{Z}_a = 0$ fließt dagegen der Hauptstrom durch die Streuinduktivitäten S_1 und $\ddot{u}^2 S_2$, der hohe Querwiderstand $\ddot{u} \cdot \mathfrak{M}$ führt dann nur einen kleinen Stromanteil. Bei *loser* Kopplung werden umgekehrt die Widerstände S_1 und $\ddot{u}^2 S_2$ groß und $\ddot{u} \cdot \mathfrak{M}$ klein. Der letztere nimmt dann den Hauptstrom auf, so daß der Sekundärstrom J_2 entsprechend klein wird.

Aus Gl. (52) läßt sich die Wirkung einer Belastung durch $\mathfrak{Z}_a$ auf den Primärkreis erkennen. Bei veränderlicher ohmscher Last, d.h. bei $\mathfrak{Z}_a = R_a$, beschreibt der Endpunkt von $\mathfrak{Z}_1$ einen Halbkreis, wie es in Abb. 63 wiedergegeben ist.

Bei einem Transformator mit Eisenkern sind die Eisenverluste eine Art Vorbelastung durch einen Widerstand, der im wesentlichen parallel zu $\ddot{u}^2 R_a$ liegt und dem Leerlaufwiderstand $\mathfrak{Z}_{10}$ eine größere Wirkkomponente gibt, als sie durch die Kupferverluste (R_1) bedingt sind.

Aus der Darstellung der Abb. 63 ist zu ersehen, daß der Radius des Kreises um so kleiner wird, je loser die Kopplung k ist.

Die Eigenschaften eines Übertragers für den Hochfrequenzbereich lassen sich meßtechnisch mit einem sog. Gütemeßgerät, wie es sonst auch in der HF-Technik gebräuchlich ist, ermitteln. Das schematische Schaltbild eines solchen Meßgerätes zeigt Abb. 64. L ist der zu untersuchende Übertrager, er liegt in Reihe mit der

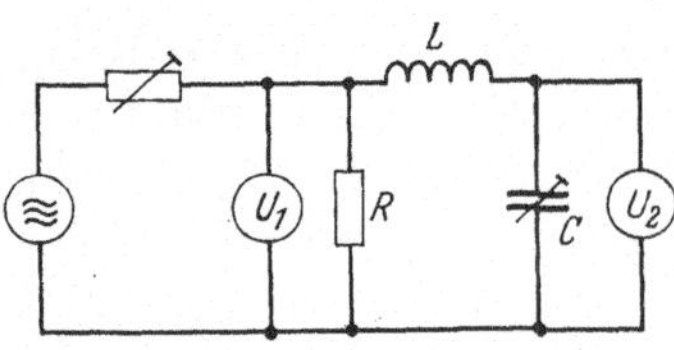

Abb. 64. Schematisches Schaltbild eines Gütemeßgerätes

veränderlichen, bekannten und praktisch verlustfreien Kapazität C. An L und C wird mit Hilfe R eine nach gewünschter Größe einstellbare HF-Spannung U_1 angelegt. Dieselbe kann einem Hochfrequenzgenerator entnommen werden. Der Reihen-Resonanzschwingkreis kann mit Hilfe von C auf die vorgegebene Meßfrequenz abgestimmt werden. Die an der praktisch verlustfreien Kapazität C auftretende Blindspannung U_2 ist dann unmittelbar als Gütewert G ablesbar, wenn die Spannung U_1 immer auf denselben Wert eingestellt wird; es ist $G = U_2/U_1$. Aus den bekannten Gleichungen für den Resonanzfall kann man dann die Induktivität

$$L = \frac{1}{\omega^2 C}$$

ermitteln. Mißt man dann die Werte für den Leerlauf L_0 und den Kurzschluß L_k, so erhält man aus der Gleichung

$$\sigma = L_k/L_o$$

den Streufaktor. C wurde verlustfrei angenommen. Dies ist aber bei L nicht zutreffend. Diese Verluste sollen durch einen parallel zu C und L bzw. L gedachten Widerstand R_p berücksichtigt werden. Er läßt sich dann aus der Gleichung

$$R_p = \omega_r C G$$

ermitteln (s. L. PUNGS [121]). Man ist nun in der Lage, zugehörige R_p- und L-Werte für verschiedene Betriebszustände, d.h. vom Leerlauf bis zum Kurzschluß, aufzutragen. Auf diese Weise erhält man dann das Kreisdiagramm der Gl. (52). Allerdings müssen die reziproken Werte von R_p und L verwendet werden, da die Ableitung (52) für einen Verlustwiderstand in Reihenschaltung gilt.

In Wirklichkeit ist nun die Heizleiterbelastung für den Übertrager auch im Belastungsfall von stark induktivem Charakter. Wollte man daher den Wirkanteil in Abhängigkeit des Blindanteiles entsprechend dem abgeleiteten Kreisdiagramm auftragen, so erhält man sehr flache Kreisbögen, die sich zur Auswertung weniger eignen. In Abb. 65 ist dies für einen Übertrager der Abb. 60 durchgeführt [93]. Seine Primärwicklung besteht aus 2 Lagen zu je 8 Windungen aus 10 mm Cu-Rohr. Der Sekundärmantel hat eine Höhe von 100 mm. Die Leerlaufinduktivität betrug $L_0 = 18 \mu H$ und die Kurzschlußinduktivität $L_k = 7,1 \mu H$, was einen Streufaktor ergibt von:

$$\sigma = L_k/L_0 = 0{,}395 \quad \text{und} \quad k^2 = 1 - \sigma = 0{,}605\,.$$

Zur Vereinfachung der Messung wurde als Heizleiter ein Cu-Schaltdraht mit 1,8 Durchmesser und einer 0,6 mm dicken Isolationsschicht verwendet. Er wurde

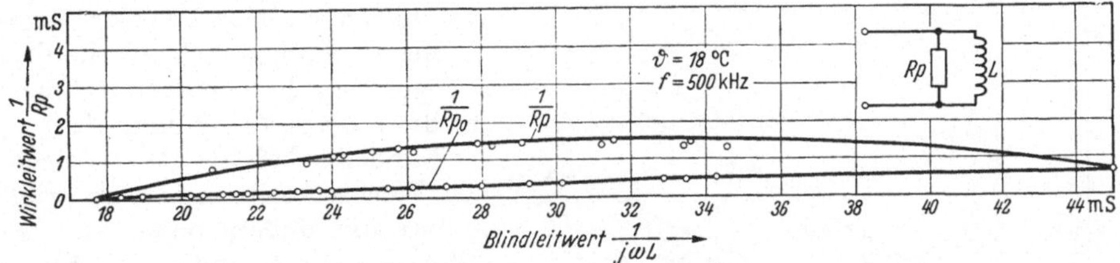

Abb. 65. Kreisdiagramm (KÖPKE)

unmittelbar auf das Werkstück aufgewickelt. Für eine Windung und eine Länge der Zuleitung von 18 mm ergaben sich die Werte der Abb. 65. Die Frequenz betrug für die Messungen 500 kHz. Die Kurve R_{p_0} ist diejenige mit Heizspule und ohne Werkstück, d. h. also Leerlauf.

Da, wie schon gesagt, die Kurven bei dieser Darstellung sehr flach verlaufen, trägt man besser die R_p-Werte in Abhängigkeit von L auf, was in Abb. 66 geschehen ist. Für Heizleiter mit wachsendem Radius r_H ohne Werkstück ergibt

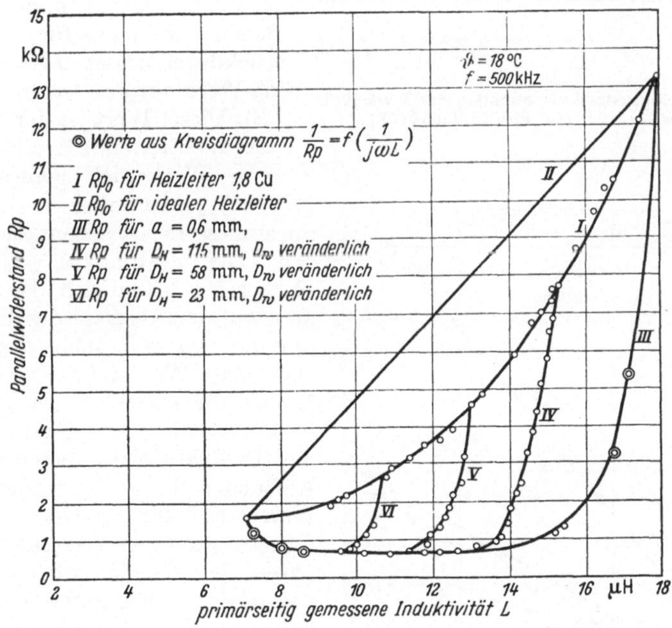

Abb. 66. Parallelwiderstand Rp als Funktion von der primärseitig gemessenen Induktivität für verschiedene Belastungsfälle (KÖPKE)

sich, aus den Messungen errechnet, die Kurve *I*, die R_{p_0} darstellt. Diese Kurve wird immer flacher und nähert sich der Geraden *II* um so mehr, je geringer die ohmschen Verluste der Heizspule sind. Werden Werkstücke und Heizspule angeschlossen, deren Abstände zum Heizleiter konstant sind, in diesem Fall

$$a = r_H - r_w = 0,6\ \text{mm},$$

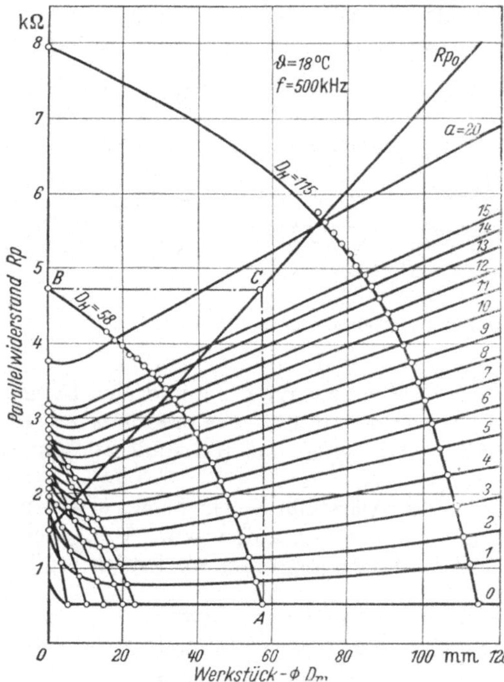

Abb. 67. Parallelwiderstand als Funktion des Werkstück-durchmessers. $D_H > D_W$; $\vartheta = 18\,°C$ (KÖPKE)

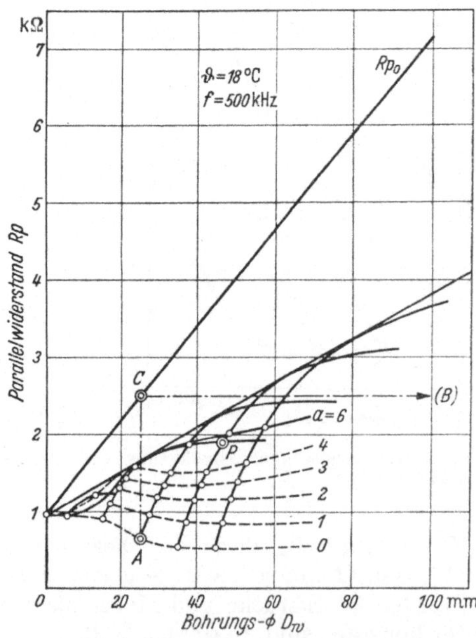

Abb. 68. Parallelwiderstand als Funktion des Bohrungs-durchmessers. $D_H < D_W$; $\vartheta = 18\,°C$ (KÖPKE)

so ergibt sich die Kurve *III*. Bleibt dagegen die Heizspule unverändert und werden Werkstücke mit verschiedenem Durchmesser angebracht, so ergeben sich für die drei angegebenen Heizspulendurchmesser die Kurven *IV*, *V* und *VI*.

Für das Arbeiten mit verschiedenen Werkstückdurchmessern trägt KÖPKE die Meßergebnisse zur Bestimmung von R_p und letzten Endes auch von η als Funktion des Werkstückdurchmessers bzw. Radius auf. Die Darstellung wurde so gewählt, daß auch gleichzeitig der Einfluß des Heizleiterabstandes vom Werkstück zu erkennen ist, s. hierzu Abb. 67. Die Punkte, die für einen Heizspulenduchmesser gelten, liegen auf einer Kurve, die bei *A*, d.h. bei dem für $a = 0$ gültigen R_p-Wert, beginnt und in flachem Bogen zu dem für den Werkstückdurchmesser $D = 0$ gültigen R_p-Wert auf der Ordinate verläuft (*B*). Dieser Wert ist der gleiche wie der für betreffende Heizleiterschleife ohne Werkstück gemessene R_{po}-Wert. R_{po} in Funktion des Spulendurchmessers ist ebenfalls eingetragen. Die Endpunkte jeder Kurve $R_p = f(D_w)$ lassen sich also finden, indem auf der Abszisse der Heizspulendurchmesser aufgesucht wird und der zugehörige Wert auf der waagerechten Kurve für $a = 0$ als Ausgangspunkt bestimmt wird. Der Endpunkt *B* auf der Ordinate wird bestimmt durch Aufsuchen des zu D_h gehörenden R_{po}-Wertes auf der R_{po}-Geraden (*C*) und Übertragen dieses Wertes auf die Ordinatenachse. Die Zwischenpunkte werden durch Messung gefunden. Bemerkenswert ist, daß die Kurven für $a = $ const im Bereich der größeren Durchmesser annähernd geradlinig verlaufen. Der Verlauf bei kleineren Durchmessern ist dadurch bestimmt, daß alle Kurven bei $a = D_H/2$ den Wert R_{po} erreichen müssen, der für die Schleife mit dem Durchmesser $D_H = 2a$ gilt, da kleinere Werkstückdurchmesser als $D_H/2$ nicht möglich sind. Weil hier die Induktivität der Heiz-spulenzuleitungen gegenüber der der Heizspule nicht mehr zu vernachlässigen ist, ist der Kurvenverlauf etwas unsicher und die Kurven biegen auch aus diesen Gründen zu diesen R_{po}-Werten nach oben hin ab. In der gleichen Weise kann R_p von Heizspulen für Bohrungen dargestellt werden, was für den vorhergehenden Übertrager in Abb. 68 geschehen ist. Die Kurven für konstanten Heizspulendurch-messer steigen mit zunehmendem Werkstückdurchmesser und verlaufen asympto-tisch zu dem R_{po}-Wert, der für $D_w = D_H$ gilt (B). Aus der Tatsache, daß sich diese Kurven schneiden, folgt, daß in einem solchen Schnittpunkt (P) derselbe R_p-Wert erhalten wird, wenn in die gleiche Bohrung zwei verschiedene Heizleiter $D_w = 15$ und 35 mm eingeführt werden. Diese Mehrdeutigkeiten sollen sich laut Köpke jedoch nur ergeben bei R_p-Werten, die größer sind als der Widerstand des Übertragers bei kurzgeschlossenen Sekundärklemmen (R_{pk}).

3. Vektordiagramm

§ 17. Durch das bisher erläuterte Verhalten der Widerstände werden die Strom- und Spannungsverhältnisse bestimmt. Sie lassen sich am besten mit Hilfe des Vektordiagramms der Ströme und Spannungen übersehen. In einem derartigen Diagramm zeichnet man die sekundären Größen in einem solchen Maßstab, daß sie direkt vergleichbar sind. Dies erreicht man, indem man die Spannung mit dem Übersetzungsverhältnis multipliziert. Damit die Leistung unverändert bleibt, wird J_2 mit dem reziproken Wert $1/\ddot{u}$ multipliziert. Desgleichen ist der Schein-widerstand der Belastung, der das Verhältnis einer Spannung zum Strom aus

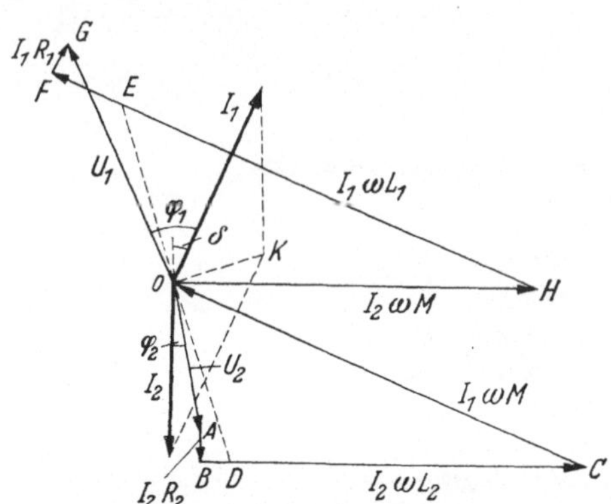

Abb. 69. Zur Erläuterung des Vektordiagramms eines Transformators

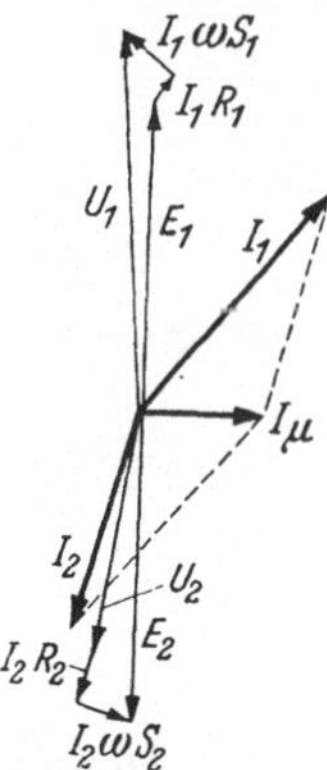

Abb. 70. Vektordiagramm eines Transformators für einen beliebigen Belastungszustand

drückt, mit $\ddot{u}^2$ zu multiplizieren (s. auch § 16). Das Strom- und Spannungs-diagramm wird also so aufgezeichnet, als ob der Transformator das Übersetzungs-verhältnis 1 hätte. Bei einem beliebigen Belastungszustand möge J_2 und U_2 die in Abb. 69 angenommenen Größen haben. Der Phasenwinkel zwischen beiden Größen sei φ_2. Die Zusammensetzung der Vektorsumme $OABC$ ergibt sich aus Gl. (50). Weiterhin ist jetzt der Strom J_1 senkrecht zu $J_1 \cdot \omega \cdot M$ einzuzeichnen. Seine Größe kann man folgendermaßen finden:

Zunächst bestimmen wir D aus

$$BD : DC = J_2 \omega L_2 : J_2 \omega M = L_2 : M$$

(s. hierzu auch Abb. 69).

Dann ist:

$$DC : CO = J_2\,\omega\,M : J_1\,\omega\,M = J_2 : J_1\,.$$

Weiterhin kann man jetzt ΔODC parallel nach EOH verschieben und bestimmt den Punkt F so, daß

$$HF : HE = L_1 : M\,,$$

dann ist $HF = J_1\,\omega\,L_1$ und $FG = J_1 \cdot R_1$ und außerdem nach Gl. (51) $OG = \mathfrak{U}_1$. Die fiktive Spannungskomponente $OE = OD$ ist der primären und sekundären Wick-

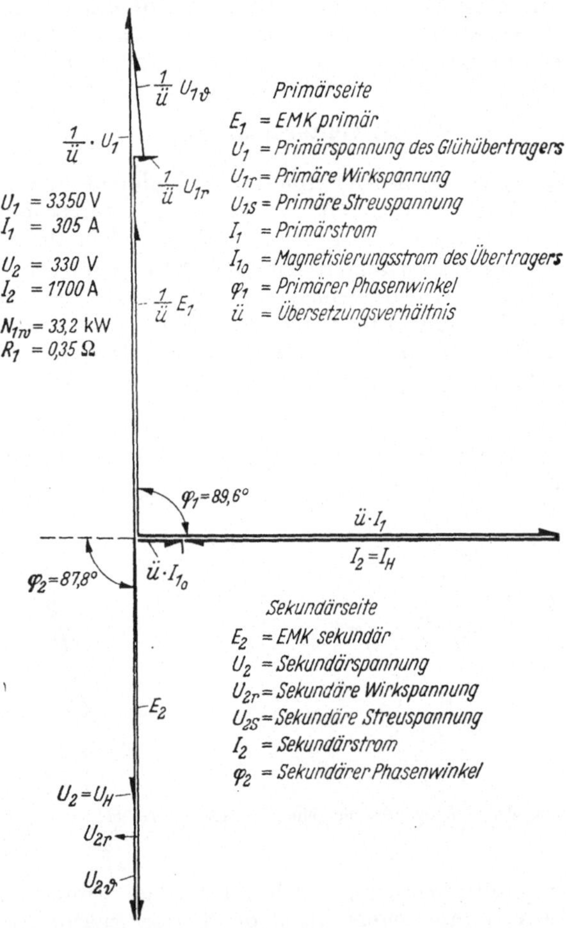

Abb. 71. Vektordiagramm eines eisenlosen HF-Glühübertragers nach KEGEL

lung gemeinsam. Sie steht auf OK senkrecht; stellt den Vektor $j\,(J_1 + J_2) \cdot \omega \cdot M$ dar und ist gleichbedeutend mit der EMK des Hauptflusses [41]. EF und BD sind die Vektoren

$$j\,J_1\,\omega\,(L_1 - M) = j\,J_1\,\omega\,S_1 \quad \text{und} \quad j\,J_2\,\omega\,(L_2 - M) = j\,J_2\,\omega\,S_2$$

und sind die EMK der Streuflüsse. Demzufolge können wir Gl. (50) und (51) wie folgt anschreiben:

$$\mathfrak{U}_1 = J_1 \left[R_1 + j\omega \left(L_1 - \frac{w_1}{w_2} M \right) \right] + j\omega \left(J_1 + J_2 \frac{w_2}{w_1} \right) M \frac{w_1}{w_2},$$

$$0 = \mathfrak{U}_2 + J_2 \left[R_2 + j\omega \left(L_2 - \frac{w_2}{w_1} M \right) \right] + j\omega \left(J_2 + J_1 \frac{w_1}{w_2} \right) M \frac{w_2}{w_1}.$$

In dieser Darstellung sind die letzten Glieder jeweils die EMK des resultierenden Hauptflusses. Nun ist in Abb. 69 die Projektion von J_1 und J_2 auf ED gleich groß. Das Produkt der Ströme mit dieser EMK ist gleich groß und die von der primären auf die sekundäre Seite übertragene Leistung. Man kann also bei der gewöhnlichen Diagrammdarstellung die gleich großen Dreiecke ODC und EHO fortlassen und erhält ein Diagramm, wie es Abb. 70 zeigt. In ihm sind die EMK des gemeinsamen Flusses mit E_1 und E_2 bezeichnet und $J_1 + J_2 = J\mu$ als Magnetisierungsstrom des resultierenden Hauptflusses. In Abb. 71 und 72 [90] ist je ein Diagramm im wirklichen Größenverhältnis für einen Übertrager und die Übertragung zwischen Heizleiter und Werkstück aufgezeichnet, wobei im Diagramm der Abb. 72 der Heizleiter (Index H) die Primärseite und das Werkstück (Index w) die Sekundärseite ist. Man erkennt, daß der Blindleistungsanteil sehr hoch ist. Dies besagt, daß dem Raum zwischen Primärseite und Sekundärseite bzw. dem zwischen Werkstück und Heizleiter, d. h. dem Kopplungsfaktor eine große Bedeutung zukommt. Der Ausgangspunkt für die Diagramme ist der bekannte Wirkwiderstand des Werkstückes und die Gleichheit des Wirk- und Blindwiderstandes im Werkstück (s. § 12). Die übrigen Werte sind in den Abbildungen angegeben.

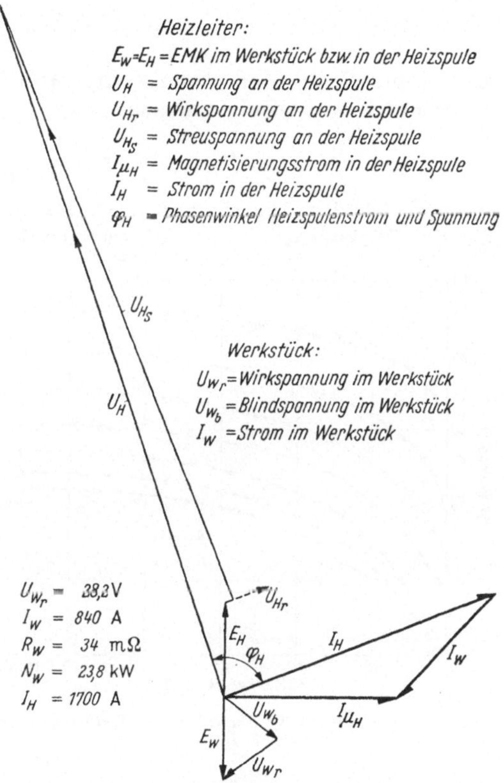

Abb. 72. Vektordiagramm Heizleiter-Werkstück nach KEGEL

4. Wirkungsgrad zwischen Übertrager bzw. Heizleiter und Werkstück

§ 18. Für die Berechnung des Wirkungsgrades sind lediglich die Wirkleistungen maßgebend. Sie betragen für die Heizwicklung $J^2 \cdot R_H$ und sind als reine Verlustleistung zu rechnen. Die im Werkstück umgesetzte Leistung beträgt $J^2 \cdot R_w$ und ist als reine Nutzleistung zu betrachten. Man kann also für den Wirkungsgrad zwischen Heizleiter und Werkstück ansetzen:

$$\eta = \frac{J^2 R'_w}{J^2 R_H + J^2 R'_w} = \frac{R'_w}{R_H + R'_w} = \frac{1}{1 + R_H/R'_w}. \tag{55}$$

Aus dieser Gleichung gewinnen wir die Erkenntnis, daß der Wirkungsgrad um so höher liegt, je kleiner der Widerstand der Heizspule im Verhältnis zum übersetzten Widerstand des Werkstückes ist. Man wird also für den Heizleiter stets einen Stoff mit hoher elektrischer Leitfähigkeit, d. h. zum mindesten bestes Elektrolytkupfer, wählen. Andererseits wird bei einem Werkstück mit schlechter Leitfähigkeit ein besserer Wirkungsgrad zu erwarten sein als bei einem solchen mit guter Leitfähigkeit. Es wird also bei einem Werkstück aus Stahl der Wirkungsgrad höher liegen, als wenn das gleiche Werkstück z. B. aus Aluminium angefertigt wäre.

Für den Gesamtwirkungsgrad des Übertragers kann man anschreiben

$$\eta = \frac{R - R_o}{R} = 1 - \frac{R_o}{R} \,,$$

oder, wenn wir die Meßergebnisse der Abb. 67 und 68 verwenden wollen, sind die reziproken bzw. Leitwerte einzusetzen:

$$\eta = 1 - \frac{R_p}{R_{po}} \,. \tag{56}$$

Für Abb. 67, d. h. für $D_H > D_w$, ist dies in Abb. 73 durchgeführt. Man erkennt, daß der Wirkungsgrad mit weiterwerdender Ankopplung stark absinkt, dies gilt insbesondere für kleine Werkstückdurchmesser.

Die Kurven der Abb. 73 gelten nur für eine Werkstückbelastung bei konstanter Temperatur. Von Interesse ist natürlich auch, wie sich der Wirkungsgrad verhält, wenn die Temperatur des Werkstückes ansteigt, was ja nun schließlich der Sinn der Anwendung des besprochenen Fertigungsverfahrens ist. Der Widerstand des Werkstückes wird durch den dem Erwärmungsstrom zur Verfügung stehenden Querschnitt bestimmt. Dieser aber wiederum im wesentlichen durch die Eindringtiefe. Ausschlaggebend für letztere sind der ohmsche Widerstand und die Permeabilität. Von diesen beiden geht aber nur der Wurzelwert in die Formel ein, und zwar der Widerstand im Zähler und die Permeabilität im Nenner. Es nimmt also bei den nichtferromagnetischen Stoffen, bei denen $\mu \sim 1$ ist (s. § 13), mit steigender Temperatur, soweit damit eine Zunahme des Widerstandes verbunden ist, auch die Eindringtiefe zu. Dies hat zur Folge, daß z. B. bei einem Al-Rundstab mit 20 mm Durchmesser der Wirkungsgrad bei 600° um etwa 10% niedriger ist als bei 20 °C (s. hierzu VAUGHAN und OSBORN [163]).

Bei den ferromagnetischen Stoffen spielt nun auch noch die Änderung von μ herein. Die Ausführungen des § 13 zeigen, daß sich μ im Bereich des CURIE-Punktes sprunghaft ändert, s. hierzu Abb. 47. Dies wirkt sich auch entsprechend auf den Werkstückwiderstand aus, und zwar derartig, daß er in diesem Punkt sprunghaft absinkt, womit auch eine entsprechende Abnahme des Wirkungsgrades verbunden ist; allerdings bei der Voraussetzung konstanter Frequenz.

KÖPKE hat nun in der oben angeführten Arbeit auch den Widerstand R_p in Abhängigkeit der Temperatur, und zwar für Eisen, ermittelt. Es wurde ein Stahl-

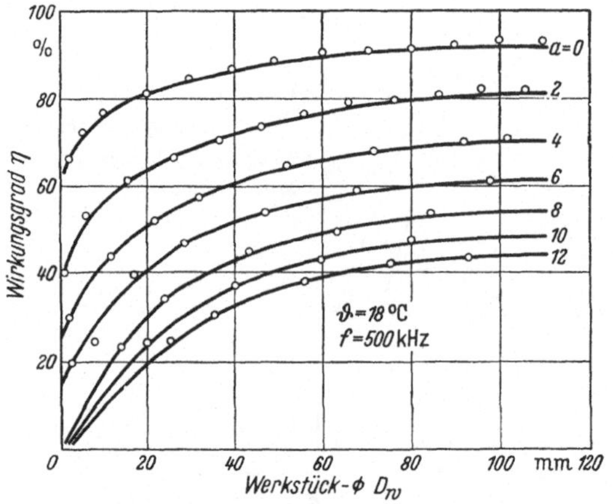

Abb. 73. Wirkungsgrad als Funktion des Werkstückdurchmessers. $D_H > D_W$

zylinder mit den Abmessungen 30 mm Durchmesser und 60 mm lang in einem Schmelztiegel induktiv auf nahezu Schmelztemperatur hochgeheizt. Dann wurde der Übertrager an das Gütemeßgerät geschaltet und G und C bestimmt, und zwar während dem Erkalten des Werkstückes. Die Werkstücktemperatur wurde mit einem Thermoelement überwacht. Den gefundenen Verlauf von R_p und η gibt Abb. 74 wieder. (R_p verläuft hier entgegengesetzt wie der Werkstückwiderstand,

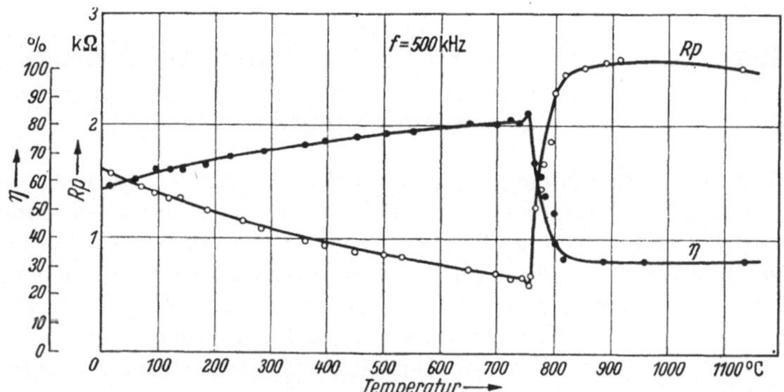

Abb. 74. Wirkungsgrad und Leitwert in Abhängigkeit der Temperatur für einen Eisenzylinder mit 30 mm ⌀ in einem Schmelztopf mit 50 mm ⌀

da R_p auf diesen bezogen eine Leitwertgröße ist.) Die beiden Kurven zeigen die sprunghafte Änderung im CURIE-Punkt. Bei 900° ist der Wirkungsgrad ungefähr auf die Hälfte desjenigen bei Raumtemperatur abgesunken. Einen dem hier gezeigten entsprechenden Verlauf der Widerstandskurven hat auch K. KEGEL gefunden, s. Abb. 127 und 128.

Da bei der induktiven Wärmebehandlung die Wahl der Frequenzhöhe ausschlaggebend ist, wollen wir im folgenden untersuchen, inwieweit die Frequenz den Wirkungsgrad beeinflußt.

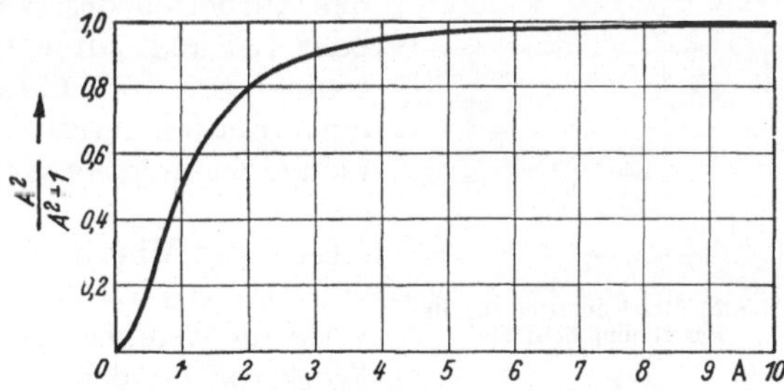

Abb. 75. Der Verlauf der Funktion A^2/A^2+1 zur Erläuterung der Frequenzabhängigkeit des Wirkungsgrades

Werkstück und Heizleiter können wir als einen sekundärseitig kurzgeschlossenen Transformator ansehen und wir erhalten für den auf die Primärseite übertragenen Werkstückwiderstand R'_w, siehe Gl. (53):

$$R'_w = R_w \frac{(\omega M)^2}{R_w^2 + (\omega L_w)^2} .$$

Zur Zusammenfassung der frequenzabhängigen Größen formen wir den Ausdruck wie folgt um:

$$R'_w = R_w \left(\frac{M}{L_w}\right)^2 \frac{(\omega L_w)^2}{R_w^2 + (\omega L_w)^2} = R_w \left(\frac{M}{L_w}\right)^2 \frac{(\omega L_w/R_w)^2}{(\omega L_w/R_w)^2 + 1} .$$

Setzen wir $(\omega L_w/R_w)^2 = A^2$, so haben wir für R'_w folgenden Ausdruck:

$$R'_w = R_w \left(\frac{M}{L_w}\right)^2 \frac{A^2}{A^2 + 1} . \tag{57}$$

wo A mit der Frequenz linear ansteigt. Das Verhalten des Faktors $\dfrac{A^2}{A^2+1}$ läßt sich durch graphisches Auftragen übersehen, s. Abb. 75. Man erkennt, daß dieser Wert sich sehr schnell dem Wert 1 asymptotisch nähert; mit anderen Worten, der Wert R'_w bzw. der Wirkungsgrad wird bei den höheren Frequenzen durch diese praktisch nicht mehr beeinflußt [29].

G. Berechnungsunterlagen für Heizleiter und Werkstück

1. Vorbemerkungen

§ 19. Für die folgenden Gleichungen gelten die in Abb. 76 angegebenen Bezeichnungen. Außerdem wird zunächst vorausgesetzt, daß es sich um ein rundes, massives Werkstück handelt, das gegenüber seinem Durchmesser als lang anzusprechen ist. Die Heizwicklung soll einlagig sein und entweder aus einem rechteckigen oder einem runden Leiter, der mit Wasser gekühlt ist, bestehen. Ferner mögen die Ströme eine reine Sinusform haben.

Bei der Heizwicklung kann man eine Arbeitstemperatur bis zu 70 °C annehmen. Diese Temperatur sollte mit Rücksicht auf die Isolation und den notwendigen Halterungen der Wicklung nicht überschritten werden. Durch das Kühlwasser der Heizwicklung sind die ohmschen Verluste, die durch den Stromfluß entstehen, abzuführen und die Wärme, welche der Wicklung durch das Aufheizen des Werkstückes, sei es durch Strahlung oder Leitung, zuteil wird. Nimmt man eine Ausgangstemperatur des Kühlwassers von 15 °C an, so kann bei einer Endtemperatur von 70 °C die notwendige Wassermenge wie folgt errechnet werden:

$$\text{Liter pro Minute} = \frac{\text{Verluste in Watt}}{69,8\,\vartheta} = \frac{\text{Verluste in Watt}}{3840}$$

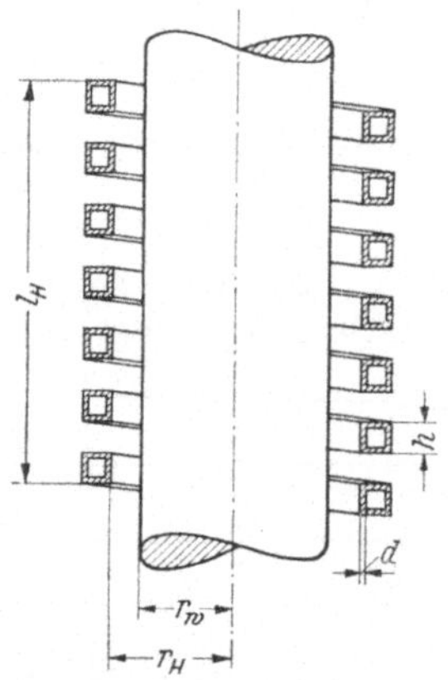

Abb. 76. Bezeichnungen für die Berechnungsbeispiele

wo ϑ die Temperaturerhöhung des Kühlwassers ist. Als Werkstoff für den Heizleiter wird entweder Kupfer oder Silber verwendet. Obwohl die Leitfähigkeit des Silbers mit 60,5 gegenüber dem Kupfer mit 57 nicht wesentlich höher liegt, wird Silber doch sehr gerne zur Herstellung der Heizwicklung, insbesondere bei höheren Frequenzen, genommen, da es sich mechanisch leichter verarbeiten läßt.

Der mechanische Aufbau der Heizwicklung wird später in § 35 bis 37 besprochen.

2. Ohmscher Widerstand

a) Heizspule

§ 20. Da man, wie nachstehend gezeigt wird, mit Rücksicht auf den Wirkungsgrad die Spulenwanddicke d immer so wählt, daß das elektromagnetische Feld an der inneren Wandung fast ganz abgeklungen ist, so kommt auf Grund des Nachbarschaftseffektes für die Stromleitung in erster Annäherung nur die innere Spulenwandung in Betracht.

Unter Verwendung der Bezeichnungen der Abb. 76 kann man dann für den ohmschen Widerstand der Heizwicklung anschreiben (s. hierzu K. RECHE und

B. F. OLLENDORF [*126, 116*])

$$R_H = \frac{4\,\pi^2\,w_H^2\,\sqrt{f}\,\;r_H'}{l_H\,\sqrt{\varkappa\,10^9}\,\sqrt{l_H'}}\,F\,(K_r)\;\text{Ohm}\,. \tag{58}$$

Hierin ist r_H' der effektive Radius der Heizwicklung, der die Eindringtiefe berücksichtigt:

$$r_H' = \left(r_H + \frac{s_H}{2}\right)\text{cm}\,. \tag{59}$$

l_H' berücksichtigt den notwendigen isolierenden Abstand zwischen den einzelnen Windungen der Heizwicklung. Es ist

$$\text{für runde Leiterquerschnitte}\qquad = l_H' = \frac{w_H\,\pi\,h}{4\,l_H}\,, \tag{60}$$

$$\text{für rechteckige Leiterquerschnitte} = l_H' = \frac{w_H\,h}{l_H}\,. \tag{61}$$

Die Funktion $F(K_r)$ berücksichtigt das Verhältnis der Wanddicke des Leiters zur Eindringtiefe, weil, wenn die Wanddicke in der Größenordnung der Eindringtiefe liegt, eine beachtliche Erhöhung des Widerstandes auftritt. Es ist:

$$F\,(K_r) = \frac{\text{Sin}\,K_r + \sin K_r}{\text{Cos}\,K_r - \cos K_r}\,,$$

worin

$$K_r = 2\,d/s_H\,. \tag{62}$$

Den Verlauf der Funktion gibt Abb. 77 wieder. Wir sehen, daß ihr kleinster Wert bei π liegt. Dies bedeutet, daß die günstigste Wanddicke d_0 für den Leiter ist:

$$d_o = \pi/2\,s_H\,. \tag{63}$$

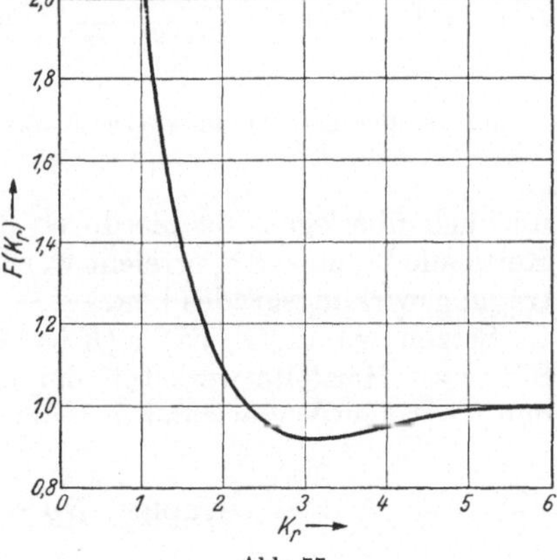

Abb. 77

Der Verlauf der Funktion $F(K_r) = \dfrac{\text{Sin}\,K_r + \sin K_r}{\text{Cos}\,K_r - \cos K_r}$

Andererseits zeigt sich auch, daß, wenn die Wanddicke des Heizleiters mindestens doppelt so groß wie die Eindringtiefe gewählt wird, die Funktion $F(K_r) = 1$ gesetzt werden kann, also nicht mehr berücksichtigt werden muß.

Die Werte von d_0 sind bei konstanter Leitertemperatur von der Frequenz abhängig. Nehmen wir eine Arbeitstemperatur für den Heizleiter von 70 °C an, so kann folgende Beziehung angeschrieben werden:

$$\text{Cu-Leiter } (\varrho_{70} = 2{,}11\cdot 10^{-6}\,\text{Ohm}\cdot\text{cm})\;\; d_0 = 11{,}5\cdot f^{-1/2}\,,$$

$$\text{Ag-Leiter } (\varrho_{70} = 1{,}99\cdot 10^{-6}\,\text{Ohm}\cdot\text{cm})\;\; d_0 = 11{,}12\cdot f^{-1/2}\,.$$

Diese beiden Abhängigkeiten sind in Abb. 78 aufgetragen. Man erkennt, daß der Unterschied zwischen einem Cu- und einem Ag-Leiter nicht allzu groß ist. Die Verwirklichung dieser Wanddicken läßt sich am ehesten bei den Mittelfrequenzen z. B. 10 000 Hz erreichen. Hier handelt es sich um Rohre von etwa 1 mm Wanddicke. Dahingegen liegen die Werte für 10^6 Hz schon immerhin bei 0,11 mm. Es sind dies Dicken, die von vornherein die Herstellung eines solchen Rohres erschweren, bzw. verbietet es sich schon aus mechanischen Festigkeitsgründen. Andererseits lassen sich solche Dicken zweifellos durch galvanische Überzüge herstellen, die aber, wenn sie sinnvoll sein sollen, evtl. hohe Kosten verursachen

können. Hierzu sei weiterhin auf § 35 (Spulenanfertigung) verwiesen. Auf jeden
Fall sollte man sich die Möglichkeiten zur Erreichung der günstigsten Wanddicke

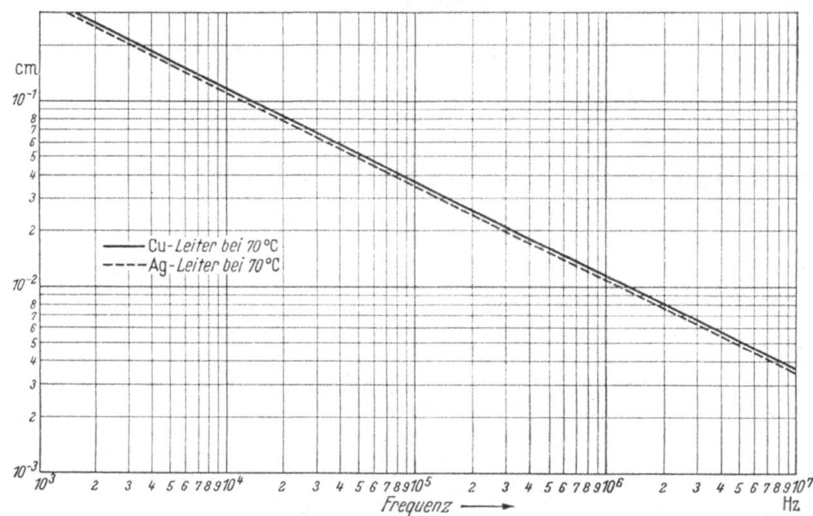

Abb. 78. Günstigste Wanddicke eines Heizleiters in Abhängigkeit der Frequenz. $d_0 = F(f)$ nach Gl. (63)

reichlich überlegen, da hierdurch doch immerhin eine Widerstandssenkung der
Heizspule bis zu $\sim 8\%$ erreicht werden kann, was zu einer Verbesserung des Über-
tragungswirkungsgrades beiträgt.

Setzen wir in Gl. (58) $F(K_r) = 1$ und den Widerstandswert für Kupfer oder
Silber als Heizleiterwerkstoff bei 70 °C ein, so erhalten wir folgenden Wert für
den ohmschen Widerstand der Heizspule:

$$\text{Kupfer:} \quad R_H = 18{,}2 \cdot 10^{-7} \frac{w_H^2\, r_H'\, \sqrt{f}}{l_H\, \sqrt{l_H'}} \text{ Ohm .} \tag{64}$$

$$\text{Silber:} \quad R_H = 17{,}7 \cdot 10^{-7} \frac{w_H^2\, r_H'\, \sqrt{f}}{l_H\, \sqrt{l_H'}} \text{ Ohm .} \tag{65}$$

Wird das Maß h der Heizwicklung kleiner als die Eindringtiefe im Werkstück, so
bedürfen diese Gleichungen noch einer Korrektion. Dies dürfte aber in erster Linie
für den Bereich der niedrigsten Frequenzen, z.B. 50 Hz, in Frage kommen. In entsprechenden Korrekturen werden von G. W. O. Howe [71] und J. Butterworth
[33] angegeben. Da dieses Verhältnis ($h/s_w < 1$) für die in diesem Rahmen betrachteten Fälle weniger vorkommt, so sei auf diese Arbeiten nur verwiesen.

b) Werkstück

Auf Grund der Gl. (48) § 14 können wir schreiben:

$$J^2\, R_w' = \frac{8{,}88\, w_H^2\, J^2\, r_w}{l_w\, \varkappa_w\, s_w}\, F(kr_0) \text{ Watt}$$

oder

$$R_w' = \frac{8{,}88\, w_H^2\, r_w}{l_w\, \varkappa_w\, s_w}\, F(kr_0) \text{ Ohm .} \tag{66}$$

Die Gleichung bedarf einer wesentlichen Korrektur, wenn die zunächst gemachte Voraussetzung, daß das Werkstück im Verhältnis zum Durchmesser sehr lang ist, nicht mehr zutrifft. Korrekturfaktoren hierfür geben C. R. BURCH und N. R. DAVIS in Theory of Eddy-current Heating [31] und K. RECHE [126] an. Die in der Gleichung zu berücksichtigende Größe von K_R kann unter weiterer Berücksichtigung des Luftspaltes der Abb. 79 entnommen werden. Gl. (66) lautet dann:

$$R'_w = \frac{8{,}88\, w_H^2\, r_w\, K_R}{l_w\, \varkappa_w\, s_w}\, F\,(kr_0)\ \mathrm{Ohm}\,. \qquad (67)$$

c) Resultierender Widerstand

Der gesamte Widerstand, bezogen auf die Klemmen der Heizwicklung, ist:

$$R = R_H + R'_w \qquad (68)$$

und der elektrische Wirkungsgrad ist:

$$\eta = \frac{R'_w}{R_H + R'_w} = \frac{R'_w}{R}\,. \qquad (69)$$

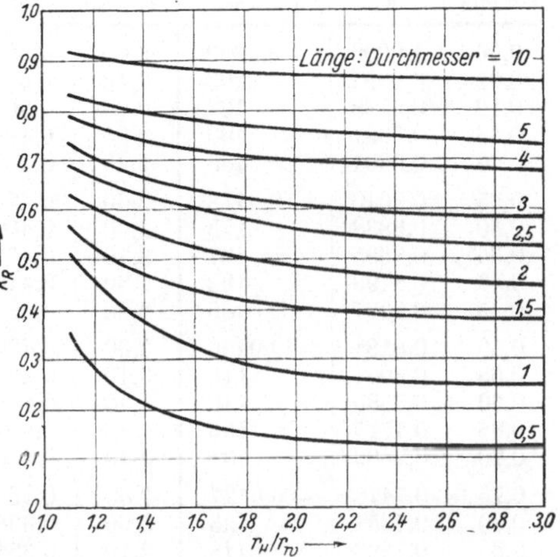

Abb. 79. Zur Ermittlung des Korrektionsfaktors K_R für die Berechnung des Ohmschen Werkstückwiderstandes

3. Reaktanz

a) Heizspule

§ 21. Auf Grund der Gl. (10) § 4 erhalten wir für die Reaktanz:

$$X_H = \omega\, L_H = 2\,\pi\, f\, \frac{4\,\pi^2\, w_H^2\, (r'_H)^2}{l_H\, 10^9}\ \mathrm{Ohm} = \frac{8\,\pi^3\, f\, w_H^2\, (r'_H)^2}{l_H\, 10^9}\ \mathrm{Ohm}\,. \qquad (70)$$

Diese Gleichung muß ebenfalls korrigiert werden, wenn die Voraussetzung großer Länge gegenüber dem Durchmesser nicht mehr zutrifft. Die Korrektur, die für die Induktivität in diesem Fall vorgenommen werden muß, gibt NAGAOKA [112, 113] an. Gl. (70) lautet dann:

$$X_H = \frac{8\,\pi^3\, f\, w_H^2\, (r'_H)^2\, K_L}{l_H\, 10^9}\,. \qquad (71)$$

Der Faktor K_L kann der Tab. 9 entnommen werden. Siehe hierzu auch das Nomogramm der Abb. 15.

b) Werkstück

Für die Reaktanz des Werkstückes bezogen auf den Eingang der Heizwicklung kann man angeben (s. hierzu BURCH und DAVIS [31] und N. R. STANSEL [147]):

$$X'_w = -\,\frac{8\,\pi^3\, f\, w_H^2\, r_w^2}{l_w\, 10^9}\, F_x\,, \qquad (72)$$

hierin ist:

$$F_x = 1 - \sqrt{2}\,\mu\, \frac{s_w}{r_w}\, F\,(kr_0)_x$$

und

$$F\,(kr_0)_x = \frac{\Re\,(kr_0)\,\Im'\,(kr_0) - \Im\,(kr_0)\,\Re'\,(kr_0)}{[\Re\,(kr_0)]^2 + [\Im\,(kr_0)]^2}\,.$$

Tabelle 9. *Koeffizient* $K_L = f\left(\dfrac{2\,r'_H}{l_H}\right)$ *für die Berechnung der Selbstinduktion nach der* NAGAOKA-*Formel*

$2r'_H/l_H$	K_L	Differenz	$2r'_H/l_H$	K_L	Differenz	$2r'_H/l_H$	K_L	Differenz
0,00	1,0000	$-0,0209$	2,00	0,5255	$-0,0118$	7,00	0,2584	$-0,0047$
0,05	0,9791	203	2,10	0,5137	112	7,20	0,2537	45
0,10	0,9588	197	2,20	0,5025	107	7,40	0,2491	43
0,15	0,9391	190	2,30	0,4918	102	7,60	0,2448	42
0,20	0,9201	185	2,40	0,4816	97	7,80	0,2406	40
0,25	0,9016	$-0,0178$	2,50	0,4719	$-0,0093$	8,00	0,2366	$-0,0094$
0,30	0,8838	173	2,60	0,4626	89	8,50	0,2272	86
0,35	0,8665	167	2,70	0,4537	85	9,00	0,2185	79
0,40	0,8499	162	2,80	0,4452	82	9,50	0,2106	73
0,45	0,8337	156	2,90	0,4370	78	10,00	0,2033	
0,50	0,8181	$-0,0150$	3,00	0,4292	$-0,0075$	10,0	0,2033	$-0,0133$
0,55	0,8031	146	3,10	0,4217	72	11,0	0,1903	113
0,60	0,7885	140	3,20	0,4145	70	12,0	0,1790	98
0,65	0,7745	136	3,30	0,4075	67	13,0	0,1692	87
0,70	0,7609	131	3,40	0,4008	64	14,0	0,1605	78
0,75	0,7478	$-0,0127$	3,50	0,3944	$-0,0062$	15,0	0,1527	$-0,0070$
0,80	0,7351	123	3,60	0,3882	60	16,0	0,1457	63
0,85	0,7228	118	3,70	0,3822	58	17,0	0,1394	58
0,90	0,7110	115	3,80	0,3764	56	18,0	0,1336	52
0,95	0,6995	111	3,90	0,3708	54	19,0	0,1284	48
1,00	0,6884	$-0,0107$	4,00	0,3654	$-0,0052$	20,0	0,1236	$-0,0085$
1,05	0,6777	104	4,10	0,3602	51	22,0	0,1151	73
1,10	0,6673	100	4,20	0,3551	49	24,0	0,1078	63
1,15	0,6573	98	4,30	0,3502	47	26,0	0,1015	56
1,20	0,6475	94	4,40	0,3455	46	28,0	0,0959	49
1,25	0,6381	$-0,0091$	4,50	0,3409	$-0,0045$	30,0	0,0910	$-0,0102$
1,30	0,6290	89	4,60	0,3364	43	35,0	0,0808	80
1,35	0,6201	86	4,70	0,3321	42	40,0	0,0728	64
1,40	0,6115	84	4,80	0,3279	41	45,0	0,0664	53
1,45	0,6031	81	4,90	0,3238	40	50,0	0,0611	43
1,50	0,5950	$-0,0079$	5,00	0,3198	$-0,0076$	60,0	0,0528	$-0,0061$
1,55	0,5871	76	5,20	0,3122	72	70,0	0,0467	48
1,60	0,5795	74	5,40	0,3050	69	80,0	0,0419	38
1,65	0,5721	72	5,60	0,2981	65	90,0	0,0381	31
1,70	0,5649	70	5,80	0,2916	62	100,0	0,0350	
1,75	0,5579	$-0,0068$	6,00	0,2854	$-0,0059$			
1,80	0,5511	67	6,20	0,2795	56			
1,85	0,5444	65	6,40	0,2739	54			
1,90	0,5379	63	6,60	0,2685	52			
1,95	0,5316	61	6,80	0,2633	49			

Setzt man den Wert von F_x in Gl. (72), so ergibt sich:

$$X'_w = -\frac{8\,\pi^3\,f\,w_H^2\,r_w^2}{l_w\,10^9} + \frac{8\,\pi^3\,f\,w_H^2\,r_w\,\sqrt{2}\,\mu\,s_H}{l_w\,10^9}\,F\,(k\,r_0)_x.$$

Man kann nun den zweiten Bruchstrich auf die Größe R'_w zurückführen und erhält den vereinfachten Ausdruck für die Reaktanz des Werkstückes bezogen auf den Eingang der Heizwicklung.

$$X'_w = -\frac{8\,\pi^3\,f\,w_H^2\,r_w^2}{l_w\,10^9} + R'_w\,\frac{F\,(k\,r_0)_x}{F\,(k\,r_0)}. \tag{73}$$

Die Funktion $F\,(k\,r_0)$ ist uns schon von § 14 her bekannt. Den Verlauf der Funktion $F\,(k\,r_0)_x$ gibt Abb. 80 wieder. Trifft die Voraussetzung, daß das Werkstück gegenüber seinem Durchmesser sehr lang ist, nicht mehr zu, so müssen wir auch hier noch einen Korrektionsfaktor K_x berücksichtigen. Er kann nach BURCH und DAVIS [31] aus Abb. 81 entnommen werden. Gl. (73) lautet dann:

$$X'_w = - \frac{8\pi^3 f w_H^2 r_w^2 K_x}{l_w \, 10^9} + R'_w \frac{F(kr_0)_x}{F(kr_0)} \frac{K_x}{K_R}. \qquad (74)$$

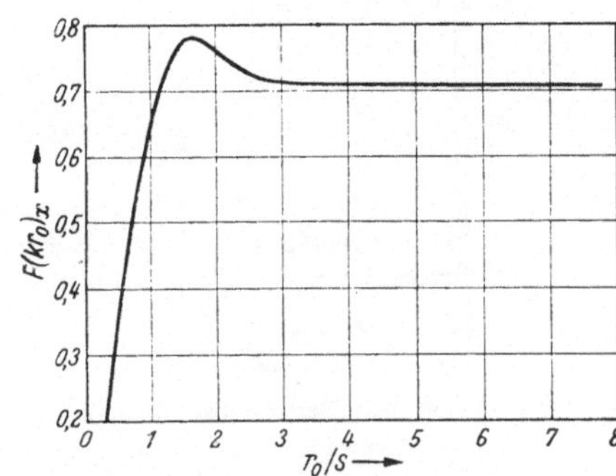

Abb. 80. $F(kr_0)_x = f(r_0/s)$

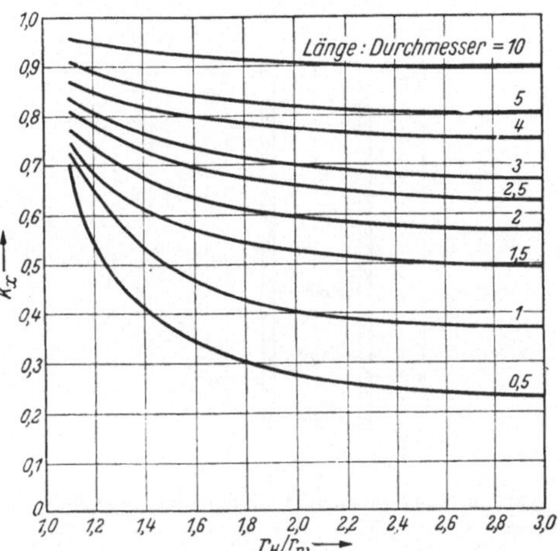

Abb. 81. Zur Ermittlung des Korrektionsfaktors K_x für die Berechnung der Werkstückreaktanz

c) Resultierende Reaktanz

Für die gesamte Reaktanz der Heizspule und des Werkstückes erhalten wir unter Berücksichtigung sämtlicher Korrektionsfaktoren und wenn Wicklungslänge und Werkstücklänge (l) gleich groß sind:

$$X = X_H + X'_w = \frac{8\pi^3 f w_H^2}{l \, 10^9} \left[(r'_H)^2 K_L - r_w^2 K_x \right] + R'_w \frac{F(kr_0)_x}{F(kr_0)} \frac{K_x}{K_R}. \qquad (75)$$

4. Impedanz

§ 22. Für die Impedanz am Eingang der Heizwicklung erhalten wir:

$$Z = (R^2 + X^2)^{1/2}. \qquad (76)$$

Ferner ist der Leistungsfaktor:

$$\cos\varphi = R/Z. \qquad (77)$$

Für den Leistungsumsatz in der Heizwicklung ist:

$$N_H = \frac{U_H^2 \cos\varphi}{Z} = \frac{U_H^2 R}{Z^2} \text{ Watt} \qquad (78)$$

und im Werkstück:

$$N_w = \frac{U_H^2 R}{Z^2} \eta = \frac{U_H^2 R'_w}{Z^2} \text{ Watt}. \qquad (79)$$

5. Berechnungsbeispiele

a) Erstes Beispiel

§ 23. Es sollen Messingrohrabschnitte (63% Cu; 37% Zn) mit einer Temperatur von 600 °C geglüht werden. Die Rohre haben eine Länge von 30 mm. Die Wanddicke beträgt 1 mm bei einem Außendurchmesser von 10 mm. Die verwendete

Frequenz hat eine Höhe von 10^6 Hz. Als Heizleiter wird ein Vierkant-Silberrohr $2 \cdot 2$ mm (Wanddicke 0,4 mm) verwendet. Windungszahl 12. Luftspalt zwischen Werkstück und Heizleiter allseitig 3 mm. Abmessungen s. Abb. 82.

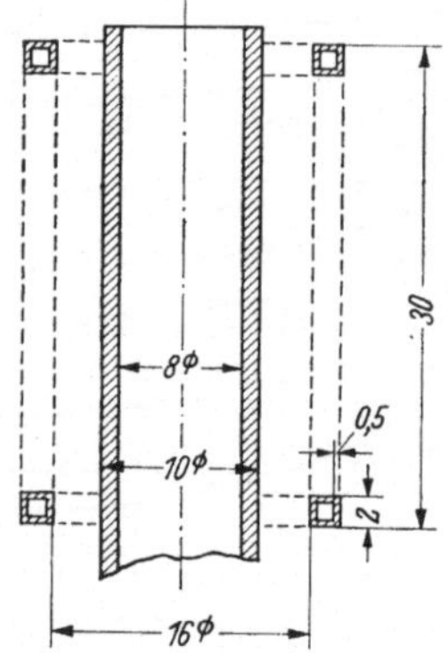

Abb. 82. Maßangaben zu Berechnungsbeispiel Nr. 1

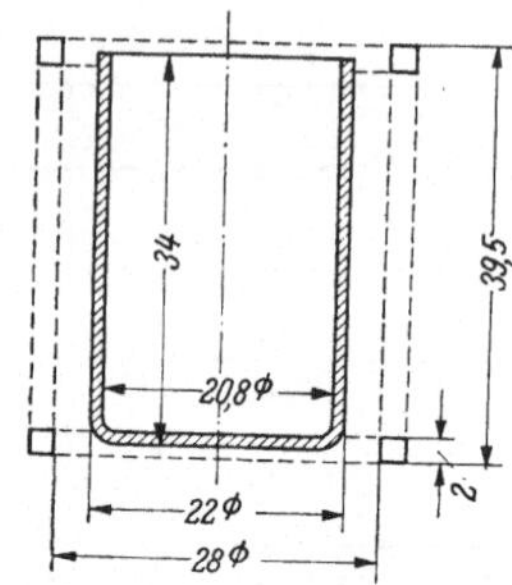

Abb. 83. Maßangaben zu Berechnungsbeispiel Nr. 2

Heizspule

$r_H = 0,8$ cm

$r'_H = 0,8035$ cm [Gl. (59)]

$l_H = 3$ cm

$l'_H = 0,8$ cm [Gl. (61)]

$s_H = 0,0071$ cm

$R_H = 7,62 \cdot 10^{-2}$ Ohm [Gl. (65)]

$X_H = 6,22$ Ohm [Gl. (71)]

$\varrho_H = 1,99 \cdot 10^{-6}$ Ohm · cm

$h = 0,2$ cm

$d = 0,05$ cm

$K_r = 14,1$ [Gl. (62)]

$F(K_r) = 1$

$K'_L = 0,8073$

Werkstück

$r_w = 0,5$ cm

$x_w = 7,7 \cdot 10^{-4}$ Ohm^{-1} cm^{-1}

$s_w = 0,0182$ cm

$K_R = 0,74$

$R'_w = 0,789$ Ohm [Gl. (67)]

$X'_w = -2,398$ Ohm [Gl. (74)]

$K_x = 0,64$

$F(k r_0) = 0,707$

$F(k r_0)_x = 0,707$

Gesamtkreis

$R = 0,8652$ Ohm [Gl. (68)]

$X = 3,822$ Ohm [Gl. (75)]

$Z = 3,92$ Ohm [Gl. (76)]

$N_w = 2,5$ kW

$U_H = 220$ Volt [Gl. (78)]

$\eta = 0,91$ [Gl. (69)]

$\cos \varphi = 0,22$ [Gl. (77)]

b) Zweites Beispiel

Es sind kleine Stahlbecher mit den Abmessungen der Abb. 83 ohne den Boden im Rhythmus der Stufenziehpresse (1,5 sek) zu glühen, um die durch das Ziehen verbliebene Härte zu mildern und das langgestreckte Ferritkristall wieder einzuformen. Ein Versuch hat ergeben, daß die Einformung trotz der kurzen Glühzeit sichergestellt ist, s. hierzu auch Abb. 84. Die Vickershärte HV_{10} ging dabei von 225 auf 118 zurück, was für die nachfolgenden Arbeitsgänge ausreichend ist. Die Glühtemperatur betrug 840 °C. Die Rechnung wird für eine mittlere Temperatur von 420 °C durchgeführt. Frequenz 10^6 Hz.

Heizspule

$$r_H = 1,4 \text{ cm} \qquad\qquad \varrho_H = 1,99 \cdot 10^{-6} \text{ Ohm} \cdot \text{cm}$$
$$w_H = 16 \qquad\qquad s_H = 0,0071 \text{ cm}$$
$$h = 0,2 \text{ cm} \qquad\qquad d = 0,05 \text{ cm}$$
$$l_H = 3,95 \text{ cm} \qquad\qquad l'_H = 0,81 \text{ [Gl. (61)]}$$
$$r'_H = 1,4035 \text{ cm [Gl. (59)]} \qquad F(K_r) = 1$$
$$R_H = 0,179 \text{ Ohm [Gl. (65)]} \qquad K_L = 0,7573$$
$$X_H = 24 \text{ Ohm [Gl. (71)]}$$

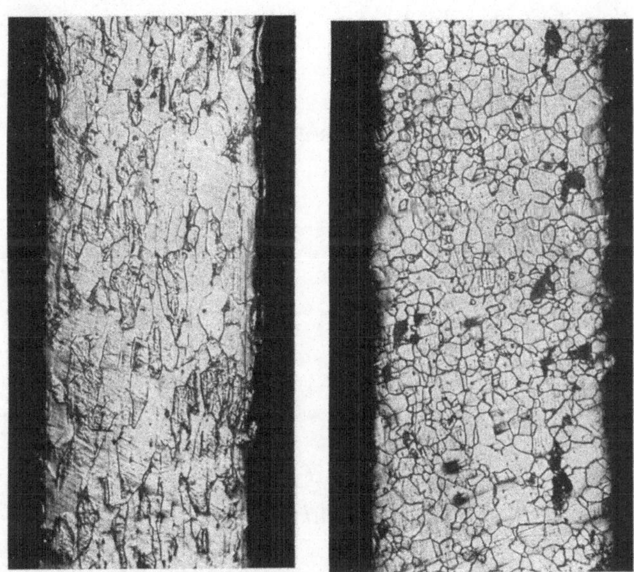

Abb. 84. Schliffe durch die Wandung eines Ziehteiles aus St VII 23 zum Nachweis der Einformung von langgestreckten Ferritkristallen bei der verhältnismäßigen kurzen Erwärmungs- und Glühzeit von insgesamt 1,2 sek. Endtemperatur 840 °C. V = 50 fach. *Links:* Ungeglüht. *Rechts:* Geglüht

Werkstück

$$r_w = 1,1 \text{ cm} \qquad\qquad \varkappa_w = 2 \cdot 10^4 \text{ Ohm}^{-1} \text{ cm}^{-1}$$
$$\mu_r = 300 \qquad\qquad l_w = 3,4 \text{ cm}$$
$$s_w = 0,002 \text{ cm} \qquad\qquad F(k\,r_0) = 0,707$$
$$K_R = 0,67 \qquad\qquad R'_w = 8,73 \text{ Ohm [Gl. (67)]}$$
$$K_x = 0,51 \qquad\qquad F(k\,r_0)_x = 0,707$$
$$X'_w = 4,85 \text{ Ohm [Gl. (74)]}$$

Gesamtkreis

$$R = 8,909 \text{ Ohm [Gl. (68)]} \qquad X = 19,15 \text{ Ohm [Gl. (75)]}$$
$$Z = 21,1 \text{ Ohm [Gl. (76)]} \qquad \cos\varphi = 0,422 \text{ [Gl. (77)]}$$
$$\eta = 0,978 \text{ [Gl. (69)]} \qquad N_w = 5 \text{ kW}$$
$$U_H = 505 \text{ Volt [Gl. (78)]}$$

c) Drittes Beispiel

Es sollen Bolzen aus dem Stahl C 45 vergütet werden. Sie haben die Abmessungen der Abb. 85. Es steht ein 10000-Hz-Umformer zur Verfügung. Fertigungsrhythmus ist 6 Stück je Minute. Die zu erreichende Temperatur ist 840 °C. Gerechnet wird mit einer mittleren Temperatur von 420 °C. Heizspule ist rundes Cu-Rohr.

Heizspule

$r_H = 2,5$ cm $\varrho_H = 2,11 \cdot 10^{-6}$ Ohm $\cdot$ cm

$s_H = 0,0733$ cm $h = 0,8$ cm

$d = 0,11$ cm $l_H = 10,8$ cm

$w_H = 11$ $l'_H = 0,64$ [Gl. (60)]

$r'_H = 2,536$ cm [Gl. (59)] $F(K_r) = 0,92$

$R_H = 0,00594$ Ohm [Gl. (64)] $K_L = 0,8288$

$X_H = 0,166$ Ohm [Gl. (71)]

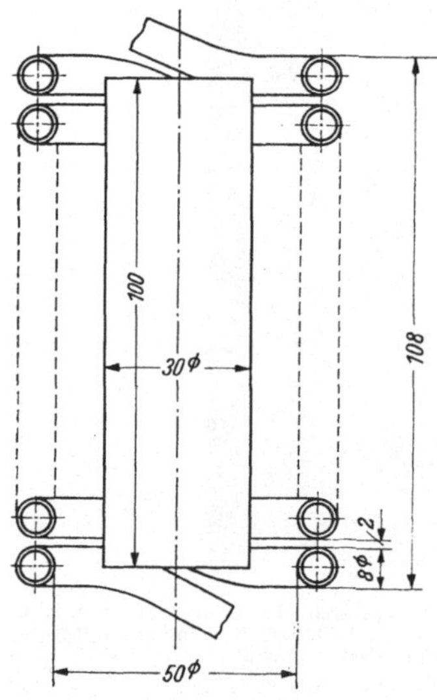

Abb. 85. Maßangaben zu Berechnungsbeispiel Nr. 3

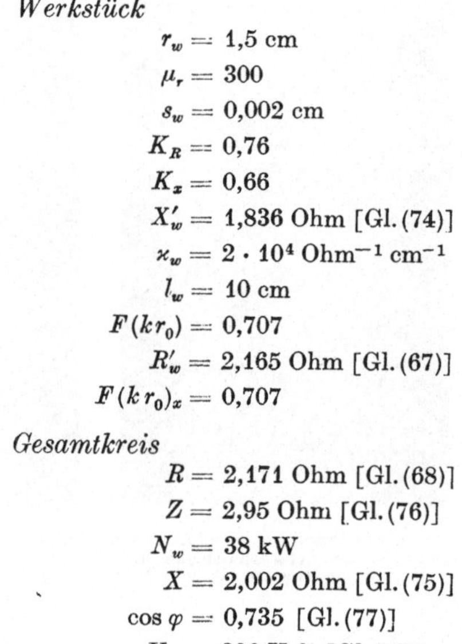

Werkstück

$r_w = 1,5$ cm

$\mu_r = 300$

$s_w = 0,002$ cm

$K_R = 0,76$

$K_x = 0,66$

$X'_w = 1,836$ Ohm [Gl. (74)]

$\varkappa_w = 2 \cdot 10^4$ Ohm^{-1} cm^{-1}

$l_w = 10$ cm

$F(k r_0) = 0,707$

$R'_w = 2,165$ Ohm [Gl. (67)]

$F(k r_0)_x = 0,707$

Gesamtkreis

$R = 2,171$ Ohm [Gl. (68)]

$Z = 2,95$ Ohm [Gl. (76)]

$N_w = 38$ kW

$X = 2,002$ Ohm [Gl. (75)]

$\cos \varphi = 0,735$ [Gl. (77)]

$U_H = 390$ Volt [Gl. (78)]

d) Viertes Beispiel

Es ist ein Nocken mit den Abmessungen der Abb. 86 induktiv an seiner Oberfläche zu härten. Die Bohrung muß zur weiteren Bearbeitung weich bleiben. Der Stoff ist St 60 k Din 1652. Es steht ein 12-kW-Generator mit 10^6 Hz zur Verfügung.

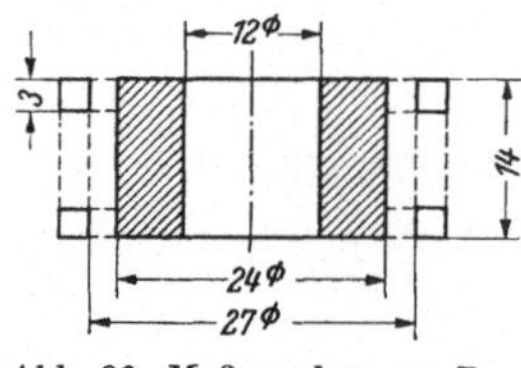

Abb. 86. Maßangaben zu Berechnungsbeispiel Nr. 4

Heizspule

$r_H = 1,35$ cm

$w_H = 3$

$h = 0,3$ cm

$l_H = 1,4$ cm

$r'_H = 1,3535$ cm [Gl. (59)]

$R_H = 0,0192$ Ohm [Gl. (65)]

$X_H = 1,035$ Ohm [Gl. (71)]

$l'_H = 0,643$ [Gl. (61)]

$F(K_r) = 1$

$K_L = 0,354$

$\varrho_H = 1,99 \cdot 10^{-6}$ Ohm $\cdot$ cm

$s_H = 0,0071$ cm

$d = 0,05$ cm

Werkstück

$$r_w = 1,2 \text{ cm} \qquad\qquad \varkappa_w = 2 \cdot 10^4 \text{ Ohm}^{-1}\, \text{cm}^{-1}$$
$$\mu_r = 300 \qquad\qquad l_w = 1,4 \text{ cm}$$
$$s_w = 0,002 \text{ cm} \qquad\qquad F(kr_0) = 0,707$$
$$K_R = 0,68 \qquad\qquad R'_w = 0,822 \text{ Ohm [Gl. (67)]}$$
$$K_x = 0,38 \qquad\qquad F(kr_0)_x = 0,707$$
$$X'_w = -0,412 \text{ Ohm [Gl. (74)]}$$

Gesamtkreis

$$R = 0,841 \text{ Ohm [Gl. (68)]} \qquad X = 0,6205 \text{ Ohm [Gl. (75)]}$$
$$Z = 1,05 \text{ Ohm [Gl. (76)]} \qquad \cos\varphi = 0,801 \text{ [Gl. (77)]}$$
$$\eta = 0,975 \text{ [Gl. (69)]} \qquad N_w = 10 \text{ kW}$$
$$U_H = 115 \text{ Volt [Gl. (78)]}$$

e) Fünftes Beispiel

J. T. VAUGHAN und J. W. WILLIAMSON [162] geben folgendes berechnetes und durch Messungen (Klammerwerte) überprüftes Beispiel an: Das Werkstück ist ein zylindrischer Hohlkörper mit einer Wanddicke von 0,343 cm aus nichtmagnetischem Werkstoff. Der Widerstandswert für die Berechnung wird mit $75,95 \cdot 10^{-6}$ Ohm $\cdot$ cm³ angegeben. Die Heizwicklung besteht aus rechteckigem Cu-Rohr ($\varrho = 1,854 \cdot 10^{-6}$ Ohm $\cdot$ cm³). Die Frequenz des Umformers ist 10000 Hz.

Heizwicklung

$$r_H = 3,82 \text{ cm} \qquad\qquad \varrho_H = 1,854 \cdot 10^{-6} \text{ Ohm} \cdot \text{cm}^3$$
$$s_H = 0,0486 \text{ cm} \qquad\qquad h = 0,64 \text{ cm}$$
$$d = 0,107 \text{ cm} \qquad\qquad d_0 = 0,108 \text{ cm}$$
$$l_H = 7,62 \text{ cm} \qquad\qquad r'_H = 3,86 \text{ cm}$$
$$w_H = 10 \qquad\qquad l'_H = 0,84$$
$$K_r = 3,10 \qquad\qquad F(K_r) = 0,917$$
$$K_r = 0,688 \qquad\qquad R_H = 0,0086 \text{ Ohm (0,0095)}$$
$$X_H = 0,333 \text{ Ohm}$$

Werkstück

$$r_w = 1,27 \text{ cm} \qquad\qquad \varrho_w = 75,95 \cdot 10^{-6} \text{ Ohm} \cdot \text{cm}^3$$
$$s_w = 0,31 \text{ cm} \qquad\qquad l_w = 7,62 \text{ cm}$$
$$r_H/r_w = 3,0 \qquad\qquad K_r = 0,923$$
$$K_R = 0,68 \qquad\qquad K_x = 0,59$$
$$R_w = 0,011 \text{ Ohm (0,0102)}$$

Gesamtkreis

$$R = 0,0196 \text{ Ohm (0,0197)} \qquad X = 0,315 \text{ Ohm (0,316)}$$
$$Z = 0,315 \text{ Ohm (0,316)} \qquad \cos\varphi = 0,062$$
$$\eta = 0,56$$

f) Sechstes Beispiel

Von N. R. STANSEL [147] wird für die fortlaufende Erwärmung von Rundstäben mit 31,75 mm ($1^1/_4''$) Durchmesser aus dem Stahl SAE 1045 das folgende Beispiel angegeben. Das Werkstück soll in seinem ganzen Querschnitt auf 871 °C (1600 °F) erwärmt werden. Die Umformerfrequenz ist 9600 Hz. Leistung 113 kg/Stunde unter Schutzgasatmosphäre. Die Gewichtseinheit ist 6,2 kg/m und der Wärmeinhalt 18,75 kWh für 113 kg. Bei einem Wirkungsgrad von etwa 60% ist eine Leistung von 35 kWh vorgesehen. Werkstückvorschub: 30,48 cm/min (12''/min).

Heizspule

$$2\,r_H = 4{,}445 \text{ cm } (1{,}75'') \qquad\qquad R_H = 0{,}022 \text{ Ohm}$$

$$l_H = 38{,}1 \text{ cm } (15'') \qquad\qquad X_H = 0{,}589 \text{ Ohm}$$

$$N_f = 90{,}5 \text{ Watt/cm}^2$$

Gesamtkreis

α) Beginn der Erwärmung $\qquad\qquad$ γ) Mittlere Werte

$$\varrho_w = 18 \cdot 10^{-6} \text{ Ohm} \cdot \text{cm}^3 \qquad\qquad R = 0{,}155 \text{ Ohm } (0{,}18)$$

$$\mu_r = 18 \qquad\qquad Z = 0{,}46 \text{ Ohm } (0{,}497)$$

$$R = 0{,}197 \text{ Ohm} \qquad\qquad \cos \varphi = 0{,}34 \ (0{,}36)$$

$$Z = 0{,}505 \text{ Ohm} \qquad\qquad \eta = 0{,}86 \ (0{,}88)$$

$$J_H = 495 \text{ Amp } (440)$$

β) Ende der Erwärmung (871 °C) $\qquad\qquad$ $U_H = 226 \text{ Volt } (219)$

$$\varrho_w = 121 \cdot 10^{-6} \text{ Ohm} \cdot \text{cm}^3 \qquad\qquad N = 112 \text{ kVA } (98)$$

$$\mu_r = 1$$

$$R = 0{,}112 \text{ Ohm}$$

$$Z = 0{,}41 \text{ Ohm}$$

III. Wärmetechnische Grundlagen

A. Energiebedarf bei der induktiven Erwärmung von Metallen

1. Allgemeines

§ 24. Die Temperatur wird mit der hundertteiligen Celsiusskala gemessen. Der 0-Punkt dieser Skala ist die Temperatur des schmelzenden Eises unter dem Druck von 1 Atm (760 Torr[1]). Der hundertste Teilstrich entspricht dem Siedepunkt des chemisch reinen Wassers ebenfalls unter dem Druck von 1 Atm = 760 mm Quecksilbersäule = 760 Torr. Die absolute Temperaturskala hat ihren Null-Punkt bei −273 °C. Es ist Θ °Kelvin $= 273 + \vartheta$ °C.

Die technische Wärmeeinheit ist die Kilokalorie (kcal). Dies ist die Wärmemenge, der 1 kg Wasser zugeführt werden muß, um es von 14,5 auf 15,5 °C zu erwärmen oder auch 1/860 des Wärmewertes einer Kilowattstunde (kWh).

Die spezifische Wärme c eines Stoffes ist diejenige Anzahl von kcal, der 1 kg des Stoffes zugeführt werden müßte, um ihn um 1 °C zu erwärmen. Die Dimension ist $\text{kcal} \cdot \text{kg}^{-1} \cdot {}^\circ\text{C}^{-1}$. In Tab. 10 ist die spezifische Wärmezahl für verschiedene Metalle angegeben.

Unabhängig von den elektrischen Erfordernissen verlangt jede Erwärmung eines Körpers eine bestimmte Wärmemenge Q. Diese wird aus der gewollten Temperaturerhöhung, dem Gewicht und der spezifischen Wärme errechnet.

Die von einem Körper aufgenommene Wärmemenge beträgt:

$$Q = G\,c\,(\vartheta_2 - \vartheta_1) \text{ kcal},$$

---

[1] Benannt nach dem italienischen Physiker und Mathematiker TORRICELLI, 1608–1647.

wo ϑ_1 die Anfangs- und ϑ_2 die Endtemperatur in °C ist, oder, in elektrischen Einheiten ausgedrückt:

$$Q_e = 4{,}18\,G\,c\,(\vartheta_2 - \vartheta_1)\ \text{kWs} \tag{80}$$

$$Q_e = 0{,}07\,G\,c\,(\vartheta_2 - \vartheta_1)\ \text{kWmin}.$$

$$Q_e = 1{,}16 \cdot 10^{-3}\,G\,c\,(\vartheta_2 - \vartheta_1)\ \text{kWh}.$$

Bei der Anwendung dieser Gleichungen ist jedoch zu beachten, daß die spezifische Wärme c bei großen Temperaturdifferenzen nicht immer als Konstante eingesetzt werden kann; außerdem ist unter Umständen die Schmelzwärme noch zu berück-

Tabelle 10. *Thermische Eigenschaften verschiedener Stoffe*

Werkstoff	Spezifische Wärme $\text{cal} \cdot g^{-1} \cdot {}^\circ\text{C}^{-1}$	Wärmeleitfähigkeit $\text{cal} \cdot \text{cm}^{-1} \cdot \text{sek}^{-1} \cdot {}^\circ\text{C}^{-1}$	Ausdehnungszahl 10^{-6}
Aluminium 99,5%	0,22	0,53	23,8
Blei	0,031	0,084	29
Eisen, rein	0,111	0,16	12
Leitungskupfer	0,093	0,94	17
Messing 60,5% Cu, 28,5% Zn	0,093	0,22—0,27	19
Nickel	0,11	0,14	13
Platin	0,04	0,17	9
Quecksilber	0,033	0,025	182
Silber	0,057	1,01	20
Stahl 0,1% C, 0,5% Mn	0,11	0,12	11
Stahl 0,8% C	0,11	0,11	11
Wolfram	0,034	0,3	4,5
Zink	0,09	0,25	29,7
Zinn	0,055	0,15	23,0

sichtigen. Dies ist diejenige Wärmemenge, die aufgewendet werden muß, um die Mengeneinheit eines Stoffes bei der Schmelztemperatur von dem festen in den flüssigen Zustand überzuführen[1].

In Tab.11 sind für reines und niedrig gekohltes Eisen Angaben über wahre und mittlere spezifische Wärme, Schmelzwärme und Wärmeinhalte gemacht.

Für die praktische Berechnung kann man bei reinem Eisen folgende Werte annehmen:

Mittlere spez. Wärme:	0°—1528° (ohne Schmelzwärme)	0,165 cal · g⁻¹ · grad⁻¹
Mittlere spez. Wärme:	0°—1528° (mit Schmelzwärme)	0,204 cal · g⁻¹ · grad⁻¹
Mittlere spez. Wärme:	1528°—1600° (oberhalb des Schmelzpunktes)	0,162 cal · g⁻¹ · grad⁻¹

Schmelzwärme: 60 cal · g⁻¹

Wärmeinhalt bei: 1528° (ohne Schmelzwärme)   252 cal · g⁻¹

Wärmeinhalt bei: 1528° (mit Schmelzwärme)   312 cal · g⁻¹

Wärmeinhalt bei: 1600°   326 cal · g⁻¹

Bei der induktiven Wärmebehandlung kann man für den Anschlußwert an das Kraftnetz folgende Richtwerte zugrunde legen, wenn D der Durchsatz des zu erwärmenden Gutes in kg/h ist (s. hierzu auch § 60 und VDI-Arbeitsblatt „Induktive Erwärmung", VDI-5-3131 Juli 1952):

Vollerwärmung auf 1200 °C	0,4 —0,6 · D in kW
Vollerwärmung auf 500—700 °C	0,28—0,45 · D in kW
Oberflächenerwärmung auf 800—900 °C	0,5 —1,5 · D in kW
Oberflächenerwärmung auf 500—700 °C	0,4 —1,2 · D in kW

---

[1] Die „totale" Schmelzwärme setzt sich zusammen aus der inneren Schmelzwärme, die mit der Erhöhung der inneren Energie den überwiegenden Teil darstellt, und der meist vernachlässigbar kleinen „äußeren" Schmelzwärme der durch die Volumänderung bedingten äußeren Arbeit.

Tabelle 11. *Mittlere, wahre spez. Wärme, Schmelzwärme und Wärmeinhalte verschiedener Stähle*

Versuchsstoffe	% C	Mittlere spez. Wärme von 0 bis 1500° $cal \cdot g^{-1} \cdot grad^{-1}$	Mittlere spez. Wärme von 0 bis 1600° $cal \cdot g^{-1} \cdot grad^{-1}$	Wahre spez. Wärme oberhalb des Schmelzpunktes $cal \cdot g^{-1} \cdot grad^{-1}$	Schmelzwärme $cal \cdot g^{-1}$	Wärmeinhalt bei 1500° $cal \cdot g^{-1}$	Wärmeinhalt bei 1600° $cal \cdot g^{-1}$	Literatur
Flußeisen	0,06	0,1667	—	—	—	254,2 (1523°)	—	OBERHOFFER, P.: Diss. Aachen 1907. Met. **4**, 495 (1907).
Stahl	0,08	—	—	—	—	—	354 (1580°)	SPRINGORUM, F : Met. **7**, 143 (1910).
Elektrolyteisen	0,00	0,1627	0,1939	0,250 (1528°—1600°)	49,35	244,47	311,11	DURRER, R : Diss Aachen 1915, F. WÜST, A. METUHEN, R. DURRER, Forschungsarb. Gebiete Ingenieurwesen H. 204. 15, 17 (1918).
Stahl, Verunreinigungen 0,3%	0,040	0,1726 (20°—1500°)	0,2178 (20°—1600°)	0,222 (1570°—1600°)	69,20	259,09	348,48	UMINO, S : Sci. Rep. Tôhoku **15**, 607 (1926).
Elektrolyteisen	0,02	0,1650	0,2043	0,142 (1528°—1590°)	64,38	248,97 (1511°)	325,30 (1590°)	OBERHOFFER, P., u. W. GROSSE: Stahl-Eisen **47**, 576 (1927).
Elektrolyteisen	—	0,1673 (20°—1500°)	0,2104 (20°—1600°)	0,194 (1540°—1560°)	65,65	250,92	327,99 (1560°)	UMINO, S : Sci. Rep. Tôhoku **18**, 91 (1929).

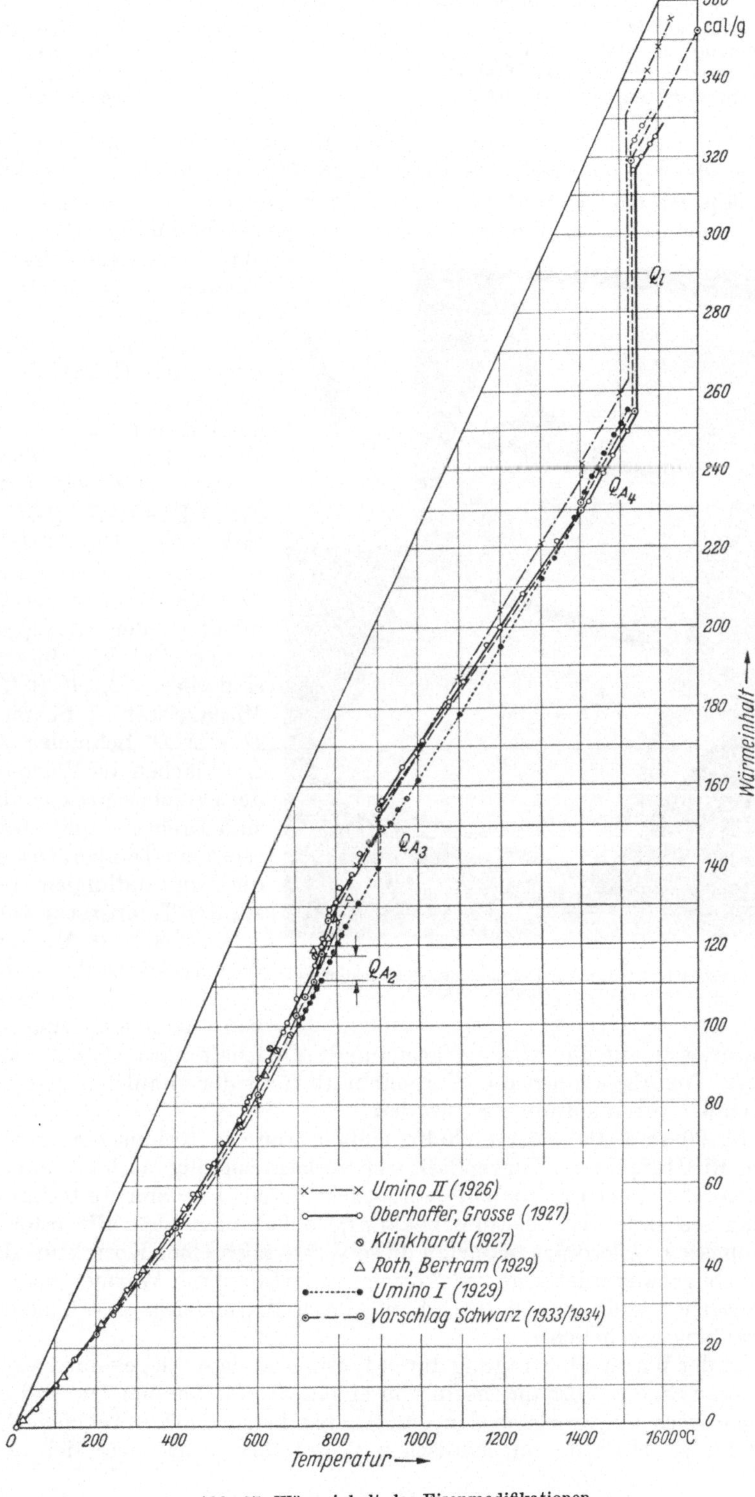

Abb. 87. Wärmeinhalt der Eisenmodifikationen

Diese Leistungen ergeben folgende Erwärmungsarbeit:

Vollerwärmung auf 1200 °C	0,4 −0,6 kWh/kg
Vollerwärmung auf 500−700 °C	0,28−0,45 kWh/kg
Oberflächenerwärmung auf 800−900 °C	0,5 −1,5 kWh/kg
Oberflächenerwärmung auf 500−700 °C	0,4 −1,2 kWh/kg

Der Wärmeinhalt für die verschiedenen Modifikationen ist für reines Eisen in Abb. 87 wiedergegeben (nach C. SCHWARZ [136, 51]). Der Einfluß des Kohlenstoffgehaltes läßt das Raumschaubild der Abb. 88 erkennen. Es sind in ihm die Werte des Wärmeinhaltes auf der Senkrechten zum Zustandsschaubild Fe−C aufgetragen.

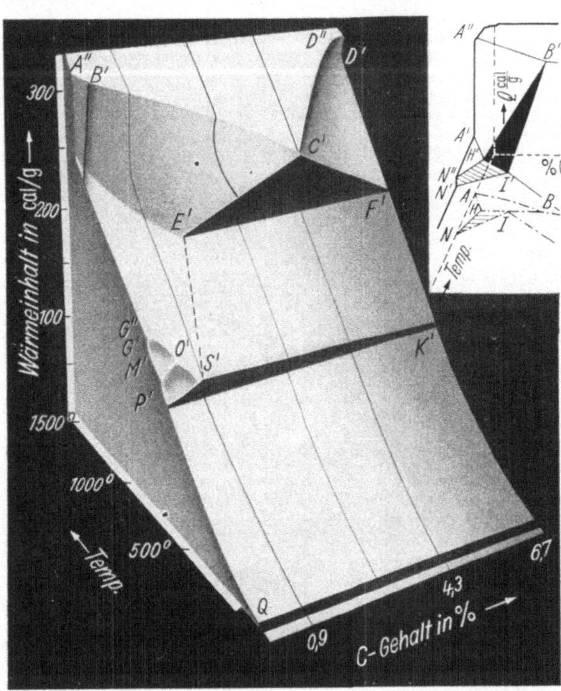

Abb. 88. Raumschaubild Wärmeinhalt-Temperatur-Kohlenstoffgehalt nach TAMMANN, BANDEL (1934)

Man hat Flächen des Wärmeinhaltes homogener Phasen und von Zweiphasengemengen sowie Flächen der Wärmetönung der Rekristallisationen zwischen drei Phasen. Flächen des Wärmeinhaltes homogener Phasen sind z. B.: Fläche des γ-Eisens $G'' O' S' E' J' N'$ oder des δ-Eisens $N'' H' A'$ (s. Zusatzfigur). Die Fläche der Schmelze ist oberhalb $A'' B' C' D''$. Die Flächen des Wärmeinhaltes der Zweiphasengemenge sind Kegelflächen. Es sind dies z. B. $A'' B' H' A'$ (δ-Mischkristalle + Schmelze und $D'' C' F' D'$ Schmelze + Fe$_3$C). Die Flächen der Wärmetönung der Dreiphasenrekristallisation sind Dreiecke, und zwar senkrecht zur Temperaturachse, da die Umwandlungen bei konstanter Temperatur verlaufen, z. B.: $P' S' K'$ (γ-Mischkristalle = α-Mischkristalle + Fe$_3$C).

Abb. 89 zeigt die Projektion von Schnitten senkrecht zur Temperaturachse auf die Ebene Wärmeinhalt−C-Gehalt nach G. TAMMANN und G. BANDEL. Aus ihr können die Wärmeinhalte für jeden Stahl bei den verschiedenen Temperaturen entnommen werden.

In Abb. 90 sind die Wärmeinhalte einiger weiterer technischer Metalle eingetragen. Mit Hilfe dieser Kurven läßt sich verhältnismäßig rasch der annähernde notwendige Energiebedarf für ein Werkstück finden. Ist dann weiterhin die zur Verfügung stehende HF-Leistung bekannt, so hat man auch die erforderliche Erwärmungszeit. Allerdings bedürfen diese Werte noch einer Korrektur, denn ein zu seiner Umgebung relativ heißer Körper verliert dauernd Wärme, bis der Temperaturausgleich vollzogen ist. Dies kann durch Wärmeleitung, Wärmeübergang oder Strahlung geschehen.

Die Art der Wärmeübertragung durch Leitung ist dadurch gekennzeichnet, daß ihr Auftreten an das Vorhandensein von einem Stoff gebunden ist, und daß ein Wärmeaustausch nur zwischen den unmittelbar benachbarten Teilchen des Körpers stattfindet. Nach der mechanischen Wärmetheorie hat man sich die Moleküle eines Körpers nicht in Ruhe, sondern in beständiger, regelloser Bewegung zu denken. Die kinetische Energie der Moleküle ist um so größer, je höher die Temperatur ist. Bei dieser Molekularbewegung finden nun fortwährend im Innern des Körpers Zusammenstöße der Moleküle statt, und so wird die kinetische Energie von dem einen Molekül dem anderen mitgeteilt.

Der Wärmeaustausch durch den Wärmeübergang fällt unter den Begriff der Konvektion. Sie tritt auf, wenn Teilchen eines Körpers ihre Stelle im Raum ändern, wobei sie ihren Wärmeinhalt mit sich fortführen. Ein Beispiel hierfür sind strömende Flüssigkeiten oder Gase, soweit nicht in der ganzen strömenden Masse Temperaturgleichheit herrscht. Der Vorgang ist mit einer Wärmeleitung von Teilchen zu Teilchen verbunden. Treten bei den strömenden Körpern feste Begrenzungswände hinzu, so wird sicher ein Wärmeaustausch zwischen den Wänden und dem strömenden Körper zu beobachten sein. Er entsteht dadurch, daß diejenigen Teilchen des strömenden Körpers,

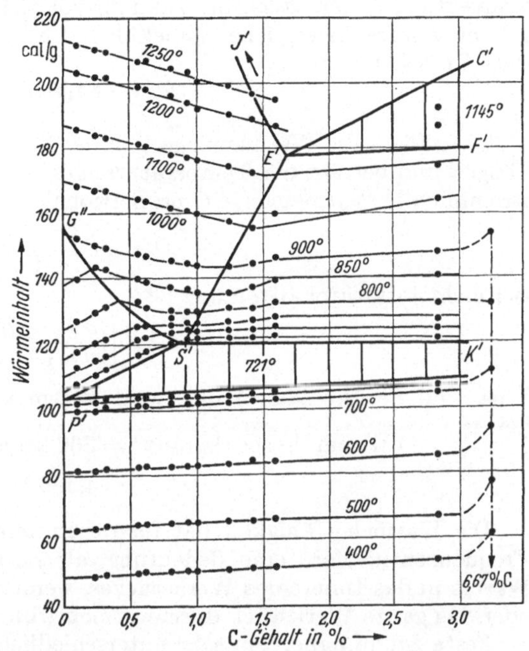

Abb. 89. Wärmeinhalt der Eisen-Kohlenstoff-Legierungen bei verschiedenen Temperaturen

die mit der Wand in Berührung kommen, von ihr Wärme annehmen und mit sich fortführen. Dieser Wärmeaustausch mit der Wand wird Wärmeübergang genannt. Eine besondere Art des Wärmeüberganges ist, wenn an der Grenze zwischen Wand und Strömung eine Änderung des Aggregatzustandes des strömenden Körpers eintritt. Dies ist u. a. gegeben beim Wärmeübergang von aufgeheizten Flächen an verdampfende Flüssigkeiten, wie es z. B. bei induktiv hochgeheizten Werkstücken, die zum Zwecke des Härtens in Wasser abgeschreckt werden, zumindest in den ersten Augenblicken des Abschreckens, der Fall ist.

Die dritte Art der Wärmeübertragung ist diejenige durch Strahlung. Sie ist dadurch gekennzeichnet, daß sich bei einem Körper ein Teil seines Wärmeinhaltes in strahlende Energie verwandelt, in dieser Gestalt den Raum durchmißt

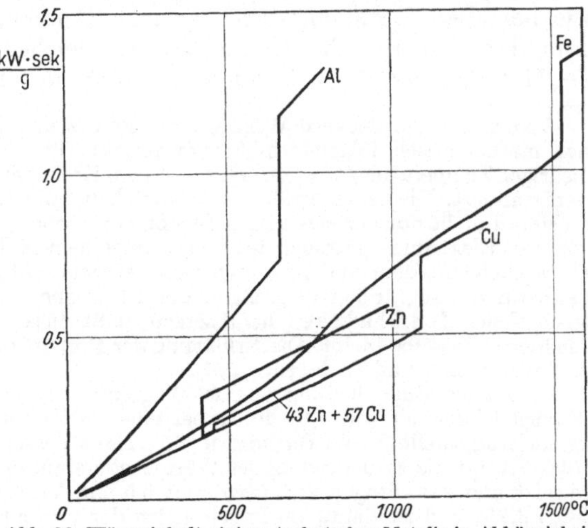

Abb. 90. Wärmeinhalt einiger technischer Metalle in Abhängigkeit der Temperatur

5 b

und beim Auftreffen auf einen zweiten Körper sich ganz oder teilweise in Wärme zurückverwandelt.

Während von den beiden Arten der Wärmeübertragung, der Strahlung und Konvektion, erstere auch im Vakuum vor sich geht, benötigt letztere eine Umgebung von frei beweglichen Molekülen, d. h. ein gasförmiges (z. B. Luft) oder flüssiges Zwischenmedium.

2. Wärmeleitung

§ 25. Fließt die Wärmemenge Q in der Zeit t durch den Querschnitt F und die Länge l und beträgt der Temperaturabfall $\vartheta_1 - \vartheta_2$, so ist bei stationärer Wärmeströmung die Wärmemenge Q proportional zum Wärmegefälle $(\vartheta_1 - \vartheta_2)/l$

$$Q = \lambda F \frac{\vartheta_1 - \vartheta_2}{l} t.$$

Bei nichtstationärer Strömung ist:

$$dQ = \lambda F \left[\left(\frac{\partial \vartheta}{\partial x} \right)_1 - \left(\frac{\partial \vartheta}{\partial x} \right)_2 \right] dt.$$

λ ist eine Stoffkonstante und wird Wärmeleitfähigkeit genannt. Die Maßeinheit ist:

$$\text{cal} \cdot \text{cm}^{-1} \cdot \text{sec}^{-1} \, \text{grad}^{-1} = 360 \, \text{kcal} \cdot \text{m}^{-1} \cdot \text{h}^{-1} \, \text{grad}^{-1}$$

$$= 4{,}186 \, \text{Watt cm}^{-1} \, \text{grad}^{-1}.$$

Die Wärmeleitfähigkeit hat für die induktive Warmbehandlung bei höheren Frequenzen insofern eine Bedeutung, als sie maßgebend ist für den Abfluß der Wärme in das Innere des Werkstückes, wenn man eine Oberflächenhärte erzielen oder das ganze Werkstück durchwärmen will.

Feste Stoffe haben ein sehr unterschiedliches λ. Bei Metallen ist es sehr groß und empfindlich gegenüber Beimengungen. Das WIEDEMANN-FRANZ-LORENZsche Gesetz[1] gilt nur annähernd; die Temperaturabhängigkeit ist verwickelt und hängt mit Gitterstörungen zusammen.

Nichtmetallische Kristalle haben häufig ein den Metallen ähnliches λ. Wärmeisolierende und amorphe Stoffe haben ein kleines λ. Bei porösen Stoffen spielt der Feuchtigkeitsgehalt eine entscheidende Rolle.

Für Eisen und seine Legierung gilt folgendes: Die Wärmeleitfähigkeit nimmt, wie bei allen Metallen, durch geringe Beimengungen zunächst sehr stark und dann langsam ab. Ein Einfluß in der gleichen Richtung bewirkt jede Störung des Metallgitters, die z. B. durch Recken[2] oder Härten hervorgerufen wird. Ähn-

---

[1] Nach den Entdeckern WIEDEMANN, FRANZ und LORENZ wird ein Gesetz genannt, das sich mathematisch folgendermaßen ausdrückt: Für gut leitende Metalle gilt bei nicht zu niedriger Temperatur $\lambda/\varkappa = A \cdot \Theta$, wo A eine Konstante ist, welche sich von Metall zu Metall wenig ändert. Die annähernde Unabhängigkeit vom Metall wird darauf zurückgeführt, daß im Metall nicht nur der elektrische Strom ganz, sondern auch der Wärmestrom hauptsächlich von den Elektronen getragen wird, und in selbem Maße wie diese den einen befördern, tun sie es auch mit dem andern. Auch wenn eingemischte Fremdkörper oder Einengungen der Leitbahn die sog. freien Weglängen der Elektronen und dadurch die von den Elektronen geschaffenen Leitfähigkeiten herabsetzen, trifft dieses im gleichen Maße λ und $\varkappa$, so daß A annähernd dasselbe bleibt. Die Erklärung der Proportionalität zu Θ ist komplizierter, s. hierzu A. SOMMERFELD und H. BETHE [145].

[2] Bei einer Zugbelastung von 2050 kg/cm² wird eine relative Abnahme der spezifischen Wärmeleitfähigkeit um $1{,}9 \cdot 10^{-6}$, bei einer Belastung von 1025 kg/cm² um $2{,}57 \cdot 10^{-6}$ je kg/cm² festgestellt (P. W. BRIDGMAN [21]). Nach Versuchen von G. TAMMANN und W. BOEHME [149] beträgt die Erniedrigung des Wärmewiderstandes bei der Kaltbearbeitung (bei 20° kaltgewalzt und kaltgezogen von insgesamt 6,5 mm Vierkant auf 1 mm rund, Bearbeitungsgrad 98%) 3,2% und ist damit praktisch gleich der prozentualen Verminderung des elektrischen Widerstandes; durch Walzen (97% Walzgrad) wird beim Eisen wie bei einer großen Reihe anderer Metalle keine Anisotropie des Wärmeleitvermögens erzeugt [53].

lich wie bei anderen physikalischen Größen sind diese Änderungen um so größer, je tiefer die Temperatur ist. Bei 800 bis 1000 °C sind die Unterschiede in der Wärmeleitfähigkeit annähernd ausgeglichen. Die Änderung durch den Kohlenstoffgehalt gibt Abb. 91 wieder. Es ist deutlich zu erkennen, daß die ersten kleinen Zusätze den größten Abfall bewirken. Die Wärmeleitfähigkeit der einzelnen Gefügebestandteile ist sehr verschieden, sie beträgt nach DONALDSON für:

$$\text{Ferrit} = 0{,}18 \text{ cal} \cdot \text{cm}^{-1} \cdot \text{sek}^{-1} \cdot {}^{\circ}\text{C}^{-1}$$

$$\text{Perlit} = 0{,}12 \text{ cal} \cdot \text{cm}^{-1} \cdot \text{sek}^{-1} \cdot {}^{\circ}\text{C}^{-1}$$

$$\text{Fe}_3\text{C} = 0{,}02 \text{ cal} \cdot \text{cm}^{-1} \cdot \text{sek}^{-1} \cdot {}^{\circ}\text{C}^{-1}$$

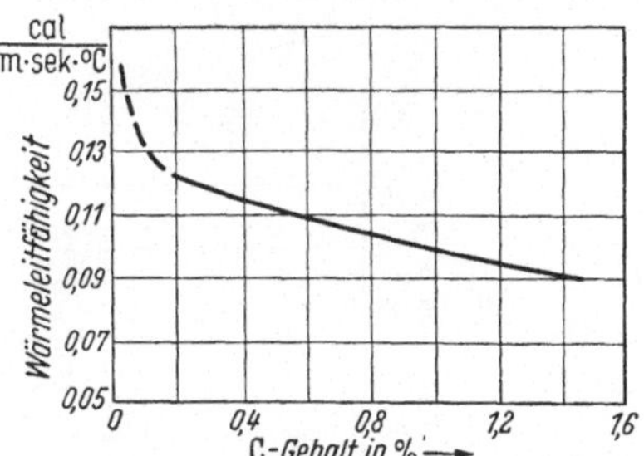

Abb. 91. Wärmeleitfähigkeit unlegierter Stähle in Abhängigkeit vom Kohlenstoffgehalt bei 20 °C (0,5 % Mn; 0,2 % Si)

Die Wärmeleitfähigkeit von annähernd reinem Eisen beträgt bei Zimmertemperatur rund 0,2. Für die Leitfähigkeit von Stahl einschließlich Weicheisen und Elektrolyteisen bei Zimmertemperatur sind in der Literatur Werte zwischen 0,062 und 0,226 angegeben. Diese Differenzen beruhen wohl in erster Linie auf den verschiedenen Zusammensetzungen des Stoffes, den Unterschieden in der Weiterbehandlung (Verformung, Wärmebehandlung) und der Ungenauigkeit der Meßmethoden [52].

Sehr kleine Werte, etwa $0{,}003 \text{ cal} \cdot \text{cm}^{-1} \cdot \text{sek}^{-1} \cdot \text{grad}^{-1}$ werden für geschichteten Stoff, z.B. Späne, gefunden, da die Leitung durch die Hohlräume unterbrochen wird, die ihrerseits durch Strahlung überbrückt werden müssen. Am gleichen Stück gemessene große Unterschiede für λ werden als Abhängigkeit von der Richtung unter Heranziehung des THOMSON-Effektes (s. § 6) erklärt[1].

Die Änderung der Wärmeleitfähigkeit mit der Struktur kann man wie folgt angeben:

$$\lambda_{\text{Austenit}} < \lambda_{\alpha\text{-Martensit}} < \lambda_{\beta\text{-Martensit}} < \lambda_{\text{Perlit}}$$

Die Leitfähigkeit gehärteter Stähle ist also niedriger als die geglühter, λ ist um so niedriger, je höher die Abschrecktemperatur ist. Bei Werkzeugstählen mit 0,9 bis 1,4% C steigt mit dem Anlassen λ, und zwar ab 250° stärker (Umwandlung Restaustenit—Troostit), bis bei 400° der Wert des geglühten Stahles wieder erreicht wird (D. HATTORI [65, 66]). Zur Ergänzung mögen noch in Tab. 12 Meßergebnisse von C. BENEDICKS, H. BÄCKSTRÖM und P. SEDERHOLM [5] für die Leitfähigkeit in geglühtem (λ_g), geschmiedetem λ_s) und gehärtetem (bei 800°, λ_h) Zustand bei 40 °C verschiedener Stähle angegeben sein.

Tabelle 12. *Wärmeleitfähigkeit einiger Stähle bei verschiedener Wärmebehandlung*

Stahlzusammensetzung in Gew.-%							
C	Si	Mn	P	S	λ_g	λ_s	λ_h
0,08	0,03	0,13	0,009	0,005	0,1877	0,1872	0,1825
0,45	0,65	0,35	0,015	0,02	0,112	0,110	0,087
0,55	0,86	0,44	0,014	0,02	—	0,089	0,078
1,20	0,30	0,44	0,014	0,01	0,110	0,111	0,065
1,35	0.26	0,54	0,14	0,015	0,096	0,106	0,073

Die Leitfähigkeit der hochlegierten austenitischen Stähle ist kleiner als bei niedriglegierten Stählen und hat außerdem die Eigentümlichkeit, daß sie bei steigender Temperatur zunimmt. Dahingegen wirkt sich die Temperatur bei den Kohlenstoffstählen so aus, daß mit steigender Temperatur die Leitfähigkeit ab-

[1] J. Iron Inst. 114, 138, 172 (1926).

nimmt, und zwar bis zum CURIE-Punkt, um dann wieder anzusteigen. In Abb. 92
sind die Meßergebnisse einer Arbeit von K. HONDA und T. SIMIDA [70] wiedergegeben, und zwar für schwedisches Eisen und Stähle mit 0,18, 0,80 und 1,5% C.

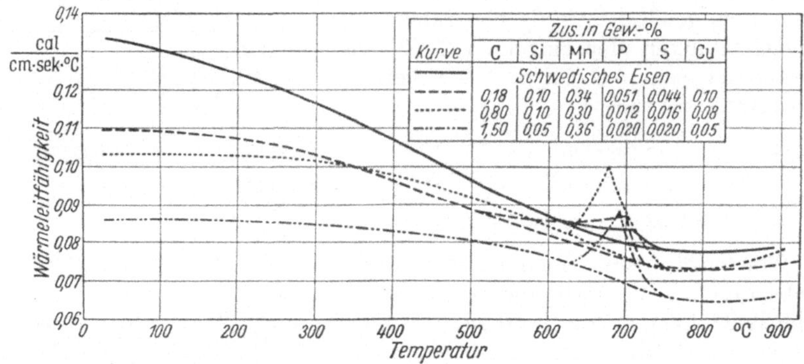

Abb. 92. Wärmeleitfähigkeit von Eisen in Abhängigkeit von der Temperatur

Zur Charakterisierung der Kurven ist zu sagen, daß λ um so rascher mit steigender
Temperatur abnimmt, je reiner der Stahl ist. Bei höherem C-Gehalt bleibt λ bis
etwa 300 °C annähernd konstant. Im Bereich der A_1-Umwandlung tritt eine Un-
stetigkeit auf, oberhalb A_1 scheint λ wieder anzusteigen. Weitere Bestimmungen
der Wärmeleitfähigkeit in Abhängigkeit der Temperatur für Ferrit und Kohlenstoffstähle verschiedener Un-
tersuchungen[1] sind in Abb. 93
wiedergegeben.

Im Gedankenkreis der in-
duktiven Wärmebehandlung

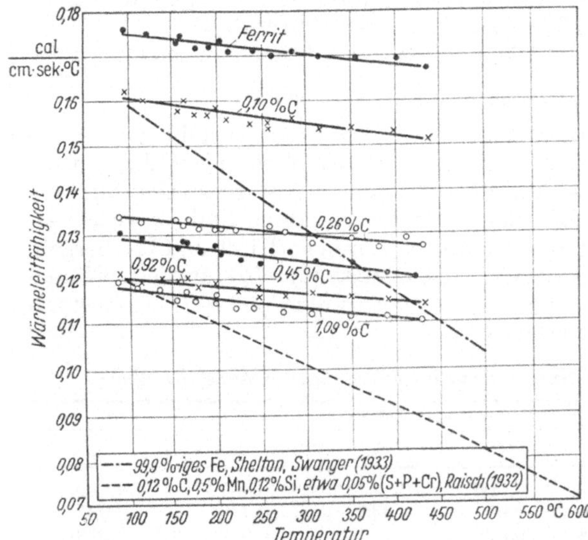

Abb. 93. Wärmeleitfähigkeit von reinem und C-haltigem Eisen

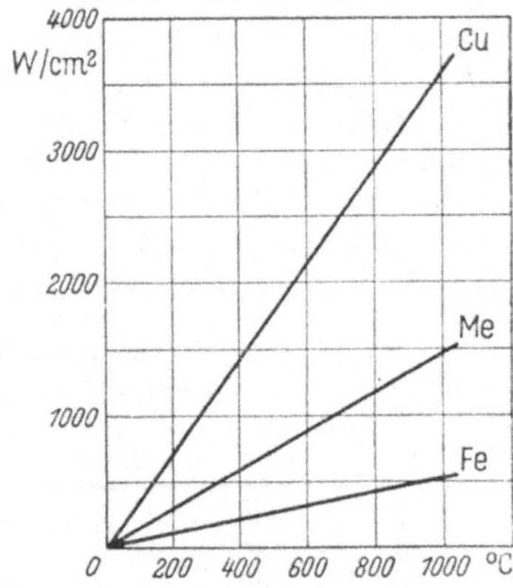

Abb. 94. Wärmeleitungsverluste in Abhängigkeit der Temperatur für Cu, Me
und Fe

spielt auch die Frage herein, inwieweit ein Magnetfeld die Wärmeleitfähigkeit
beeinflussen kann. Der Effekt ist bei Eisen nachweisbar und reversibel. Die ther-

---

[1] J. W. DONALDSON [38]; E. RAISCH [122]; S. M. SHELTON u. W. H. SWANGER [138];
S. H. SHELTON [137].

mische Leitfähigkeit wird durch die Magnetisierbarkeit kleiner. Diesbezügliche
Messungen liegen von BROWN, BLYTH, BORDONI vor. Nach H. M. BROWN [25]
beträgt die Abnahme im longitudinalen Feld von 10000 Örsted 1,14%, im transversalen Feld von 4000 Örsted
0,4% und einem solchen von 8000
Örsted weniger als 0,04%. V. J.
BLYTH [8] findet stärkere Abnahme; U. BORDONI [10] geringere
Abnahme und bei Werkzeugstahl
eine stärkere Verminderung von λ
als bei schwedischem Eisen. Erstmalig wird über die Beeinflussung
der Wärmeleitfähigkeit durch ein
Magnetfeld von P. MAGGI [105] berichtet. Ferner von A. RIGHI [128]
und A. LEDUC [104]. Der Vorgang
wird auch als MAGGI-RIGHI LE-
DUC-Effekt bezeichnet.

In Abb. 94 sind die durch Wärmeleitung (stationäre Strömung)
entstehenden Verluste in Abhängigkeit der Temperatur für einige
Metalle unter der Annahme eines
mittleren Wertes von λ aufge-

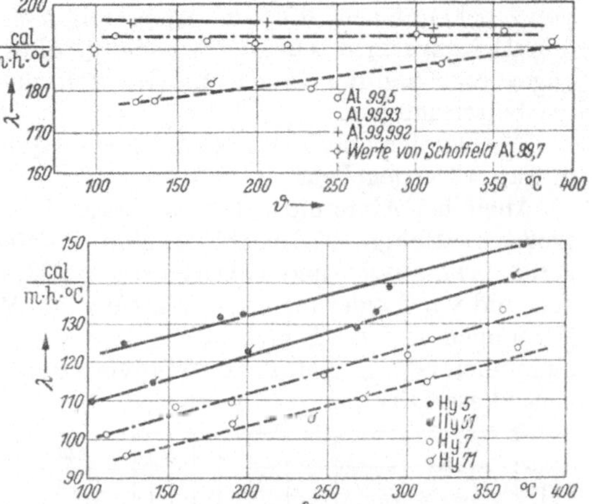

Abb. 95. Wärmeleitfähigkeit von Aluminium verschiedenen
Reinheitsgrades (oben) und verschiedener Aluminiumlegie-
rungen (unten) in Abhängigkeit von der Temperatur (HASE,
HEIERBERG, WALKENHORST)

tragen. Die Abbildung soll lediglich einen Anhalt darüber geben, mit welchen Ver-
lusten man insbesondere bei der Oberflächenhärtung durch Leitung zu rechnen

Tabelle 13. *Wärmeleitfähigkeit von Kupfer und Messing*

Stoff	°C	$\dfrac{\text{cal}}{\text{cm} \cdot \text{sek} \cdot \text{grad}}$	$\dfrac{\text{Watt}}{\text{cm} \cdot \text{grad}}$	Literatur
Cu	10	0,93	3,89	MEISSNER: Ann. Phys. **47**, 1001 (1915).
	50	0,92	3,85	ANGELL, F.: Phys. Rev. **33**, 421 (1911); **27**, 820 (1926).
	96	0,901	3,78	SCHOFIELD, F. H.: Proc Roy. Soc.
	175	0,893	3,74	London **10**, 806 (1925).
	265	0,888	3,72	
	473	0,858	3,60	
	625	0,842	3,52	
	1000	0,8	3,35	ANGELL, F.: Siehe oben.
Messing, 18% Zn	0	0,30	1,255	EUCKEN, A., u O. NEUMANN: Z.f. phys. Chemie **11**, 431 (1924).
Messing 28,7% Zn, 0,4% Sn, 0,3% Pb, 0,3% Fe	100	0,245	1,025	DONALDSON, J. W.: Journ. Inst. Metals **34**, 43 (192:).
	200	0,26	1,088	
	300	0,275	1,15	
	400	0,28	1,17	
Messing, 30% Zn	100	0,314	1,312	BAILEY, G. L.: Proc. Royal Soc. **134**, 57 (1931).
	200	0,348	1,458	
	300	0,354	1,48	
	400	0,355	1,485	
	450	0,354	1,48	

hat. Wie die vorausgegangenen Betrachtungen zeigen, wird die Wärmeleitfähigkeit von den verschiedensten Umständen beeinflußt, was insbesondere die spätere rechnerische Erfassung des Temperaturverlaufes beim Oberflächenhärten sehr erschwert, da von dem jeweilig vorliegenden Stahl nur sehr selten genaue Werte von λ bekannt sein dürften. Auch schon die einfachsten Fälle der Berechnung von Leitungsverlusten sind schwierig. Man ist daher meistens auf den Versuch angewiesen und der Ingenieur wird sich einen diesbezüglichen Erfahrungsschatz erarbeiten müssen.

Für Kupfer und Messing sind noch λ-Werte bei verschiedenen Temperaturen in Tab. 13 angegeben.

Auch bei Aluminium hat der reinste, mechanisch ungestörte Werkstoff die größte Leitfähigkeit. In Abb. 95 sind die Meßergebnisse einer Untersuchung von HASE, HEIERBERG und WALKENHORST [62] für Reinaluminium bis 99,99% Reinheit und von Legierungen der Gattung Al—Mg und Al—Mg—Si aufgezeichnet. Die Messungen sind im Temperaturbereich von 100 bis 400 °C durchgeführt. Je mehr Unreinheit oder Legierungszusätze vorhanden sind, desto geringer ist die Leitfähigkeit; diese Wirkung verringert sich aber bei höherer Temperatur und mit ihrem Ansteigen erhöht sich die Wärmeleitfähigkeit, insbesondere bei unreinem und legiertem Werkstoff.

3. Wärmeübergang

§ 26. Die Wärmeübergangszahl α (kcal $\cdot$ m^{-2} $\cdot$ h^{-1} $\cdot$ °C^{-1}) gibt die Wärmemenge an, die in der Zeiteinheit durch die Flächeneinheit je 1 °C Temperaturunterschied übergeht. α ist abhängig von den Eigenschaften des Gases bzw. der Flüssigkeit, deren Bewegungszustand (Wirbelung vergrößert α), von der Form der Flächen, aber nicht von dem Stoff der Wand. Unter dem Wärmeübergangswiderstand versteht man $R_\alpha = 1/\alpha$.

Die übergegangene Wärmemenge beträgt:

$$Q = \alpha F (\vartheta_1 - \vartheta_2) t.$$

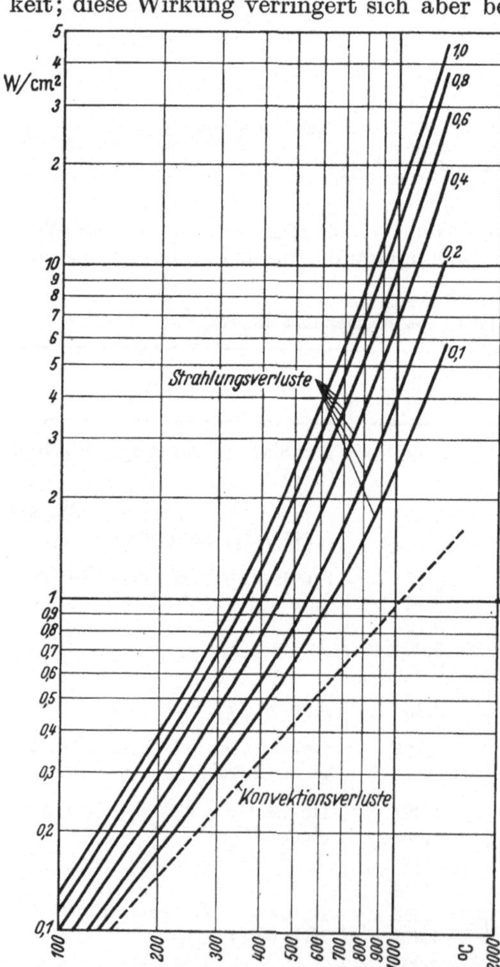

Abb. 96. Wärmeverluste durch Strahlung und Konvektion in Abhängigkeit von der Oberflächentemperatur

Tabelle 14
Werte für den Faktor C der Gl. (81)

°C	C
100	3,26
200	3,02
300	2,84
400	2,71
500	2,58

Für senkrechte Platten wird

$$\alpha = 0{,}64\,C\,\sqrt[4]{p^2(\vartheta_1 - \vartheta_2)} \qquad (81)$$

wo ϑ_1 = Plattentemperatur, ϑ_2 = Raumtemperatur, p = Luftdruck in kg/cm² und C eine Konstante, die Tab. 14 zu entnehmen ist (MERKEL [110]).

Der Wärmeverlust infolge des Wärmeüberganges ist in Watt je cm² Oberfläche in Abhängigkeit von der Oberflächentemperatur in Abb. 96 als gestrichelte Kurve eingetragen.

4. Strahlung

§ 27. Die Wärmestrahlung ist eine elektromagnetische Strahlung. Sie überträgt Wärme von einem Körper auf den anderen. Da die Wärmestrahlung eine besondere Energieform ist, so muß die Strahlung stets auf Kosten anderweitiger Energie erfolgen (z. B. elektrischer Energie). Daraus folgt, daß nur substantielle Partikel Wärmestrahlen emittieren können, nicht aber geometrische Flächen. Wenn die ausgestrahlte Energie allein aus dem Wärmeinhalt des strahlenden Körpers stammt, spricht man von Temperaturstrahlung, um auszudrücken, daß der Strahler durch Temperaturerhöhung in den Stand gesetzt wird, elektromagnetische Strahlung auszusenden, und zwar um so intensiver, je höher seine Temperatur ist. Die Intensität und spektrale Energieverteilung der Temperaturstrahlung ist nur von der Beschaffenheit des Körpers und von seiner Temperatur abhängig, bei einem gegebenen Körper also allein von dessen Temperatur. Alle anderen Arten von Strahlungen, welche die genannten Bedingungen nicht erfüllen, bezeichnet man zusammenfassend als Lumineszenzstrahlungen. Solche Strahlungen treten auch bei Temperaturen auf, bei denen die Temperaturstrahlung noch unmerklich schwach ist, z. B. bei elektrischen Gasentladungen oder manchen chemischen Reaktionen. Auch bei den Verbrennungsprozessen ist eine Strahlung infolge der chemischen Änderung der Moleküle vorhanden. Sie ist jedoch unbedeutend gegenüber der Temperaturstrahlung.

Der Wärmeübergang durch Strahlung erfolgt überwiegend im Bereich der Wellenlängen von 0,4 bis 340 μ. KIRCHHOFF (1824—1887) ist es gelungen, durch sein Strahlungsgesetz die Strahlung eines beliebigen Körpers auf die Strahlung des „schwarzen Körpers", die sog. schwarze Strahlung, zurückzuführen, sofern das Absorptionsvermögen[1] des betreffenden Körpers, welches für das gesamte Spektrum experimentell bestimmt werden kann, bekannt ist. Da die Intensität und spektrale Energieverteilung der schwarzen Strahlung genau bekannt ist (STEFAN-BOLTZMANNsches Gesetz, WIENsches Verschiebungsgesetz und PLANCKsches Strahlungsgesetz), kann also die Strahlung eines beliebigen Körpers bei Kenntnis seines Absorptionsvermögens berechnet werden. Nach KIRCHHOFF absorbiert der „schwarze Körper" sämtliche auffallende Strahlen ohne jede Reflexion und sendet die größte bei einer bestimmten Temperatur mögliche Strahlung aus. Es gilt: Die Strahlungszahl C eines beliebigen Körpers ist unter gleichen Umständen proportional dem Absorptionsvermögen ε des betreffenden Körpers. Dem-

---

[1] Absorption ist die Vernichtung eines Wärmestrahles. Der Vorgang äußert sich darin, daß jeder Wärmestrahl auf einer Strecke ds seiner Bahn um den Bruchteil dJ seiner Intensität J geschwächt wird, und zwar ist dieser Bruchteil proportional der kleinen Strecke ds.

$$dJ_\lambda = - \alpha_\lambda J_\lambda ds.$$

Den Leitwert α_λ nennt man die Absorptionszahl des Mediums für die Wellenlänge λ. Medien, die keine Wärmestrahlen absorbieren, sie also ohne Erwärmung durchlassen, nennt man Diatherman. Für trockene Luft z. B. ist α_λ für alle Wellenlängen gleich Null. Ist α_λ für ein beschränktes Spektrum von Null verschieden (z. B. bei Kohlensäure oder Wasserdampf), so besitzt das Medium selektive Absorption und gibt im Wellenspektrum einzelne Absorptionsstreifen [12].

nach strahlt der schwarze Körper mit dem Absorptionsvermögen oder Schwärzegrad $\varepsilon = 1$ die größtmöglichste Wärmestrahlung aus:

$$\varepsilon = Q/Q_s \quad \text{oder} \quad \varepsilon = C/C_s,$$

demnach ist für „graue Körper"[1]:

$$C = \varepsilon\, C_s.$$

Die „graue" Strahlung ist durch die von der Wellenlänge unabhängige Strahlungszahl C charakterisiert. Für solche Körper gilt auch das STEFAN-BOLTZMANNsche Gesetz. Ideal graue Körper gibt es ebensowenig wie absolut schwarze.

Nach dem STEFAN-BOLTZMANNschen Gesetz ist die Gesamtstrahlung des schwarzen Körpers:

$$Q_s = C_s F\,[(\Theta_1/100)^4 - (\Theta_2/100)^4]\,\text{kcal}\,\text{h}^{-1},$$

Tabelle 15. *Strahlungszahl C für einige Metalle*

Metall	C $\dfrac{\text{kcal}}{\text{m}^2 \cdot \text{h}^1 \cdot {}^\circ\text{K}^4}$	Temperatur-Bereich °C	Metall	C $\dfrac{\text{kcal}}{\text{m}^2 \cdot \text{h}^1 \cdot {}^\circ\text{K}^4}$	Temperatur-Bereich °C
Aluminium			Kupfer		
Blech, roh	0,35	18—30	rauh	3,6	
poliert, leicht oxydiert	0,26		gewalzt	3,1	
			gezogen, oxydiert	1,8	
Blei, rauh	2,1		matt	1,1	
grau oxydiert	1,39	18—30	schwach poliert	0,8	50—280
Eisen			poliert	0,6	
Gußeisen, rauh,			hochglanz poliert	0,2	
stark oxydiert	4,6	40—250	Messing		
Gußhaut, rauh	4,06	18—30	blank poliert, spiegelnd	0,25	18—30
glatt	3,98		etwas angelaufen	0,28	
frisch abgedreht	2,16		rohe Walzfläche	0,34	
Schmiedeeisen			mit grobem Schmirgelpapier abgerieb.	1,02	
matt, oxydiert	4,5	20—360			
glatt, gezogen	3,7		Nickel		
blank	1,7		poliert	0,3	18—30
hochpoliert	1,3	40—250	Nickeldraht, stark		
Blech			oxydiert	2,4	
frisch abgeschmirgelt	1,2		Nickelin		
blank, geätzt, dann			grau, oxydiert	1,3	18—30
rot angerostet	3,04		Neusilber		
ganz rot verrostet	3,4		blank, gezogen	1.5	
Walzhaut	3,3		Platin, gewalzt	0,4	
mit starker rauher Oxydschicht	3,98		poliert	0,4	
mit dichter glänzender Oxydschicht	4,06		Quecksilber	0,9	
blank verzinkt	0,945		Silber	0,15	
verzinkt, stark oxydiert	1,13 ÷ 1,37		Zinn	0,6	
Gold	1,3		Zink	1,3	
galvanisch niedergeschlagen, nicht poliert	2,35				

[1] Ein Körper heißt „grau", wenn die Strahlen *aller* Wellenlängen gleich stark, „farbig", wenn gewisse Wellenlängen erheblich stärker als andere reflektiert werden. Wenn eine rauhe Fläche alle auf sie fallenden Strahlen vollständig reflektiert, nennt man sie weiß. Eine rauhe Fläche, die alle auffallenden Strahlen durchläßt und keine reflektiert, heißt schwarz.

hierin ist:

$$C_s = 4{,}96 = \text{Strahlungszahl in kcal} \cdot \text{m}^{-2} \cdot \text{h}^{-1} \cdot {}^{\circ}\text{C}^{-4},$$

$$F = \text{strahlende oder bestrahlte Fläche in m}^2,$$

$$\Theta_1 = \text{absolute Temperatur der strahlenden Fläche,}$$

$$\Theta_2 = \text{absolute Temperatur der bestrahlten Fläche.}$$

In Abb. 96 sind die Strahlungsverluste in Watt/cm² für verschiedene ε eingetragen.

Man pflegt für feste Körper bei den technischen Anwendungen das STEFAN-BOLTZMANNsche Gesetz beizubehalten. Abweichungen sind dadurch zu verzeichnen, daß die Strahlungszahl C einen mit der Temperatur veränderlichen Wert hat. Die Bestimmung muß in vielen Fällen durch den Versuch erfolgen. Bei der Verwendung der in Tab. 15 angegebenen Werte für C ist daher die Temperaturhöhe zu berücksichtigen. Die Erfahrung ist aber dahingehend, daß für viele technisch wichtige Stoffe das Gesetz in weiten Grenzen mit praktisch genügender Genauigkeit zutrifft, d. h., daß sie grau strahlen. Schlecht leitende Metalle (wie Eisen) sind bei niedrigen Temperaturen schlechte Wärmestrahler, während gute Leiter, wie Kupfer und Aluminium, auch bei höheren Temperaturen fast alle Wärmestrahlen reflektieren.

B. Temperaturverlauf[1]

1. Allgemeines

§ 28. Der Temperaturverlauf kann bei der induktiven Wärmebehandlung streng mathematisch erfaßt werden, vorausgesetzt, daß die in der Praxis vorliegenden Bedingungen tatsächlich konstant sind. Dies trifft jedoch nicht zu. Wie in den vorhergehenden Kapiteln geschildert wurde, ändern sich nicht nur die elektrischen und magnetischen Stoffeigenschaften — spezifischer Widerstand und relative magnetische Permeabilität —, sondern auch die Wärmeleitfähigkeit mit der Temperatur. Die Lösung einer Differentialgleichung ist unter diesen Umständen praktisch nicht mehr möglich. Im folgenden wird ein Näherungsverfahren zur Lösung dieses Problems verwendet, das von E. SCHMIDT entwickelt wurde. Das Lösungsverfahren ist auf die induktive Wärmebehandlung und insbesondere auf die induktive Oberflächenhärtung von Stahl abgestimmt. Es besteht dabei die Möglichkeit, sämtliche Änderungen der Stoffeigenschaften zu berücksichtigen. Es fragt sich dabei, wieweit dies erforderlich ist, um im Rahmen der erzielten Fehlergrenzen von 2 bis 4% zu bleiben.

Außer den Stoffkonstanten ist bei der Ermittlung des Temperaturverlaufes vor allem die Verteilung der zugeführten Energie zu bestimmen und ihr Einfluß zu beachten. Ferner wird, um die Vorgänge nicht unnötig zu erschweren, nur eine eindimensionale Betrachtung durchgeführt, was auch in den meisten praktischen Fällen zulässig ist. Ebenso wird nur der Fall der ebenen unendlich ausgedehnten Platte besprochen; auch dies ist meistens zulässig. Voraussetzung hierfür ist allerdings, daß in jedem Fall die Plattendicke 2,25mal der Eindringtiefe s des Stromes ist, was sich aus dem Verlauf der Stromdichte und Energieverteilung innerhalb des zu erwärmenden Werkstückes ergibt.

Die Energie, die von dem erwärmten Gut wieder abgestrahlt wird, und die Konvektionsverluste sollen ebenfalls berücksichtigt werden. Dieser Einfluß ist zwar bis zu den Oberflächentemperaturen von 1100° sehr gering, aber gelegentlich von Bedeutung.

---

[1] Die §§ 28—32 wurden von Herrn Dr.-Ing. KURT KEGEL verfaßt.

Die folgenden Untersuchungen des Temperaturverlaufes haben vor allem das Ziel, einen Anhalt über die bei Oberflächenhärtung mit Mittel- und Hochfrequenz erreichbaren Einhärtetiefen zu erhalten.

2. Rechnerische Unterlagen

a) Erwärmung

§ 29. Der Verlauf der Temperatur nach der Zeit und ihre örtliche Verteilung läßt sich mit der FOURIERschen Differentialgleichung der Wärmeleitung bestimmen:

$$\partial \vartheta / \partial t = a \Delta \vartheta \tag{82}$$

Dies ist die allgemeine Gleichung für den dreidimensionalen Raum. Für den eindimensionalen Fall vereinfacht sich Gl.(82) und kann sehr einfach nach SCHMIDT [*132, 133, 56*] (auch der zwei- und dreidimensionale Fall) in eine Differenzengleichung mit Hilfe einer Substitutionsgleichung umgewandelt werden.

Die Substitutionsgleichung lautet:

$$\Delta t = \Delta x^2 / 2 a \tag{83}$$

und damit die Wärmeleitungsgleichung als Differenzengleichung:

$$\vartheta_{t+\Delta t, x} = \frac{1}{2} (\vartheta_{t, x+\Delta x} + \vartheta_{t, x-\Delta x}) \tag{84}$$

Statt ∂t haben wir Δt als kleines, aber endliches Zeitintervall, statt ∂x die Größe Δx als kleines endliches Ortsintervall. Eine dieser Größen (Δt oder Δx) ist frei wählbar, die andere ist mit Hilfe der Temperaturleitfähigkeit

$$a = l/\gamma c \quad \mathrm{cm^2\, sek^{-1}}$$

zu bestimmen. Hier ist λ in $\mathrm{cal \cdot cm^{-1} \cdot sek^{-1} \cdot {}^\circ C^{-1}}$ die Wärmeleitfähigkeit, c in $\mathrm{cal \cdot g^{-1} \cdot {}^\circ C^{-1}}$ die spezifische Wärme und γ in $\mathrm{g \cdot cm^{-3}}$ das spezifische Gewicht des zu erwärmenden Werkstoffes.

Mit Gl. (82) und (83) läßt sich nun der örtliche und zeitliche Temperaturverlauf innerhalb einer Werkstückebene bestimmen, wenn die Temperaturverteilung zur Zeit $t = 0$ bekannt ist. Wird jedoch ein Teil induktiv erwärmt, so muß die induktive Energiezufuhr berücksichtigt werden und man erhält folgenden Ausdruck [*89*]

$$\vartheta_{t+\Delta t, x} = \frac{1}{2} (\vartheta_{t, x+\Delta x} + \vartheta_{t, x-\Delta x}) + \frac{Q \Delta x}{\lambda} \mathfrak{Sin} \frac{\Delta x}{s} \mathrm{e}^{-2 x/s} \tag{85}$$

oder für die graphische Auswertung:

$$\vartheta_{t+\Delta t, x} = \frac{1}{2} (\vartheta_{t, x+\Delta x} + \vartheta_{t, x-\Delta x}) + \frac{Q \Delta x^2}{\lambda s} \mathrm{e}^{-2 x/s} . \tag{86}$$

Mit Hilfe der Summanden von Gl.(85) bzw. (86) lassen sich die Anfangstemperaturen für jedes Intervall Δx bestimmen. Die Anfangstemperaturen sind gleichzeitig die Zuwachstemperaturwerte für jedes Zeitintervall Δt. Für das erste Intervall an der Stelle $x = 0$ (Oberfläche) erhält man nach Bildung des Grenzüberganges $x \to 0$ aus Gl.(86)

$$\vartheta_0 = \frac{Q}{\lambda} \Delta x (1 - \mathrm{e}^{-\Delta x/s}) \tag{87}$$

Damit sind nun die Grundgleichungen für die näherungsweise Berechnung des Erwärmungsverlaufes gegeben. Die bisher noch nicht angegebenen Größen von Gl. (84) bis (87) bedeuten:

ϑ [°C] die Temperatur zur Zeit $t + \Delta t$ an der Stelle x bzw. an der Stelle $x \pm \Delta x$ zur Zeit t
$Q = 0{,}239$ [cal $\cdot$ cm^{-2} $\cdot$ sek^{-1}]; die spezifische Leistung N [$W \cdot$ cm^{-2}]

$s = 50{,}3 \sqrt{\dfrac{\varrho}{\mu_r f}}$ [cm] die Eindringtiefe des Stromes (s. § 11)

ϱ [$\Omega \cdot$ mm$^2 \cdot$ m^{-1}] den spezifischen elektrischen Widerstand des Werkstückstoffes
μ_r die relative magnetische Permeabilität
f [Hz] die Frequenz.

Um nun mit Hilfe der Gln. (83), (85), (86) und (87) das gesamte Temperaturfeld zu berechnen, sind einige Nebenarbeiten erforderlich. Zuvor soll aber darauf hingewiesen werden, daß in dem Temperaturbereich von 0° bis etwa 1000 °C die Beiwerte, wie Wärmeleitfähigkeit, spezifisches Gewicht, Eindringtiefe, spezifischer Widerstand und vor allem die magnetische Permeabilität (§ 13) nicht konstant sind, sondern sich mit der Temperatur ändern. Eine Reihe von Untersuchungen hat gezeigt, daß diese Einflüsse im Rahmen der möglichen Rechengenauigkeit nicht so stark sind, daß man

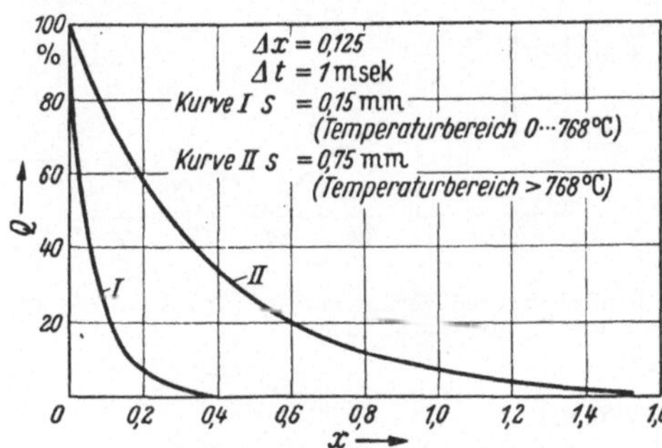

Abb. 97. Energieverteilungskurven für $s = 0{,}15$ mm und $s = 0{,}75$ mm, Frequenz 550 kHz

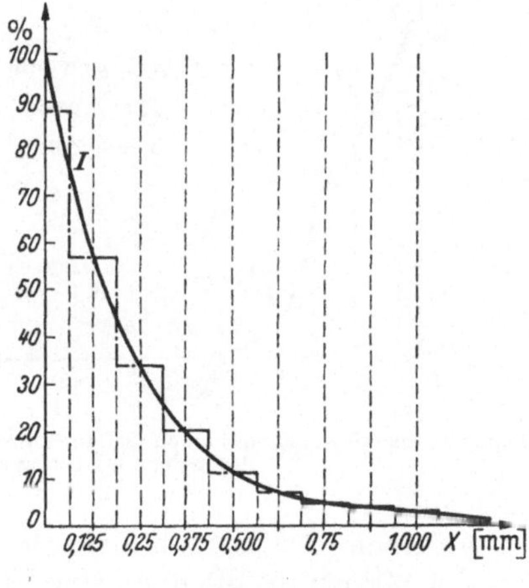

Abb. 98
Energieverteilungskurve $Q \cdot e^{-\frac{2x}{s}}$ (Gebiet 1) und äquivalente Treppenkurve

nicht wesentliche Vereinfachungen zulassen könnte. Einflüsse, die keinesfalls unberücksichtigt bleiben dürfen, sind die der magnetischen Permeabilität und des spezifischen elektrischen Widerstandes. Man kann nun das gesamte Gebiet zwischen 0° und 1000° in drei charakteristische Gebiete einteilen und für diese konstante Verhältnisse annehmen:

1. Das Gebiet zwischen 0° und 770° (unterhalb des Curie-Punktes).
2. Das Gebiet oberhalb von 770° (oberhalb des Curie-Punktes mit $\mu = 1$).
3. Das Zwischengebiet, welches das Einwandern der Curie-Temperatur 770° in die Platte beschreibt. Es gilt hier eine Überlagerung der Gebiete 1 und 2.

Für die Gebiete 1 und 2 werden Mittelwerte für die Stoffbeiwerte bestimmt und dann die entsprechenden Energieverteilungskurven Abb. 97 gezeichnet (Normkurve $Q \sim e^{-2x/s}$). Diese Kurven werden dann gemäß der Größe von Δx symmetrisch zur Ordinate $x = 0$ in äquivalente Treppenkurven Abb. 98 verwandelt. Für Gebiet 3 gelten Superpositionen aus 1 und 2 gemäß dem Eindringen des Curie-Punktes. Abb. 99 zeigt dies für vier verschiedene Stadien der Erwärmung.

6*

Erst wenn die Erwärmung so weit fortgeschritten ist, daß die Verteilungskurve nach Gebiet 2 voll gültig ist, kann mit den Gesetzen des Gebietes 2 gerechnet werden.

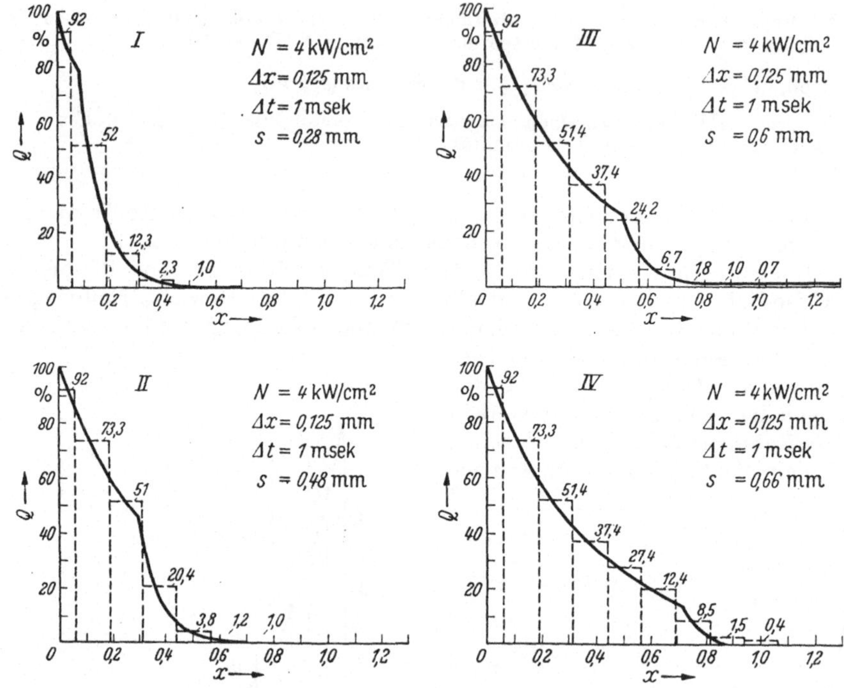

Abb. 99. Energieverteilungskurven bei fortschreitender Erwärmung und Verlagerung des CURIE-Punktes für das Gebiet 3. Überlagerung von 1. und 2. Frequenz 550 kHz

An einem Beispiel soll dies erläutert werden:

Wir wählen für die induktive Erwärmung von Stahl (C 45) eine Frequenz von $f = 550$ kHz. Damit ergibt sich für das Gebiet 1 bei:

$$\varrho_1 = 0,25\,\Omega\,\text{mm}^2\,\text{m}^{-1} \quad \text{und} \quad \mu_r = 5$$

eine Eindringtiefe s_1 des Stromes:

$$s_1 = 0,15\,\text{mm}\,.$$

Für das Gebiet 2 ist bei $\mu_r = 1$, da der CURIE-Punkt überschritten ist, und bei

$$\varrho_2 = 1,21\,\Omega\,\text{mm}^2\,\text{m}^{-1}$$

die Eindringtiefe:

$$s_2 = 0,75\,\text{mm}\,.$$

Für die spezifische Wärme c wird ein konstanter Mittelwert angenommen, ebenso für die Temperaturleitfähigkeit a und die Wärmeleitfähigkeit λ. Es sind:

$$c = 0,16\,\text{cal g}^{-1}\,°\text{C}^{-1}$$

$$a = 0,078\,\text{cm}^2\,\text{sek}^{-1}$$

$$\lambda = 0,097\,\text{cal cm}^{-1}\,\text{sek}^{-1}\,°\text{C}^{-1}\,.$$

Das Ortsintervall Δx wird zu $\Delta x = 0,0125$ cm gewählt und damit ergibt sich nach Gl. (83) Δt zu:

$$\Delta t = 0,001 \text{ sek} = 1 \text{ msek}.$$

Ferner wählen wir die Leistungsdichte $N = 4\,\mathrm{kW} \cdot \mathrm{cm}^{-2}$ und damit:

$$Q = 960 \text{ cal cm}^{-2} \text{ sek}^{-1}.$$

Die Temperatur ϑ_0 an der Oberfläche ergibt sich aus Gl. (87) zu

$$\vartheta_0 = 70^0.$$

Mit den Summanden aus Gl. (85):

$$\frac{Q\,\Delta x}{\lambda}\,\mathfrak{Sin}\,\frac{\Delta x}{s}\,\mathrm{e}^{-2\,x/s}$$

lassen sich die weiteren Temperaturen ϑ_n der unter der Oberfläche liegenden Intervalle $1\ldots n$ berechnen. Es ist: $\vartheta_1 = 22^\circ$, $\vartheta_2 = 4^\circ$, $\vartheta_3 = 1^\circ$.

In der Tab. 16 sind diese Werte und die weiteren Werte, die durch fortlaufende Mittelwertsbildung erhalten werden, zusammengestellt.

Im Gebiet 1 kann direkt ohne graphische Darstellung des Kurvenverlaufes der Energieverteilung nach den Gln. (85), (86) und (87) gerechnet werden. Beim Übergang in Gebiet 3 sind die Stromkurven nach Abb. 97 bis 99 und die Temperaturen $\vartheta_0\ldots\vartheta_n$ durch die Energieeinwirkung für die einzelnen Intervalle mit Gl. (86) zu berechnen:

$$\vartheta_{0\ldots n} = \frac{Q\,\Delta x^2}{\lambda\,s_3}\,\mathrm{e}^{-2\,x/s_3}.$$

Die Werte von $\mathrm{e}^{-2\,x/s_3}$ sind dabei für die einzelnen Intervalle den Normkurven zu entnehmen. Im Gebiet 3 müssen wir beachten, daß beim Erwärmen der CURIE-Punkt immer tiefer in den Werkstoff hineinwandert und sich damit von Intervallberechnung zu Intervallberechnung auch die Eindringtiefe s_3 ändert, d.h., es muß für jeden Schritt die geknickte Stromkurve durch eine äquivalente e-Kurve ersetzt werden, mit deren Hilfe die Eindringtiefe s_3 abgelesen werden kann. Es ist zweckmäßig, bei der Ermittlung der Werte $\vartheta_0\ldots\vartheta_n$ eine Kontrolle einzuschalten. Es muß sein:

$$\frac{\vartheta_0}{2} + \vartheta_1 + \vartheta_2 + \vartheta_3 + \vartheta_4 + \cdots + \vartheta_n = \frac{Q}{2\lambda}\,\Delta x. \qquad (88)$$

Bei der Berechnung der Werte von Intervall zu Intervall ist es zweckmäßig, nur mit ganzen Zahlen zu rechnen. Um einen Ausgleich zu erhalten, wird in den Zeitzahlen abwechselnd auf- bzw. abgerundet [s. in Tab. 16 (+)- bzw. (−)-Zeichen].

Ab 900 °C an der Oberfläche werden gemäß der Abb. 96, § 26 Strahlungs- und Konvektionsverluste

Tabelle 16. Schema für die Berechnung von Erwärmungskurven

Intervall	0	+1	+2	+3	+4	+5	+6	+7
	70	22	4	1	—	—	—	—
x (mm)	0	0,125	0,25	0,375	0,500	0,625	0,750	0,875
t (msek) 1 (−)	70	22	4	1	—	—	—	—
2 (+)	92	59	16	3	1	—	—	—
3 (−)	129	76	35	9	1	—	—	—
4 (+)	146	104	47	19	5	1	—	—
5 (−)	174	118	65	27	10	2	1	—

Intervall	+8	+9	+10	+11	+12	+13	+14
	—	—	—	—	—	—	—
x (mm)	1,000	1,125	1,250	1,375	1,500	1,625	1,75
t (msek) 1 (−)	—	—	—	—	—	—	—
2 (+)	—	—	—	—	—	—	—
3 (−)	—	—	—	—	—	—	—
4 (+)	—	—	—	—	—	—	—
5 (−)	—	—	—	—	—	—	—

Tabelle 17. Schema für die Berechnung der Abkühlung

Intervall	0	+1	2	3	4	5	6	7	8	9	10	11	12	13	14	15	16	17	18	19	20
t (msek)	0	—	0,5	—	1,0	—	1,5	—	2,0	—	2,5	—	3,0	—	3,5	—	4,0	—	4,5	—	5,0
x (mm) 280	611	604	589	556	518	468	418	362	310	258	212	170	134	103	79	59	43	31	22	15	10
284	431	600	580	554	512	468	416	364	310	261	214	173	137	107	81	61	45	33	23	16	11
288	428	505	577	546	511	463	416	362	312	262	217	175	140	109	84	63	47	34	24	17	11

berücksichtigt. Die Beträge sind zwar sehr klein, aber in der Praxis meist höher anzusetzen (Ableitung nach der Seite, Wassereinfluß bei Vorschubhärtung), so daß etwa um einen konstanten Prozentsatz von 0,3% die Temperatur an der Oberfläche vermindert wird. Bei höheren Temperaturen muß die Strahlung aber genauer berücksichtigt werden.

Ist nun die Endtemperatur rechnerisch an der Oberfläche erreicht, so nimmt bei Vorschubhärtung die Leistungsdichte allmählich ab, oder bei Standhärtung wird die Leistungszufuhr plötzlich unterbrochen. Es setzt nun eine Ausgleichszeit ein, während der weder weitergeheizt noch künstlich abgeschreckt wird. Während dieses Intervalles sind die Größen $\vartheta_0 \ldots \vartheta_n = 0$ und der einsetzende Temperaturausgleich wird durch weitere einfache Mittelwertbildung ermittelt. Anschließend setzt die künstliche Abschreckung mit z. B. Wasser ein und dazu ist für die weitere Rechnung eine Änderung erforderlich.

b) Abkühlen an der Oberfläche

§ 30. Die Umgebungstemperatur eines erwärmten Werkstückes (ebene Platte) sei konstant $= \vartheta_a$. Wird die Oberfläche des Werkstückes gekühlt, so soll die sich einstellende Oberflächentemperatur wieder mit ϑ_0 bezeichnet werden und die Temperatur der Intervalle $\Delta x = \vartheta_1 \ldots \vartheta_n$. Die aus dem Innern des Werkstückes durch 1 cm² der Oberfläche in einer Sekunde strömende Wärmemenge ist dem Temperaturgradienten proportional (λ als Proportionalitätsfaktor), und die in der Zeiteinheit von 1 cm² Oberfläche an die Umgebung abgegebene Wärmemenge ist der Temperaturdifferenz zwischen Oberfläche und Umgebung proportional, wobei die Wärmeübergangszahl den Proportionalitätsfaktor darstellt. Energiebetrachtungen und die hier speziell geltenden Bedingungen (Symmetrie zur Plattenoberfläche) ergeben dann für die Oberflächentemperatur bei Abkühlung:

$$\vartheta_0 = \frac{\alpha}{\lambda} \Delta x \vartheta_a + \frac{\lambda - \alpha \Delta x}{\lambda} \vartheta_1 . \qquad (89)$$

ϑ_1 ist hier die Temperatur im Intervall $+1$ unter der Plattenoberfläche.

In dem obigen Beispiel der Erwärmung mit $N = 4\,\mathrm{kW\,cm^{-2}}$ wurde bis zu einer Oberflächentemperatur von 1052° gerechnet. Diese Temperatur wurde nach 163 msek erreicht. Es folgt dann ein Absinken der spezifischen Leistung entsprechend dem Vorschub und der Energieverteilung bis auf $N = 0$ bei 183 msek. Hierauf folgt während etwa 100 msek ein freier Wärmeausgleich an Luft, und bei $t = 280$ msek setzt die Wasserkühlung ein.

Kühlt man ein Werkstück sehr stark zum Zwecke der Härtung ab, so kann man Wärmeübergangszahlen von $\alpha = 0,8$ bis 1,5 cal cm⁻² sek⁻¹ °C⁻¹ erreichen. Bei einem Wasserdruck von 3 atü und einer Schlitzbrause mit einem Spritzwinkel von 40° erhält man einen Wert $\alpha = 1,11$ cal cm⁻² sek⁻¹ °C⁻¹. Setzen wir die Wassertemperatur der Einfachheit halber auf $\vartheta_a = 0°$ fest, so gilt mit Gl. (89) für die Oberflächentemperatur in jedem Zeitintervall Δt:

$$\vartheta_0 = \frac{\lambda - \alpha\,\Delta x}{\lambda}\,\vartheta_1 .$$

Mit $\lambda = 0{,}097$, $\alpha = 1{,}11$ und $\Delta x = 0{,}025$ erhält man:

$$\vartheta_0 = 0{,}713\,\vartheta_1$$

Das bedeutet, für die Zeit $t + \Delta t$ erhält man ϑ_0 durch Multiplikation von ϑ_1 für die Zeit t mit dem Faktor $\dfrac{\lambda - \alpha\,\Delta x}{\lambda}$, in diesem Fall 0,713. Die Zusammenstellung der Rechenwerte ist aus Tab. 17 zu ersehen. Es muß noch darauf hingewiesen werden, daß hier die Intervallsgröße Δx verdoppelt wurde, womit das Zeitintervall Δt 4mal so groß als zuvor wird.

c) Erwärmungskurven und Diagramm für die Einhärtetiefe

§ 31. Das Beispiel aus § 29 und § 30 ergibt lediglich eine Erwärmungs- und Abkühlkurve, also einen vollständigen Zyklus für eine bestimmte Leistungsdichte. Führt man die Berechnungen für verschiedene Leistungsdichten und Frequenzen durch, so erhält man Scharen von Erwärmungskurven, die weiter zu Diagrammen für die Bestimmung der Einhärtetiefe ausgewertet werden können. Vergleichsweise werden hier Kurven und Diagramme für $f = 10\,\mathrm{kHz}$, also Mittelfrequenz, und $f = 550\,\mathrm{kHz}$, Hochfrequenz, zusammengestellt. Die Berechnungen sind für beide Frequenzen einheitlich durchgeführt worden.

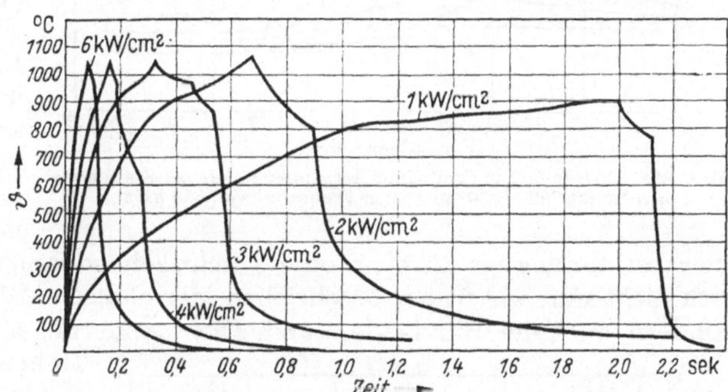

Abb. 100. Erwärmungsverlauf an der Oberfläche für verschiedene spezifische Leistungen bei Aufheizung und Abkühlung. Frequenz 550 kHz

Es wurde bis zu einer höchsten Temperatur von 1050 °C gerechnet, wobei die Berechnungen bei spezifischen Leistungen von weniger als $1{,}5\,\mathrm{kW\,cm^{-2}}$ schon bei niedrigeren Temperaturen abbrechen, da entweder die Zeitdauer zu groß wird oder aber die Temperatur nicht höher ansteigt (Abb. 100 für 550 kHz und Abb. 101 für 10 kHz).

Wir wollen einmal verfolgen, wie die Erwärmung verläuft. Zur Zeit $t = 0$ wird die induktive Heizung eingeschaltet, das Werkstück erwärmt sich allmählich, wobei dies sehr relativ sein kann, und wenn eine dünne Oberflächenschicht die CURIE-Temperatur angenommen hat, ändert sich infolge der magnetischen Änderungen in dieser Schicht die Leistungsverteilung. Die Oberfläche wird weniger stark erwärmt, es werden nun tiefere Schichten stärker aufgeheizt. Dringt die CURIE-

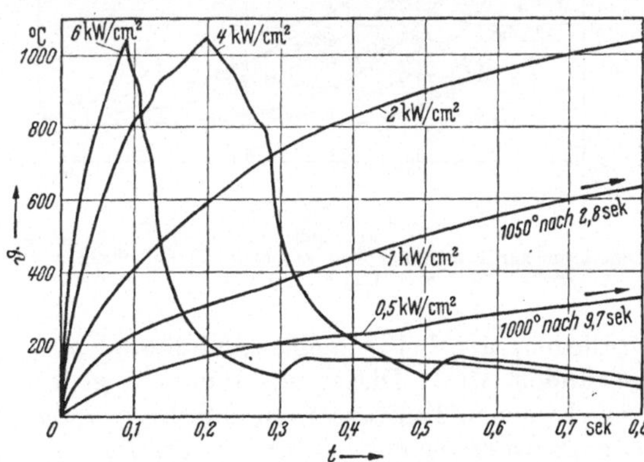

Abb. 101. Erwärmungskurven. Wie Abb. 100, jedoch für 10 kHz

Temperatur weiter in das Werkstück ein, so wird die in der äußersten Schicht umgesetzte Leistung immer kleiner zugunsten tieferer Schichten (s. hierzu auch § 13). Es kann daher bei kleinen spezifischen Leistungen der Fall eintreten, daß die Temperatur sich über einen bestimmten Wert nicht steigern läßt und beispielsweise bei 850 °C Gleichgewicht eintritt und sich die Temperatur nicht oder nur sehr schwer steigern läßt. Da dies, wie geschildert, mit den magnetischen Umwandlungsvorgängen am Curie-Punkt zusammenhängt, kann man von einer scheinbaren Verschiebung des Curie-Punktes zu höheren Temperaturen sprechen. Je höher die spezifische Leistungsdichte ist, zu desto höherer Temperatur wird scheinbar der Curie-Punkt verschoben. In der Praxis tritt hier unter Umständen noch der Einfluß der Umformerabstimmung verstärkend oder abschwächend hinzu. Am Curie-Punkt ändert sich nicht nur, wie früher beschrieben, der ohmsche Widerstand des Werkstückes, sondern auch der Blindwiderstand. Diese Änderungen sind so stark, daß z.B. ein Röhrenumformer aus dem sog. unterspannten Zustand (Unteranpassung) in den überspannten Zustand (Überanpassung) laufen kann. Bei rotierenden Umformern kommt hier noch die starre Frequenz des Generators erschwerend hinzu, ein Röhrenumformer hat in dieser Beziehung eine gleitende Frequenz, so daß hier das Verhalten etwas einfacher ist.

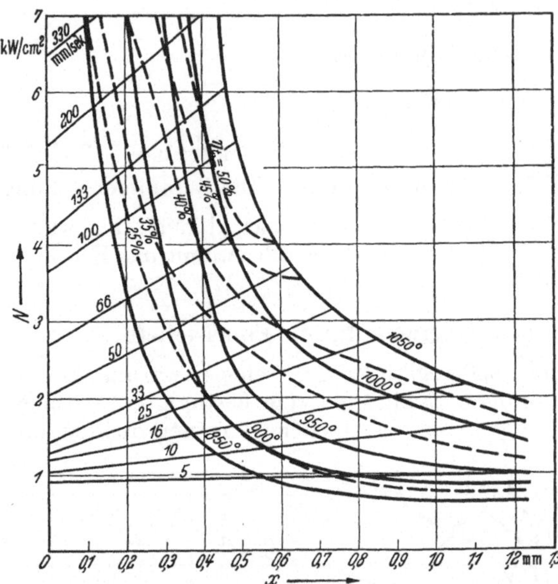

Abb. 102. Diagramm zur Ermittlung der Einhärtetiefe bei Stahl mit AC_3-Punkt 780···820° und einer Frequenz von 550 kHz

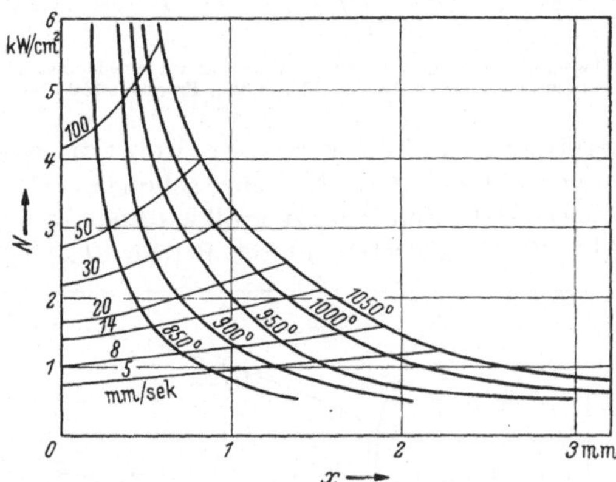

Abb. 103
Diagramm zur Ermittlung der Einhärtetiefe bei Stahl mit AC_3-Punkt 780···820° und einer Frequenz von 10 kHz

Um Stahl zu härten, muß zunächst ein genügender Anteil von Kohlenstoff in gebundener Form ·im Stahl vorhanden sein. Ferner muß der Umwandlungspunkt A_{C_3} temperaturgemäß überschritten werden. Es muß im Stahl Austenit vorliegen, der bei schneller Abkühlung auf Raumtemperatur in Martensit umgewandelt wird. Dieser A_{C_3}-Punkt liegt für die verschiedenen Stahlsorten bei verschiedenen Temperaturen und diese sind vom Kohlenstoffgehalt des Stahles abhängig. Die meisten Maschinenbaustähle haben ihren A_{C_3}-Punkt bei Temperaturen zwischen 780° und 850° (s. a. § 13).

Für die Diagramme zur Bestimmung der Einhärtetiefe wurde ein A_{C_3}-Punkt von 800 °C zugrunde gelegt, d.h., daß bei 800° an der Oberfläche die Einhärtetiefe $x = 0$ ist, bzw. bei höheren Oberflächentemperaturen im Innern des Werkstückes die Temperatur von 800° die Grenze der Härtetiefe ist. Aus den Diagrammen ist nun die Einhärtetiefe x abhängig von der spezifischen Leistung, von der Erwärmungszeit bzw. dem Vorschub und der Oberflächentemperatur als Parameter zu entnehmen.

Die Diagramme von Abb. 102 (550 kHz), Abb. 103 (10 kHz) zeigen nun, daß die Frequenz bzw. die Eindringtiefe des Stromes nicht so einen großen Einfluß auf die Einhärtetiefe hat wie die spezifische Leistung oder die Zeitdauer der Erwärmung. Daß besonders die spezifische Leistung auf die Einhärtetiefe eingeht, zeigt der Versuch, einen Stab mit 10 mm Durchmesser mit einer Frequenz von 10 kHz zu härten. Im heißen Zustand (Temperatur $> 770°$) ist die Eindringtiefe des Stromes größer als 5 mm, d.h., daß der Stab eigentlich gleichmäßig über seinen Querschnitt erwärmt werden müßte. Es ist aber möglich, wie der praktische Versuch und die Rechnung zeigen, mit einer spezifischen Leistung von 6 kW cm^{-2} und einem Vorschub von 25 mm sek^{-1} eine Härtetiefe von 1 mm zu erhalten. Abb. 104 zeigt die berechneten Erwärmungskurven.

In Abb. 105 ist der Erwärmungsverlauf bei induktiver Vorschubhärtung mit einer Frequenz von 550 kHz, einer spezifischen Leistung von 6 kW cm^{-2} und einem Vorschub von 40 mm sek^{-1} dargestellt. Interessant ist hier, daß die Stelle der höchsten Temperatur nicht, wie man vielleicht im ersten Augenblick annimmt, unter dem Heizleiter liegt, sondern ein kleines Stück dahinter; dies zu wissen, ist wesentlich, wenn optische Temperaturmessungen oder automatische Temperaturregelung vorgenommen werden soll.

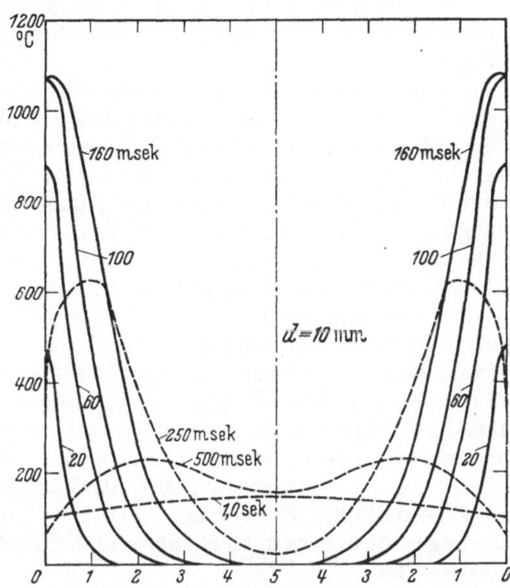

Abb. 104. Erwärmung eines Rundstabes von 10 mm ⌀ mit 6 kW/cm² bei 10 kHz. Vorschub 25 mm/sek. Abschrecken mit Wasser

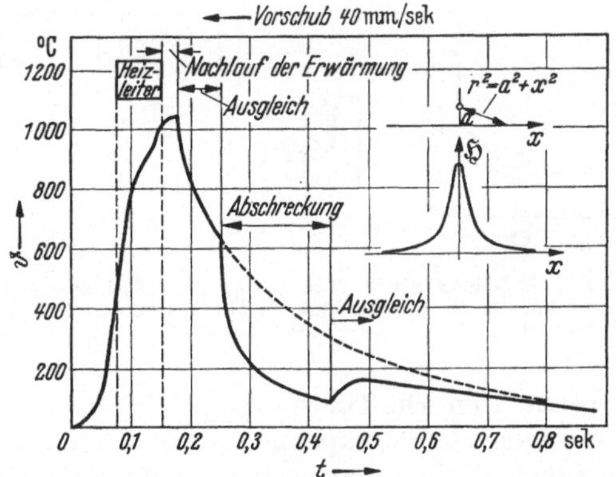

Abb. 105
Erwärmungs- und Abkühlungskurve für Vorschubhärtung bei 6 kW/cm² und 40 mm/sek Vorschub. Frequenz 550 kHz

3. Meßtechnische Unterlagen

§ 32. Die vorhergehenden Abschnitte gaben eine Methode an, um den Erwärmungs- und Abkühlungsvorgang bei der induktiven Wärmebehandlung und insbesondere bei der induktiven Oberflächenhärtung zu bestimmen. Es tritt aber auch sehr oft der Wunsch auf, den Erwärmungsverlauf meßtechnisch zu erfassen, obwohl in der Praxis selbst nur sehr wenig davon Gebrauch gemacht wird.

a) Meßmethoden

Die üblichen Methoden der Temperaturmessung mit Widerstandsthermometern, Thermoelementen oder Strahlungspyrometern sind nicht ohne weiteres brauchbar.

Die Messung mit dem Widerstandsthermometer scheidet aus, da im allgemeinen ein Ofenraum fehlt und vor allem bei der induktiven Erwärmung die Wärme im Gut selbst erzeugt wird und die Heizzeiten kurz sind, so daß gar nicht die Möglichkeit besteht, ein solches Thermometer anzubringen, es sei denn, der erhitzte Werkstoff würde selbst dazu verwendet. Auch diese Methode stößt auf Schwierigkeiten, da z. B. bei Stahl der elektrische Widerstand sich nicht bei allen Temperaturen linear ändert, außerdem wird das Stück selbst ungleichmäßig über seinen Querschnitt erwärmt, so daß die Messung nicht eindeutig ist.

Die Bestimmung der Temperatur mit Hilfe eines Thermoelementes ist möglich und wird auch angewendet, jedoch kann nur die Temperatur an der Oberfläche des Gutes bestimmt werden. Eine Temperaturmessung im Innern des Werkstückes ist nur gegeben, wenn Bohrungen eingebracht werden, die aber den Nachteil haben, daß der Temperaturverlauf im Werkstück gestört wird und einwandfreie Rückschlüsse aus dieser Methode nicht gezogen werden können.

Die Temperaturmessung mit Strahlungspyrometern wird in der Praxis sehr oft angewendet, z. B. bei Standhärtungen und Vorschubhärtungen, sofern die Erhitzungszone überhaupt sichtbar und nicht durch Heizleiter und Abschreckbrausen verdeckt ist.

Die Messung und Registrierung des Temperaturverlaufes an der Oberfläche ist exakt nur mit Thermoelementen möglich, die auf die Oberfläche von Versuchsstücken aufgeschweißt werden und der Temperaturgang bzw. die EMK des Thermoelementes oszillographisch festgehalten wird. Das Prinzip einer derartigen Meßanordnung ist in Abb. 106 dargestellt. Das Thermoelement Th ist auf die Oberfläche des Probestückes aufgeschweißt, die kalte Lötstelle wird auf konstanter Temperatur (0 °C) gehalten. Die abgegebene Thermospannung wird durch eine Siebkette F geleitet, um evtl. vagabundierende Hochfrequenz von den nachfolgenden Apparaturen

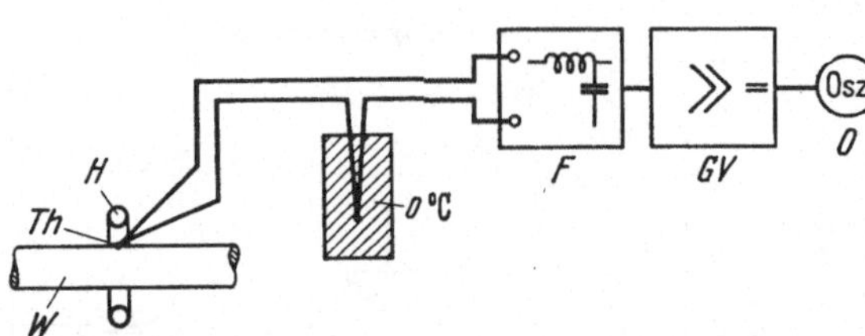

Abb. 106. Schema der Meßanordnung zur Aufnahme von Erwärmungskurven. W = Werkstück Th Thermoelement; H Heizleiter; F Siebkette; GV Gleichstromverstärker; O Schleifenoszillograph

fernzuhalten. Die Thermospannung und die erzeugten Ströme sind jedoch zu klein, um einen Oszillographen auszusteuern, so daß zwischen Oszillograph und Thermoelement ein stabilisierter geeichter Gleichstromverstärker geschaltet wird. Der Oszillograph kann dann ein normaler Schleifenoszillograph sein.

Temperaturmessungen mit der in Abb. 106 im Schema dargestellten Anordnung können sowohl bei Vorschub- wie auch bei Standhärtung durchgeführt werden, d. h. das Probestück wird bei Vorschubhärtung mit konstanter Geschwindigkeit durch den Heizleiter transportiert und anschließend abgeschreckt, bei der Standhärtung wird das Werkstück so in den Heizleiter eingebracht, daß das Thermoelement in der Symmetrieebene des Heizleiters liegt.

b) Meßergebnisse

Die Messungen wurden mit einem Hochfrequenz-Röhrenumformer einer Nennleistung von 5 kW bei einer Frequenz von 600 kHz in der Anordnung nach Abb.106 aufgenommen [63]. Es zeigte sich dabei folgendes:

α) Aufheizung im Vorschub. Abb. 107 zeigt den Gang der Erwärmung an der Oberfläche des im Vorschub zu härtenden Werkstückes, wobei die Meßstelle allmählich unter dem Heizleiter hindurchwandert. Die erfaßte Meßstelle wird bereits in einer Vorzone vor der Heizspule erwärmt – ebenso wie die später in diese Vorzone einlaufenden Oberflächenstücke. Die Erwärmung nimmt auch nach dem Passieren der Heizspule (Zeitpunkt etwa 0,8 sek noch so lange zu, bis sich im Zeitpunkt 1,0 sek der Einfluß der bereits abgeschreckten Nachbarzone abkühlend bemerkbar macht. Etwa im Zeitpunkt 1,16 sek befindet sich die Meßstelle unter der Abschreckbrause.

Die Temperatur an der wandernden Meßstelle nimmt im vorliegenden Falle insgesamt eine Sekunde lang linear zu. Der gestrichelt eingetragene zeitliche Verlauf des Heizleiterstromes zeigt eine hohe Konstanz, die zunächst überrascht, aber durch zwei Umstände erklärt werden kann. In dem Heizleiterstrom mitteln sich in ausgleichender Weise transformierte Ströme von Werkstückmantelzonen niedriger und hoher Temperatur. Zudem stehen die verschieden heißen Ringzonen des Werkstückes in mehr oder weniger loser Kopplung mit dem Heizleiter. Hierdurch ergeben sich im elektrischen Ersatzschaltbild relativ hohe Längswiderstände zwischen HF-Quelle und Last; wir haben den auf Seite 176 beschriebenen Fall eines „eingeprägten Stromes" vor uns.

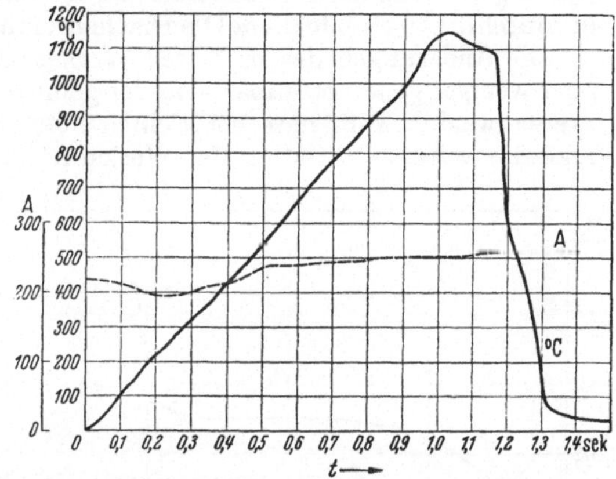

Abb. 107. Erwärmungskurve von Stahl. Aufheizung im Vorschub. Werkstückdurchmesser 20 mm, Heizleiterbreite 3 mm. Umformerleistung 5 kW, Frequenz 600 kHz. Gestrichelt: Strom in der Heizspule

β) Standerwärmung. Hier wurde die Kopplung fester gewählt. Die HF-Spannung ist „steifer" gegenüber Belastungsschwankungen (entsprechend relativ niedrigen Längswiderständen gemäß S. 176). Daher ist hier die *Spannung* am Werkstück eingeprägt, der Strom wird stark vom augenblicklichen elektrischen Widerstand R_w des Werkstückes abhängig, und man erhält erhebliche Abweichungen von den für konstante Leistung gerechneten Temperaturkurven. In Abb. 108 sind die bei Standerwärmung aufgenommenen Kurven dargestellt. Der benutzte Röhrenumformer (der gleiche wie zuvor) ist hierbei während des Erwärmungsvorganges in seiner Leistung nicht dauernd voll ausgenutzt. Die Oszillatorröhre arbeitet insbesondere bei mittleren Werkstücktemperaturen (500 °C) auf einen Außenwiderstand, der höher als im ersten Fall ist. Die Temperatur nimmt nur anfänglich schnell zu, bleibt dann über längere Zeit nahezu unverändert mit geringer steigender Tendenz. In der Gegend von 600 °C beginnt dann ein steiler Anstieg, der durch das allmähliche Verschwinden der Magnetisierbarkeit ($\mu = 1$) im Werkstück bedingt ist. Dadurch wird der Werkstückwiderstand wieder kleiner, Strom und Leistung steigen ziemlich plötzlich. Nimmt man gleichzeitig mit der Temperatur die Ströme in der Heizspule auf, so läßt sich unter

Berücksichtigung der Verluste des Sekundärkreises der transformatorische Wirkwiderstand des Werkstückes berechnen, der für die Leistungsumsetzung maßgebend ist. Es ergibt sich dabei die interessante Feststellung, daß die Kurve, die den Werkstückwiderstand von Stahl in Abhängigkeit von der Temperatur der Oberfläche angibt, in hohem Maße von der HF-Leistungsdichte abhängt. Dies erklärt sich jedoch einfach durch die Abhängigkeit der magnetischen Permeabilität μ von der jeweiligen magnetischen Feldstärke, die auf das Werkstück einwirkt. Bei steigender Feldstärke sinkt μ und wird im Sättigungsfall 1. Die tatsächliche Leistungsdichte am Werkstück hängt von der Größe des Umformers, von der Anpassung bzw. von der Dimensionierung der Übertragungsglieder und schließlich von der durch die augenblickliche Oberflächentemperatur bedingten Stromverteilung ab.

Die Änderungen des mittleren Werkstückwiderstandes spiegeln sich – mehr oder weniger genau erfaßbar – in der gemessenen Dämpfung des Anodenschwingkreises wieder. Mißt man bei kleinen Feldstärken (Abb. 109 Kurve a), so erhält man die weiteste Variation des Werkstückwiderstandes in Abhängigkeit von der

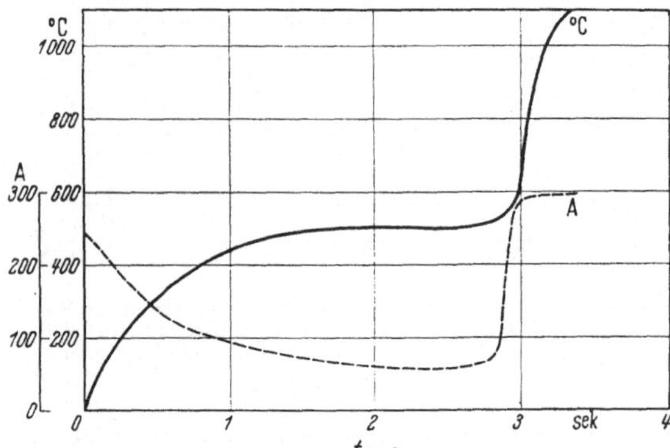

Abb. 108
Erwärmungskurve von Stahl bei Standerwärmung. Daten wie
Abb. 107

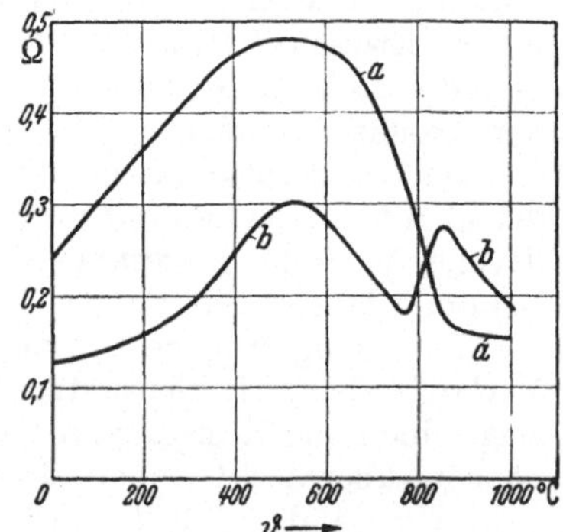

Abb. 109 Hochfrequenzwiderstände eines Stahlbolzens von 30 mm ⌀, abhängig von der Temperatur und der Leistungsdichte, a bei kleinster Leistungsdichte; b bei betrieblich günstiger Leistungsdichte

Temperatur. Der Widerstand einer sich erhitzenden oberflächlichen Metallaußenhaut – beispielsweise des in Abb. 106 gezeigten Zylinders – ist verkehrt proportional der Eindringtiefe, demnach direkt proportional $\sqrt{\varrho\,\mu_r}$. Der Kaltwiderstand ist entsprechend dem bekannten niedrigen spezifischen Widerstand ϱ_{20} bei Raumtemperatur klein. Bei Erwärmung steigt ϱ stetig, ebenso – bei allen Metallen – zunächst auch R_w. Bei nicht ferromagnetischen Reinmetallen treten bei weiterer Temperatursteigerung keine Anomalien auf, die Widerstandssteigerung von Legierungen zeigt naturgemäß die Phasenschmelzpunkte.

Dagegen fällt der Widerstand eines glühbehandelten Ferromagnetikums, z. B. eines Stahlwerkstückes, nach Erreichen des CURIE-Punktes wieder ab, weil μ_r dann auf den Wert 1 absinkt. Oft wird dabei der ursprüngliche Kaltwiderstand noch unterschritten. Man kann hier eine von der „Vorgeschichte" abhängige Rückwirkung zwischen Strom und Widerstand erkennen. Komplizierte Widerstandskurven (z. B. b in Abb. 109) zeigen sich daher bei größerer Leistungsdichte und insbesondere bei einer mit den augenblicklichen Temperatur- und Widerstandswerten schwankenden Leistungskonzentration.

Temperaturmessungen mit einem Thermoelement sind im Betrieb kaum durchzuführen. In der Praxis arbeitet man am besten mit Strahlungspyrometern und bestimmt die Oberflächentemperatur. Dabei kann subjektiv gemessen werden oder man verwendet Geräte, die nach dem Prinzip der Strahlungspyrometer arbeiten und dann gleichzeitig als Regelgeräte verwendet werden und z. B. den Vorschub, die Erhitzungszeit oder die Leistung des Umformers regeln.

Abschließend soll noch bemerkt werden, daß es aus metallographischen Befunden möglich wäre, auf die Temperatur aus dem Gefüge Rückschlüsse zu ziehen. Einigermaßen genau läßt sich dies nur bei hochlegierten, sehr warmempfindlichen Stählen durchführen. Zum Beispiel ist es bei kurzen Erhitzungszeiten bei dem Stahl C 45 nicht möglich, zwischen 820° und etwa 1000° irgendwelche Unterschiede im Härtegefüge festzustellen, und man kommt sehr leicht zu dem Trugschluß, daß in einer gewissen Schicht unter der Oberfläche die gleiche Temperatur herrscht, was tatsächlich nur in sehr beschränktem Maße gilt.

C. Thermischer Wirkungsgrad

§ 33. Der thermische Wirkungsgrad im Werkstück kann dargestellt werden als das Verhältnis der für die Erwärmung der Härteschicht x bis zur Härtetemperatur ϑ verbrauchten Nutzwärme Q_n zur Gesamtwärme Q, die für die Erwärmung verbraucht worden ist:

$$\eta_t = Q_n/Q .$$

Die Bestimmung von η_t kann durch ein Schaubild erläutert werden. In Abb. 110 ist eine Kurve ϑ/ϑ_0 bei $t = $ const dargestellt, die einer der Kurven der Abb. 97 ähnlich ist. Die Fläche unter dieser Kurve ist der Gesamtwärme Q proportional, weil

$$Q = \frac{\lambda}{a} \int\limits_0^\infty \vartheta \, d x . \tag{90}$$

Die Wärme Q_n kann leicht aus dem Volumen und aus der spezifischen Wärme der erwärmten Schicht bestimmt werden:

$$Q_n = c \gamma \vartheta x = \frac{\lambda}{a} \vartheta x . \tag{91}$$

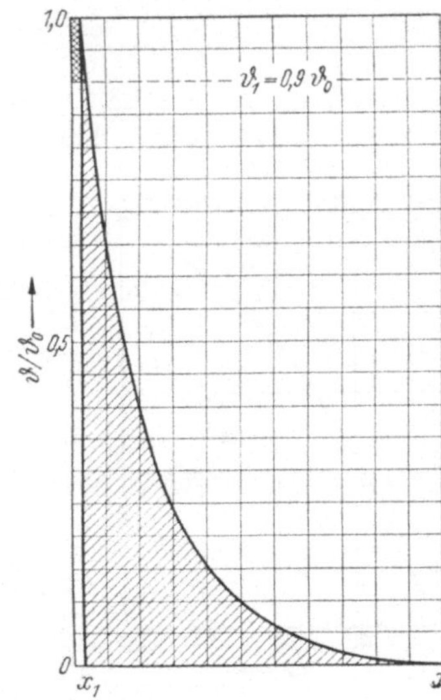

Abb. 110. Abhängigkeit des Verhältnisses ϑ/ϑ_0 von der Tiefe x bei $t = $ const

Wenn z. B. die Härtetemperatur $\vartheta = 0,9 \cdot \vartheta_0$ ist, dann ist die verbrauchte Nutzwärme Q_n gemäß der Gl. (91) proportional der Fläche des Rechtecks mit den Seiten x_1 und ϑ. In Abb. 110 ist diese Fläche nicht schraffiert. Die Wärme, die unnütz verbraucht wurde, ist proportional dem schraffierten Teil, wobei die einfache Schraffierung der nutzlos in das Innere des Körpers abgeleiteten Wärme entspricht. Der doppelt schraffierte Teil

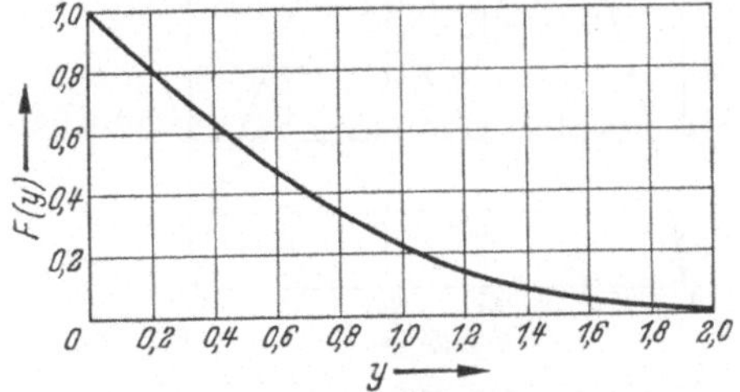

Abb. 111. Funktion $F(y) = y$ für Gl. (94)

entspricht der nutzlos auf die Überhitzung derjenigen Oberflächenschichten verbrauchten Überschußwärme, deren Tiefe kleiner als die Härteschicht ist.

Auf Grund der Gl. (87), die zur Bestimmung von Q herangezogen werden kann, und der Gl. (91) neigt man zunächst zu der Annahme, daß η_t von x und t abhängig ist. Es läßt sich aber leicht nachweisen, daß η_t nur von dem Verhältnis ϑ/ϑ_0 abhängt. Nach Gl. (91) ist:

$$Q = Q_0\, t = \vartheta\, \frac{\lambda}{2}\, \sqrt{\frac{\pi}{a}}\, \frac{1}{\sqrt{t}}\, t$$

und damit:

$$\eta_t = \frac{Q\,n}{Q} = \frac{2\,x}{\sqrt{\pi\,a\,t}}\, \frac{\vartheta}{\vartheta_0}\,. \tag{92}$$

Als allgemeine Form für die Gleichung der Wärmeleitfähigkeit kann man schreiben [*106, 91*]

$$\vartheta = \vartheta_0 F\left(\frac{x}{2\,\sqrt{at}}\right). \tag{93}$$

In dieser Gleichung bedeutet:

$$F\left(\frac{x}{2\,\sqrt{at}}\right) = e^{-\frac{x^2}{4\,at}} - \frac{x}{2\,\sqrt{at}}\left[1 - \frac{2}{\sqrt{\pi}} \int_0^{\frac{x}{2\,\sqrt{at}}} e^{-\frac{x^2}{4\,at}}\, d\left(\frac{x}{2\,\sqrt{at}}\right)\right]$$

oder

$$F(y) = e^{-v^2} - y + \frac{2\,y}{\sqrt{\pi}} \int_0^y e^{-v^2}\, d\,y\,, \tag{94}$$

wo

$$\frac{2}{\sqrt{\pi}} \int_0^y e^{-v^2}\, d\,y$$

das GAUSSsche Fehlerintegral ist. In Abb. 111 ist die Funktion $F(y)$ in Abhängigkeit von y aufgetragen. Verwenden wir nun Gl. (93) für Gl. (92), so erhalten wir:

$$\eta_t = \frac{4}{\sqrt{\pi}}\, y\, F(y)\,.$$

Trägt man diese Gleichung als Kurve in ein Koordinatensystem ein, so erhält man Abb. 112. η_t beginnt in 0, um über einem Höchstwert wieder Null zu werden. Dieser

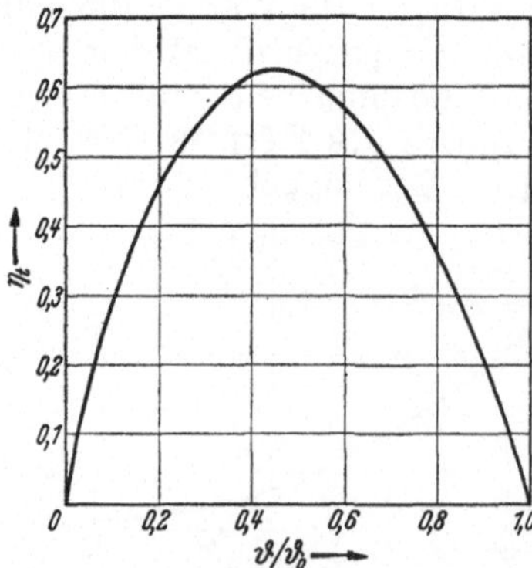

Abb. 112
Der thermische Wirkungsgrad η_t bei konstantem Wärmefluß als Funktion des Verhältnisses ϑ/ϑ_0

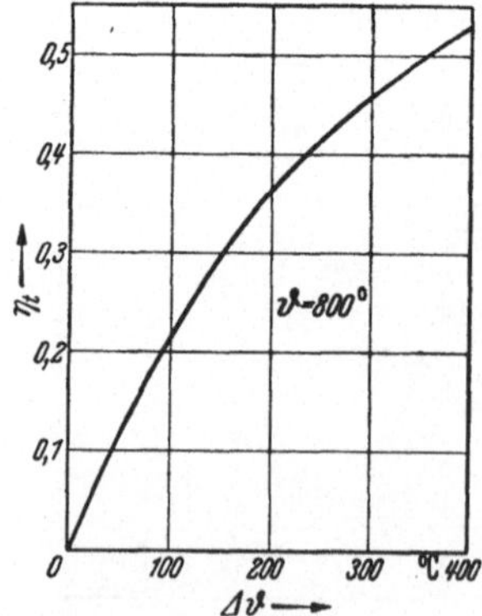

Abb. 113
Thermischer Wirkungsgrad η_t als Funktion der Überhitzung $\varDelta\vartheta$ bei einer Härtetemperatur von $\vartheta = 800°$

Höchstwert ist angenähert 0,63 bei $\vartheta/\vartheta_0 = 0,45$. Bei weiterer Verkleinerung von ϑ/ϑ_0 nimmt η_t wieder ab, weil immer mehr Wärme nutzlos für die Überhitzung aufgewendet wird, um hierfür schließlich bei $\vartheta/\vartheta_0 = 0$ ganz verbraucht zu werden. Strebt ϑ/ϑ_0 dem Wert 1 zu, so wird η_t ebenfalls Null. Dies entspricht, wie wir aus Abb.110 ersehen, dem Fall $x = 0$, d.h. die Gesamtwärme wird in das Innere des Körpers abgeführt.

Lassen wir für die praktischen Fälle Oberflächentemperaturen bis zu 1100° zu, so zeigt uns Abb.113, in welchem η_t in Abhängigkeit von der Überhitzung $\varDelta\vartheta$ aufgetragen ist, daß wir günstigstenfalls ein η_t von etwa 0,4 erreichen können. Will man aber nur eine Temperaturerhöhung von 100° an der Oberfläche in Kauf nehmen, so sieht man, daß der thermische Wirkungsgrad mit einem Wert von 0,22 sehr schlecht ist.

IV. Praktische Ausbildung der Spulen und Vorrichtungen

A. Stromverteilung im Werkstück

§ 34. Die Heizwicklung muß so geformt sein, daß das Werkstück möglichst nur an der Stelle bzw. über dem Querschnitt erwärmt wird, wo es für die Wärmebehandlung notwendig ist. Dies trifft insbesondere für das Oberflächenhärten zu.

Die einfachste, theoretische Leiteranordnung ist die eines unendlich langen, zylindrischen Leiters über einer unendlich ausgedehnten Platte. Zur Ermittlung der Feldstärkenverteilung benützen wir die Methode der konformen Abbildung.

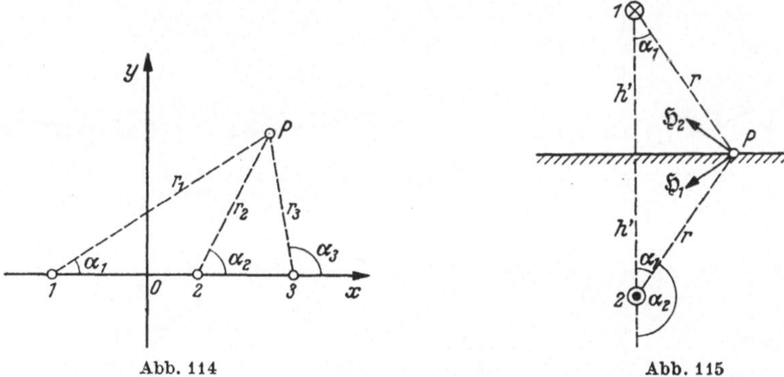

Abb. 114   Abb. 115

Haben wir ein Mehrleitersystem entsprechend Abb.114, wo 1, 2 und 3 parallele Leiter darstellen, die von Strömen I_1, I_2 und I_3 durchflossen werden, so kann man nachweisen (KÜPFMÜLLER [99]), daß die Komponente der magnetischen Feldstärke in der x-Richtung folgenden Wert hat:

$$\mathfrak{H}_x = -\frac{1}{2\pi}\left(I_1\frac{\sin\alpha_1}{r_1} + I_2\frac{\sin\alpha_2}{r_2} + I_3\frac{\sin\alpha_3}{r_3}\right).$$

Desgleichen gilt für die y-Richtung:

$$\mathfrak{H}_y = +\frac{1}{2\pi}\left(I_1\frac{\cos\alpha_1}{r_1} + I_2\frac{\cos\alpha_2}{r_2} + I_3\frac{\cos\alpha_3}{r_3}\right). \tag{95}$$

Für unseren Fall mögen die in Abb.115 angegebenen Bezeichnungen gelten. Der Abstand der Leiterachse von der Begrenzungsebene soll h' und die Permeabilität für beide Medien gleich groß sein. In Analogie zu dem Verfahren der Spiegelung nehmen wir einen Leiter 2 in der Platte an. In den beiden Leitern mögen Ströme gleicher Größe, aber entgegengesetzter Richtung fließen. Wir können dann auf Grund der Gl.(95) für die tangentiale Feldstärke im Punkt P schreiben:

$$\mathfrak{H}_t = \frac{1}{2\pi}\left(I\,\frac{\cos\alpha_1}{r} - I\,\frac{\cos\alpha_2}{r}\right)$$

$$= \frac{1}{2\pi}\left(I\,\frac{\cos\alpha_1}{r} + I\,\frac{\cos\alpha_1}{r}\right)$$

$$= \frac{I}{2\pi}\left(\frac{h'}{r^2} + \frac{h'}{r^2}\right) = \frac{I}{\pi}\left(\frac{h'}{x^2 + h'^2}\right).$$

Hat der Leiter 1 einen Radius r_0, so wird der Abstand

$$h' = \sqrt{h^2 - r_0^2}$$

und die Feldstärke wird

$$\mathfrak{H}_t = \frac{I}{\pi}\,\frac{\sqrt{h^2 - r_0^2}}{x^2 + h^2 - r_0^2}\ \mathrm{Amp\cdot cm^{-1}}. \tag{96}$$

Es ist praktisch, wenn man auf das Verhältnis r_0/h übergeht. Man erhält dann:

$$\mathfrak{H}_t = \frac{I}{\pi h}\,\frac{\sqrt{1 - (r_0/h)^2}}{(x/h)^2 + 1 - (r_0/h)^2}\ \mathrm{Amp\cdot cm^{-1}}.$$

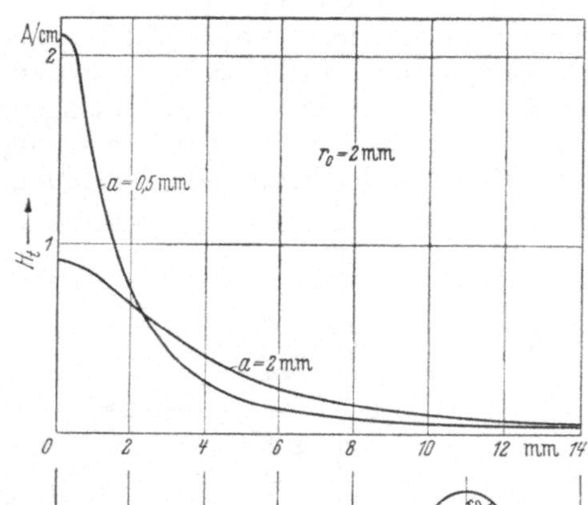

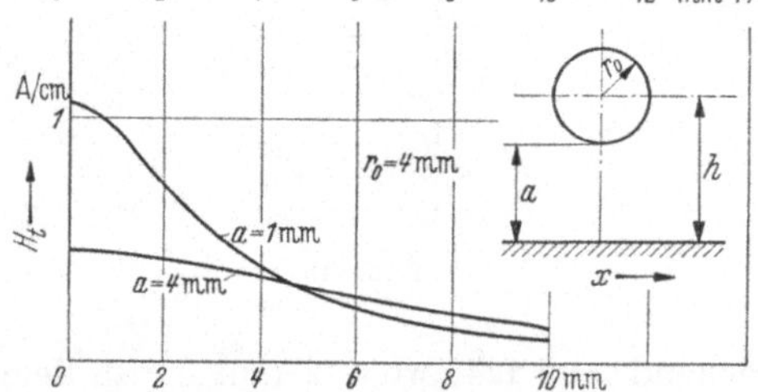

Abb. 116. Verteilung der Feldstärke in einer Platte für einen Heizleiter mit dem Radius $r_0 = 2$ und 4 mm für verschiedene Abstände a

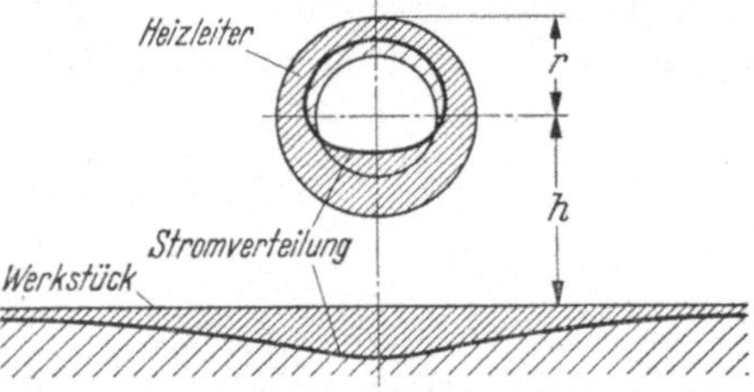

Abb. 117. Angenäherte Stromverteilung in einem zylindrischen Heizleiter und einem ebenen Werkstück nach Gl.(97)

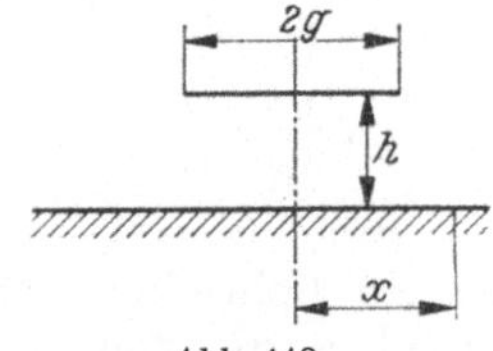

Abb. 118

Für die Feldstärke an der Oberfläche des Heizleiters in Abhängigkeit des Winkels α_1 kann man folgende Gleichung in gleicher Weise ableiten (s. BROWN, HOYLER und BIERWIRTH [29]):

$$\mathfrak{H}_H = \frac{I}{2\pi}\,\frac{\sqrt{1 - (r_0/h)^2}}{1 - r_0/h \cdot \cos\alpha_1}. \tag{97}$$

In Abb. 116 ist die Verteilung der Feldstärke in der Platte in $\text{Amp} \cdot \text{cm}^{-1}$ und damit die Stromverteilung für verschiedene Werte von r_0/h aufgezeichnet. In Abb. 117 ist dargestellt, wie die Stromdichten im Heizleiter und der Platte zueinander gelagert sind. Eine Gleichung ähnlichen Aufbaues für die Stromverteilung bei der Leiteranordnung bezüglich eines endlich

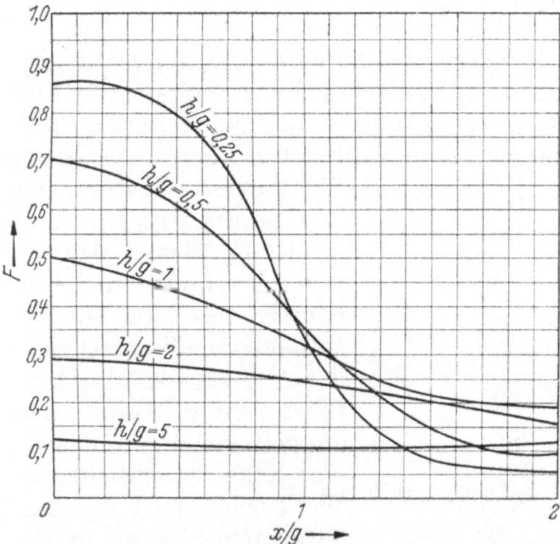

Abb. 119. Stromdichtenverteilung in einer unendlich ebenen Platte und einem gegenüberliegenden stromführenden Band [s. Gl. (98)]

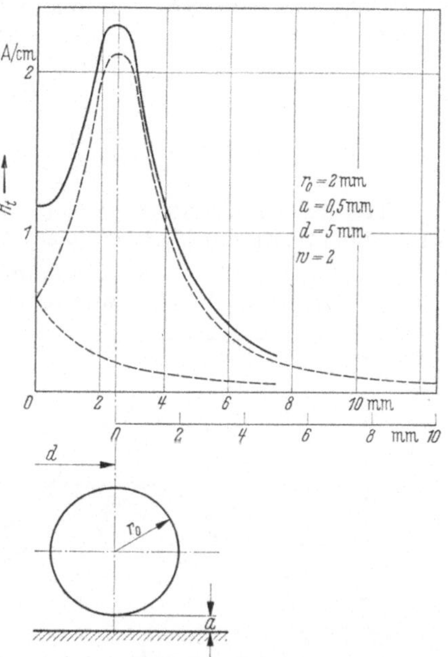

Abb. 120. Verteilung der Feldstärke in einer Platte für zwei zylindrische Heizleiter mit dem Radius $r_0 = 2$ mm und für einen Abstand $a = 0,5$ mm

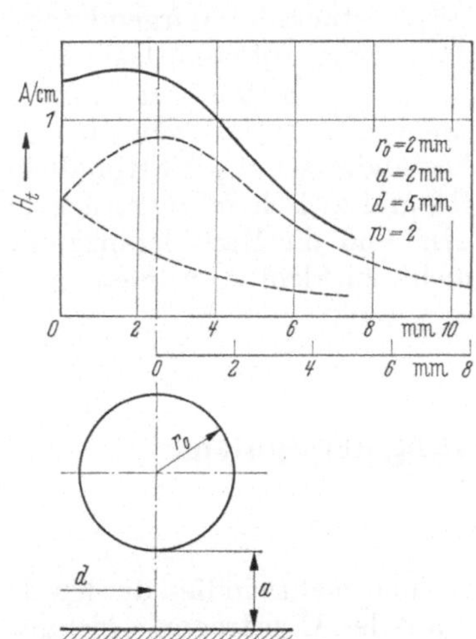

Abb. 121. Verteilung der Feldstärke in einer Platte für zwei zylindrische Heizleiter wie in Abb. 120, jedoch für einen Abstand $a = 2$ mm

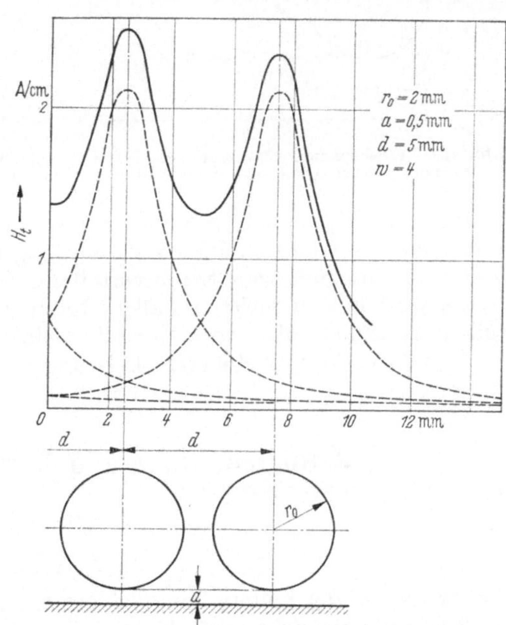

Abb. 122. Verteilung der Feldstärke in einer Platte für zylindrische Heizleiter der gleichen Abmessung wie in Abb. 120, jedoch für 4 Leiter

breiten und unendlich langen Bandes über einer unendlich ausgebreiteten Platte geben BABAT und LOSINSKY [1] an. Hat das Band die Breite $2g$ und die Entfernung h (s. Abb.118) von der Platte, dann gilt für die Stromdichte an der Oberfläche der Platte in einer Entfernung x vom Nullpunkt:

$$i = \frac{I}{2\pi g s} \operatorname{arc tg} \frac{2\,(h/g)}{(x/g)^2 - 1 + (h/g)^2}$$

$$= \frac{I}{2\,g\,s}\, f\,(h/g,\, x/g)\,. \tag{98}$$

Maßgeblich für die Stromverteilung ist also in diesem Fall die Funktion $f(h/g, x/g)$. In Abb.119 ist der Verlauf dieser Funktion für einzelne Werte aufgetragen. Wir sehen, daß er ähnlich ist wie beim zylindrischen Leiter. Für beide Leiteranordnungen, den zylindrischen und bandförmigen Leiter, läßt sich die Stromverteilung für mehrere Leiter nach dem Superpositionsprinzip ermitteln. Dies ist für zwei- und vierzylindrische Leiter bei zwei verschiedenen Abständen vom Werkstück in den Abb.120–123 durchgeführt. Wir erkennen, daß ein geringer Abstand wohl eine hohe Stromdichte im Werkstück zur Folge hat, dafür aber eine Stromverteilung, die bis zu 50% schwankt. Dies kann evtl. bei kurzzeitigen Erwärmungen, z.B. beim Härten, zur Weichfleckigkeit führen. Um dies zu verhüten, wird man das Werkstück, wenn irgend angängig, rotieren lassen, wodurch die bei normaler zylindrischer Spule spiralförmig zu erwartende ungleichmäßige Erwärmung ausgeglichen werden kann. Eine Vergrößerung des Abstandes senkt die Stromdichte, gibt aber eine günstigere Stromverteilung. Der Abstand zwischen Werkstück und Spule wird in den meisten Fällen durch die Form und die Maßtoleranzen desselben bestimmt. Man wird bestrebt sein, ihn nicht zu klein zu wählen, soweit es die zur Verfügung stehende Leistung zuläßt.

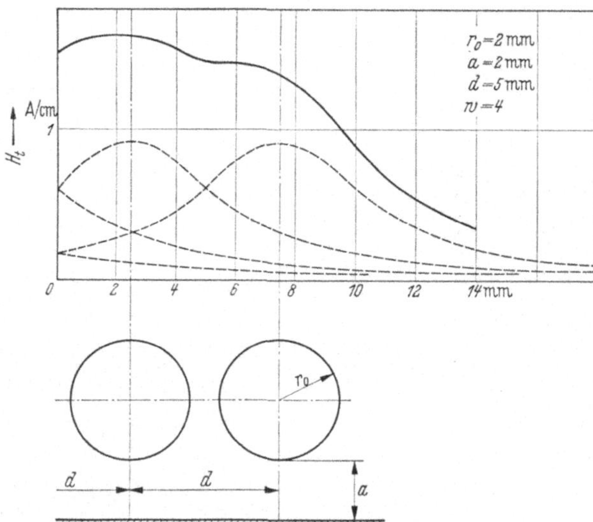

Abb. 123. Verteilung der Feldstärke in einer Platte für zylindrische Heizleiter der gleichen Abmessung wie in Abb. 121, jedoch für 4 Leiter

B. Spulenaufbau und Formgebung der Spulen

1. Allgemeines

§ 35. Bei den Heizspulen unterscheidet man ein- und mehrwindige Spulen. Für den Werkstoff des Leiters kommen mit Rücksicht auf den Übertragungswirkungsgrad (s. § 20) nur solche mit bestem elektrischem Leitwert in Frage. Es sind dies Kupfer und Silber. Silber wird man in erster Linie dort verwenden, wo die Herstellung des Leiterprofils aus Kupfer auf Schwierigkeiten stößt und auch die Abmessungen der Spule selber für Kupfer zu klein sind. Die wesentlichsten Leiterprofile sind in Abb. 124 wiedergegeben.

Zu diesen Profilen kann noch gesagt werden, daß sich das Rundprofil a bis zu Außendurchmessern von 0,8 mm aus Kupfer und Silber herstellen läßt. Wohingegen man die anderen Profile bei den kleineren Abmessungen leichter aus Silber

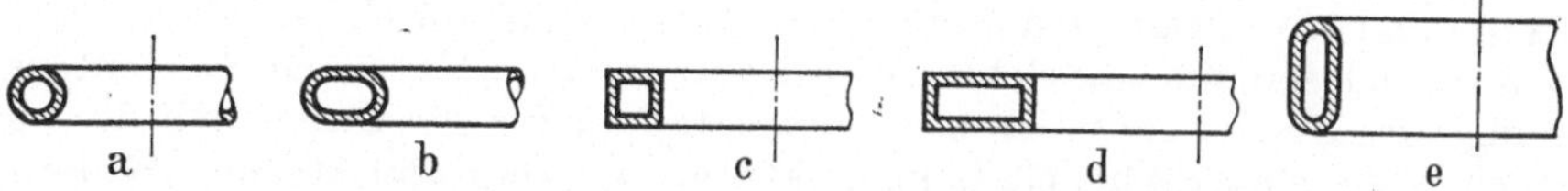

Abb. 124 a—e. Heizleiterquerschnitte aus verschiedenen Rohrprofilen

anfertigt. Sie lassen sich dann auch besser in die notwendige Spulenform biegen. Man wird zunächst bestrebt sein, Hohlprofile zu verwenden, deren Hohlraum für

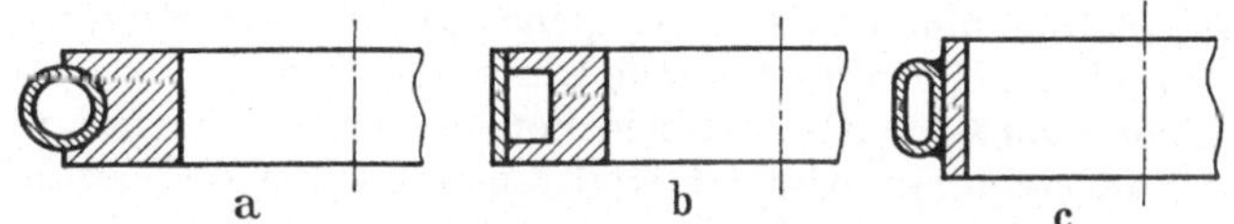

Abb. 125 a—c. Heizleiterquerschnitte aus vollwandigen Kupferprofilen

den Durchfluß des Kühlwassers dienen kann, da ja die Heizspule infolge ihrer hohen Strombelastung und der Wärmestrahlung seitens des zu behandelnden

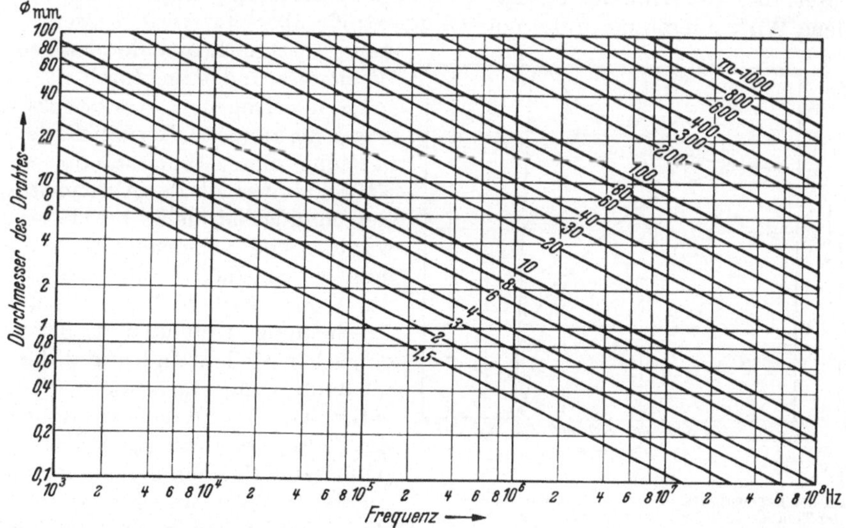

Abb. 126. Widerstandszunahme bei runden Cu-Drähten $m = R_\sim/R$ = infolge des Skineffektes. Die Abbildung verliert ihre Gültigkeit bei Leitern mit gegenseitiger Stromverdrängung. Besteht der Draht aus einem anderen Stoff wie Kupfer, so ist m mit dem in folgender Tabelle angegebenen Faktor zu multiplizieren (SIEMENS)

Stoff-Faktor β (bei 15°) für:

Silber	1,04	Zinn	0,38	Eisen $\mu_r = 100$	3,2
Aluminium	0,74	Bronze	0,37	Eisen $\mu_r = 300$	5,6
Wolfram	0,59	Konstantan	0,19	Eisen $\mu_r = 1000$	10,0
Nickel	0,42	Chrom	0,14		

Beispiel: Bei einer Frequenz von $6 \cdot 10^5$ Hz ist der Widerstand eines Kupferdrahtes von 2 mm $\varnothing$ etwa 6mal so groß wie bei Gleichstrom. Der gleiche Draht aus Aluminium hat eine Widerstandszunahme von

$$m \cdot \beta = 6 \cdot 0{,}74 = 4{,}5$$

7*

Werkstückes gekühlt werden muß. Es gibt aber sehr viele Fälle, bei denen es nicht möglich ist, den im Werkstück geforderten Stromverlauf bzw. die hiermit verbundene Erwärmung zu erreichen, dann wird man zu einem Leiteraufbau greifen, wie es für drei Arten in Abb.125 gezeigt wird. Man wird also den Kühlkanal entweder durch Eindrehen in das Leiterprofil und einer verlöteten Abdeckung herstellen (Abb. 125b)[1] oder man lötet ein Rohrprofil auf den Leiter, wie es z.B. Abb.125a und 125c zeigt. In diesem Fall ist auf eine gute durchgehende Lötverbindung Wert zu legen, um eine sichere Wärmeabfuhr zu gewährleisten. Eine intensive Kühlung[2] des Heizleiters ist immer notwendig, da für die Gestaltung desselben meistens nicht elektrische Gesichtspunkte im Vordergrund stehen, sondern in erster Linie die geforderten Erwärmungsbedingungen für das zu behandelnde Werkstück. Dies hat zur Folge, daß man beim Heizleiter mit Stromdichten rechnen muß, die in der Größenordnung von 300 bis 600 Amp/mm^2 liegen. Hat man zudem noch Leiter mit verhältnismäßig geringem Querschnitt für den Kühlwasserkanal, so wird der normale Druck des allgemeinen Versorgungsnetzes nicht mehr ausreichen. In diesen Fällen müssen dann Pumpenaggregate aufgestellt werden, die die Anwendung höherer Drücke gestatten. Die Umlaufkühlung hat sicher oft Aussicht auf wirtschaftlichen Einsatz. Als zulässige Betriebstemperatur kann man für den Heizleiter 60 °C ansetzen. In Abb.126 sind die ohmschen Widerstände für runde Kupferleiter in Abhängigkeit von der Frequenz aufgetragen. Für Leiter aus anderen Werkstoffen kann nach den dort gemachten Angaben verfahren werden.

Der HF-Umformer muß immer auf einen bestimmten, günstigsten Außenwiderstand (in der Größenordnung liegen diese Widerstände meist zwischen 0,15 und 0,1 Ohm) arbeiten, damit er seine maximale Wirkleistung abgeben kann. Dies bedeutet, daß mit Hilfe des Übertragers der an den Klemmen der Heizspule vorhandene Wirkwiderstand in die notwendige Größe übersetzt wird. Dieser Widerstand setzt sich aus demjenigen des Heizleiters und dem durch die Heizspule übertragenen Werkstückwiderstand zusammen. Bezüglich der Ermittlung dieser Widerstände sei auf § 19—22 innerhalb des Abschnittes der Berechnungsbeispiele verwiesen. Es wurde schon verschiedentlich darauf hingewiesen, daß die bei der Berechnung des Werkstückwiderstandes in Erscheinung tretenden Größen des ohmschen Widerstandes und der Permeabilität sehr stark von der Temperatur und letztere noch zusätzlich von der Feldstärke abhängig sind. Man wird daher zur Berechnung immer einen mittleren Wert annehmen, um sich dieselbe nicht zu erschweren. Jedoch mögen hier zur Kennzeichnung des

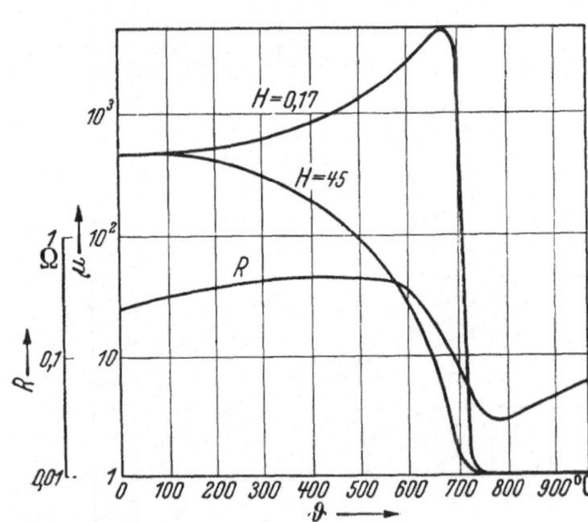

Abb. 127
Verlauf der Permeabilität bei verschiedenen Feldstärken über der Temperatur. Die Kurve R gibt den theoretischen Widerstandsverlauf für das Werkstück wieder

Verhaltens dieser Größen während des Erwärmungsprozesses die Kurven der Abb.127 wiedergegeben werden, die aus einer Arbeit von K. KEGEL [88] stammen. Man erkennt aus diesen Kurven, daß das Absinken der Permeabilität auf den

---

[1] Siehe hierzu auch Österreichische Patentschrift Nr. 168816, die sich auf die Herstellung von Heizspulen aus dem vollen Metallblock oder aus Schleuderguß bezieht.
[2] Ein Aufsatz von H. GEISEL [46] über die Kühlung von Induktionsspulen erschien während der Drucklegung dieses Buches.

Wert 1 nicht gleichförmig vor sich geht und von der vorhandenen Feldstärke abhängig ist. Befindet sich das Werkstück in einem schwachen Feld, wird man vor dem CURIE-Punkt noch ein steiles Ansteigen der Permeabilität haben, bei starkem Feld erfolgt dagegen bis zum CURIE-Punkt ein mehr oder weniger steiler Abfall. Die Werte für H in der Abb. 127 sind GMELIN [48] entnommen. Daß die Werte der Permeabilität für $H = 0{,}17$ Örsted und $H = 45$ Örsted bei $\vartheta = 0$ °C übereinstimmen, ist zufällig und nicht zwangsläufig. In der Abbildung sind außerdem noch die theoretischen ohmschen Werte des Werkstückwiderstandes eingetragen.

Wie schon früher erläutert (s. § 16), hängt der an den Klemmen des Heizleiters auftretende Wirkwiderstand auch noch sehr stark von der Kopplung (k) zwischen

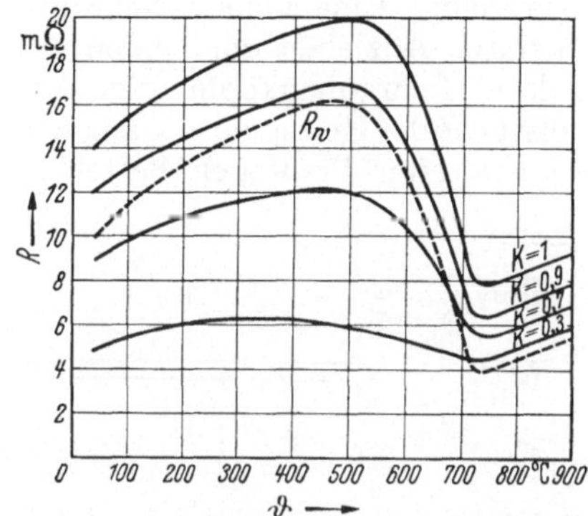

Abb. 128. Abhängigkeit des übertragenen Werkstückwiderstandes von der Kopplung (KEGEL)

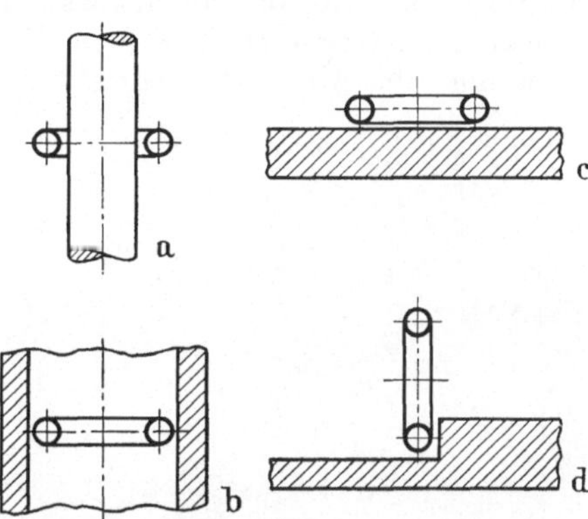

Abb. 129a–d. Verschiedenartige Anordnung von Heizspulen in bezug auf das Werkstück
a umschließende Heizspule; b Heizspule für Bohrungen; c Heizspule für Flächen; d einseitige Flächenheizspule

Heizleiter und Werkstück ab. Der übertragene Werkstückwiderstand R'_w ist in Abhängigkeit der Temperatur für verschiedene Werte von k für Kohlenstoffstahl in Abb. 128 aufgetragen. Bemerkenswert ist hierbei, daß mit kleiner werdender Kopplung der Widerstandsverlauf immer mehr abflacht. Man hat es also mit der Ankopplung in der Hand, hier evtl. einen gewünschten Widerstandswert oder Verlauf zu erwirken. Bei fester Ankopplung ($k \approx 1$) ist das Verhältnis der Änderung $2{,}5 : 1$. Im praktischen Fall wird die Ankopplung aber immer loser sein. Bei $k = 0{,}7$ ist das Verhältnis $2 : 1$. Der Übertrager wird dieses Verhältnis noch verkleinern, so daß bezüglich des Umformers das Verhältnis zwischen Maximal- und Minimalwert des Arbeitswiderstandes kleiner als $2 : 1$ sein wird.

Die Kopplung zwischen Heizleiter und Werkstück und damit der Wirkungsgrad werden aber nicht nur durch den Heizleiterabstand vom Werkstück bestimmt,

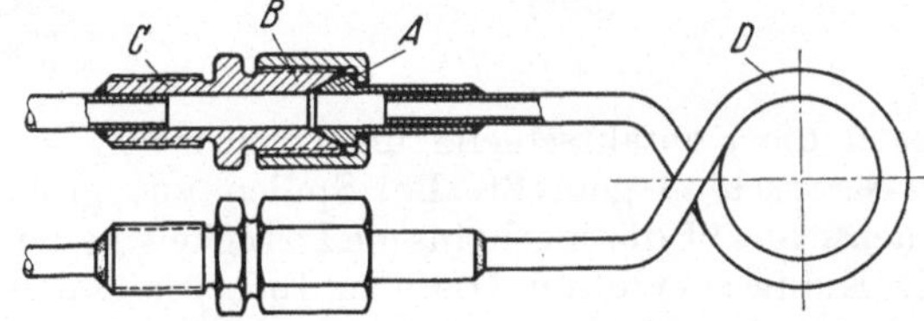

Abb. 130. Beispiel für den Anschluß einer Heizspule aus Rohrprofil
A Verbindungsteil an Heizspule mit kugeliger Dichtungsfläche; B Anschlußstück mit kegeliger Dichtungsfläche; C Anschlußstück am Ausgang der Sekundärseite des Glühübertrages; D Heizspule

sondern auch die räumliche Anordnung zueinander. Die vier grundsätzlichen Anordnungen von Heizspule und Werkstück sind in Abb. 129 schematisch angegeben. Der beste Wirkungsgrad wird bei der Anordnung a, d. h. der umschließenden Heizspule, erreicht. Er kann für Stahl in der Größenordnung zwischen 0,5 und 0,9 je nach Ankopplung liegen. Ist die Heizspule unter sonst gleichen Voraussetzungen in einer Bohrung angebracht (*b*), so ist der Wirkungsgrad mit 0,3 bis 0,5 wesentlich schlechter. In der gleichen Größenordnung ist er bei der Anordnung *c*. Am schlechtesten ist er bei der einseitigen Flächenheizspule mit 0,2 bis 0,3 (Anordnung *d*).

Die mechanische Befestigung der Heizspule an dem Übertrager und die notwendige elektrische Verbindung wird man möglichst einfach ausführen, damit man rasch die Heizspule austauschen kann. Der einfachste Weg ist, die mechanische und elektrische Verbindung sowie den Kühlwasseranschluß in einer Schraubverbindung mit Hilfe einer Überwurfmutter zu vereinigen. Ein derartiger Anschluß ist für eine mehrwindige Silberrohrspule in Abb. 130 gezeigt. Die Abdichtung für das Kühlwasser wird durch die linienförmige Berührung zwischen dem Kegel *B* und dem Radius *A* erreicht. Eine andere Schraubverbindung gibt Abb. 131 wieder. Hier werden durch Anziehen der beiden gerändelten Schraubenköpfe die Anschlußstücke der Heizspule, die aus einfach gestalteten Preßteilen bestehen,

Abb. 131
Beispiel für den Anschluß der Heizspule an dem Glühübertrager mit Hilfe von gerändelten Klemmschrauben.
(BBC)

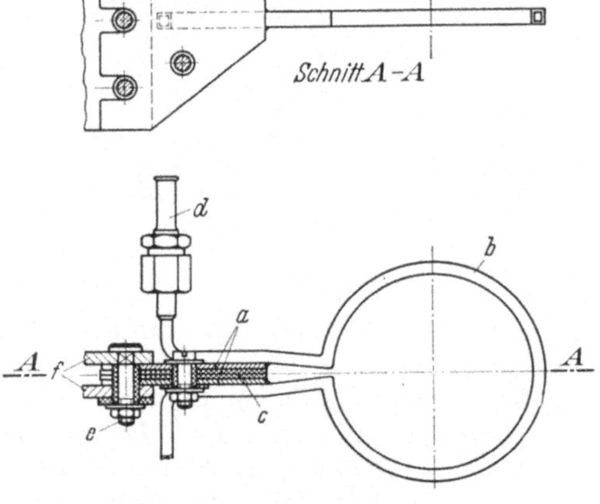

Abb. 132. Konstruktion einer mechanischen Befestigung einer einwindigen Heizspule zur Anbringung an den Glühübertrager
a Leitbleche für Stromzuführung und Spulenbefestigung; *b* Heizspule; *c* Isolationen; *d* Kühlwasseranschluß; *e* Spannschrauben; *f* Glühübertrageranschluß

gegen die Kontaktschiene und gleichzeitig eine Gummidichtung an den Kühlwasseranschluß gepreßt. Bei Spulen mit größeren Abmessungen wird man mit Rücksicht auf die mechanische Festigkeit gerne die mechanische Befestigung und die Kühlwasserzufuhr trennen. Insbesondere bei Spulen, bei denen es auf eine genaue geometrische Lage der Spule zur Aufnahme des Werkstückes ankommt. Die Ansicht einer derartigen Spule gibt Abb. 132 wieder. Die Spule wird mit den Anschlußstücken *a* in den Anschluß des Übertragers eingesteckt und festgeklemmt. Bei derartigen Verbindungen ist dafür Sorge zu tragen, daß die Flächen für den Stromübergang im Laufe der Zeit nicht oxydieren, da dies zu erhöhten Übergangswiderständen und Spannungsverlusten führt. Derartige Oberflächen läßt man am besten versilbern.

Die Festlegung der Spulenwindungen selber wird sich in den meisten Fällen erübrigen, da die Spulen wohl in sich selber genügende Stabilität haben. Ist dies bei größeren Spulen notwendig, so kann man es z.B. in der Art machen, wie es Abb. 133 zeigt. Mit Hilfe dieser Spule wird das Elektrodensystem von Rundfunkröhren beim Evakuieren aufgeheizt.

Die in den Metallen und anderen Teilen evtl. noch zurückgebliebenen Gase werden durch die hohen Temperaturen befreit und können beim Evakuieren mit abgesaugt werden. Abb. 134 zeigt die Anordnung mehrerer solcher Spulen in Hintereinanderschaltung; das gleiche Schaltprinzip wie es später an Hand der Abb. 145 für die einwindige Spule besprochen wird. Eine andere Möglichkeit für die Befestigung rechteckiger Leiterquerschnitte gibt Abb. 135 wieder. Außerdem lassen sich auch Spulen in die Aufnahmen durch Gießharze festlegen, wie es bei der Spule der Abb. 136 geschehen ist. Diese Art des Spulenaufbaues hat sich in einer Fertigung, wo ein häufiger Spulenwechsel bei geforderter enger Ankopplung notwendig ist, gut bewährt. In Abb. 137 sei noch der Aufbau einer einlagigen mehrwindigen Spule gezeigt, wie sie gerne für Einrichtungen verwendet wird, die nach dem Durchstoßverfahren arbeiten, z.B. für das Erwärmen von Schmiederohlingen. Auch hier sind die Heizspulenwindungen mit

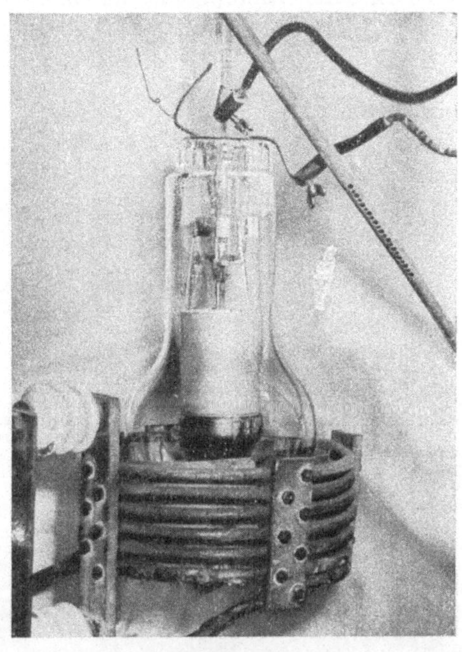

Abb. 133. Spule zum induktiven Ausheizen von Rundfunk- und Gleichrichterröhren. Beispiel für das Festlegen der einzelnen Windungen einer Heizspule (AEG)

einem schamotteartigen Isolationswerkstoff umkleidet. Die Kühlwasseranschlüsse sind zu erkennen. Die Auflage- bzw. Führungsschienen für das Werstück sind aus nichtrostenden Stahlrohren, die ebenfalls von Kühlwasser durchflossen sind.

2. Einwindige Spulen

§ 36. Die einfachste einwindige Spule besteht aus *einer* Heizleiterwindung, wie es in Abb. 124 bei der Erläuterung der Leiterprofile im Grunde genommen schon gezeigt wurde. Benötigt man mit Rücksicht auf die Erwärmungszone eine Verbreiterung der Spule, so kann man eine

Abb. 134. Mehrfachspule zum induktiven Aufheizen von Gleichrichterröhren, ähnlich Abb. 133 (AEG)

Spule nach Abb. 138 a wählen, die aus dem Profil Abb. 125 c entstanden ist. In dieser Form eignet sie sich für zylindrische Werkstücke. Handelt es sich um eine kegelige Fläche, so wird man dem Heizleiter die Form der Abb. 138 b und c geben.

Wir haben aus den vorausgegangenen Betrachtungen, insbesondere im § 34, gesehen, daß für den Stromverlauf im Werkstück nicht nur die Form der Spule, sondern deren Ankopplung und bei zylindrischen Werkstücken auch die Länge der Spule ausschlaggebend ist. In Abb. 139 ist nun an drei Schnitt- bzw. Schliffbildern gezeigt, wie sich z. B. in gleicher Heizspule verschiedene Werkstücklängen auf den Erwärmungsverlauf auswirken. Verwendet wurde der im Schnitt wiedergegebene Heizleiter. Die Frequenz war 10000 Hz. Man erkennt deutlich, daß mit kürzer werdendem Werkstück die Gefahr der Kantenüberhitzung wächst (siehe Abb. 139c). Dies kann durch eine entsprechende Korrektur der Heizspule vermieden werden, wie es schematisch Abb. 140 wiedergibt. Abb. 141 zeigt schematisch ein Beispiel für das Härten oder Vergüten der Stirnseite eines Wellenendes, das mit einer zentrischen Bohrung versehen ist. Abb. 141a zeigt den Erwärmungsverlauf bei einer gleichen Ankopplung über den ganzen Durchmesserbereich; in Abb. 141b ist die Ankopplung sinngemäß korrigiert. Auch bei Lötarbeiten z. B., bei denen in ihren Abmessungen unterschiedliche Werkstücke verbunden werden sollen, kann man durch die richtige Form

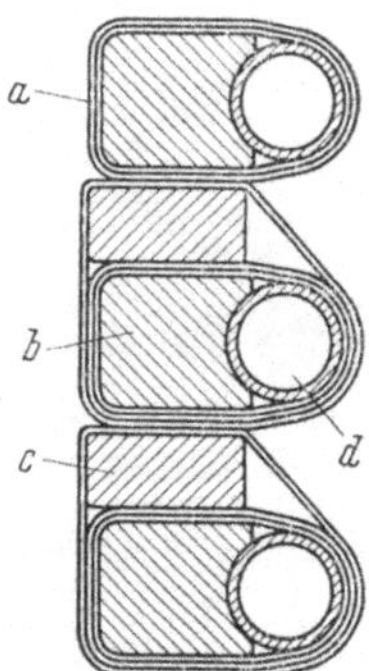

Abb. 135. Weiteres Beispiel für die Halterung rechteckiger Heizleiterquerschnitte
a Innenseite des Heizleiters; *b* Heizleiter; *c* isolierendes Zwischenlager; *d* Kühlwasserrohr

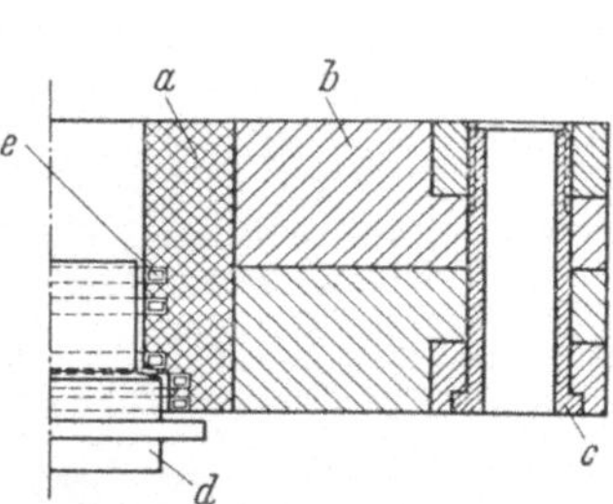

Abb. 136. Beispiel für die Halterung einer Heizspule mit Hilfe von Gießharz
a Gießharz zur Spulenhalterung; *b* Hartpapierplatte; *c* Führungsbüchse für Spulenbefestigung; *d* Werkstück; *e* Heizspule

Abb. 137. Mehrwindige Heizspule, die in eine isolierende Masse eingebettet ist, für eine Durchstoßeinrichtung anzuwärmender Schmiedestücke. Die im Bild sichtbaren Führungsschienen sind wassergekühlt. (Tocco)

des Heizleiters den gewünschten Erwärmungsverlauf erreichen. Abb. 142 zeigt das Verbinden eines dünnwandigen Ziehteiles (*B*) mit einem dickwandigen Drehteil (*A*). Bei *C* ist der Lotring beigelegt. Würde man den Heizleiter anordnen, wie es Abb. 142a zeigt, so erwärmt sich wohl das dünnwandige Werkstück *B* sehr rasch,

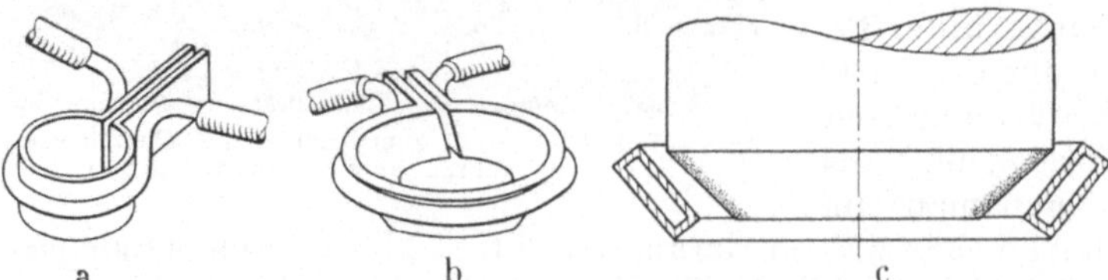

a   b   c

Abb. 138 a—c. Beispiel für einwindige Heizspule zum Erwärmen zylindrischer und kegeliger Flächen (nach F. W. CURTIS: High-Frequency Induction Heating, New York u. London: McGraw-Hill Book Company, Inc., 1944)

aber A wird längs der Lötfuge nur wenig Energie mitgeteilt. Um löttechnisch gesehen den richtigen Wärmeverlauf zu erhalten, wird man den Heizleiter so anordnen, wie es in Abb. 142 b schematisch dargestellt ist. Hier wird zunächst dem Teil A die größte Wärmemenge mitgeteilt. Die Zone, in der sich der Lotring C befindet, wird zuletzt erwärmt. Ist hier die Arbeitstemperatur des Lotes erreicht, so kann das Lot durch die ganze Lötfuge rasch durchfließen.

Ein ähnliches Beispiel zeigt Abb. 143. Auch hier wird man mit der Anordnung a nur eine Erwärmung der oberen Lötzone erreichen. In diesem Fall wurde zur Verbesserung des Erwärmungsverlaufes eine zweiwindige Spule gewählt, Abb. 143 b. Die Erwärmung des Lotringes auf seine Arbeitstemperatur erfolgt erst, wenn die Lötfuge dieselbe schon erreicht hat.

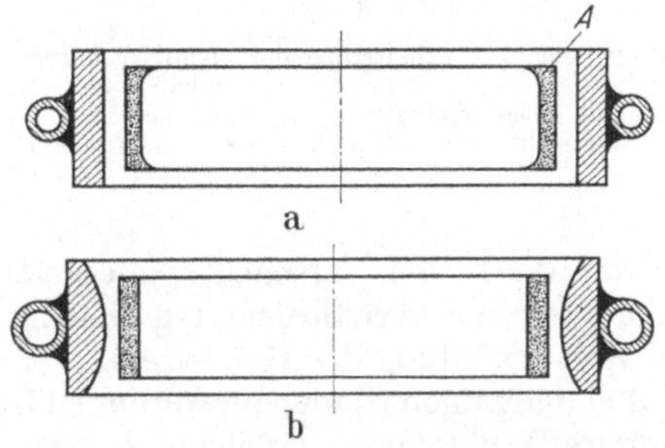

Abb. 140. Erwärmung eines zylindrischen, scheibenförmigen Werkstückes. Beispiel für die Vermeidung der Kantenüberhitzung bei A (a) durch Korrektur der Heizspule (b) (CURTIS)

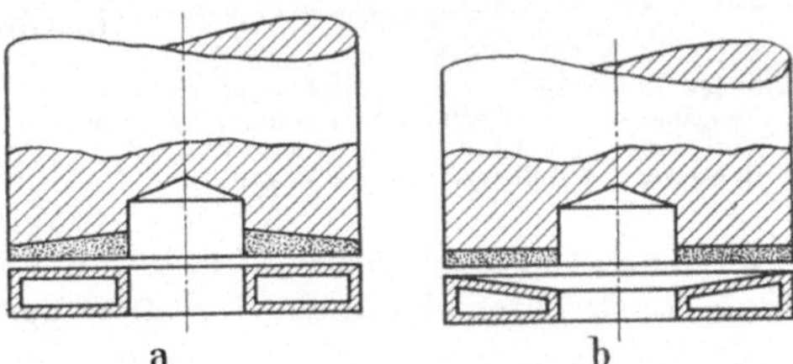

Abb. 141 a–b. Vergüten eines Wellenendes. Verlauf der Heizzone mit normaler (a) und korrigierter (b) Heizspule (CURTIS)

Abb. 139 a–c. Schnitt- und Schliffbild zur Erläuterung der Auswirkung verschiedener Werkstückslängen bei gleicher Heizleiterbreite
W Werkstück (dunkle Zone = Härtezone); L Luftspalt; H Heizleiter

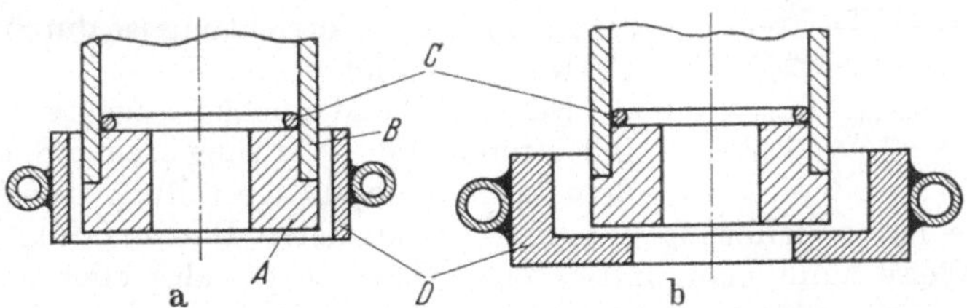

Abb. 142. Verlöten eines dünnwandigen mit einem dickwandigen Teil. A und B Werkstücke; C Lotring; D Heizspule. a ungünstige, b günstige Anordnung des Heizleiters

Einwindige Spulen werden auch vielfach in der Schmuckwarenindustrie für Lötarbeiten verwendet. Die Spulenwindung ist mit einer geeigneten Auflagefläche

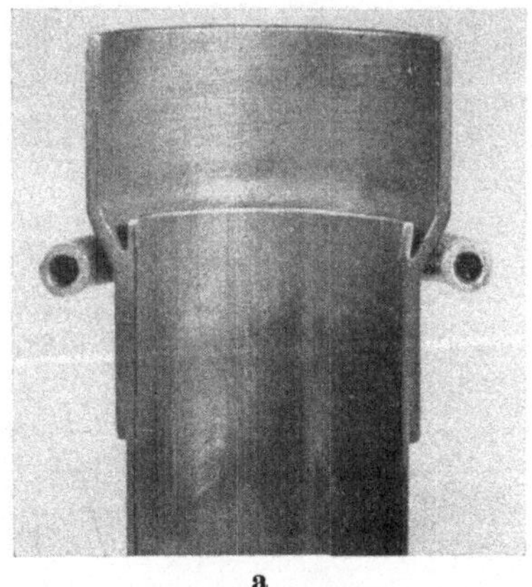
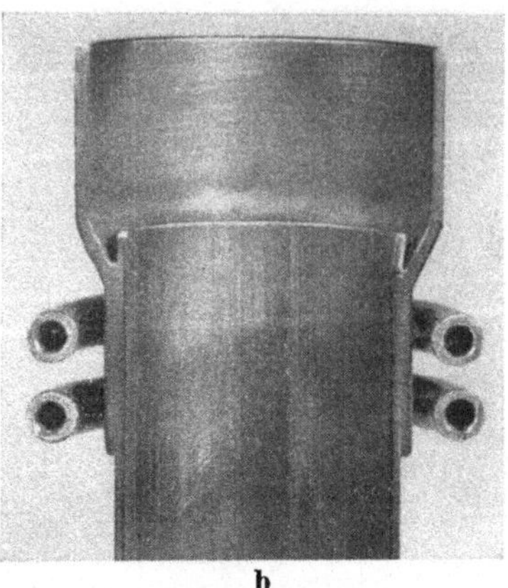

a   b

Abb. 143 a–b. Zur Erläuterung der richtigen Anordnung des Heizleiters in bezug auf das Werkstück. Beispiel: Lötverbindung zweier Hülsen

a: *Falsche Anordnung*. Es wird nur der obere Teil der Lötnaht auf die Arbeitstemperatur des Lotes erwärmt. Lot kann nicht durchfließen; b: *richtige Anordnung*. Hat das Lot die Arbeitstemperatur erreicht, fließt es sofort durch die ganze Lötnaht (BBC)

für das Werkstück versehen, wie es z. B. in Abb. 144 schematisch gezeigt ist. Da es sich hier um verhältnismäßig niedrige Leistungen handelt, erübrigt sich häufig die Wasserkühlung des Heizleiters.

Bei derartigen Spulenanordnungen ist der Gedanke naheliegend, in einer Spule mehrere Werkstücke zu gleicher Zeit zu behandeln. Man wird dann die Spule z. B.

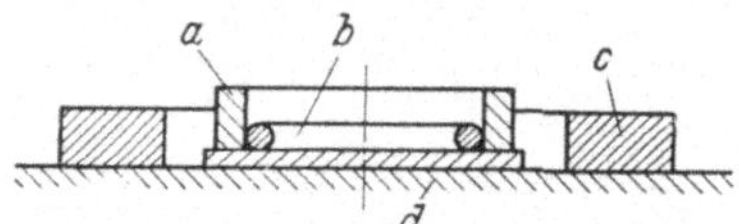

Abb. 144. Spulenanordnung für das Löten eines Uhrengehäuses in der Schmuckwarenindustrie
a Werkstück, z. B. Uhrengehäuse; *b* Lotring; *c* Heizleiter; *d* isolierende Werkstückauflage

so ausbilden können, wie es Abb. 145 zeigt. Dies bedeutet praktisch die elektrische Hintereinanderschaltung von mehreren Spulen. Die in die Kupferplatte eingesägten Schlitze (*A*) sorgen dafür, daß ein möglichst weitgehender werkstückumfassender Stromfluß zustande kommt. Bei einer derartigen Anordnung ist es aber sehr wichtig, daß die Ankopplung aller Werkstücke gleich ist, d. h. daß die Maßhaltigkeit übereinstimmend ist, weil man sonst unterschiedliche Erwärmungszeiten erhält. Als ein weiteres Beispiel möge die in Abb. 146 wiedergegebene Heizspule für 3 Werkstücke dienen. In diesem Fall wird die HF-Energie für einen Schmelzvorgang verwendet, weswegen die Spuleneinrichtung an den Arbeitsstellen mit keramischen Fassungen versehen sind. Die Vorrichtung ist durch aufgelötete Cu-Rohre gekühlt.

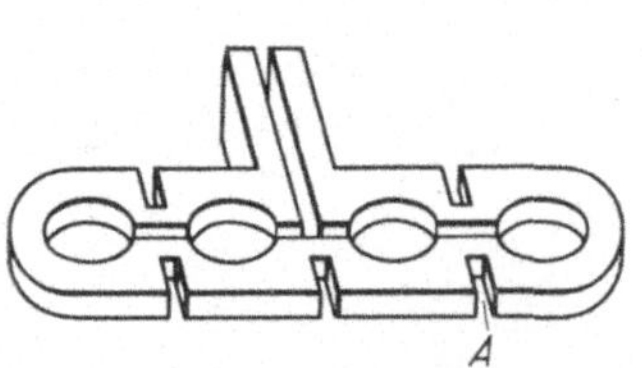

Abb. 145
Einwindige Spule für die gleichzeitige Erwärmung von vier Werkstücken

Eine andere Möglichkeit, mehrere Werkstücke in Hintereinanderschaltung in einer Spule zu behandeln, zeigt die Spulengestaltung der Abb. 147. Es ist dies eine haarnadelförmig gebogene Spule, deren Enden hochgebogen sind. Auf diese Weise kann man mittels eines Transportbandes oder einer anderen Vorschubeinrichtung Werkstücke kontinuierlich durch die Spule hindurchbewegen. Beim Verlassen der Spule haben sie dann die gewünschte Temperatur. Die praktische Anwendung einer derartigen Spulenform zeigt Abb. 148. Es wird hier das eine Ende von Rundstäben erwärmt für eine nachfolgende Warmverformung.

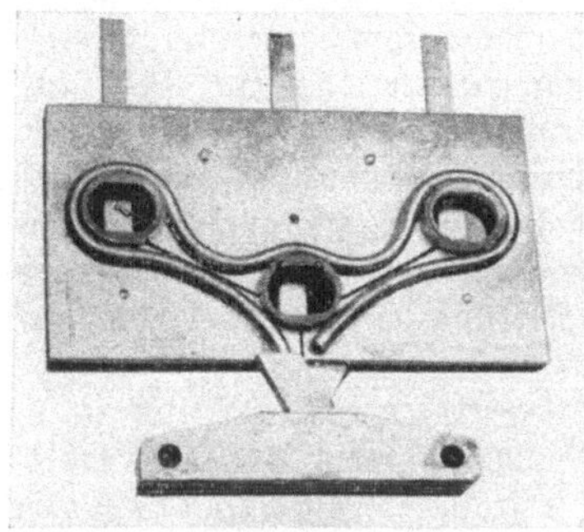

Abb. 146. Heizspule für das gleichzeitige Erwärmen von 3 Werkstücken. Siehe hierzu auch Schema der Abb. 145 (AEG)

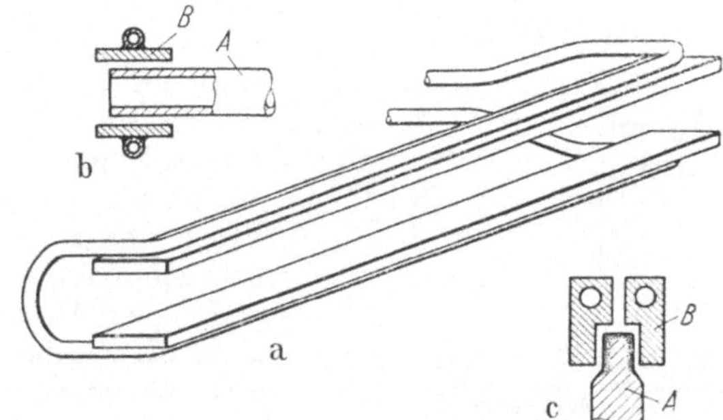

Abb. 147 a—c. Einwindige Heizspule für das fortlaufende Erwärmen von Werkstücken
a u. b Heizleiteranordnung für das Erwärmen von Hülsenenden u. ä.; c Heizleiterquerschnitt für das Härten der Schnittkanten von Schermessern. A Werkstük; B Heizleiter (CURTIS)

Man kann hier sehr schön sehen, wie die Temperatur des Werkstückes zum Ende der Spule hin immer mehr ansteigt. Durch die an die Spule anschließende Ab-

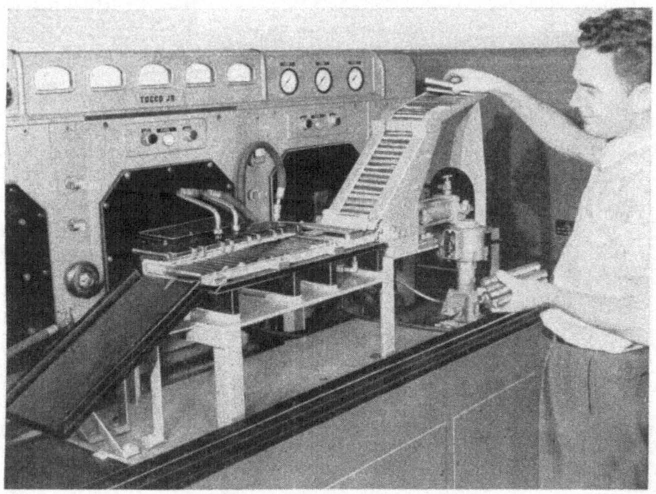

Abb. 148. Vorrichtung zum Anwärmen von Rundstäben für die nachfolgende Warmverformung. Heizleiteranordnung ähnlich Abb. 147 a (TOCCO)

laufrinne werden die Werkstücke sofort der Presse, die die Warmverformung ausführt, zugeleitet.

Es ist hier noch zu erwähnen, daß Einrichtungen, bei denen das Werkstück mit gleichförmiger Geschwindigkeit durch die Heizspule hindurchbewegt wird, eine Regelung der gewünschten Endtemperatur in verhältnismäßig einfacher Weise durch die Vorschubgeschwindigkeit zulassen. Zur automatischen Regelung der Temperatur können in diesem Fall auch Fotozellen verwendet werden, die über die notwendigen elektrischen Zwischenglieder die Drehzahl des Antriebsmotors regeln.

Bei der Erwärmung von zylindrischen Werkstücken mit einwindigen Spulen sollte man die Breite l_H (s. Abb. 149) nicht zu groß wählen. Die oberste Grenze für l_H dürfte der Durchmesser des Werkstückes sein. Am günstigsten ist es, wenn man $l_H = r_H$ wählt. Ist der zu erwärmende Bereich größer, so verwendet man vorteilhafter das Vorschubverfahren, d. h. man bewegt das Werkstück mit einer bestimmten Vorschubgeschwindigkeit durch die Heizspule hindurch. Ist dies nicht möglich, wenn man also an die Standerwärmung gebunden ist, so sollte man bei größeren Längen der Erwärmungszone auf mehrwindige Spulen übergehen.

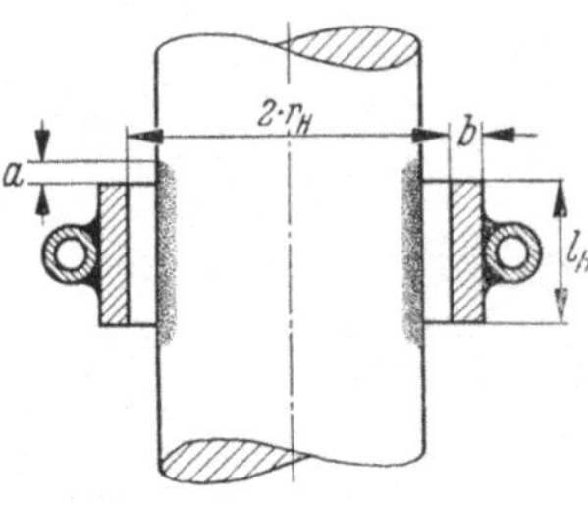

Abb. 149. Zur Erläuterung der Breite einwindiger Heizspulen beim Erwärmen zylindrischer Werkstücke

Bei der Auslegung der Heizspulen ist außerdem zu beachten, daß die Dicke b (s. Abb. 149) der Heizspule die Streuung a beeinflußt. Mit zunehmendem b vergrößert sich bei gleicher Ankopplung auch a. Dies gilt übrigens auch in gleicher Weise für die Auslegung mehrlagiger Spulen.

Es gibt viele Werkstücke, bei denen es nicht möglich ist, an die zu härtende Stelle mit einer geschlossenen zylindrischen Spule heranzukommen. Dies gilt insbesondere für das Härten der Lagerstellen von Kurbelwellen. Will man solch eine Lagerstelle mit einer die Welle umschließenden Spule härten, so ist man gezwungen, eine zweiteilige bzw. aufklappbare Spule zu verwenden. Hierfür eignet sich in erster Linie die einwindige Spule. Eine der vielen möglichen Konstruktionen zeigt Abb. 150. Die Heizspule ist in geöffnetem Zustand gezeigt. Sie wird im geschlossenen Zustand mit dem im Vordergrund sichtbaren und heruntergeklappten Arm zugespannt. Die innere dem Werkstück gegenüberliegende Fläche der Heizspule ist mit kleinen Bohrungen versehen und dient zugleich als Abschreckbrause. Die Befestigung der Heizspule und die Stromzuleitung erfolgt rückwärtig von dem Übertrager her. Bei dieser Anordnung wird der Heizleiter nur während der Abschreckzeit gekühlt. Der Heizleiter ist so dimensioniert, daß er während der Heizzeit ohne Kühlung keinen Schaden nimmt.

Abb. 150. Vorrichtung für das Härten von Kurbelwellen mit einer aufklappbaren Heizspule (Tocco)

Das Erwärmen schwer zugänglicher Flächen wird vielfach gerne nach dem sog. *Brennlinienverfahren* vollzogen. Dies hat neben anderem auch den Vorteil, daß man bei hoher spezifischer elektrischer Leistung keine so hohen Gesamtleistungen benötigt, als wenn die gesamte zu behandelnde Fläche zu gleicher Zeit erwärmt werden müßte. Andererseits hat dieses Verfahren aber den Nachteil, daß es z. B. beim Härten in sich geschlossener Flächen nicht möglich ist, an der Stoßstelle der Härteschicht eine schmale Vergütungs- bzw. Anlaßzone zu vermeiden.

Das Brennlinienverfahren ist ein Vorschubverfahren, bei dem fortlaufend von der zu behandelnden Fläche ein linienförmiger Ausschnitt erwärmt wird. Verwendet werden hierzu fast durchweg einwindige Spulen. Es können entweder beide Zweige oder nur ein Zweig der Heizleiterschleife zur Erwärmung herangezogen werden. Meist werden die Spulen, um eine günstige Ankopplung zu erhalten, mit HF-Eisenkernen versehen.

Die schematische Anordnung einer Heizleiterschleife, bei der beide Zweige zur Erwärmung verwendet werden, zeigt Abb. 151a. Auf diese Weise wird im Werkstück eine Strombahn induziert, die den Werkstoff in Form einer langgestreckten

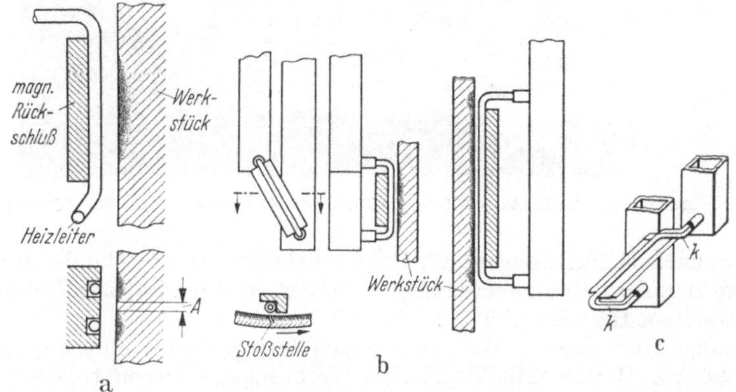

Abb. 151a–c. Zur Erläuterung des Spulenaufbaues beim Brennlinienverfahren (nach KEGEL)

Bahn zum Erwärmen bringt. Der Abstand A der Strombahn im Werkstück entspricht dem mittleren Abstand der Heizleiterschleife. Schließt man z. B. bei einer zylindrisch zu härtenden Fläche die Zone genau nach einem Umlauf, so erhält man in der Härtezone zwei Bänder, die noch weich bzw. ungenügend gehärtet sind. Rückt man die beiden Zweige der Heizleiterschleife so weit zusammen, daß sich die beiden Erwärmungszonen überlappen, so hat man *einen* jedoch wesentlich breiteren ungehärteten Streifen. Das schmalste Band der ungehärteten Zone erhält man mit der Anordnung der Abb. 151b. Hier ist nur noch der eine Zweig der Schleife eng ans Werkstück angekoppelt, während man auf die Ausnützung des zweiten Zweiges verzichtet. Die Breite der ungehärteten Zone wird auf diese Weise so klein, daß sie für sehr viele Fälle ausreichend ist. Außerdem kann man die Auswirkung dieser Zone dadurch verringern, indem man sie schräg zur Zylinderachse des Werkstückes legt, wie es in Abb. 151b angedeutet ist. Der Eisenkern (mit etwa $\mu = 10$) zur besseren Ankopplung ist isoliert am Heizleiter anzubringen und im Querschnitt so vorzusehen, wie es das Schnittbild (Abb. 151b) zeigt. Die freie Seite des Leiters wird man auf die heiße Seite des Werkstückes legen, um einer Beschädigung des Kernes durch Verbrennen oder Sintern vorzubeugen. Will man das sanfte Auslaufen der Härteschicht, wie es in Abb. 151b angedeutet ist, vermeiden, so ist dies z. B. durch eine weitere Ankopplung der Schleifenmitte in der Härtezone und eine engere Kopplung der beiden Enden möglich. Allerdings muß man dann einen geringeren Wirkungsgrad in Kauf nehmen. Man kann aber auch eine ausgeprägtere Härtung der beiden Zonenränder erreichen, indem man die beiden Spulenenden, wie es in Abb. 151 c gezeigt ist, bei k abkröpft. Man erhält dann einen Verlauf der Härtezone, wie es die Abbildung zeigt. Es sei hier noch darauf verwiesen, daß

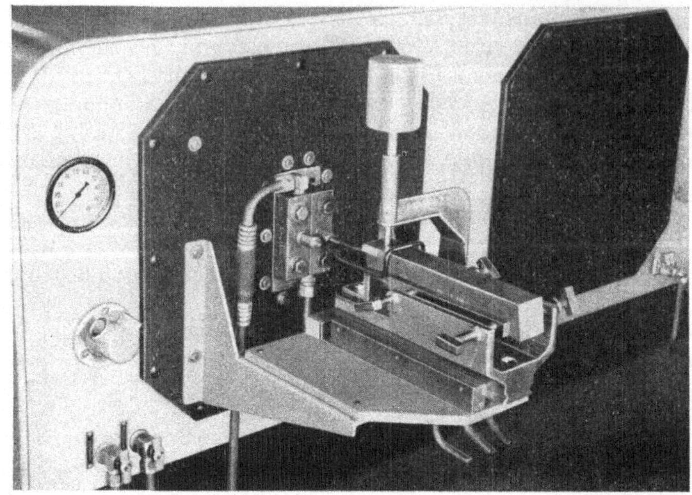

Abb. 152. Vorrichtung für das Auflöten von Hartmetallplättchen auf Drehstähle (TOCCO)

man heute auch vielfach Lagerstellen von Kurbelwellen, anstelle der Heizleiteranordnung der Abb. 150, nach dem Brennlinienverfahren mit zur Zylinderachse schräg gestelltem Heizleiter härtet.

Einwindige Heizspulen werden auch wegen ihres einfachen Aufbaues gerne für das Auflöten von Hartmetallplättchen bei Werkzeugen verwendet. Einen Arbeitsplatz für das Löten von Drehstählen zeigt Abb. 152.

Zwei Spulenformen sind in Abb. 153 wiedergegeben. Sie sind so gestaltet, daß während des Lötvorganges ein Andrücken des Hartmetallplättchens mit Hilfe

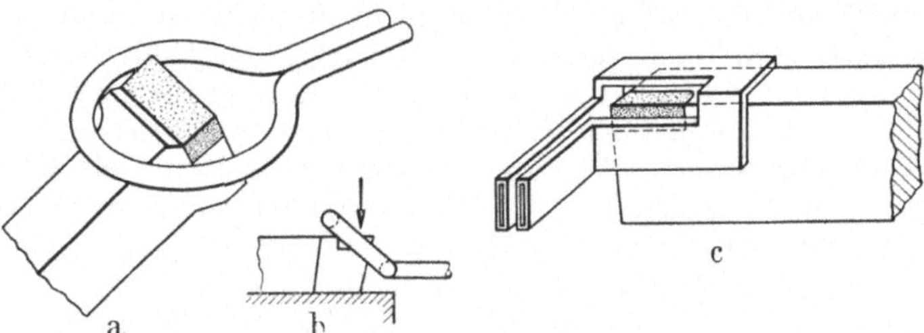

Abb. 153a–c Beispiele für die Heizspulenanordnung beim Auflöten von Hartmetallplättchen auf Drehstählen (CURTIS)

eines Stäbchens möglich ist. Dieses kann von Hand erfolgen oder, wie es in Abb. 152 gezeigt ist, durch Gewichtsbelastung und geeignete Führung.

Eine besondere Ausführung der einwindigen Heizspule ist der sog. Wirbelstromkonzentrator. Den schematischen Aufbau desselben zeigt Abb. 154.

Das Bemerkenswerte dieser Konstruktion ist, daß der Übertrager und die Heizspule zu einer Einheit zusammengebaut sind. Die Primärwicklung besteht, wie üblich, aus mehreren Windungen wassergekühlten Kupferrohres. Die Sekundärwicklung ist ein Kupfermantel, der bei A geschlitzt ist. In diesen Mantel ist nun ein Kupferblech eingelötet, das ebenfalls bei A geschlitzt ist und in der Mitte eine

Bohrung B hat, die die einwindige Heizschleife darstellt. Der sekundäre Stromverlauf entspricht dem gestrichelt eingezeichneten Linienzug. Der Vorteil des Konzentrators gegenüber der seither besprochenen Heizleiteranordnung liegt in seinem hohen Wirkungsgrad und seiner robusteren Bauart.

Günstig ist seine Anwendung bei Zahnrädern mit kleinem Modul, bei denen sich die Zahnlücken- oder Einzelzahnhärtung nicht mehr durchführen läßt. Der Konzentratorscheibe gibt man eine gezahnte Form, so daß sie den Zahnkranz, d. h. also Zahn wie Zahnlücke, gleichmäßig umschließt. Auf diese Weise herrscht zwischen dem Heizleiter und dem Zahnrad überall die gleiche Felddichte. Schematisch ist dieses Verfahren in Abb. 155 skizziert. Abb. 155 a zeigt den Fall, bei dem die Scheibe so dick gehalten ist, daß die ganze Zahnbreite zu gleicher Zeit erwärmt wird. Hier ist besonderer Wert auf den Kantenschutz des Rades zu legen, d. h. es ist dafür zu sorgen, daß die Kanten an den Stirnseiten des Rades nicht angeschmolzen

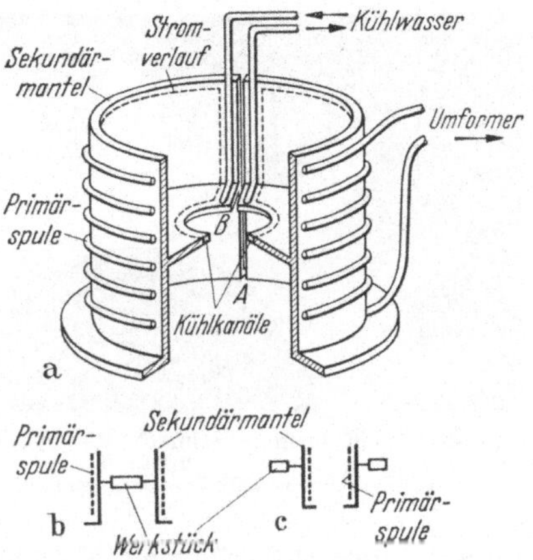

Abb. 154 a–c. Zur Erläuterung des Wirbelstromkonzentrators
a Schematischer Aufbau; b Anordnung des Sekundärmantels zur Erwärmung zylindrischer Werkstücke; c Anordnung des Sekundärmantels für die Erwärmung von Bohrungen

werden. Dies läßt sich entweder durch Abrunden der Kanten der Konzentratorplatte erreichen oder indem, daß man die Platte nicht ganz so dick macht wie das Zahnrad breit ist. Andererseits kann man auch dadurch einen wirksamen Kantenschutz erhalten, wenn man die Stirnseite des Rades mit einem gut anliegenden Kupferblech abdeckt. Die im Kupferblech auftretende Erwärmung ist bei weitem nicht so groß wie im Eisen, da Kupfer gegenüber Eisen eine viel höhere Leitfähigkeit hat und seine Permeabilität nicht größer als 1 ist. Diese Abschirmmaßnahme kann grundsätzlich bei allen Werkstücken angewendet werden, bei denen es Stellen gibt, die nicht erwärmt werden sollen und doch einer induktiven Beeinflussung ausgesetzt sind. In der Praxis wird man derartige Abschirmungen gleich fest mit der Aufnahmevorrichtung verbinden. Ein Rad, das nach dieser Allzahnmethode gehärtet wurde, zeigt

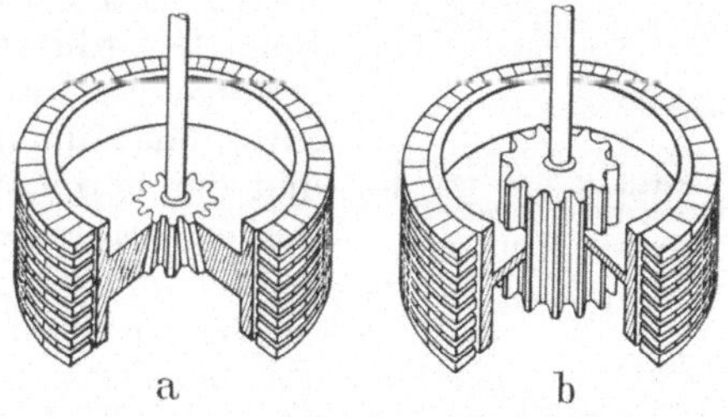

Abb. 155 a–b. Schematische Darstellung der Allzahnhärtung mit Hilfe des Konzentrators
a Allzahnhärtung; b Allzahnvorschubhärtung
(SIEMENS)

Abb. 156. Es ist einleuchtend, daß für dieses Verfahren sehr hohe Umformerleistungen benötigt werden. Dies kann man unter Umständen dadurch umgehen, indem man mit der Allzahnvorschubhärtung arbeitet. Schematisch ist diese Methode in Abb. 155 b dargestellt. Die Konzentratorscheibe ist hier dünn gehalten und das Rad wird mit der entsprechenden Vorschubgeschwindigkeit durch die Scheibe hindurchbewegt.

Bei Rädern mit größerem Durchmesser bzw. Modul wird auch für die letztgenannte Methode die erforderliche Umformerleistung groß. In diesen Fällen geht man auf die Einzelzahnhärtung über, die weiter unten besprochen wird.

Ist eine zu erwärmende Bohrung bezüglich ihres Durchmessers groß genug, so kann man bei dieser mit einer Anordnung, wie sie Abb. 154 c schematisch darstellt, arbeiten. In diesem Fall bringt man den Sekundärmantel außen auf die Primär-

wicklung auf und ordnet das Kupferblech für die Heizschleife in der dargestellten Weise an. Man kann es auch am Ende des Mantels anbringen. Bei der

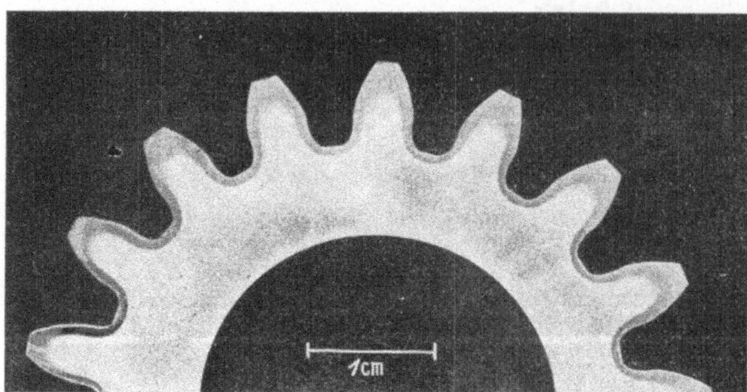

Abb. 156. Schliff durch ein Zahnrad, das mit Hilfe eines Konzentrators
abgehärtet wurde.
HF-Leistung 60 kW, Erwärmungszeit 0,4 sek (SIEMENS)

Erwärmung von Bohrun-
gen mit dem Konzentra-
tor ist jedoch zu beachten,
daß man unter Umständen
einen ungünstigen Feldli-
nienverlauf erhalten kann.
Einen solchen Fall zeigt
z. B. Abb. 157. Zwischen
dem eng an das Werkstück
angekoppelten Heizleiter-
wulst erhält man wohl den
erwünschten Feldlinien-
verlauf, jedoch ist am oberen Rand des Werkstückes
auch eine Feldlinienzusam-

mendrängung zu erkennen. Hierdurch wird in dem Rand des Werkstückes ein
hoher Strom induziert, der eine ungewollte Erwärmung zur Folge hat. Diese Erscheinung bleibt beim Herausführen des Konzentrators aus
dem Werkstück bestehen.

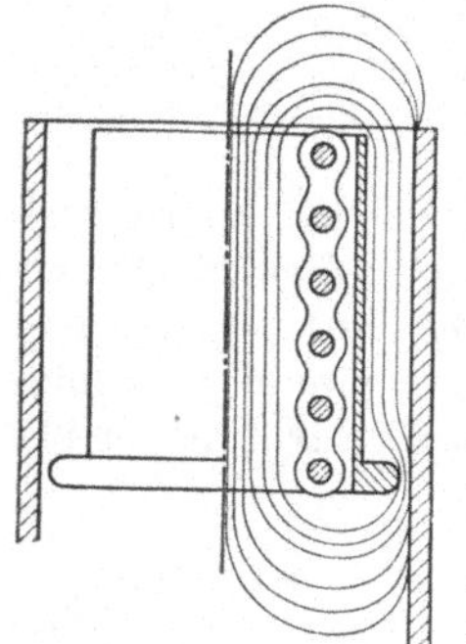

Abb. 157. Schematische
Darstellung des Feldli-
nienverlaufes beim Erwär-
men einer Bohrung mit
Hilfe des Konzentrators
(KEGEL)

Auf eine günstige Möglichkeit, die Abschreckbrause beim
Härten von zylindrischen Teilen mit der Konzentratorplatte
zusammenbauen zu können, sei in diesem Zusammenhang
verwiesen. Die Anordnung gibt die schematische Zeichnung
der Abb. 158 wieder. A ist die Konzentratorplatte, durch die
sich das Werkstück F in Pfeilrichtung hindurchbewegt. Die
Aufheizung erfolgt im Bereich der Zone G. Das Abschreckwasser wird bei C dem Ringkanal B zugeführt. Durch den
Spalt E wird das Wasser an das Werkstück zum Abschrecken
herangeführt und nach unten längs dem Werkstück abge-
leitet. Mit Hilfe der Mutter D läßt sich der Spalt E verstellen
und damit die Wassermenge regeln. Diese Anordnung, die
sich im praktischen Betrieb gut bewährt hat, kann in senkrechter und waagerechter Lage verwendet werden.

Bei der vorausgegangenen Besprechung des Konzentrators
haben wir gesehen, daß bei der mit ihm möglichen Allzahnhärtung für Zahnräder, sei es nach dem Stand- oder Vorschubverfahren, verhältnismäßig hohe Leistungen benötigt werden. Im Zusammenhang mit der Besprechung der einwindigen

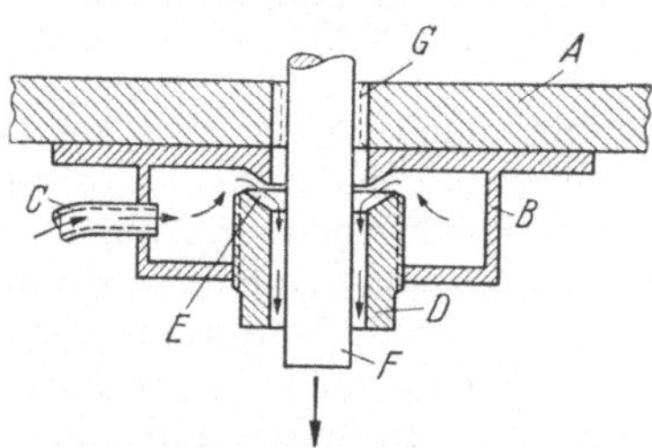

Abb. 158. Beispiel für die Anordnung einer
Abschreckbrause am Konzentrator
A Heizscheibe des Konzentrators; B Ringkanal für Abschreckwasser; C Wasserzulei-
tung; D Mutter für die Einstellung des Spal-
tes E; F Werkstück; G Heizzone (PHILIPS)

Spulen ist das Verfahren der Zahnlückenhärtung
zu nennen. Es arbeitet nach dem Prinzip der
Brennlinienhärtung und benötigt unter Umständen wesentlich geringere Umformerleistungen
als das Allzahnverfahren mit dem Konzentrator.
Bei der Zahnlückenhärtung wird der Heizleiter
längs einer Zahnlücke so geführt, daß die beiden
anliegenden Zahnflanken und der Zahngrund
gehärtet werden. Die mit dem Heizleiter mit-
geführte Abschreckbrause kühlt die Rückseiten
der Zähne, die die zu härtende Zahnlücke begrenzen. Diese Abschreckart hat den großen
Vorteil, daß man ein Wiedererwärmen und

Anlassen bereits gehärteter Zähne vermeidet. Ferner werden auf diese Weise für Zahngrund und Zahnflanken bezüglich der Wärmeableitung annähernd gleiche Verhältnisse geschaffen, d.h. man vermeidet den sonst in den Zähnen auftretenden Wärmestau. Wesentlich ist bei der Zahnlückenhärtung, daß die Heizleiterschleife richtig gestaltet ist. In Abb. 159 ist die Auswirkung verschiedener Schleifen-

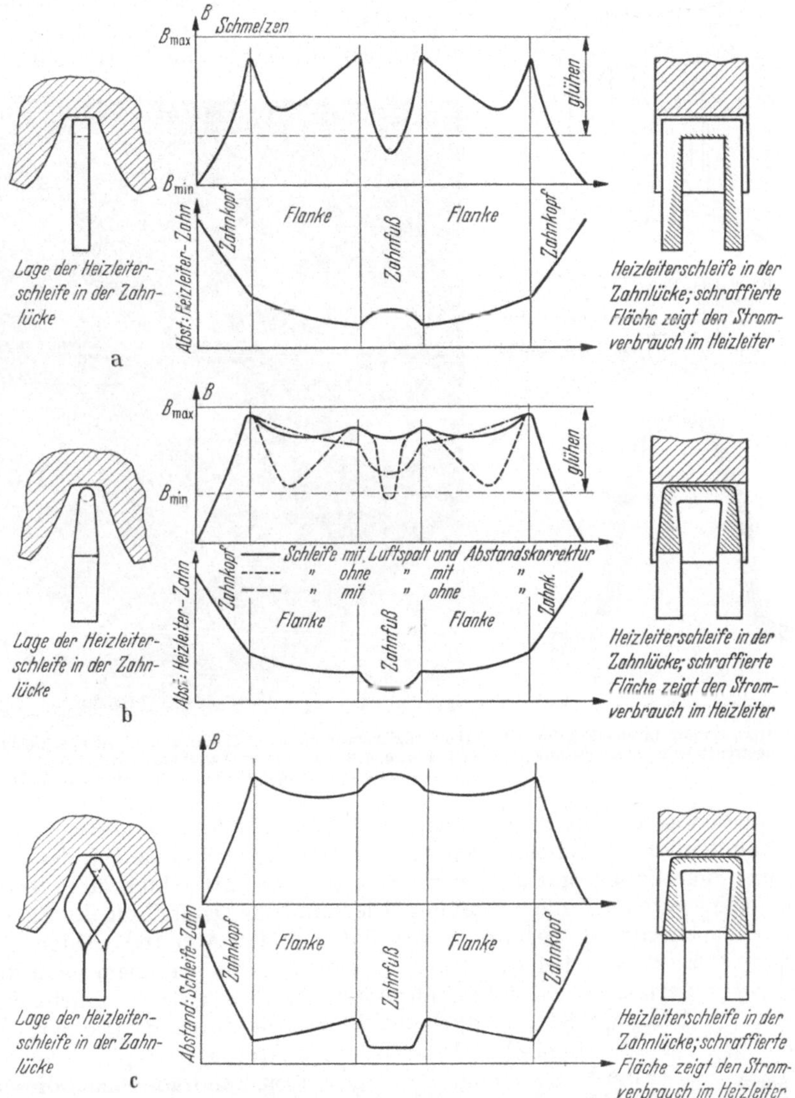

Abb. 159a—c. Abwicklungsbild des Feldverlaufs, des Abstandes des Heizleiters vom Werkstück und schematische Darstellung des Stromverbrauches in der Heizleiterschleife bei der Zahnlückenhärtung für verschiedene Heizleiterformen (KEGEL)

formen auf die Verteilung der Feldliniendichte wiedergegeben. Die Schleifen umschließen einen kleinen H.F.-Eisenkern, um die Ankopplung an das Werkstück zu verbessern. Bei der Schleifenform der Abb. 159a zeigt die Abwicklung, daß auf den Zahnflanken eine genügende Feldliniendichte vorhanden ist, diese jedoch infolge zu geringer Stromverkettung im Zahngrund fehlt. Es muß hier also die Ankopplung erhöht und an den Zahnflanken verkleinert werden. Außerdem wurde an den Stellen gewünschter weiterer Ankopplung, auch an dem Übergang von Zahnflanke zu Zahngrund, der HF-Eisenkern ausgespart. Das Ergebnis dieser Maßnahmen zeigt Abb. 159 b; es war härtetechnisch gesehen gut. Jedoch war Vorbedingung, daß die Schleife genau symmetrisch in der Zahnlücke steht. Die Form der Abb. 159 c vereinfachte die Anpassung des Heizleiters. Hier

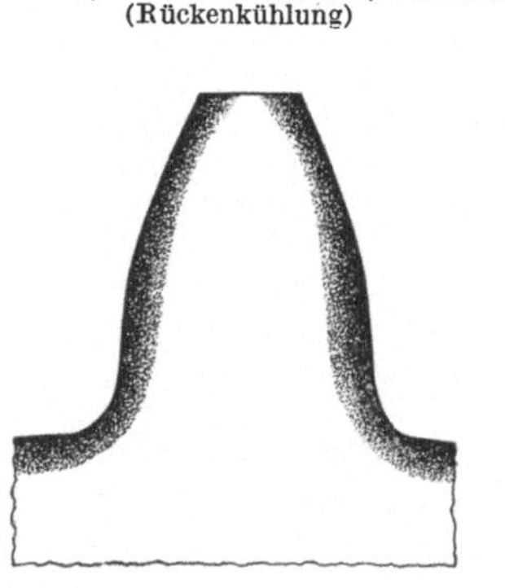

Abb. 160. Räumliche Darstellung der Lage der Heizleiterschleife in der Zahnlücke. Form des Heizleiters entsprechend der Abb. 159c
a Zahnrad; *b* Heizleiterschleife; *c* Kühlung (Rückenkühlung)

Abb. 162. Anordnung von Zahnrad, Heizleiter, Abschreckbrausen und Führungsfingern bei einer Zahnhärteeinrichtung, die nach dem Verfahren der Zahnlückenhärtung arbeitet (AEG)

Abb. 161. Härteverlauf in einem Zahn bei konturengetreuer Zahnlückenhärtung

folgt der obere waagerechte Schleifenast der linken Zahnflanke und der untere der rechten Zahnflanke in möglichst kleinem Abstand. Der vertikale Teil der Schleife ist wie oben dem Zahngrund angepaßt. Wie aus der Abwicklung zu ersehen ist, erhält man eine gute Feldlinienverteilung. Die räumliche Darstellung der Schleifenanordnung gegenüber den Zähnen gibt Abb. 160 wieder. Ferner zeigt Abb. 161 den Härteverlauf im Zahn bei einem nach diesem Verfahren gehärteten Zahnkranz. Die Stoßstelle der Härtezone am Zahnkopf ist bezüglich der Festigkeit durchaus tragbar, da hier keine mechanischen Belastungen auftreten.

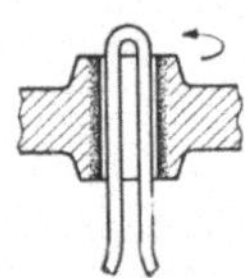

Abb. 163. Anordnung einer einwindigen Spule zum Erwärmen kleiner Bohrungen

     Eine Vorrichtung, die es gestattet, Zahnräder nach dieser Methode zu härten, zeigt Abb. 162. Sie eignet sich für Räder mit einem Durchmesser von 35 bis 350 mm und einem Modul von 2 bis 6. Der Glühübertrager befindet sich hinter der Trennwand, die ihn gegen Spritzwasser schützt. Die beiden Brausen zur Kühlung der Zähne sind links und rechts vom Heizleiter zu erkennen. Beiderseits der Brausen sind die beiden Halter für die Führungsfinger sichtbar, die die Führung des Rades während des senkrechten Durchlaufes des Heizleiters übernehmen. Glühübertrager, Brausen und Führungsfinger sind auf einem Schlitten befestigt und gleiten in Führungen auf und ab. Ein Zahnrad mit Teilkreisdurchmesser von 62 mm und 25 Zähnen, wie in Abb. 162 dargestellt, benötigt eine Härtezeit von etwa 1 Minute mit einem 20-kW-HF-Umformer.

Auf das Erwärmen bzw. Härten von Bohrungen wird später bei den mehrwindigen Spulen näher eingegangen (s. § 37). Hier soll lediglich erwähnt werden, daß das Erwärmen sehr kleiner Bohrungen mit haarnadelförmig gebogenen einwindigen Spulen möglich ist. Die Anordnung ist schematisch in Abb. 163 dargestellt. Sie ist nur anwendbar, wenn das Werkstück sich während der Heizzeit drehen kann, da sonst einleuchtenderweise keine gleichmäßige Erwärmung der Bohrung stattfindet. Die Länge der zu behandelnden Bohrungsfläche sollte bei dieser Anordnung nicht größer als der doppelte Betrag des Durchmessers sein.

3. Mehrwindige Spulen

§ 37. Die mehrwindige Heizspule wird man in allen Fällen anwenden, bei denen die einwindige Spule nicht die gewünschte Ausbildung der Erwärmungszone mit

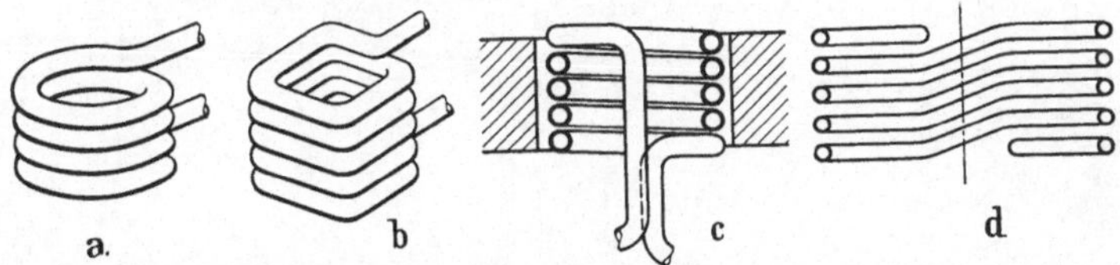

Abb. 164 a–d. Beispiele für mehrwindige Heizspulen
a Zylindrische Werkstücke; *b* Spule für einen Vierkantstab; *c* Spule für die Wärmebehandlung von Bohrungen; *d* Abgesetzte Spule für die Vermeidung des Einflusses der Spulenzuleitungen auf die Erwärmungszone

sich bringt oder die Anpassung des Werkstückwiderstandes an den Umformer dies erfordert. Außerdem kann natürlich die Form des zu behandelnden Werkstückes eine mehrwindige Spule erfordern. Aus diesen Gesichtspunkten heraus wird man sofort erkennen, daß für die Anwendung der ein- und mehrwindigen Spule keine scharfe Grenze aufgezeigt werden kann, d. h. also, in manchen Fällen der im § 36 besprochenen einwindigen Spulen kann das gleiche Ergebnis mit mehrwindigen Spulen erreicht werden. Mehrwindige Spulen werden auch aus den schon in Abb. 124 und 125 gezeigten Profilen hergestellt. Den schematischen Aufbau solcher Spulen zeigt Abb. 164. Über die Halterung dieser Spulen wurde schon in § 35 gesprochen. Um den Einfluß der Spulenzuleitungen auf die Erwärmungszone weitgehend auszuschalten, kann man die Spule derartig formen, wie es Abb. 164 d zeigt.

Es möge aber hier gleich darauf aufmerksam gemacht werden, daß es durchaus nicht angebracht ist, mit mehrwindigen Spulen beliebig lange Werkstücke zu behandeln. Die günstigste größte Länge der mehrwindigen Spule liegt bei etwa dem 3- bis 4fachen Durchmesser des zu erwärmenden Werkstückes. Hat man größere Längen zu erwärmen, so wendet man besser das Vorschubverfahren an, wie es schematisch in Abb. 165 dargestellt ist. Für das Härten von Stählen läßt man gleich in der angedeuteten Weise hinter der Heizspule die Abschreckbrause folgen. Als praktisches Beispiel möge die 6-fach-Einrichtung der Abb. 166 dienen,

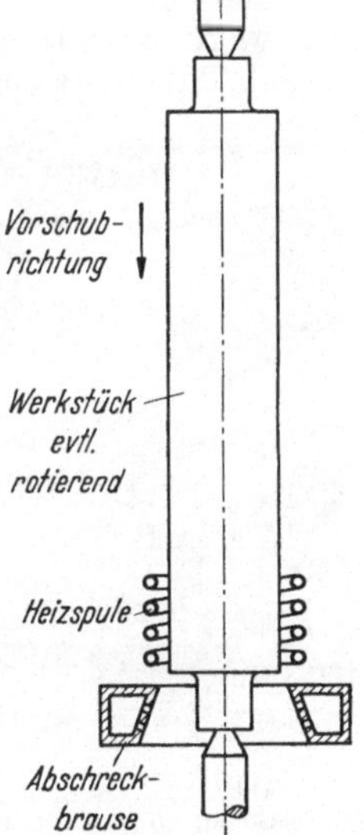

Abb. 165. Grundsätzliche Anordnung von Heizspule und Abschreckbrause bei der Härtung einer (rotierenden) Welle

8*

mittels der verzahnte Enden von Achsen der Automobilindustrie gehärtet werden.

Ein Beispiel für ruhende Heizspule und waagerechte Anordnung gibt Abb. 167 wieder. Bei dieser Anordnung werden die zu härtenden Bolzen von rechts nach links mit Hilfe einer Gliederkette durch die Heizspule H und die Abschreckbrause

Abb. 166. 6-fach-Vorschubhärteeinrichtung für Achsen der Automobilindustrie (TOCCO)

B bewegt. Bemerkenswert ist, daß bei der linken Gliederkette Dauermagnete M für den Transport verwendet werden. In der Abb. 168 ist eine noch umfangreichere Härteeinrichtung gezeigt. Mit dieser werden Achsen verschiedener Länge auch nach dem Vorschubverfahren in waagerechter Lage gehärtet. Mit Hilfe einer Lochkarte (L) können die notwendigen Vorschubgeschwindigkeiten und Längen der Härtezonen vorgewählt werden, so daß auf diese Weise Achsen beliebiger Länge und Härteprogramme gehärtet werden können. Die Achsen werden mit dem Maga-

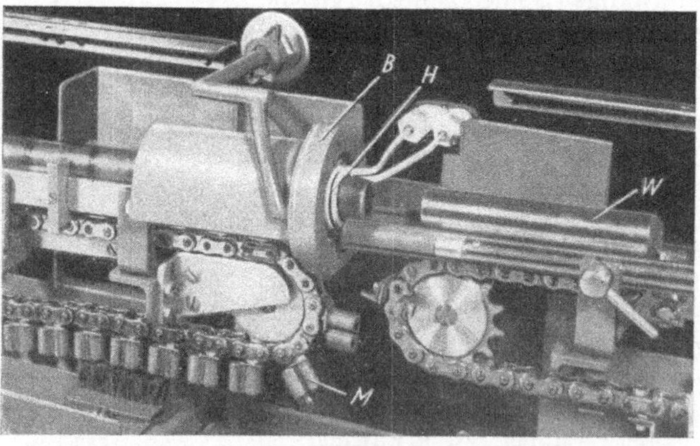

Abb. 167. Vorschubhärteeinrichtung für Bolzen (DÜSSELDORF)
H Heizspule; B Abschreckbrause; W Werkstück; M Dauermagnete für Werkstücktransport

zin M zugeführt. Die notwendigen Vorwahlen und die Steuerung des HF-Umformers geschieht mit dem Steuerpult P.

Abb. 169 zeigt eine große Anlage, auf der Kaltwalzen nach dem Vorschubverfahren abgehärtet werden. Die Maschine eignet sich für die Härtung von Walzen
bis zu 4800 mm Länge und bis zu einem maximalen Durchmesser von 600 mm.
Zur Speisung dieser Maschine kommen Mittelfre-
quenzanlagen mit Leistungen von 300 bis 600 kW
bei Frequenzen von 1000 bis zu 2000 Hz in Frage.
Siehe hierzu Abb. 201. Die zwischen zwei Spitzen

Abb. 168. Härteeinrichtung für Achsen verschiedener Länge und unter-
schiedlichem Härteprogramm mit elektronischer Lochkartensteuerung
M Beschickungsmagazin: *A* Ausstoß; *H* Heizspule; *B* Abschreckbrause;
L Lochkarte; *P* Steuerpult (Bosch)

Abb. 169. Härtemaschine für Kaltwalzen (AEG-Elotherm)

aufgenommenen Walzen werden durch eine auf dem fahrbaren Podest angebrachte
Heizspule und eine nachfolgende Abschreckbrause bei Aufwärtsfahrt des Podestes
auf eine Tiefe von etwa 12 mm gehärtet.

Will man bei mehrwindigen Spulen und Standerwärmung eine gleichmäßige
Ausbildung der Heizzone, d. h. also keine Schattenbildung der einzelnen Windungen haben, so muß man auf den richtigen Abstand der Windungen untereinander und auf die richtige Ankopplung an das Werkstück achten.

Diese Einflüsse bei mehrwindigen Spulen auf den Verlauf der Erwärmungszone
kann man u. a. bei konischen, zylindrischen Werkstücken ausnützen, wie es schematisch Abb. 170 zeigt. Man gleicht hier die weitere Ankopplung des kleineren
Werkstückdurchmessers durch einen kleineren Windungsabstand aus.

Als Beispiel für die Anwendung rechteckiger mehrwindiger Spulen in der Art der
Abb. 164b möge das Auflöten von Hartmetallplättchen bei Drehstählen dienen.
Diese Anwendung der induktiven Erwärmung wurde schon bei den einwindigen
Spulen auf S. 110 besprochen. Eine mehrwindige Spule wird die in Abb. 171 schematisch dargestellte Form haben. Während bei den in Abb. 153 gezeigten einwindigen Spulen das Hartmetallplättchen während des Erwärmungsvorganges an-
gedrückt werden kann, muß bei dieser Art der mehrwindigen Spule der Drehstahl,
nachdem er auf die notwendige Temperatur erwärmt ist, zum Andrücken des Plätt-
chens herausgezogen werden.

Die Zahnradhärtung, die schon eingehend bei den einwindigen Spulen besprochen wurde, ermöglicht ebenfalls die Anwendung mehrwindiger Spulen. Die Anordnung einer solchen Spule und der Abschreckbrause zeigt Abb. 172. Es ist hier natürlich nicht mehr der gleiche Erwärmungs- bzw. Härteverlauf zu erwarten wie bei der Zahnlückenhärtung oder bei derjenigen mit dem Konzentrator. Man erhält bei mittleren und kleineren Zahnrädern bei dieser Erwärmungsart ein Durchhärten der Zähne und eine Art Oberflächenhärtung des Zahn-

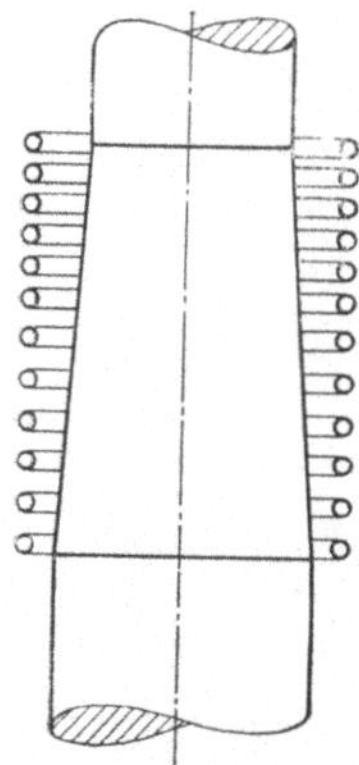

Abb. 170. Ausgleich der unterschiedlichen Ankopplung bei konischen Werkstücken durch unterschiedlichen Windungsabstand der Heizspule

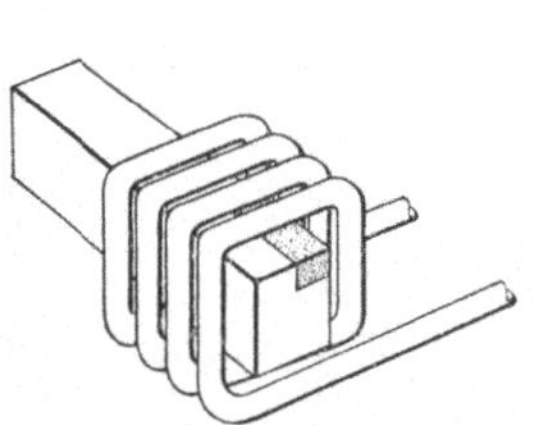

Abb. 171. Mehrwindige Heizspule für das Auflöten von Hartmetall auf Drehstähle

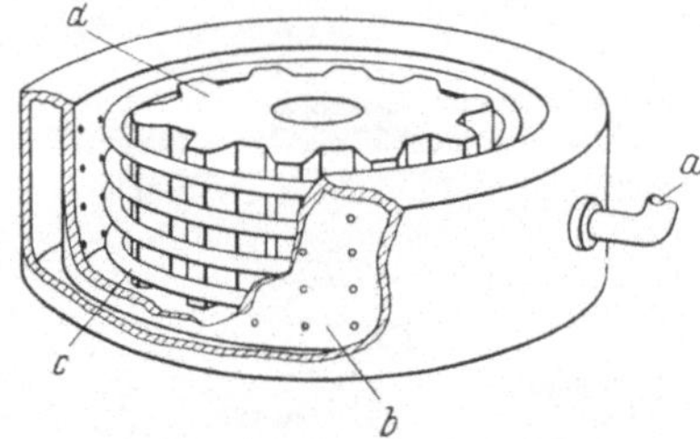

Abb. 172. Schematische Darstellung für die Anordnung einer mehrwindigen Heizspule und der Abschreckbrause bei der Allzahnhärtung von Zahnrädern

a Wasserzulauf; *b* Abschreckbrause; *c* Heizspule; *d* Werkstück (PHILIPS)

grundes. Ist die Leistung des HF-Umformers für eine Standerwärmung nicht ausreichend, so wird man zur Vorschuberwärmung greifen und die Heizspule und Abschreckbrause ähnlich der Abb. 165 anordnen.

In diesem Zusammenhang möge noch das Oberflächenhärten von Spezialmuttern in der Art der Abb. 173 erwähnt werden. Der Härteverlauf an den nutenförmigen Ausfräsungen ergibt eine Milderung der Kerbwirkung und erhöht die Widerstandsfähigkeit des Werkstückes. In diesem Zusammenhang sei noch darauf hingewiesen, daß Nuten oder Bohrungen evtl. bei hohen Stromdichten und engen Ankopplungen an den Kanten Anlaß zu Überhitzungen geben können, wie es z. B. Abb. 174 und 175 zeigen. Man kann diesem dadurch vorbeugen, indem man die Nute oder die Bohrung mit einer Kupfereinlage ausfüllt, wodurch der Engpaß für den Strom überbrückt wird.

Besonders schwierige Formen bedingen oft die Spulen, die zur Erwärmung bzw. Härtung von kleinen Ausschnitten eines Werkstückes dienen. In Abb. 176 sind drei Beispiele schematisch dargestellt, wie in solchen Fällen Spulen zu gestalten sind. Außerdem zeigt die Abb. 177 Anwendungen regionaler Härtungen.

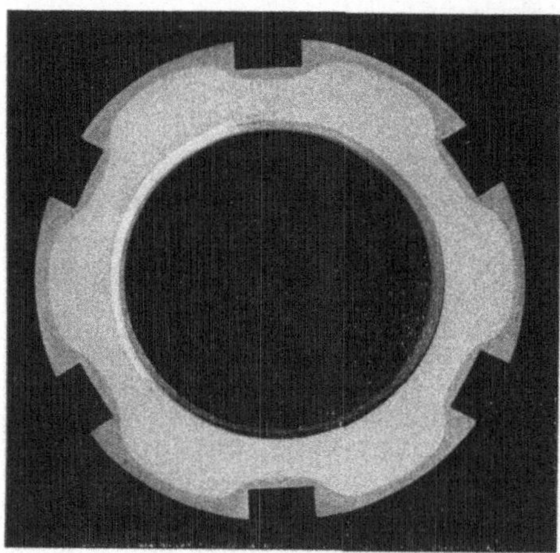

Abb. 173. Oberflächengehärtete Spezialmutter. Außendurchmesser 45 mm, Dicke 8 mm. Erwärmungszeit 1 sek mit 25-kW-Umformer (BBC)

Den Härteverlauf beim regionalen Härten des Führungskeiles einer Welle gibt Abb. 178 wieder. Es wurde nach dem Vorschubverfahren gearbeitet. An diesem Beispiel ist sehr schön zu erkennen, wie man mit der Vorschubgeschwindigkeit die

Einhärtetiefe steuern kann und auch auf diese Weise den für die Festigkeit günstigsten Wert erreicht. Eine ähnliche Aufgabe wie das Härten von Führungskeilen ist dasjenige des Härtens von Führungen der Werkzeugmaschinen. Hier handelt es sich um besonders große Längen, die möglichst verzugsfrei zu härten sind. Die Abmessungen der Werkstücke bedingen von vornherein besonders große Einrichtungen. Da auch hier nach dem Vorschubverfahren gearbeitet wird, ist auf besonders gute Führung des Werkstückes mit Rücksicht auf eine konstant gleiche Ankopplung an die Heizspule großer Wert zu legen. Eine solche Anlage der *General Electric* zeigt Abb. 179. Bei Werkstücklängen bis zu 5 m wird ein größter Verzug von 0,3 mm erreicht bei einer Ein-

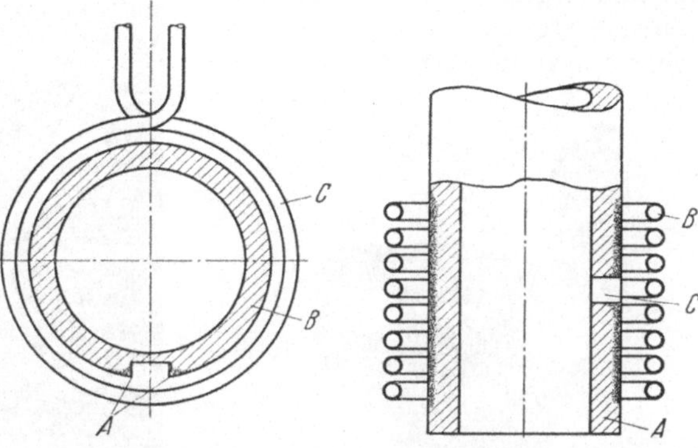

Abb. 174. Beispiel für die Kantenüberhitzung (*A*) einer Keilnute; *B* Werkstück, *C* Heizspule. Abhilfe durch Einlegen eines Kupferkeiles

Abb. 175. Beispiel für die Überhitzung des Randes einer Bohrung (*C*); *A* Werkstück; *B* Heizspule. Abhilfe durch Ausfüllen der Bohrung mit einem Kupferstopfen

härtetiefe von 3 mm. Die HF-Leistung der Anlage beträgt 50 kW bei einer Frequenz von 530 kHz. Abb. 180 gibt die Ansicht des Härtevorganges wieder und Abb. 181 die Anordnung der Glühübertrager und Heizspulen.

Im § 36 wurde an Hand der Abb. 147 und 148 die Anwendung von einwindigen haarnadelförmig gebogenen Spulen besprochen. Diese Form der Heizspule kann

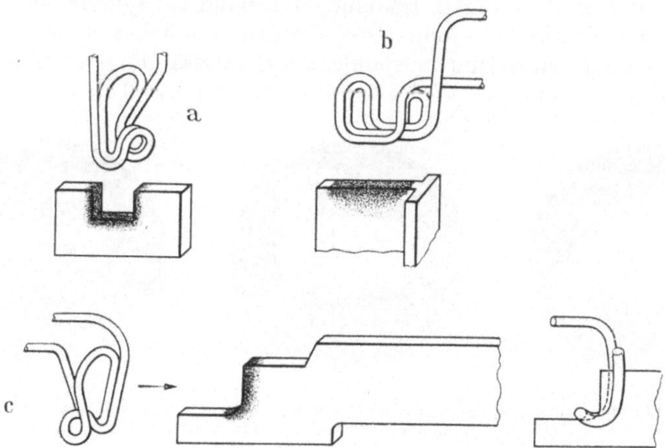

Abb. 176a—c. Beispiele für die Formgebung der Heizspule zum regionalen Abhärten von Werkstückkanten verschiedener Formen
a Abhärten einer Führungsnute; b Abhärten einer kurzen Kante; c Abhärten einer abgesetzten Kante (CURTIS)

auch mehrwindig ausgeführt werden. Die Einrichtung der Abb. 182 möge hier als Beispiel dienen. Sie wird zum Hartlöten von Kontaktfingern (*A* und *B*) in einem magazinartigen Drehteller verwendet. Die Anordnung der Heizspule (*C*) ist gut zu erkennen.

In diesem Zusammenhang sei an zwei Beispielen die Anwendung der induktiven Erwärmung zum Zwecke des Verschweißens von Werkstücken gezeigt. Infolge des Oberflächeneffektes eignet sich dieses Verfahren vorzüglich für dünnwandige Werkstücke, wie z. B. beim Schweißen von Rohren, wofür es heute wohl in erster Linie angewendet wird. Die Rohre werden der Länge nach oder stumpf aneinandergeschweißt. Für beide Schweißarten sind verschiedene Heizspulenanordnungen in Abb. 183 sche-

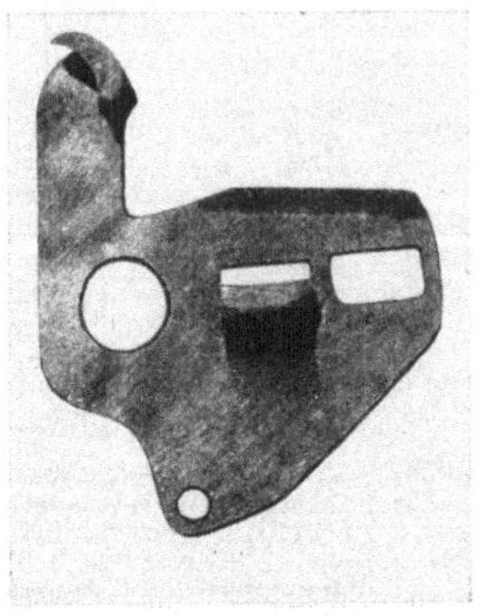

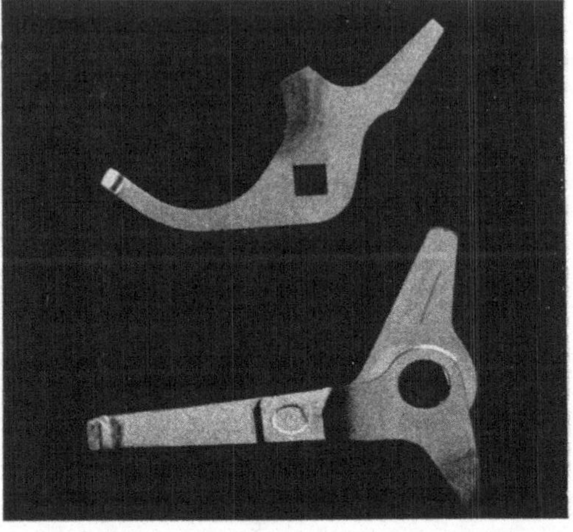

a   b

Abb. 177a u. b. Anwendungsbeispiele für die regionale Härtung
a Gehärtete Nocken eines Fotoverschlusses, V = 6fach. Erwärmungszeit 0,5 sek, HF-Leistung 1 kW
b Klinken mit partieller Härtung der beanspruchten Stellen. Erwärmungszeit 0,5 sek, HF-Leistung 4 kW (BBC)

matisch gezeigt. Zum Erwärmen der Längsnähte von vorgeformten Schlitzrohren, die anschließend unter Druck geschweißt werden, sind drei Anordnungen angegeben. Bei der Anordnung a ist eine mehrwindige zylindrische Spule vorgesehen. Der im Werkstück induzierte Erwärmungsstrom fließt in der angedeuteten Weise über den Berührungspunkt der Schlitzränder, wo infolge der hohen Stromkonzentration und des Widerstandes der Werkstoff bis zum Schmelzen

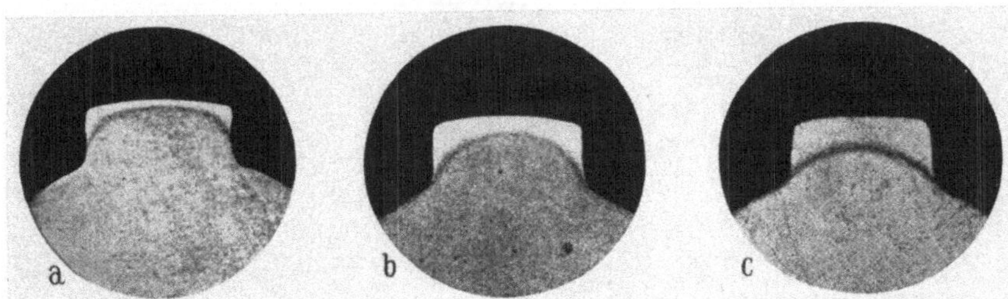

Abb. 178 a–c. Schliff durch den Führungskeil einer Welle, der nach dem Vorschubverfahren gehärtet wurde.
Wellendurchmesser 19 mm, HF-Leistung 25 kW. Vorschub: a 1143 mm/min; b 1016 mm/min; c 762 mm/min
(PHILIPS)

erhitzt wird. Der zum Schweißen erforderliche Druck wird durch den nachgeschalteten Ziehtrichter ausgeübt. Auf diese Weise sollen auch Kupferrohre geschweißt worden sein [69]. Abb. 183 b sieht mehrere Heizspulen vor. Die Spule 1 dient zum Vorwärmen des ebenen Bandstreifens; der Heizspule 2 für das Schweißen ist eine zweite Spule 3 im Rohrinnern gegenübergestellt. Ferner ist eine Spule 4 auf der der Schweißnaht gegenüberliegenden Rohrseite angeordnet und schließlich eine Ringspule 5, mittels der eine Warmbehandlung nach dem Schweißen vorgenommen werden kann. Schließlich zeigt Abb. 183 c eine längliche Heizspule, die mit einem geeigneten magnetischen Rückschluß *1* versehen ist. Ob mit einer oder mehreren Heizspulen gearbeitet wird, dürfte eine Frage der Wirtschaftlichkeit und des zu schweißenden Werkstoffes sein. Bei hohen Schweißgeschwin-

Abb. 179. Anlage für das Oberflächenhärten von Führungen für Werkzeugmaschinen (General Electric)

digkeiten wird man ohne ein Vorwärmen nicht auskommen. Den schematischen Aufbau einer solchen Anlage zeigt Abb. 184. Die Bandstreifen, aus denen das Rohr

Abb. 180. Ansicht des Härtevorganges bei der Anlage der Abb. 179 (General Electric)

hergestellt wird, werden zunächst durch Abbrennstumpfschweißen zu einem endlosen Band zusammengeschweißt und mit Hilfe von Profilwalzen und einem Ziehtrichter zum Schlitzrohr geformt. Die Schlitzkanten werden durch die beiden

Heizspulen 3 und 5 aufgeheizt, um von den unmittelbar folgenden Profilwalzen geschweißt zu werden. Der äußere Schweißwulst wird während dem Durchlaufen durch Hobeln entfernt. Der naturgemäß im Rohrinnern schwieriger zu entfernende Stauchwulst wird durch Druckrollen im noch erhitzten Zustand weggedrückt. Schließlich wird das Rohr in einer Ringspule örtlich am Umfang hoch erhitzt und

Abb. 181. Anordnung der Glühübertrager und Heizspulen bei der Anlage der Abb. 179 (General Electric)

durch eine axial wirkende Zugkraft auseinandergerissen. Die dabei entstehende Einschnürung muß spanabhebend entfernt werden. Die Ansicht des Schweißteiles einer solchen Anlage zeigt Abb. 185. Die Heizspulen dieser Anlage werden von Mittelfrequenzumformern mit je 100 kW bei 4000 Hz gespeist. Nach amerikanischen Angaben beträgt die Schweißgeschwindigkeit bei schmiedeeisernen 2″-Rohren bis zu 40 m/min; 1″-Rohre mit 0,3 mm Wanddicke werden mit 20 m/min geschweißt und 1″-Aluminiumrohre mit 1,3 mm Wanddicke mit 25 m/min.

In Abb. 183 d ist auch noch die schematische Anordnung für das Stumpfschweißen angegeben. Auf diese Weise wurde das Aluminiumrohr von Abb. 186 geschweißt (Außendurchmesser 10 mm, Wanddicke 1 mm). Kennzeichnend für das Aussehen dieser Verbindung ist, daß der entstehende Grat nicht so scharfkantig und zerklüftet ist wie bei der Widerstandsstumpfschweißung mit Kontaktelektroden. Dies dürfte daher rühren, daß auch noch der in den Stauchwulst hinausgepreßte Werkstoff durch das elektromagnetische Feld miterwärmt wird. Es liegen auch Ergebnisse über das Stumpfschweißen von Rohren aus Manganstahl vor [69]. Die Ausgangsfestigkeit des Stahles betrug 53 bis 63 kg/mm². Die Abmessungen der Rohre waren 73 mm Außendurchmesser. Geschweißt wurde bei einer Temperatur von 1250 °C und einem Stauchdruck von 2,5 kg/mm². Interessant ist die Angabe des Berichtes, daß durch eine induktive Stoßglühung eine völlige Diffusion und Gefügeumwandlung in der Schweißnaht erreicht wurde.

Ferner wird über das Stumpfschweißen von Kettengliedern berichtet [29]. Für das Schweißen einer ³/₄″-Kette wurden 6 kW HF-Leistung bei einer Schweißzeit von 35 sek und zwei Schweißstellen gleichzeitig aufgewendet. Der Stauchgrat wird als charakteristisch für eine Preßschweißung angegeben, der leicht durch Schleifen zu entfernen ist.

Das Erwärmen von Bohrungen wird in der gleichen Weise wie dasjenige von zylindrischen Werkstücken am Außenmantel durchgeführt, nur mit dem Unterschied, daß das Werkstück anstatt mit der Innenseite mit der Außenseite der Spule gekoppelt ist. Schematisch ist die Anordnung schon in Abb. 164c gezeigt worden. Um einen guten Wirkungsgrad beim Erwärmen von Bohrungen zu erhalten, ist es wichtig, eine gute Ankopplung zu erreichen. Man wird daher den Luftspalt zwischen Bohrung und Heizleiter nur so groß machen, wie es die Betriebssicherheit unbedingt erfordert. Dies sind ungefähr 0,4 bis 0,6 mm. Der Grund ist darin zu sehen, daß die Feldliniendichte außerhalb der Spule geringer ist als innerhalb derselben.

Mit kleiner werdender Bohrung wird aber die Ausbildung des Heizleiters immer schwieriger. Insbesondere ist es dann bald nicht mehr zu bewerkstelligen, daß bei gefordertem Heizleiterquerschnitt noch genügend Durchfluß-

Abb. 182. Arbeitsplatz einer induktiven Hartlöteeinrichtung mit magazinartigem Drehteller zum Löten von Kontaktfingern. *A* und *B* Werkstücke; *C* Heizspule (SCHMIDT & Co.)

querschnitt für das Kühlwasser erübrigt wird. Auch wird dann bald der Wirkungsgrad sehr schlecht. Der Grund liegt hierfür in der schon erwähnten Feldverteilung im Werkstück und innerhalb des Heizleiters. Der mit dem Heizleiter und dem Werkstück verkettete Fluß benötigt bei einer bestimmten Feldliniendichte im Werkstück einen Querschnitt q_w, der $\mu_w$mal kleiner ist als derjenige innerhalb des Heizleiters (q_H). Es ist zumindest der Fall

$$q_H = q_w \mu_w$$

anzustreben. Da der Strom innerhalb des Heizleiters an den Stellen fließt, wo die Feldliniendichte am größten ist und die im Werkstück induzierte Stromstärke, ebenfalls von der Feldliniendichte abhängt, so ist für den obigen Fall zu erwarten, daß die Stromverteilung im Heizleiter gleichmäßig und diejenige im Werkstück diesem entspricht. Siehe hierzu K. KEGEL [86]. Dies besagt also, je mehr der Fall zutrifft, daß

$$q_H > q_w \mu_w,$$

um so geringer die Feldliniendichte innerhalb der Heizleiterschleife ist und der Strom im Heizleiter um so mehr an deren Außenseite fließt, und damit auch der

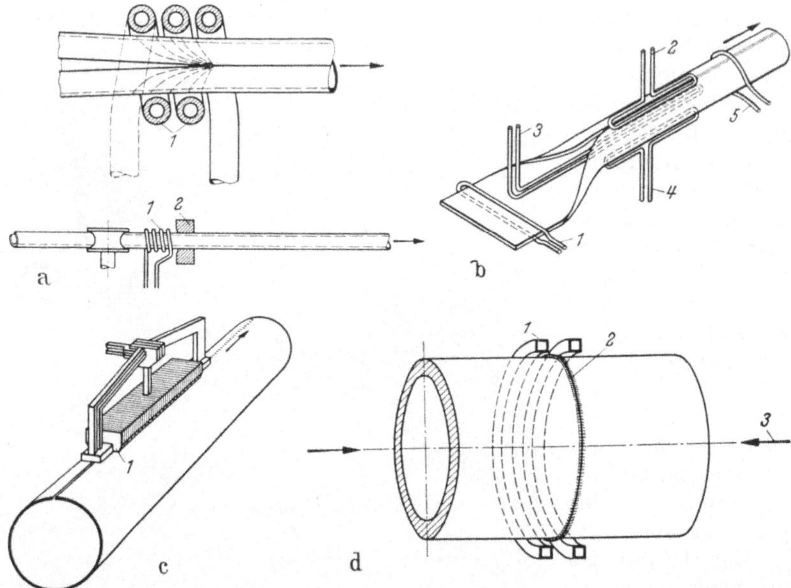

Abb. 183a–d. Verschiedene Anordnungen der Heizspulen für die induktive Rohrschweißung. a Mehrwindige, das Werkstück umschließende Heizspule; *1* Heizspule; *2* Ziehtrichter; b Anordnung mehrerer Heizspulen zum Vorwärmen, Schweißen und nachträglichen Glühen. *1* Spule zum Vorwärmen; *2* Spule zum Schweißen; *3* u. *4* Gegenheizspule; *5* Spule zur Wärmebehandlung; c Längliche Heizspule mit magnetischem Rückschluß. *1* Jochbleche des magnetischen Rückschlusses; d Heizspulenanordnung für das Stumpfschweißen von Rohren. *1* Heizspule; *2* Schweißnaht; *3* Richtung der Stauchkraft (HÖRMANN)

im Werkstück induzierte Strom größer wird. Wenn nun andererseits der Durchmesser der Heizleiterwindung immer kleiner wird, so wird auch der Unterschied

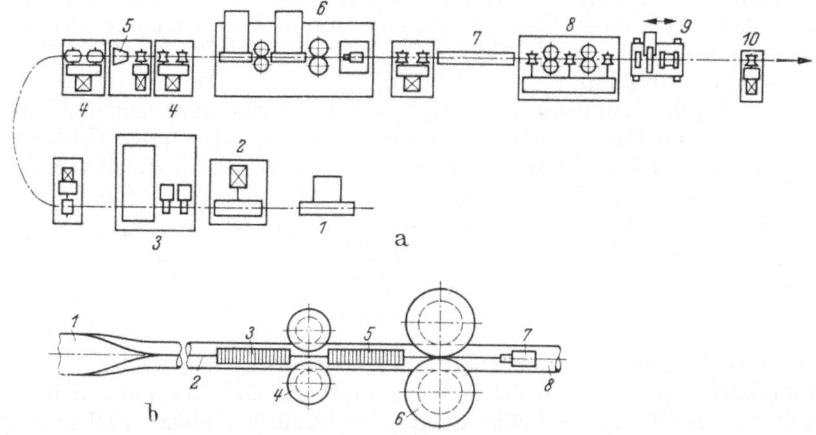

Abb. 184a u. b. Schema einer Rohrschweißanlage a Schema der Gesamtanlage. *1* Abrollständer; *2* Richtmaschine; *3* Band-Schweiß- und Abgratmaschine; *4* Profilwalzen; *5* Ziehtrichter; *6* Rohr-Schweiß- und Abgrateinrichtung; *7* Kühlstrecke; *8* Maß- und Kalibrierwalzen; *9* induktive Trennanlage; *10* zur Weiterverarbeitung; b Schema der Schweiß- und Abgratanlage Pos. *6* der Abb. a. *1* Rohrstreifen; *2* Schlitzrohr; *3* Heizspule für das Vorwärmen; *4* Führungsrollen; *5* Heizspule für das Schweißen; *6* Schweißdruckrollen; *7* Abgrater; *8* Rohr

der Widerstände der Außenseite des Heizleiters zur Innenseite größer und der Strom neigt mehr dazu, auf der Innenseite zu fließen und die Ankopplung an das Werkstück ist schlecht. Es wird dann im Heizleiter an Stelle im Werkstück immer mehr Leistung umgesetzt. Um nun einen Anhaltspunkt darüber zu bekommen, wie groß der kleinste Durchmesser für das Erwärmen einer Bohrung sein soll, kann man folgende einfache Rechnung für den Fall $q_H = q_w \mu_{r_w}$ durchführen (s. hierzu Abb. 187):

$$q_w = [(r_w + s)^2 - r_w^2]\,\pi$$

$$\approx 2\,r_w\,s\,\pi\,.$$

Hierbei möge die Größe s^2 vernachlässigt werden. Setzt man für die Eindringtiefe den Wert der Gl. (32) ein, so hat man:

$$q_w = r_w\,\pi\,10^3\,\sqrt{\frac{\varrho}{f\,\mu_{r_w}}}\,.$$

Ferner kann man für den Querschnitt der Heizleiterschleife ansetzen:

$$q_H = r_i^2\,\pi$$

und für

$$r_H = r_i + h \approx r_w\,,$$

Abb. 185. Ansicht des Schweißteiles einer Induktions-Rohrschweißanlage für Rohre von $2^1/_2$ bis 6 mm ∅ (HÖRMANN)

Abb. 186. Schweißstelle bzw. Stauchgrat eines induktiv geschweißten Aluminiumrohres

wenn man den Luftspalt $\varDelta$ zwischen Heizleiter und Werkstück als vernachlässigbar klein ansieht. Für die Beziehung $q_H = q_w \mu_{r_w}$ kann man dann schreiben:

$$r_i^2\,\pi = r_w\,\pi\,10^3\,\sqrt{\frac{\varrho}{f\,\mu_{r_w}}}\,\mu_{r_w}$$

$$r_i^2 - r_i\,10^3\,\sqrt{\frac{\varrho\,\mu_{r_w}}{f}} - h\,10^3\,\sqrt{\frac{\varrho\,\mu_{r_w}}{f}} = 0$$

$$r_i = 500\,\sqrt{\frac{\varrho\,\mu_{r_w}}{f}} + \sqrt{2,5\cdot10^5\,\frac{\varrho\,\mu_{r_w}}{f} + h\,10^3\,\sqrt{\frac{\varrho\,\mu_{r_w}}{f}}}\,. \qquad (99)$$

Beispiel:

$$f = 500\;\text{kHz}\,;\; \varrho = 1{,}25\;\text{Ohm mm}^2\,\text{m}^{-1}\,;$$

$$\mu_{r_w} = 10\,;\; h = 2\;\text{mm}\,;\; r_i = 6{,}53\;\text{mm}\,.$$

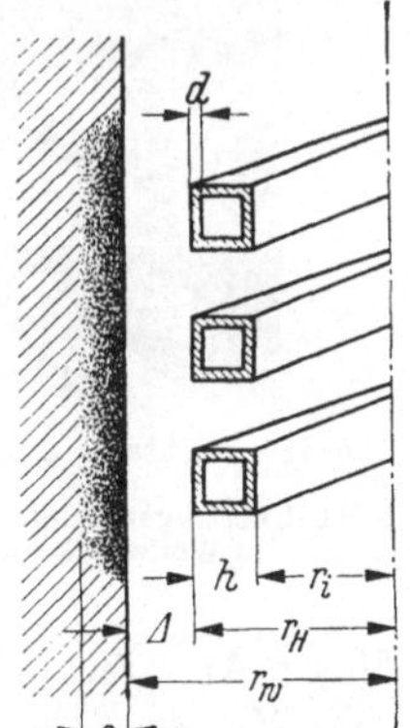

Abb. 187. Zur Erläuterung der Wärmebehandlung von Bohrungen

Damit ist $r_w = 8{,}53$ mm und es wäre unter diesen Voraussetzungen noch eine Bohrung von etwa 18 mm Durchmesser bearbeitbar. Ist die Bohrung kleiner, so ist eine Erhöhung der Frequenz notwendig oder man macht die magnetische Durchlässigkeit des Querschnittes innerhalb der Heizleiterschleife durch Einfügen eines Kernes aus Hochfrequenzeisen größer.

Bei der Anfertigung der mehrwindigen Spulen entsprechend Abb.164 c ist noch zu beachten, daß der Querschnitt innerhalb der Spule durch die Stromzuführungen geschwächt wird. Außerdem wird man bestrebt sein, als Heizleiter möglichst rechteckige Leiter zu verwenden, dessen Breitseite dem Werkstück gegenüber steht. Bei engster Ankopplung wird sich eine gewisse Schattenbildung des Heizleiters beim Wärmeverlauf im Werkstück nicht ganz vermeiden lassen. Dieses kann durch Drehen des Werkstückes um die Achse der Bohrung vermieden werden. Eine mehrwindige Heizspule ohne HF-Eisenkern und mit rechteckigem Leiterprofil wird demnach den grundsätzlichen Aufbau haben, wie er in Abb. 188 schematisch dargestellt ist. Eine Vorrichtung, welche mit einer derartigen Spule arbeitet, zeigt Abb. 189. Es werden mit ihr die innere Lauffläche von Nadellagern gehärtet.

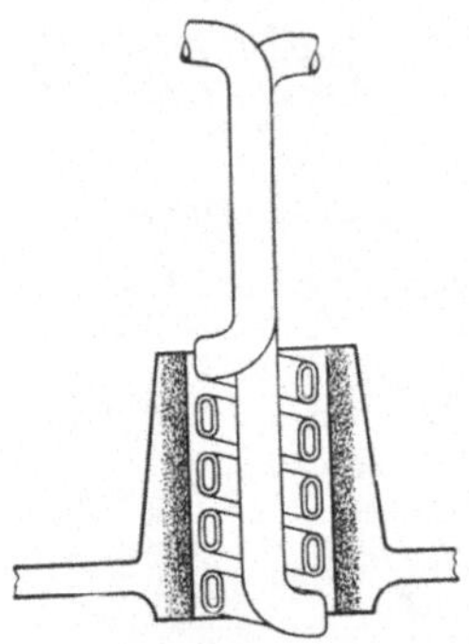

Abb. 188. Schematische Anordnung einer mehrwindigen Heizspule für Bohrungen

Das Biegen der Heizleiter bei den kleineren Bohrungen bedarf besonderer Sorgfalt, wenn man auf der ganzen Bohrungstiefe eine gleichwertige Ankopplung erhalten will. Als Heizleiter wird man in erster Linie bei diesen kleinen Spulen Silberrohr verwenden, das man zum Biegen mit Kolophonium füllt.

Andererseits besteht auch die Möglichkeit, kleinere Bohrungen mit einer einwindigen Spule längs einer Mantellinie bei sich drehendem Werkstück zu erwärmen, wie es schon auf S. 114 besprochen wurde. Auch bei

Abb. 189. Drehteller-Einrichtung für das Härten der Bohrungen von Nadellagern (AEG)
1 HF-Übertrager ähnlich Abb. 60; *2* Heizspule mit Abschreckbrause; *3* Werkstücke in Auswerferstation; *4* Einlegestation

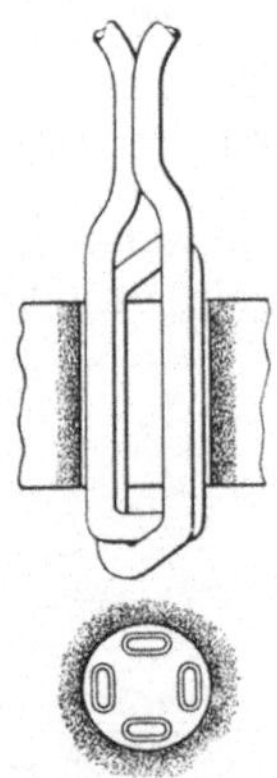

Abb. 190. Beispiel für die Gestaltung einer zweiwindigen Heizspule für die Mantellinienerwärmung einer Bohrung

dieser Art der Mantellinienerwärmung können mehrwindige Spulen angebracht sein. Sie werden dann den Aufbau haben, wie es Abb. 190 für eine zweiwindige Spule schematisch wiedergibt.

V. Umformer

A. Allgemeines

§ 38. Als Energiequelle für die induktive Wärmebehandlung steht das normale Drehstrom- oder Wechselstromnetz mit einer Frequenz von 50 Hz zur Verfügung. Ist die Höhe dieser Frequenz ausreichend, so kann die Heizspule unmittelbar oder über einen Transformator an das Netz angeschlossen werden. Mit Wechselströmen, die im Bereich der Netzfrequenz liegen, lassen sich noch Werkstücke bis zu einem kleinsten Durchmesser von etwa 100 mm erwärmen, s. hierzu Abb. 191 und VDJ-Arbeitsblatt Induktive Erwärmung. VDI 5-3131 (Juli 52) und 5-3133 (Juni 56).

Bezüglich der Anwendung der Netzfrequenz werden kurze Hinweise in bezug auf die Wirtschaftlichkeit in der Einleitung und in § 60 gegeben. Das Hauptaugenmerk ist bei der Netzfrequenz auf die konstruktive Gestaltung der Heizspule zu

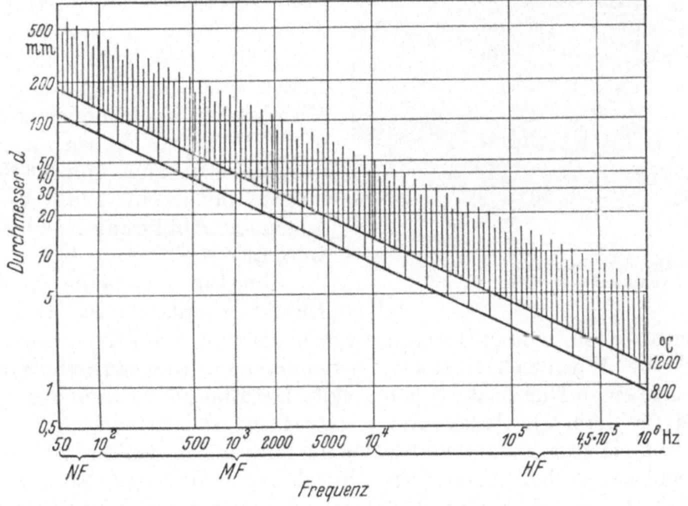

Abb. 191. Durchmesser von Werkstücken, die noch wirtschaftlich bei den angegebenen Frequenzen auf 800 bzw. 1200 °C durchgehend aufgeheizt werden können

legen. Es wird häufig Schwierigkeiten bereiten, die notwendige Ampere-Windungszahl unterzubringen. Betrachten wir Gl. (47), so erkennen wir, daß die notwendige Feldstärke und damit die Ampere-Windungszahl mit dem umgekehrten Verhältnis der 4. Wurzel aus der Frequenz ansteigt. Will man also in einem Werkstück mit einer 50-Hz-Anlage die gleiche Leistung umsetzen wie mit einer 10000-Hz-Anlage, so benötigt man für die erstere ungefähr den 3,75fachen Betrag an Ampere-Windungszahlen wie für die letztere. Dies bedeutet einen entsprechend größeren Kupferaufwand, außerdem wird bei der größeren Feldstärke, um die Streuung in einem erträglichen Maße zu halten, ein äußerer Eisenrückschluß benötigt. Letzterer ist auch notwendig, um den Leistungsfaktor zu verbessern. Die niedrigere Frequenz bedingt aber auch noch eine Erhöhung der Windungszahlen, weil mit dem Abnehmen der Frequenz die Spannung sinkt, und zwar linear entsprechend folgender Gleichung (s. § 2):

$$U = 4{,}44\,f\,\Phi\,w \quad \text{Volt}. \tag{100}$$

Will man z.B. alle anderen Bedingungen gleich lassen, also auch die Anschluß-
spannung, so bedeutet dies bei Senkung der Frequenz eine Erhöhung der Windungszahl. Allerdings ist hierbei zu berücksichtigen, daß auch die Ampere-Windungszahl gestiegen ist. Um bei obigem Beispiel zu bleiben, würde also der Übergang von 10000 Hz auf 50 Hz eine Erhöhung der Windungszahl um das 53fache

Abb. 192. Netzfrequenz-Induktionsanlage zum Anwärmen von Leichtmetallronden (BBC)

erfordern. Wir haben also vergleichsweise zu den Hoch- und Mittelfrequenz-
anlagen Heizspulen mit hohen Windungszahlen, deren Unterbringung oft
Schwierigkeiten bereitet, zumal es sich
um wassergekühlte Leiter handelt, die
immerhin eine Mindestabmessung in
bezug auf den Durchflußquerschnitt für
das Kühlwasser haben müssen. Man wird
daher meistens mehrlagige Spulen bauen
müssen, die so konstruiert sein sollen,
daß sie den mechanischen Kräften und
elektrischen Beanspruchungen (Isolation) gewachsen sind. Hinzu kommt
noch der schon oben erwähnte magnetische Rückschluß, so daß wir letzten
Endes eine, im Gegensatz zu einer
Mittel- oder Hochfrequenzanlage, sehr
teure Heizspule haben. Zur Erläuterung des Aufbaues von 50-Hz-Anlagen
mögen noch ein paar Beispiele in
folgenden Abbildungen wiedergegeben
werden.

Abb. 192 zeigt eine Netzfrequenz-
Induktionsanlage zum Anwärmen von
Aluminiumronden mit einem Durchmesser von 450 mm. Die Teile werden auf 350 °C
zum Zwecke des Warmziehens erwärmt. Bei einer Leistungsaufnahme von 60 kW
hat die Anlage einen Durchsatz von 450 kg/h. Der Energieverbrauch ist 150 kWh/t.
Wichtig ist für derartige Anlagen eine gute Temperaturüberwachung. In diesem
Fall geschieht sie durch ein Thermoelement, das durch den Auflagestempel hin-
durchgesteckt ist, so daß dessen Schweißstelle gegen die untere, als nächste zu ent-
nehmende Platte gedrückt wird. Diese Anordnung hat den Vorteil, daß bei nicht
in gleichen Zeitabständen erfolgenden Werkstückentnahmen eine Überhitzung derselben vermieden wird. Die Anlage bzw. deren Heizspule ist für einphasigen
Netzanschluß ausgelegt. Werden die Leistungen der Anlagen größer, so wird die
einphasige Belastung des Netzes Schwierigkeiten bereiten und es ist besser, wenn
dann die Last auf alle drei Phasen verteilt wird, d.h. also die Heizspule in drei ge-
trennte Stromkreise unterteilt ist. Abb. 193 zeigt eine ähnliche Anlage wie die
der Abb. 192 mit höherer Leistung, und zwar 120 kW und dreiphasiger Auslegung
der Heizspule (a). Die Beschickung erfolgt hier auch wieder von oben. Die völlig
erwärmte Platte wird unten mittels eines Auflagestempels (c) abgesenkt und von
dem Ausstoßer (b) ausgebracht. Während des Ausstoßvorganges wird die vorletzte
Platte von einer Haltevorrichtung (d) gehalten. Die Anlage wurde für das Erwärmen auf 1150 °C von Stahlteilen mit einem Durchmesser von 170 mm und einer
Höhe von 60 mm gebaut. Bei einem Durchsatz von 300 bis 350 kg je Stunde wurden 360 kWh/t verbraucht. Es kann hierzu noch bemerkt werden, daß der Platzbedarf nur $^1/_{20}$ von demjenigen eines gasgefeuerten Durchstoßofens für den glei-

chen Zweck ist. Ein Vorteil, der noch zu der steten Betriebsbereitschaft einer induktiven Anlage hinzukommt.

In diesem Zusammenhang sei noch auf die Anwendung der zusätzlichen induktiven Beheizung von Dampfbacköfen verwiesen (s. u.a. Österreichische Patentschrift 178869 und 178870 vom 25. 6. 1954).

Werden die Durchmesser der zu behandelnden Werkstücke kleiner, so muß die Frequenz aus wirtschaftlichen und physikalischen Gründen erhöht werden. Es muß also zwischen das Netz und die Wärmebehandlungseinrichtung ein Frequenz-

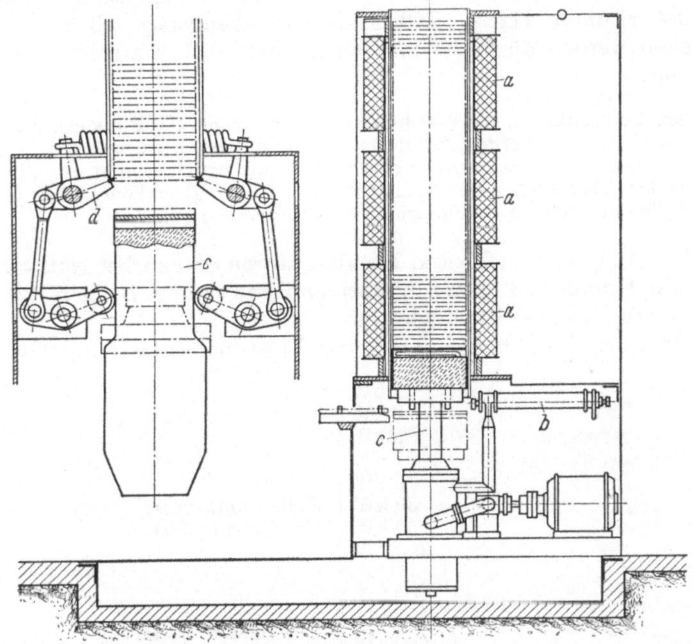

Abb. 193. Netzfrequenz-Induktionsglühanlage für Platten und Blöcke mit senkrechter Gutförderung (BBC)
a Heizspule; b Ausstoßer; c Auflagestempel; d Haltevorrichtung

wandler geschaltet werden. Damit ergibt sich für den schematischen Aufbau einer induktiven Erwärmungsanlage für die höheren Frequenzen das Schema der Abb. 194. Der Wandler kann entweder ein Maschinenumformer oder ein Röhrenumformer

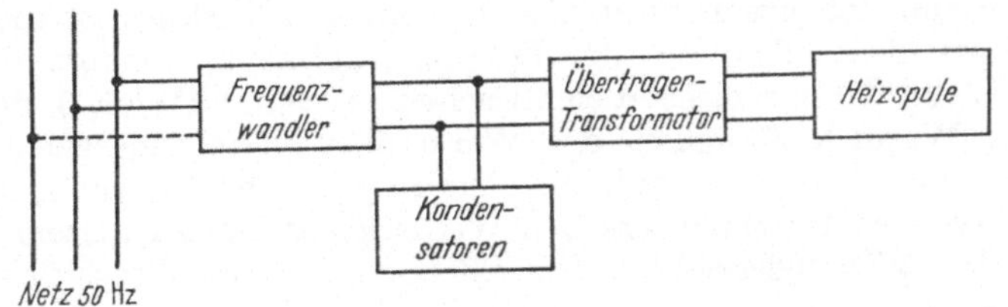

Abb. 194. Schematisches Schaltbild einer Anlage für die induktive Wärmebehandlung

sein. In dem Bereich, der in Abb. 191 mit dem Mittelfrequenzbereich (MF) bezeichnet ist, wird fast ausschließlich der Maschinenumformer, oder auch Motorgenerator genannt, verwendet, d.h. also bis zu 10000 Hz. Für die Frequenzen oberhalb dieses Bereiches, vornehmlich ab 100 kHz, kommen die Röhren- oder

Funkenstreckenumformer in Frage. Später sollen in diesem Rahmen jedoch die Funkenstreckenumformer nicht besprochen werden, da sie für die Zwecke der induktiven Erwärmung im Vergleich zu den Röhrenumformern erhebliche Nachteile haben. Dies gilt in erster Linie für die Regelung von Strom und Spannung und die genaue Ein- und Ausschaltung sowie Reproduzierarbeit der zugeführten Leistung bei kurzzeitigen Behandlungszeiten. Außerdem sei hier gleich darauf verwiesen, daß sie ein äußerst undefiniertes Frequenzband haben und bezüglich der Funkentstörung schwer zu handhaben sind. Die Verwaltungsanweisung zum Gesetz über den Betrieb von Hochfrequenzgeräten, s. hierzu § 59, bestimmt daher unter III. 3, daß Funkenstreckengeräte ab 1. 4. 1953 nicht mehr betrieben werden dürfen. Über die im Betrieb befindlichen Geräte besagt die Anweisung:

Über diesen Zeitpunkt (1. 4. 1953) hinaus dürfen solche HF-Funkenstreckengeräte bis 31. 3. 1960 weiterbetrieben werden, bei denen bereits durch Abschirmung der Anlage durch einen FARADAYschen Käfig nachweisbar eine Entstörung erzielt worden ist, die der endgültigen Regelung der „Technischen Bedingungen" (Anl. 1. II 6) gleichkommt. Die Genehmigung ist in diesen Fällen auf den Aufstellungsraum zu beschränken.

Die in Abb. 194 eingezeichneten Kondensatoren dienen bei Netz- und Mittelfrequenzen zur Kompensation der induktiven Blindströme. Bei den Röhrenumformern sind sie ein Teil des Schwingkreises.

Bei den Umformern haben sich folgende Leistungsstufen eingeführt:

$$
\text{etwa} \quad \left.\begin{array}{l} 1 \text{ kW} \\ 3 \text{ kW} \\ 5 \text{ kW} \end{array}\right\} \text{Röhrenumformer.}
$$

$$
\text{etwa} \quad \left.\begin{array}{l} 10 \text{ kW} \\ 30 \text{ kW} \\ 50 \text{ kW} \\ 100 \text{ kW} \end{array}\right\} \begin{array}{l} \text{Röhrenumformer,} \\ \text{Maschinenumformer.} \end{array}
$$

$$
\text{etwa} \quad \left.\begin{array}{l} 200 \text{ kW} \\ 300 \text{ kW} \\ 600 \text{ kW} \\ 1000 \text{ kW} \end{array}\right\} \text{Maschinenumformer.}
$$

Für die Nennfrequenzen können folgende Zahlen genannt werden:

50, 500, 2000, 5000, 10000, 100000, 450000, 1000000 Hz.

Wie schon erläutert, richtet sich die Wahl der Frequenz nach der Größe des Querschnittes und der erwünschten Tiefenwirkung. Allerdings ist die Tiefe der erwärmten Zone nicht allein von der Frequenz abhängig, sondern durchaus in gleicher Weise von der spezifischen elektrischen Leistung (kW/cm²), der Aufheizzeit und der Wärmeleitfähigkeit des Werkstoffes. Erfahrungsgemäß soll die Frequenz so gewählt werden, daß die Eindringtiefe höchstens $1/4$ bis $1/3$ der Wanddicke bzw. des Durchmessers des Werkstückes ist. In diesem Fall kann mit einem hohen Wirkungsgrad bei dem Energieumsatz im Werkstück gerechnet werden.

Einen Anhaltspunkt über den Werkstückdurchmesser kann man mit folgender Gleichung gewinnen:

$$
d \geqq 175 \sqrt{\frac{\varrho}{\mu_r f}} \ [\text{cm}].
$$

Über den Leistungsbedarf für die Erwärmung des Werkstückes s. § 24 und 60.

B. Maschinenumformer

1. Aufbau der Umformer

§ 39. Maschinenumformer bestehen in der Regel aus dem Antriebsmotor und dem Generator. Für die Erregung des Generators wird außerdem eine Gleichstromquelle benötigt. Ist diese nicht in Form eines Netzes vorhanden, so ist noch eine Erregermaschine oder ein Gleichrichter vorzusehen. Abb. 195 zeigt den schematischen Aufbau einer Anlage.

Maschinenumformer werden heute in erster Linie für eine Frequenz bis zu 10000 Hz verwendet. Die Erzeugung höherer Frequenzen macht zunächst rein mechanisch große Schwierigkeiten. Die Frequenz einer Synchronmaschine ist durch die Gleichung

$$f = p\,n/60 \qquad (101)$$

bestimmt. Hierin ist p die Polpaarzahl und n die Umdrehungen je Minute. Für

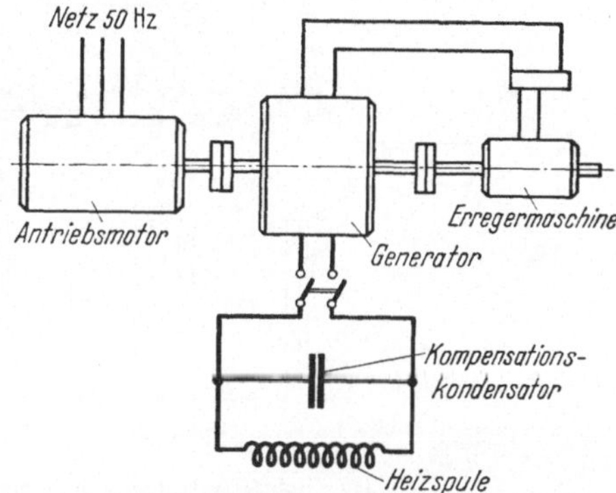

Abb. 195. Schematisches Schaltbild einer Anlage mit Maschinenumformer für den Mittelfrequenzbereich

die mechanische Auslegung der Maschine ist die Läuferumfangsgeschwindigkeit zum wesentlichen Teil maßgebend. Wenn D der Läuferdurchmesser in cm und die Polteilung

$$t = \pi\,D/2\,p$$

ist, dann gilt für die Umfangsgeschwindigkeit

$$v = 2\,t\,f.$$

Die Größe v darf einen bestimmten Maximalwert nicht überschreiten, da sie ein Maß für die Fliehkraftbeanspruchung des Werkstoffes ist. Weil nun in dieser Beziehung bei der Auslegung der Maschine eine Grenze gesetzt ist, so muß man zur Erhöhung der Frequenz die Polteilung verkleinern. Aus fertigungstechnischen Gründen darf diese aber nicht zu klein gewählt werden.

Die allgemein in der Elektrotechnik verwendeten Synchrongeneratoren haben für jeden Pol eine Erregerwicklung. Dies erfordert einen gewissen Platzbedarf, wodurch die Polteilung verhältnismäßig groß wird und die Anwendung auf Frequenzen bis zu etwa 1000 Hz beschränkt bleibt. Für die höheren Frequenzen verwendet man die sog. Gleichpoltype. Der grundsätzliche Aufbau einer solchen Maschine, wie sie bis zu 10000 Hz gebaut werden, soll im folgenden kurz erläutert werden.

Die Schnittzeichnung der Abb. 196 zeigt den Aufbau einer 10000-Hz-Maschine. Das Ständergehäuse B dieser Maschine ist in der Mitte bei L geteilt, was aus Gründen des Zusammenbaues notwendig ist. Jeder dieser Ringe trägt ein Ständerblechpaket A. Außerdem ist in der Aussparung bei F die Gleichstromerregerwicklung untergebracht. Um sie einbauen zu können, ist die zweiteilige Ausführung des Ständergehäuses notwendig. Andererseits ist es auch möglich, die Erregerwicklung in der Aussparung M des Läufers unterzubringen. Hier ist aber die Wicklung den Fliehkräften ausgesetzt, was man bei hochtourigen Maschinen gerne vermeidet. Außerdem sind in diesem Fall auch noch zwei Schleifringe für die Erregerstromzuführung vorzusehen.

9*

Der Läufer C ist massiv und hat bei D gegenüber den Ständerblechpaketen zwei Zahnkränze. Damit nimmt der Erregergleichfluß den mit G bezeichneten Weg und die Induktion im Luftspalt hat auf dem ganzen Umfang die gleiche Richtung.

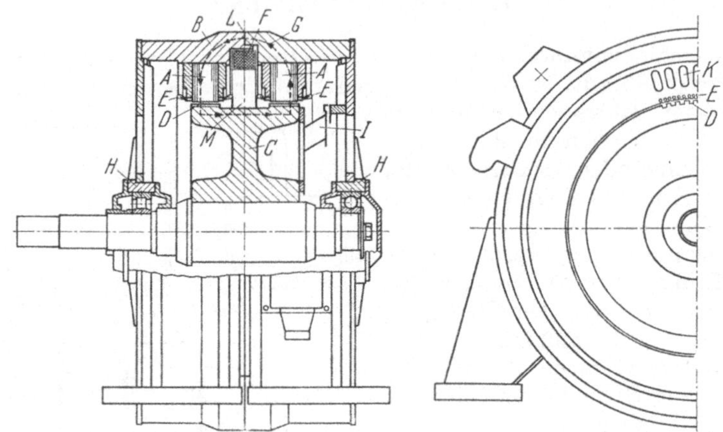

Abb. 196. Schnitt durch einen Maschinengenerator der Gleichpoltype
A Ständerblechpakete; *B* Ständergehäuse; *C* Läufer; *D* Läuferzahnkränze; *E* Wicklung für die Mittelfrequenz; *F* Gleichstromerregerwicklung; *G* Verlauf des Erregergleichflusses; *H* Unmagnetische Zwischenstücke; *I* Lüfter; *K* Öffnungen im Blechpaket für die Kühlluft; *L* Teilung des Ständergehäuses; *M* Läuferaussparung (BAUKNECHT)

Damit der Erregerfluß sich nicht über die Lager und die Welle schließen kann, müssen bei H unmagnetische Zwischenstücke eingebaut werden. Diese grundsätzliche Eigenschaft der Konstruktion hat der Maschine den Namen Gleichpoltype gegeben.

Die elektrischen Vorgänge mögen an Hand der schematischen Abb. 197 erläutert werden. A ist das Ständerpaket mit den Nuten E. Ihm gegenüber sind die Zähne D des Läufers in der angedeuteten Weise angeordnet, d. h. also, daß die Polpaarteilung $2\,t$ der Strecke Läuferzahn plus Läufernutbreite entspricht. Es gehört also zu einem Polpaar nur ein Läuferzahn im Gegensatz zu einer Maschine mit Wechselpolen, die zu einem Polpaar zwei Pole benötigt. Außer dem Vorteil des Fortfalles der Erregerwicklung kann man auch noch die Zähne bei der Gleichpoltype gegenüber der Wechselpoltype doppelt so breit machen. Damit kann man Gl. (101) für die Frequenz unter Verwendung der Zähnezahl Z wie folgt anschreiben:

$$t = Z\,n/60\,.$$

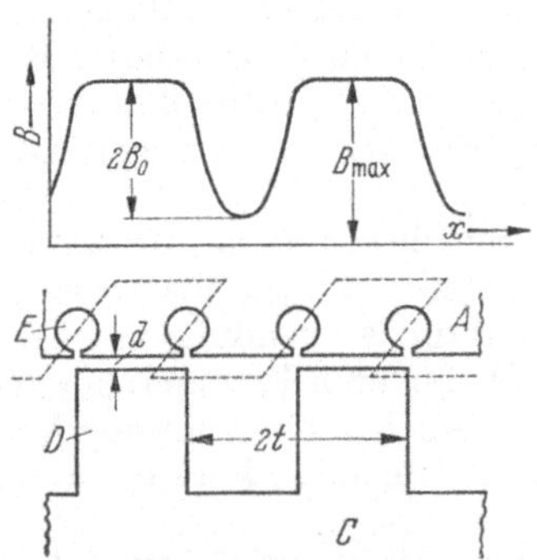

Abb. 197. Schema zur Erläuterung des Flußverlaufes in der Ständerwicklung einer Maschine der Gleichpoltype
A Ständerpaket mit den Nuten E; *C* Läufer mit den Zähnen D

Der Flußverlauf in der Ständerwicklung bei sich drehendem Läufer ist in Abb. 197 oben eingezeichnet. Es handelt sich nur um eine Flußschwankung (B_0), deren Größe die Höhe der induzierten Spannung bestimmt, d. h. je größer jene ist, desto höher wird auch diese. Die Größe von B_0 wird außer durch die Höhe des Erregerstromes im wesentlichen durch den Luftspalt d bestimmt. Er muß möglichst klein gehalten werden und liegt größenordnungsmäßig bei einigen Zehntelmillimetern. Bezüglich der Höhe des Erregerstromes ist noch zu bemerken, daß er nicht wie bei der Wechselpolmaschine laufend zur Spannungserhöhung gesteigert werden kann. Der Grund ist darin zu suchen, daß mit steigender Erregung die Zähne sich der magnetischen Sättigung nähern und damit die Permeabilität abnimmt. Dies hat zur Folge, daß auch die Flußschwankungen kleiner werden und die Höhe der induzierten Spannung, ferner, daß die Leerlaufspannung bei einem bestimmten Erregerstrom ein Maximum aufweist.

Die Größe der Polteilung macht abeu nicht nur ihren Einfluß auf die Konstruktion des Läufers geltend, sondern auch auf diejenige des Ständerpaketes. Auch hier gilt, daß die Polteilung gleich der Summe aus Nut- und Zahnbreite ist. Letztere werden also mit steigender Frequenz auch immer kleiner. Hinzu kommt, daß das aktive unterzubringende Kupfervolumen des Leiters auch durch die Stromverdrängung beschränkt ist; die Nuthöhe also nicht beliebig gewählt werden kann. Man hat demzufolge verhältnismäßig sehr kleine Ständernuten, wie es z.B. das Blechsegment der Abb. 198 von dem Ständerpaket einer 10000-Hz-Maschine zeigt. Die großen länglichen Aussparungen entsprechen den in Abb. 196 mit K bezeichneten Öffnungen für den Kühlluftdurchtritt. Mit Rücksicht auf die Eisenverluste, die im wesentlichen quadratisch mit der Frequenz ansteigen, wird man

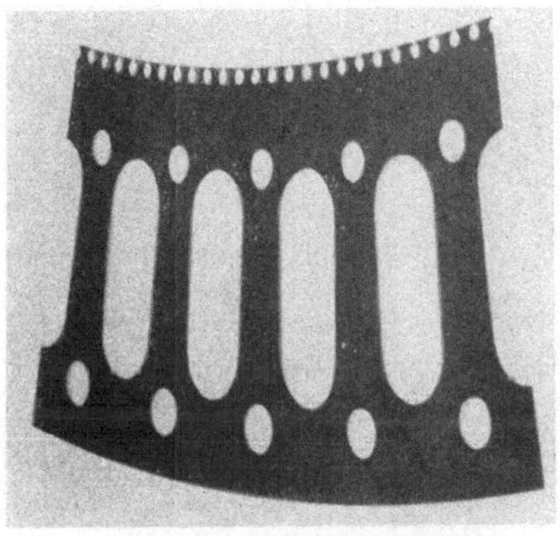

Abb. 198. Blechsegment eines Ständerblechpaketes einer 10-kHz-Maschine

möglichst dünne, hochqualifizierte Bleche verwenden. Die Blechdicken sind 0,1 bis 0,2 mm. Aber trotz dieser dünnen Bleche muß man die Zahninduktion kleiner wählen als z.B. bei 50-Hz-Maschinen, was auch zwangsläufig eine kleinere Luftspaltinduktion zur Folge hat. Die Höhe der elektromagnetischen Beanspruchung richtet sich in erster Linie nach der durch die verwendete Isolation zulässigen Temperaturhöhe. Diese hängt wiederum vom Grad der Belüftung bzw. der Oberflächentemperatur der Maschine ab.

Abb. 199. Ansicht des Ständers (links) und Läufers (rechts) einer Mittelfrequenzmaschine
Leistungsdaten: 200 kW; 600 Volt; 10000 Hz; 3000 Umdr./min (BAUKNECHT)

Im Elektromaschinenbau kann man eine Maschine nach der sog. Ausnutzungsziffer bewerten. Diese ist proportional dem Produkt aus Strombelag und Luftspaltinduktion; außerdem ist sie bei gegebener Drehzahl der Leistung je Volumeneinheit proportional. Die angegebenen Gründe bedingen für die Mittelfrequenzmaschine eine kleine Ausnutzungsziffer, die z.B. für eine 10000-Hz-Maschine um eine Größenordnung kleiner ist als für eine 50-Hz-Maschine. Mit anderen Worten gesagt, eine Mittelfrequenzmaschine hat im Vergleich zu einer 50-Hz-Maschine relativ große Abmessungen. Sie wird auch eine entsprechende große Oberfläche haben, wodurch auch große Verluste abgeführt werden können. Die angeführten Punkte besagen aber unter anderem, daß der Wirkungsgrad einer Mittelfrequenzmaschine kleiner sein wird als der einer gleich großen 50-Hz-Maschine.

Bei den Mittelfrequenzmaschinen ist weiterhin zu beachten, daß sie gegen kurzzeitige Überlastungen verhältnismäßig empfindlich sind. Der Grund ist darin zu suchen: Die Verluste treten in erster Linie in einer dünnen Schicht am Ständerbohrungsumfang auf, und da die Belüftung der Maschine in den meisten Fällen sehr gut ist, wird die Erwärmungszeitkonstante klein. Mit anderen Worten, die Temperatur folgt mit nicht allzu großer Trägheit der Belastung. Da nun in diesem Bereich der Ständerbohrung auch die Isolation mit den Leitern liegt, so ist diese durch derartige Temperaturspitzen gefährdet. Man wird daher auf beste Isolation Wert legen. Bei 10000-Hz-Maschinen, die besonders temperaturbeständig sein müssen, verwendet man auch Keramikröhrchen als Leiterisolation, um auf diese Weise eine hohe Wärmebeständigkeit zu erreichen.

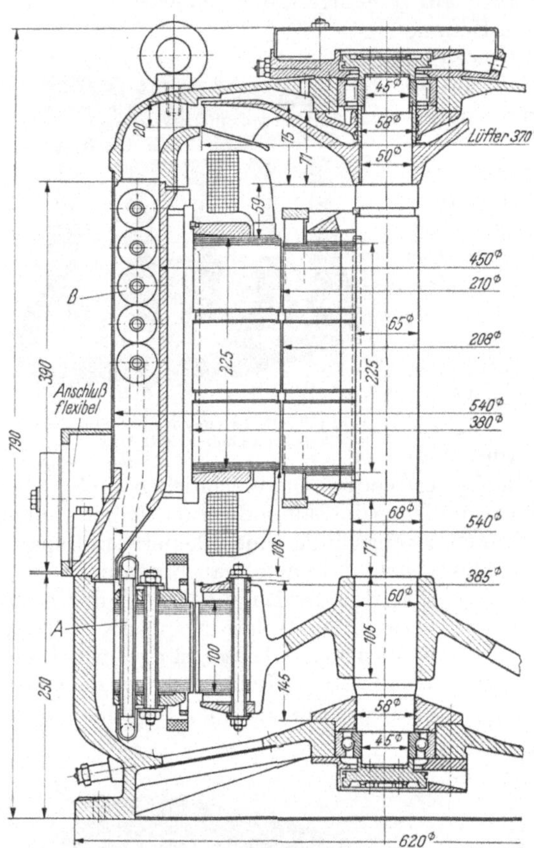

Abb. 200. Wassergekühlter Mittelfrequenzumformer für 10 kHz und 25 kW Leistung. Senkrechte Bauart (EMA)

Abb. 199 zeigt einen Ständer und einen Läufer einer 10000-Hz-Maschine. Sie hat eine Leistung von 200 kW bei einer Spannung von 600 Volt und einer Drehzahl von 3000 Umdr./min. Beim Ständer erkennt man deutlich das zweiteilige Blechpaket. Zwischen den beiden Paketen ist vertieft die Erregerwicklung untergebracht. Jedes Blechpaket ist für sich mit einer Wicklung versehen; der Läufer ist unbewickelt.

Die Kühlung der Maschinen wird im allgemeinen durch eine sehr intensive Belüftung bewerkstelligt. Um nun eine größere Laufruhe und auch eine kleinere Baugröße der Maschinen zu bekommen, hat man wassergekühlte Maschinen gebaut.

Den Schnitt durch solch eine vertikale Maschine mit einer Leistung von 25 kW bei 10000 Hz zeigt Abb. 200. Die Abführung der Eisenverluste des Generators erfolgt durch das Kühlsystem A, während die Umluft der gesamten Maschine durch das System B gekühlt wird.

Abb. 201 zeigt einen Mittelfrequenzumformer erheblich höherer Leistung. Der Generator dieses Umformers ist in der Lage, 300 kW bei 2000 Hz und einer Spannung von 1000/2000 Volt abzugeben. Der Antriebsmotor hat eine Leistung von 360 kW. Motor und Generator sind in Blockbauweise in einem Gehäuse ver-

Abb. 201. Mittelfrequenzumformer für eine Leistung von 300 kW bei 2000 Hz und 1000/2000 Volt (AEG)

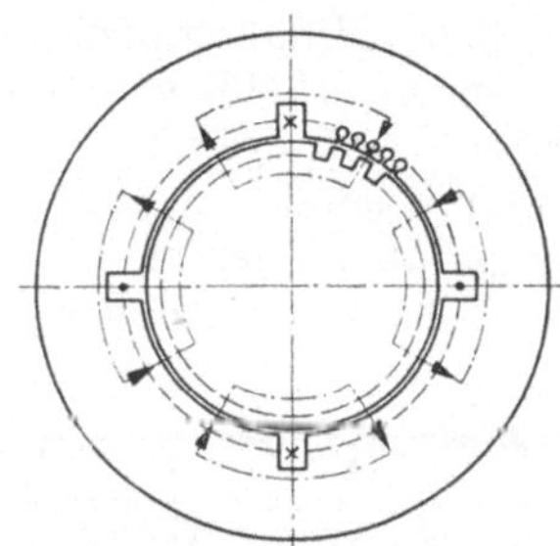

Abb. 202. Blechschnitt einer Mittelfrequenzmaschine mit wechselnder Polarität

einigt. Der Maschinensatz steht auf 6 Schwingungsdämpfern, wodurch kein besonderes Fundament benötigt wird. Die Maschine kann sowohl in wassergekühlter als auch in luftgekühlter Ausführung geliefert werden. Bei ersterer Kühlart ist das System ein ähnliches wie in Abb. 200, d. h., es wird der Wasserkühler zur Kühlung der im geschlossenen Kreis umlaufenden Kühlluft des Umformers verwendet. Der Kühler befindet sich unterhalb der oberen Abdeckhaube. Die Lager der Maschine werden mit geeigneten Temperatur-Überwachungsorganen kontrolliert.

Außer den Maschinen der Gleichpoltype gibt es auch Mittelfrequenzgeneratoren, die nach dem Schema der Wechselpoltype gebaut sind. Diese Bauart unterscheidet sich von der seither besprochenen durch die Anordnung der Erregerwicklung. Das zugehörige Schema des Blechschnittes zeigt Abb. 202. Die Erregerwicklung ist in den großen Nuten am inneren Umfang des Ständerpaketes untergebracht. Durch diese Anordnung entstehen Pole wechselnder Polarität. Dies hat zur Folge, daß der Läufer nicht mehr massiv sein kann, sondern auch aus einzelnen Blechen zusammengesetzt werden muß, denn er wird ja mit einer Frequenz, die von der Anzahl der Erregerpole und der Drehzahl abhängt, um-

Abb. 203. Ansicht des Ständers einer Maschine der Bauart nach Abb. 202. Eingehäusebauart. Hinterer Teil Ständerpaket für den Antriebsmotor. Leistung: 20 kW bei 10 kHz und 3000 Umdr./min (BAUKNECHT)

magnetisiert. Andererseits hat aber diese Maschine durch die Anordnung der Erregerwicklung nur ein Blechpaket. Die Ansicht des Ständers einer solchen Maschine zeigt Abb. 203. Ferner ist zu erwähnen, daß die Maschinentype nicht wie die Gleichpoltype die unmagnetischen Ringe H in Abb. 196 benötigt.

2. Kompensation der Maschinenumformer

§ 40. Der Kreis des Glühübertragers hat, da er meist als Lufttransformator ausgebildet ist, bezüglich seines Widerstandes gegenüber seiner Wirkkomponente eine erhebliche Blindkomponente. Außerdem besitzen die Umformer bei höherer Frequenz einen erheblichen induktiven Innenwiderstand. Um nun einen möglichst guten Leistungsfaktor zu erhalten, müssen die induktiven Widerstände durch entsprechende kapazitive ausgeglichen werden. Diese kann man nun entweder parallel oder in Reihe zum Verbraucher schalten. Auf diese Weise findet man das Ersatzschaltbild der Abb. 204.

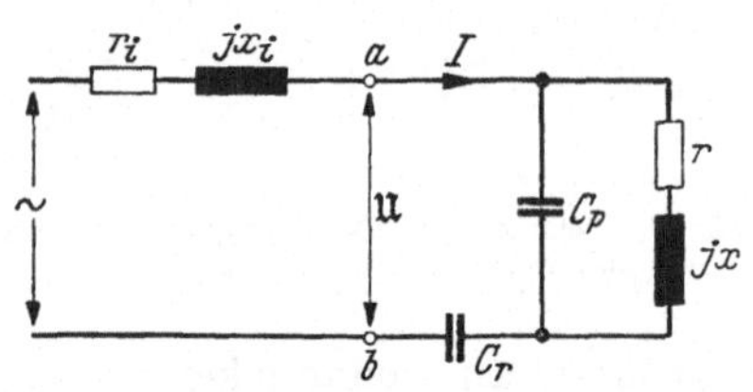

Abb. 204. Ersatzschaltbild des Arbeitskreises eines Maschinenumformers

Der Innenwiderstand des Generators ist dann:

$$\Re_i = r_i + \mathrm{x}_i .$$

Der Widerstand der Reihenkapazität:

$$- j/\omega\, C_r = - j\, y_r$$

und in gleicher Weise der der Parallelkapazität $-j\, y_p$. Der Verbraucherwiderstand ist:

$$\Re_v = r + j\, x .$$

Zeichnet man die vektorielle Summe dieser Widerstände auf, so erhält man das Diagramm der Abb. 205. Es läßt sich nun nachweisen, daß die Spitze des Vektors des Gesamtwiderstandes einer Schaltung sich auf einem Kreis bewegt, wenn sich nur ein Schaltelement der Größe nach ändert (s. hierzu [164, 2]).

In Abb. 205 ist der Kreis für die Spitze von $\Re$, dem Gesamtwiderstand, eingezeichnet, wenn sich die Parallelkapazität ändert. Außerdem läßt sich nachweisen, daß man den Betrag der Veränderlichen nomographisch mit Hilfe einer linear geteilten Bezifferungsgeraden ermitteln kann. Diese Gerade ist für C_p in Abb. 205 ebenfalls eingetragen. Zur besseren Auswertung ist die Größe

$$Z = \frac{1}{1 - C_p/C_o}$$

aufgetragen (s. hierzu SCHÖNBACHER [134]). Für diese Gerade befindet sich das Suchstrahlzentrum in P_∞, denn es gilt, wenn C_0 die Resonanzkapazität ist:

$$\text{für}\quad C_p = C_o \rightarrow Z = \infty ,$$
$$C_p = \infty \rightarrow Z = 0 ,$$
$$C_p = 0 \rightarrow Z = 1 .$$

Aus dem Diagramm erkennt man, daß man durch Verändern der Kapazität C_p die Wirkkomponente des Verbrauchers vergrößern oder verkleinern kann. Will man also für das in Abb. 205 eingezeichnete Beispiel P_1 die Wirkkomponente r_1 auf den 4fachen Betrag r erhöhen, dann wird $Z = 1,9$ und damit $C_p = 0,47\, C_0$. Ändert man C_p so viel, daß der Arbeitspunkt nach P_2 zu liegen kommt, so hat man eine Phasenverschiebung $\varphi = 0$, d.h. also den Leistungsfaktor 1.

Will man nun noch den Widerstand $\Re$ dem Betrage nach so groß machen, daß die größte Leistungsabgabe des Umformers erfolgt, so muß man 0 entsprechend verschieben, was man durch Ändern der Reihenkapazität erreicht. Wird $-jy$ so groß wie jx_i ausgelegt, dann fällt 0 genauso wie 0′ auf die reelle Achse. Man wird

dies aber mit Rücksicht auf die Kurzschlußgefahr nicht machen, weil dann bei einem Kurzschluß des Verbrauchers der Gesamtwiderstand R auf r_i zurückgeht, was eine starke Strombelastung für den Umformer bedeuten kann. Aus diesem Grunde wird man y_r und x_i unterschiedlich groß machen. Im Falle des Diagrammes der Abb. 205 wird im Kurzschluß $\Re = \overline{00}'$, der Widerstand steigt also gegenüber R' an, wodurch eine Überstrombelastung des Umformers vermieden wird.

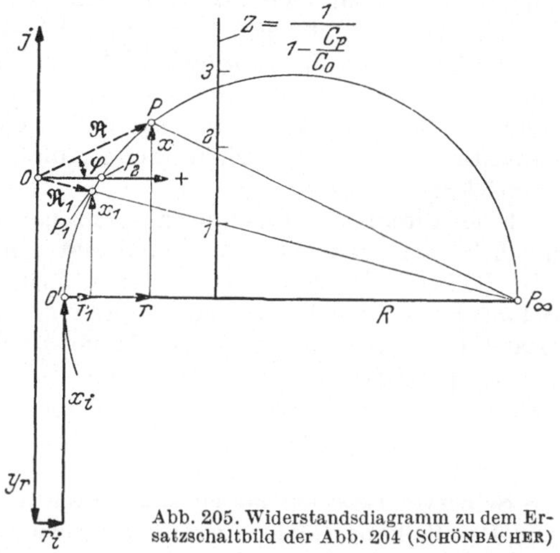

Die Reihenkapazität kann man auch dazu verwenden, den Punkt 0 so zu legen, daß der Umformer bei veränderlichem Übertragerwiderstand mit nahezu konstanter Lei-

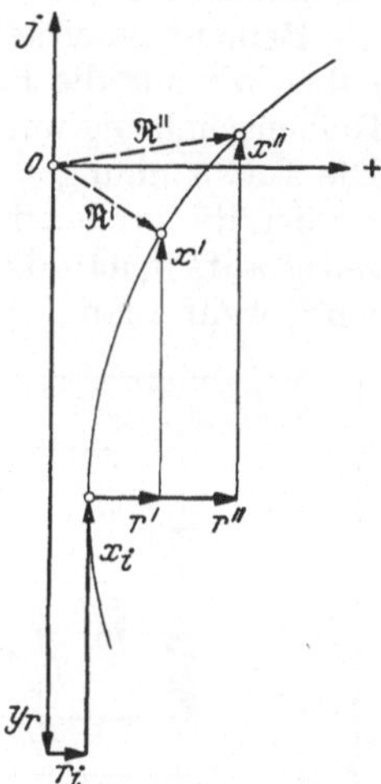

Abb. 205. Widerstandsdiagramm zu dem Ersatzschaltbild der Abb. 204 (SCHÖNBACHER)

stungsabgabe arbeitet. Eine Änderung von $r + jx$ in $r' + jx'$ tritt z. B. bei der Erwärmung von ferromagnetischen Stoffen über den CURIE-Punkt hinaus ein. Der Generatorstrom ist:

$$J = \mathfrak{U}_0/\mathfrak{U}$$

und die umgesetzte Wirkleistung:

$$N = |J|^2\, r\,.$$

Will man nun gleichen Leistungsverbrauch bei r und r' haben, so kann man anschreiben:

$$\left|\frac{\mathfrak{U}_0}{\mathfrak{R}}\right|^2 r = \left|\frac{\mathfrak{U}_0}{\mathfrak{R}'}\right|^2 r' \quad \text{oder} \quad \left|\frac{\mathfrak{R}}{\mathfrak{R}'}\right| = \sqrt{r/r'}\,. \tag{102}$$

Diese Bedingung kann durch eine geeignete Lage von 0 herbeigeführt werden. Allerdings wird hierbei der Leistungsfaktor schwanken und von 1 abweichen. Der Fall der Gl. (102) ist beispielsweise in Abb. 206 wiedergegeben. Der Ausgangswiderstand des zu erwärmenden ferromagnetischen Stoffes möge $r'' + jx''$ sein; nach dem Durchlaufen des CURIE-Punktes soll er auf den Wert $r' + jx'$ gesunken sein, es ist also $r''/r' = 2$ bzw. $\sqrt{r''/r'} = 1{,}41$. Die Lage von 0 ist demnach so gewählt, daß $\mathfrak{R}''/\mathfrak{R}' = 1{,}41$ wird.

Um in der Praxis die richtige Lage von 0 zu finden, wird man eine feinstufige Regelung der Reihenkapazität vor-

Abb. 206. Zur Erläuterung des Arbeitskreisdiagrammes eines Maschinenumformers bei verschiedenen Belastungen (SCHÖNBACHER)

sehen. Für die Parallelkapazität ist im allgemeinen eine grobstufige Regelung ausreichend. Zur Ermittlung der richtigen Kompensation ist ein Strommesser für den Arbeitsstrom, ein Leistungsmesser und ein Spannungsmesser für die Übertragerspannung notwendig. Mit der Anlage arbeitet man dann folgendermaßen: Ist bei voller Erregung des Umformers der Arbeitsstrom zu klein, so schaltet man zunächst Reihenkapazität hinzu. Ein Ansteigen des Stromes besagt, daß die Kapazität zu klein ist. Man erhöht sie so lange, bis das Strommaximum erreicht ist, d.h. also der Resonanzpunkt. Man wird allerdings den Strom nur so weit steigern, bis der Nennstrom erreicht ist. Ist dann bei Nennstrom die Leistung am Wattmeter zu klein, so wird man durch Abschalten von Parallelkapazität die Wirkkomponente erhöhen. Unter Umständen ist dann eine Nachstimmung der Reihenkapazität erforderlich. Weiterhin ist dann die sinngemäße Anwendung auf das Diagramm der Abb. 206: Steigt beim Durchschreiten des CURIE-Punktes die Leistung an, so liegt der Punkt 0 zu tief, es muß also die Reihenkapazität verkleinert werden. Beim Abfallen der Leistung ist die Kapazität zu vergrößern.

Eine direkte meßtechnische Anzeige des Grades der Kompensation ist möglich. Das schematische Schaltbild einer solchen Meßschaltung zeigt z.B. Abb. 207 (s. Österreichische Patentschrift 172254 vom 25. 8. 1952). In dieser Schaltung ist der Verbraucher durch die Induktivität L und die Parallelkapazität C dargestellt. a und b sind Stromwandler, deren Ströme den Teilströmen J_C und J_L proportional sind. Sie werden über die Gleichrichter c und d miteinander verglichen. Der dabei zwischen e und f entstehende Gleichstrom ist eine Funktion des Kompensationsgrades des Blindstromes der beiden komplexen Verbraucher.

Selbstverständlich lassen sich durch Verschieben von 0 und evtl. Änderung der Parallelkapazität auch andere gewünschte Betriebszustände verwirklichen. Zum Beispiel kann man einen konstanten Arbeitsstrom dadurch erreichen, wenn man $|\Re| = |\Re'|$ macht.

Bezüglich der Eigenarten der Reihen- und Parallelkompensation sei noch auf folgende Punkte hingewiesen. Haben wir in dem Stromkreis der Abb. 204 nur die Reihenkapazität C_r, so liegt bekanntlich ein Spannungsresonanzkreis vor; haben wir nur die Parallelkapazität C_p, so ist Stromresonanz vorhanden. Bei der Reihenschaltung werden alle Widerstände von dem gleichen Strom J durchflossen. Die Teilspannungen verhalten sich daher wie die Widerstände. Im Resonanzfall werden die großen Blindspannungen $\mathfrak{U}_x$ und $\mathfrak{U}_c$ gleich groß und heben sich gegenseitig auf, so daß die gesamte Klemmenspannung $\mathfrak{U}$ gleich der Wirkspannung $\mathfrak{U}_r$ wird, wenn man L und C als verlustfrei annimmt. Bei der Parallelschaltung gilt das Entsprechende für die Ströme. Man kann daher für die Resonanzüberhöhung oder den sog. Gütefaktor folgendes anschreiben:

Reihenschaltung: $g = \mathfrak{U}_L/\mathfrak{U} = \mathfrak{U}_C/\mathfrak{U} \approx \mathfrak{U}_L/\mathfrak{U}_r = x/r$,

Parallelschaltung: $g = J_L/J = J_x/J$.

Der Gütefaktor $g = 10$ bedeutet also im Resonanzfall bei der Reihenschaltung, daß die Spannungen $\mathfrak{U}_L = -\mathfrak{U}_C$ an der Induktivität oder Kapazität 10mal so groß werden wie die Klemmenspannung $\mathfrak{U}$ oder daß bei der Parallelschaltung der Strom $J_L = -J_C$ im Schwingungskreis 10mal so groß wird wie der Resonanzstrom J.

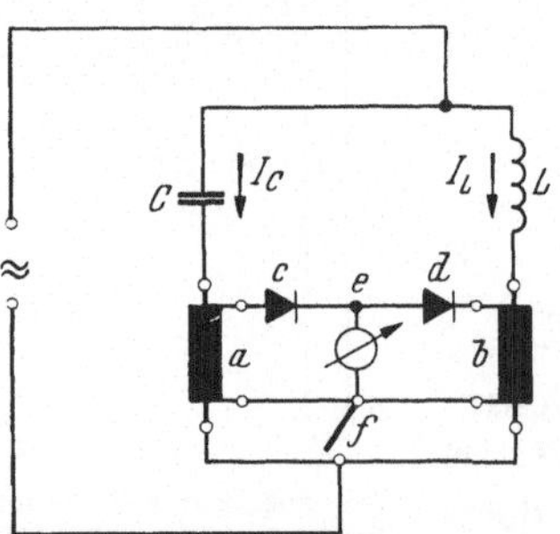

Abb. 207. Meßschaltung zur Ermittlung des Kompensationsgrades

Aus dem Vorausgegangenen folgt nun, daß, bei reiner Reihenkompensation, für die gleiche Erwärmungsaufgabe und bei gleicher Umformerspannung die $g$fache Übertragerwindungszahl gegenüber der reinen Parallelkompensation notwendig wäre. Hohe Übertragerwindungszahlen sind aber in der Praxis nicht angenehm, so daß man schon aus diesem Grunde nicht mit reiner Reihenkompensation arbeitet. Die Überhöhung der Übertragerspannung bringt aber andererseits den Vorteil mit sich, daß man mit verhältnismäßig niedrigen Umformer-

spannungen arbeiten kann. Umformer mit hoher Frequenz haben eine sehr kleine
Nutenteilung, so daß sie sich mit Rücksicht auf die Isolierung bei niedrigen Be-
triebsspannungen betriebssicherer bauen lassen.

C. Röhrenumformer

1. Allgemeines

§ 41. Für die Erzeugung von Frequenzen oberhalb von 100 kHz werden Röhrenumformer verwendet. Sie sind eine Abwandlung der von der Nachrichtentechnik
her bekannten Hochfrequenz-
sender. Die Abwandlung besteht darin, daß sie für den
industriellen Einsatz den Bedingungen stark veränderlicher
Belastung, der nicht immer
sachgemäßen Bedienung und
den betrieblichen Einflüssen,
wie Wärme, Feuchtigkeit, Ver-
schmutzung usw., angepaßt

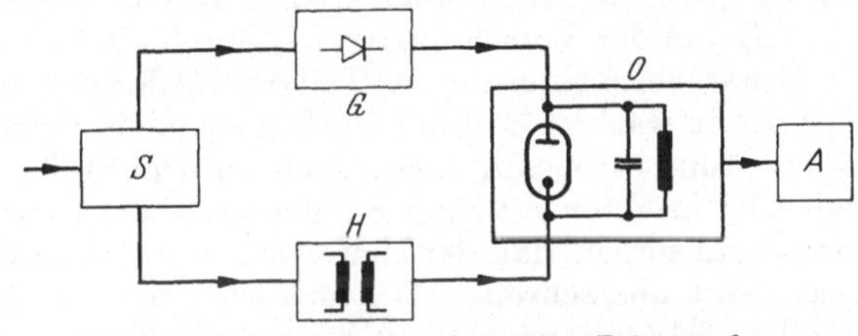

Abb. 208. Schematisches Schaltbild eines Röhrenumformers

wurden. Ein HF-Umformer für die induktive Wärmebehandlung, wie überhaupt
jedes elektronische Gerät für den industriellen Einsatz, soll sich durch möglichst
große Einfachheit, Robustheit und geringsten Platzbedarf auszeichnen.

Ein Hochfrequenzumformer für die induktive Wärmebehandlung besteht aus
folgenden Elementen, s. hierzu Abb. 208:

den Steuerelementen (S), die zur Betätigung des Umformers notwendig sind.
Hierzu sind zu zählen die Schaltelemente zum Ein- und Ausschalten des Umformers sowie der Hochfrequenz, ferner Schaltuhren für die Einschaltzeiten des Hoch-
frequenzstromes, Sicherungs- und Signalelemente;

dem Anodenspannungsgleichrichter (G), der den Wechselstrom des Versorgungsnetzes in hochgespannten Gleichstrom von mehreren Tausend Volt für den
Oszillatorteil umformt [*120*];

dem Heiztransformator (H) für die Oszillatorröhre;

dem Oszillator (O), der die Hochfrequenzschwingungen entsprechend der
Frequenz des Schwingkreises aufrechterhält;

dem HF-Übertrager (A), der zur Anpassung des Werkstückwiderstandes und
zur Übertragung der HF-Energie auf das Werkstück dient.

Die hier aufgezählten Bauelemente sollen im folgenden beschrieben werden.

2. Steuerung

§ 42. Mit Hilfe der Steuerung werden zuerst die Heiztransformatoren für die
Gleichrichter und Oszillatorröhren eingeschaltet. Für die Oszillatorröhren hat der
Steuerteil die Aufgabe, daß er das Einschalten der Heizung nur gestattet, wenn
das Kühlmittel für die Oszillatorröhren, sei es Druckluft oder Wasser, wirksam ist.
Da für den Gleichrichterteil in den überwiegenden Fällen Quecksilberdampfdioden
·verwendet werden, hat der Steuerteil dafür zu sorgen, daß die für diese Röhren
notwendige[1] Anheizzeit eingehalten wird, bevor der Anodenspannungstransfor-

---

[1] Bei neueren Entwicklungen ist diese nicht notwendig [*39*].

mator an die Netzspannung gelegt wird. Diese Anheizzeiten bewegen sich zwischen 1 bis 10 Minuten[1], um die notwendige Betriebstemperatur des Heizfadens zu erreichen.

Das Ein- und Ausschalten des Arbeits-HF-Stromes kann auf zwei Wegen geschehen, entweder schaltet man die Hochspannung, d. h. also den Gleichrichter, auf der Netzseite ein und aus, oder man läßt den Gleichrichter bzw. die Hochspannung dauernd eingeschaltet und schaltet im Gitterkreis des Oszillators. Erstere Methode eignet sich mehr für lange Schaltzeiten und eine geringe Anzahl von Schaltungen im Laufe der Arbeitszeit. Sind die Arbeitsgänge dagegen sehr häufig und insbesondere sehr kurzzeitig, so wird man die zweite Methode vorziehen. Die Bestimmung der Schaltzeiten wird man in der Regel durch Zeitrelais vornehmen, die entsprechend einstellbar sind (z. B. von 0,1 bis 2000 sek), soweit dies nicht, wie z. B. bei der Vorschubhärtung, durch Endschalter geschieht.

Der steuerungstechnische Teil des Umformers hat außerdem noch die Aufgabe, darüber zu wachen, daß der Umformer nicht überlastet wird. Die Sicherung gegen Überlastung wird man vorwiegend an drei Stellen vorsehen. Zunächst wird man den Gleichrichter mit einer geeigneten Überstromauslösung versehen. Ferner wird man dafür sorgen, daß der Umformer gesperrt wird, wenn der Anodenstrom seinen Grenzwert überschreitet. Drittens wird man die Oszillatorröhren mit einer thermischen Schutzvorrichtung versehen, die eine zu hohe Erwärmung der Röhren verhindern.

3. Anodenspannungsgleichrichter

§ 43. Die Gleichrichter werden mit Glühkathoden-Quecksilberdampfdioden ausgerüstet. Die beiden hauptsächlichsten verwendeten Schaltungen sind in Abb. 209 gezeigt; die zugehörigen Werte sind in Tab. 18 angegeben. Man wird je nach der gewünschten Leistung und Spannung die geeignete Schaltung wählen.

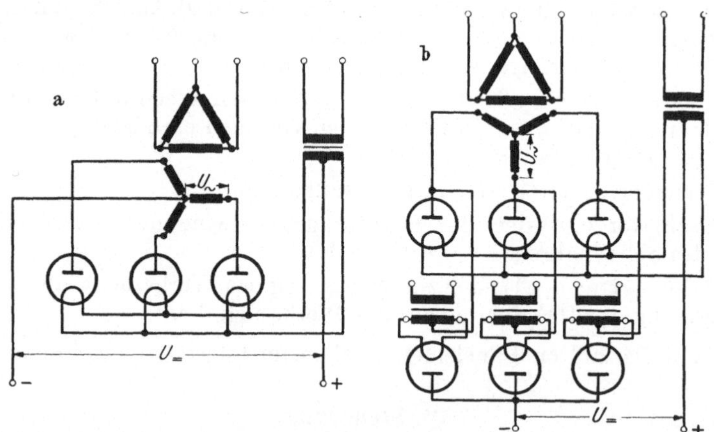

Abb. 209 a u. b. Beispiele für die Schaltung der Anodenspannungsgleichrichter. Siehe hierzu Tab. 18

Die Schaltung a ist mit 3 Gleichrichterröhren ausgerüstet, die die positive Halbwelle je einer Phase gleichrichten. Bei Verwendung von 6 Röhren, Schaltung b, können beide Halbwellen der drei Phasen gleichgerichtet werden, dies ermöglicht eine wesentlich bessere Ausnützung des Transformators. Diese Schaltung hat aber

---

[1] Dies ist besonders zu beachten, wenn die Röhren ausgebaut waren und sich Quecksilber auf dem Elektrodensystem abgelagert hat. Dann muß die Anheizzeit so lange ausgedehnt werden, bis dieses vollkommen verdampft ist. Bei sogenannten Pillenröhren ist dies nicht nötig [77].

gegenüber derjenigen von a den Nachteil, daß der Aufwand größer ist; außer der doppelten Anzahl von Röhren sind 4 Heiztransformatoren gegenüber einem bei a für die Röhren notwendig.

Tabelle 18

Betriebsdaten zu den in Abb. 209 angegebenen Schaltungen für Anodenspannungsgleichrichter

Daten der Hg-Dampfdioden			Betriebsdaten der Schaltung in Abb. 209					
	Anoden-strom Amp max		a			b		
Sperrspannung Volt max	Spitze	Mittel	$U_{\sim\,\mathrm{max}}$	$U_{=\,\mathrm{max}}$	$J_{=\,\mathrm{max}}$	$U_{\sim\,\mathrm{max}}$	$U_{=\,\mathrm{max}}$	$J_{=\,\mathrm{max}}$
10000	1,0	0,25	4100	4800	0,75	4100	9600	0,75
10000	5,0	1,25	4100	4800	3,75	4100	9600	3,75
20000	7,0	1,75	8200	9600	5,25	8200	19200	5,25
20000	10,0	2,5	8200	9600	7,5	8200	19200	7,5

$$U_= = 1{,}17\ U_\sim \qquad\qquad\qquad U_= = 2{,}34\ U_\sim$$

$U_=$ = Mittelwert der gleichgerichteten Spannung. $U_\sim$ = Effektivwert der Speisewechselspannung. $J_=$ = Mittelwert des entnehmbaren Gleichstroms.

4. Senderöhre als Oszillatorröhre[1,2]

a) Elektronenquelle

§ 44. Dem technisch interessierten Leser sind heute die physikalischen Grundlagen der Hochvakuum-Elektronenröhren vom Rundfunkempfänger her weitgehend bekannt. Wir können darauf aufbauen und haben hier zum Verständnis der Senderöhren lediglich auf die Unterschiede gegenüber den Empfängerröhren hinzuweisen. Insbesondere soll im folgenden die richtige Anwendung von Senderöhren in Erwärmungsumformern dargestellt werden, wir brauchen demnach einerseits die Fragen der Röhrenentwicklung und -herstellung nur zu streifen und können andererseits alle Probleme, die nur der Nachrichtentechnik eigentümlich sind, wie Verzerrung, Modulation und Brumm, außer acht lassen. Ferner wollen wir uns auf ein enges Frequenzgebiet zwischen etwa 100 kHz und 40 MHz beschränken und können so die Laufzeit der Elektronen unberücksichtigt lassen. Allerdings muß erwähnt werden, daß im steigenden Maße auch die Erwärmung mittels Mikrowellen technische Bedeutung erhält und so eigentlich außer den Umformern mit „klassischen" Röhren auch solche mit Laufzeitröhren, insbesondere mit Magnetrons, betrachtet werden müßten. Da eine allzu kurze Darstellung jedoch diesem Gebiete nicht gerecht würde, sei auf die zahlreichen Originalveröffentlichungen verwiesen [*73, 76, 117*].

In einer Elektronenröhre wird der aus einer möglichst ergiebigen Elektronenquelle austretende Schwarm von Elektronen, das sog. Elektronengas, von elektrischen bzw. magnetischen Feldern geführt. Als Elektronenquelle verwendet man vor allem glühende Metalle, aus denen bei genügend hoher Temperatur Elektronen in einer Art „Verdampfung" austreten. Die Dichte dieses thermischen Elektronenstromes sagte RICHARDSON folgendermaßen voraus:

$$i = A\,\Theta^2\,\mathrm{e}^{-\frac{e\,U_A}{k\,\Theta}} \tag{103}$$

---

[1] Die §§ 44—55 wurden von Herrn Dipl.-Ing. NORBERT WEYSS verfaßt.

[2] Für die Elektronenröhren großer Leistung und Verstärkungsgrade hat sich durch die erste Verwendung in Nachrichtensendern der Name „Senderöhren" eingeführt. Aus diesem Grunde wurde als Grundbegriff diese Bezeichnung beibehalten, obwohl sie der hier beschriebenen Funktion nicht gerecht wird, denn die HF-Energie soll ja bei den hier besprochenen Geräten nicht ausgestrahlt, d. h. gesendet werden, sondern leitungsgebunden bzw. transformatorisch übertragen werden.

In dieser gegenüber der Wirklichkeit etwas vereinfachten Gleichung ist A eine Pseudokonstante [167], sie wird für reine Metalle mit $40 \cdots 120$ A cm^{-2} Grad^{-2} angegeben, eU_A ist die stoffabhängige Austrittsarbeit.

Tabelle 19. *Austrittsarbeit für einige Metalle*

	Ba	Ca	Cs	Sr	Th	Pt	W	W + Th	W + WO	Grundmetalle mit adsorbierter Ba-, Ca-, Sr- Oxydschicht	
eU_A	$2,1\cdots$ $3,45$	$\underline{2,86}\cdots$ $3,2$	$1,8\cdots$ $1,9$	$2,6\cdots$ $2,67$	$\underline{2,92}\cdots$ $3,4$	$5,3\cdots$ $6,2$	$4,5$	$2,7\cdots$ $3,35$	$6,24\cdots$ $9,2$	$0,9\cdots$ $\dfrac{1,6\cdots}{2}$	eV
A		~ 40					$60,2$	$\dfrac{2,5\cdots}{3,5}$	40	$10^{-4}\cdots 10^{-3}$ A cm^{-2} Grad^{-2}	

Es bedeuten wie üblich:

BOLTZMANNsche Konstante $k = 1{,}380 \cdot 10^{-23}$ Wsek/Grad,
Elektronenladung $e = (-)1{,}601 \cdot 10^{-19}$ Asek,
$e = 2{,}718 \ldots$

Infolge des — letzten Endes von der statistischen Verteilung der Elektronen herrührenden — exponentiellen Zusammenhanges wirkt sich eine Erniedrigung der Austrittsarbeit ganz erheblich aus. Unter sonst gleichen Umständen würde bei einer Halbierung der U_A-Voltzahl der Emissionsstrom im interessierenden Bereich auf das 10^5- bis 10^6-fache ansteigen!

Trägt man die jeweilige Stromdichte, die als sog. Sättigungsstromdichte auch der Messung zugänglich ist, auf halblogarithmischem Netz über dem Reziprokwert der absoluten Temperatur Θ des glühenden Metalls auf, so ergeben sich für die einzelnen Stoffe nahezu Geraden [152, 168]. Unter Vernachlässigung der Wärmeableitung ist im Hochvakuum zur Kompensation der Abstrahlung für jede Temperatur und jedes Metall eine ganz bestimmte und auch bekannte Erhitzungsleistung erforderlich. Dividiert man die Sättigungsstromdichte durch diese spezifische Heizleistung, so erhält man die im Netz oben aufgetragene „spezifische Emission" in mA/W.

Man sieht, daß bezogen auf die aufgewendete Heizleistung mit Ba-, Ca-, Sr-Oxyden aktivierte Metalle am meisten Elektronen ergeben. Dieser an sich erwünschte Vorteil kann aber bei größeren Röhren nicht ausgenutzt werden, weil sich bei deren Evakuierung die Oxyde in unerwünschter Weise an andern Teilen des Röhrensystems niederschlagen würden. Für Senderöhren in Erwärmungsanlagen werden heute ausschließlich entweder *reine* oder aber *thorierte Wolframfäden* verwendet, die sich außer in der Zahl der je cm^2 oder je Watt frei werdenden Elektronen, wie in Abb. 210 ersichtlich ist, noch in wichtigen anderen Eigenschaften unterscheiden.

Die einer bestimmten Heizung bzw. Temperatur entsprechende „Sättigungs"-Emission eines reinen Wolframfadens darf voll ausgenutzt werden. Wird dieser Wolframoberfläche mehr abverlangt, als sie liefern kann, so gibt sie einfach dieses Mehr nicht her, sie leidet aber dabei in keiner Weise.

Anders der thorierte Wolframfaden; bei diesem hat man dem Wolframpulver vor dem Sintern (Wolfram läßt sich bekanntlich nicht schmelzen) etwa 1 bis 2% Thoriumoxyd beigefügt. Der als Heizfaden entsprechender Form in die Röhre eingebaute Draht wird sodann einem Karburierungs- oder Karbonisierungsprozeß unterworfen, d. h., er wird in Kohlenwasserstoffatmosphäre kurzzeitig auf hohe Temperatur erhitzt. Dadurch entsteht eine Wolframkarbidschicht, die die sonst zu rasch erfolgende Diffusion des Thoriumoxydes gerade in den richtigen Grenzen hält. Die schließlich entstehende monomolekulare hochemittierende Schicht wird bei der Elektronenabgabe abgetragen, andererseits durch nachdampfende Moleküle aus dem Innern ersetzt. Es ist einzusehen, daß für einen solchen diffizilen Vorgang die Einhaltung genauer Temperatur- bzw. Heizungsgrenzen notwendig ist. Es folgt daraus aber außerdem die Forderung, daß die Elektronenentnahme niemals an die Grenze der maximalen Emissionsmöglichkeit herankommen darf.

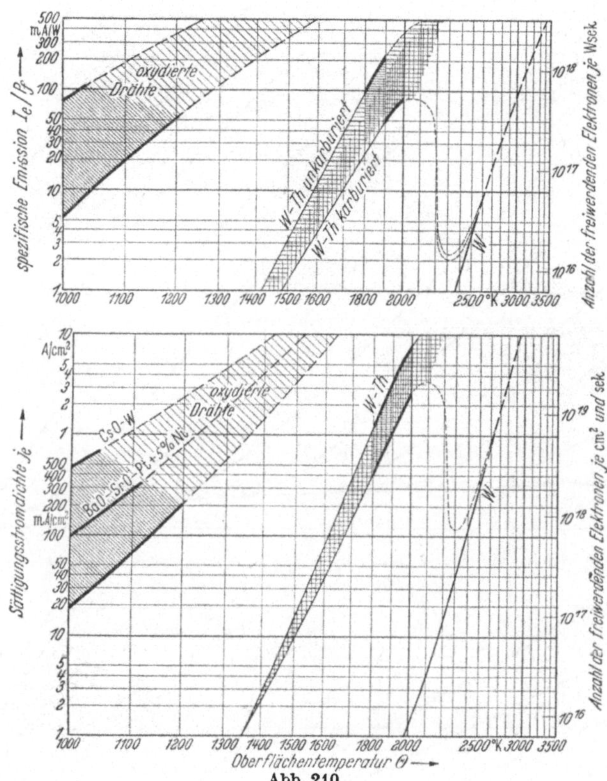

Abb. 210
Sättigungsstromdichte und spezifische Emission von Oxydkathoden, thorierten und reinen Wolframkathoden

Der betriebsmäßige Spitzenstrom I_{kp} muß stets, d.h. auch bei Vollast und gleichzeitig bei niedrigster betriebsmäßig vorkommender Heizung, unterhalb des individuellen Sättigungsstromes der betreffenden Röhre angesetzt werden. Der Gerätebauer muß dabei auch an die Alterung der Glühelektrode denken, deren Sättigungsstrom im Laufe der Brennzeit abnimmt. Die Röhrenhersteller geben ihm deshalb einen Grenzwert für I_{kp} an, der wesentlich unterhalb der durchschnittlich in der Fabrikationsserie gemessenen Emissionsspitzenwerte I_e liegt. Bei den folgenden Überlegungen seien beide Arten Glühfäden stets so geheizt angenommen, daß die abverlangte Elektronenmenge auch wirklich geliefert werden kann.

b) Triode

§ 45. Stellt man der Elektronenquelle in der evakuierten Röhre eine oder mehrere Elektroden gegenüber, so wird sie zur *Kathode*, d.h. es beginnt aus ihr über das Vakuum ein Elektronenstrom zu fließen, der in einem äußeren leitenden Kreis als galvanischer Strom zu messen ist. Wir haben es bei der Umformerbestückung

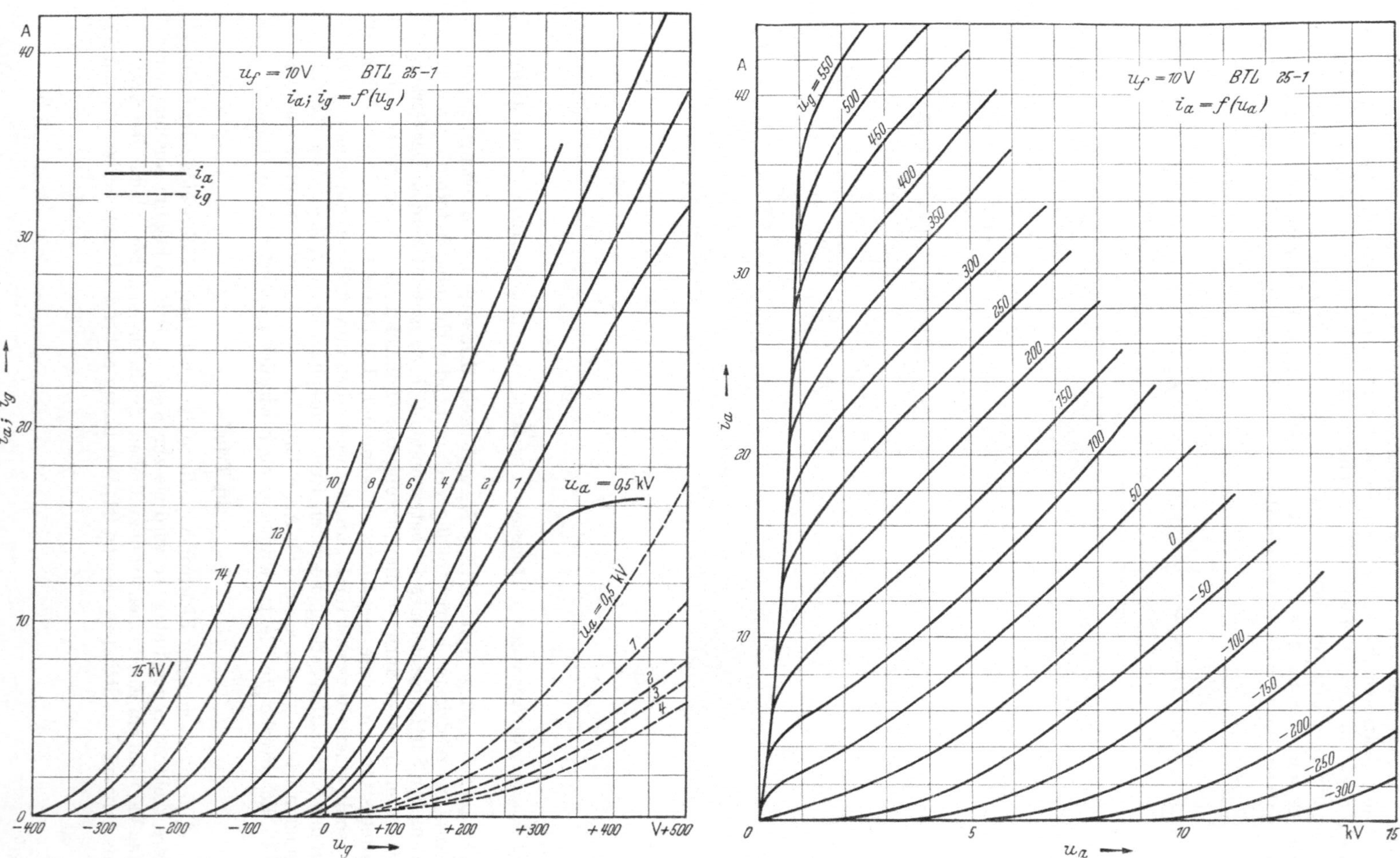

Abb. 211. Kennlinienfelder einer 73-kW-Sendetriode. Projektion des Kennliniengebirges auf die $i_a - u_g$-Ebene; u_a-Schichtenlinien als Parameter

Abb. 212. Kennlinienfelder einer 73-kW-Sendetriode. Projektion auf die $i_a - u_a$-Ebene; u_g-Schichtenlinien als Parameter

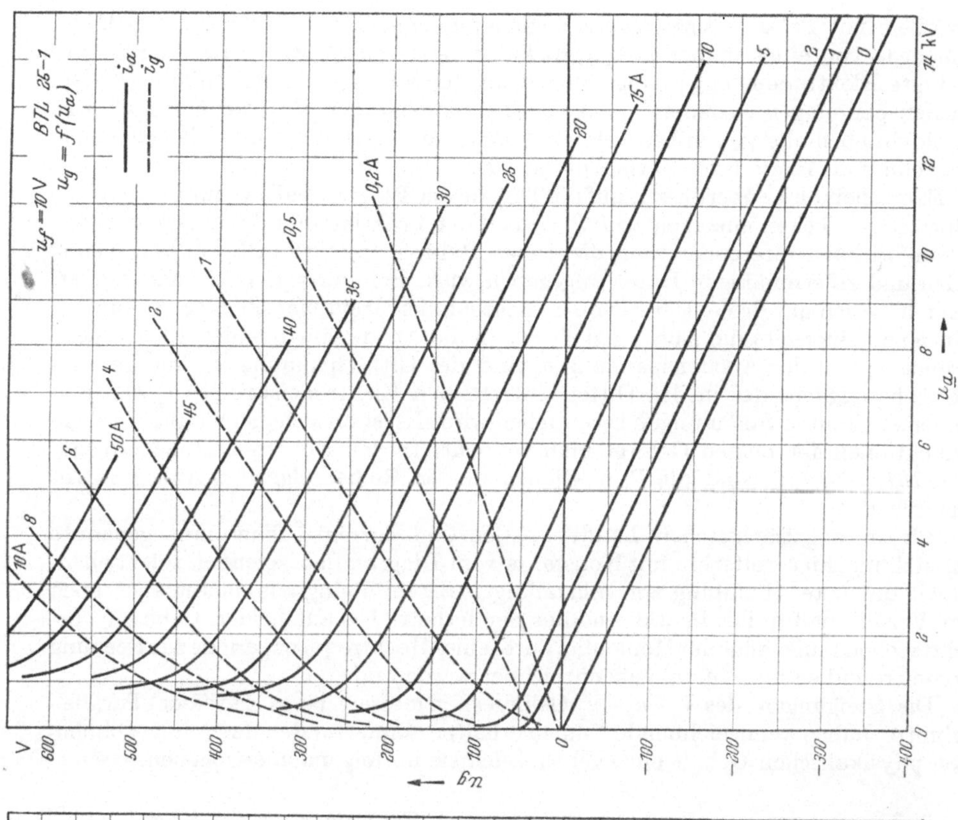

Abb. 214. Kennlinienfelder einer 73-kW-Sendetriode. Projektion auf die u_g-u_a-Ebene; Schichtenlinien des i_a-Gebirges und des i_g-Gebirges als Parameter. Konstantstrom-(Constant-Current-) Diagramm

Abb. 213. Kennlinienfelder einer 73-kW-Sendetriode. Projektion auf die i_g-u_a-Ebene; u_g-Schichtenlinien als Parameter

vor allem mit *Trioden*, also Dreielektrodensystemen, zu tun, bei denen das Elektronengas von einer immer positiven *Anode* „angesaugt" wird; die jeweilig angesaugte Elektronenmenge hängt aber nicht nur von der momentan anliegenden Anodenspannung u_a, sondern auch von der momentanen Feldverteilung ab, die durch ein ebenfalls von außen her mit Spannung versehenes *Gitter*, das zwischen Kathode und Anode liegt, mitbestimmt wird.

Es erscheint hier überflüssig, auf die Theorie der Elektronenbewegung in den einzelnen Bahnstücken einzugehen [*129*], zumal den Praktiker nur die außen meßbare Gesamtwirkung interessiert und diese vom Röhrenhersteller in Form von Kennlinien und ziffernmäßigen Daten angegeben wird. Bei den sog. Triodenkennlinien handelt es sich um Projektionen von Schichtenlinien dreidimensionaler „Gebirge", mit denen einerseits die Abhängigkeit des in die Anode eintretenden Elektronenstromes i_a von der Anodenspannung u_a und der Gitterspannung u_g, andererseits die Abhängigkeit des in das Gitter eintretenden Elektronenstromes i_g von den beiden erwähnten Spannungen beschrieben wird. Es ist an sich gleichgültig, welche Projektionen der beiden Gebirge man vorzieht. In den Röhrenhandbüchern [*28, 124, 161, 139, 150*] sind die Projektionen in der Reihenfolge der Abb. 211–214 angegeben.

Die in angelsächsischen Ländern „Constant-Current"-Diagramm genannte Darstellung, hier weiterhin mit Konstantstrom-Diagramm bezeichnet, reicht ebenso wie die erste Abbildung zur vollständigen Beschreibung aus, bietet aber noch den Vorteil, daß in ihr die während des Senderbetriebes auf beiden Gebirgen beschriebenen Linienzüge der Momentanwerte einer Hochfrequenzperiode zur Deckung kommen und so nur einmal gekennzeichnet werden müssen.

Die Steigungen des $i_a - u_a - u_g$-Gebirges, gemessen längs gewisser Parallelschnitte, haben kennzeichnende Namen erhalten. Ohne auf den ihnen innewohnenden physikalischen Gehalt einzugehen, seien sie im folgenden angegeben.

Steilheit	$S = (\partial i_a/\partial u_g)$	$u_a = $ const	Tangente an die Kennlinien in Abb. 211	(104)
Verstärkungsfaktor	$\mu = - (\partial u_a/\partial u_g)$	$i_a = $ const		
bzw. Durchgriff	$D = - 1/\mu$		Tangente an die i_a-Kurve in Abb. 214	(105)
Innerer Widerstand	$R_i = (\partial u_a/\partial i_a)$	$u_g = $ const	Reziprokwert der Tangente an die Kennlinien in Abb. 212	(106)

Die Steigungen sind, wie man sieht, für eine bestimmte Röhre nicht konstant, also sind es auch die drei Kennwerte nicht. Wären sie es, spräche man von einer „idealen Triode". Will man einen dieser Kennwerte präzisieren, so muß man dazu den Arbeitspunkt angeben.

Wird dem Gitter eine Wechselspannung aufgedrückt, so folgt — wie schon von den Empfängerröhren her bekannt ist — der Anodenstrom mehr oder weniger genau dem gleichen periodischen Verhalten, wie es eben durch die Kennlinien „vorgeschrieben" wird. Während beispielsweise bei einer Lautsprecherröhre die Kurvenform des Anodenwechselstromes möglichst genau der erregenden Gitterspannung entsprechen soll, brauchen wir bei den uns interessierenden Leistungsröhren in dieser Hinsicht nicht wählerisch zu sein. Wir werden zunächst trachten, überhaupt eine möglichst große Elektronenmenge auf den Weg zur Anode zu schicken und dazu auch noch die höchstmögliche Anodenspannung zur „Absaugung" bereitzustellen. Wenn im (arithmetischen) Mittel der Gleichstrom I_a durch die Anode fließt und an ihr die ebenso als Mittelwert definierte Anodengleichspannung U_a gegenüber der Kathode wirkt, so ist unser vorläufiges Bestreben, das Produkt dieser beiden Werte, also die Eingangsleistung

$$P_{ia} = I_a U_a \tag{107}$$

möglichst hoch werden zu lassen. Leider gelingt es — wie überall in der Technik so auch hier — nicht, diese ganze (an die Anode) herangebrachte Leistung der nutzvollen Verwendung zuzuführen. Bei der Abbremsung des aufprallenden Elektronenschwarmes erwärmt sich der Anodenkörper, und je mehr Elektronen wir auf den Weg schicken und je mehr wir jedes einzelne Elektron zur Anode hin beschleunigen, desto mehr müssen wir uns mit der in der Anode als Wärme auftretenden Verlustleistung P_a befassen.

Nur die Differenz $P_{ia} - P_a$ kann in einem äußeren Kreis als Nutzleistung P_0 zur Verfügung stehen und — wiederum nach einigen Abstrichen — der Erhitzung eines Werkstückes dienen.

$$P_0 = P_{ia} - P_a. \tag{108}$$

Neben der Emissionsgrenze bzw. dem zulässigen Kathodenspitzenstrom I_{kp} haben wir soeben die Anodenverlustleistung P_a als einen weiteren, die Röhrenausnutzung beschränkenden Grenzwert kennengelernt. Im Gegensatz zum Elektromaschinenbau, in dem meist die Nutzleistung zur Kennzeichnung der Baugröße angegeben wird, pflegen die Röhrenhersteller hierfür den Wert der höchstzulässigen Anodenverlustleistung P_a zu dokumentieren.

c) Betrieb der Senderöhren in „Klasse-C-Einstellung"

§ 46. Um nun aus einer Röhre mit gegebener Verlustleistung eine möglichst hohe Nutzleistung entnehmen zu können, bedienen sich die Entwickler von Sendern ebenso wie die von HF-Umformern eines Kunstgriffes — sie „schleichen sich" mit dem gewünschten kräftigen Elektronenschwarm an die Anode heran und vermeiden so weitgehend die dort sonst entstehende Abbremsungswärme. Dies geschieht, indem in jeder Hochfrequenzperiode nur dann aus der Elektronenquelle ein Strom abgesaugt wird, wenn die an der Anode liegende Beschleunigungsspannung nahezu Null oder zumindest recht klein ist. So entstehen periodische, voneinander durch Strompausen unterbrochene Anodenstromkuppen — wie gesagt, wir wollten ja hinsichtlich der Kurvenform nicht wählerisch sein.

Daß ein großer Strom bei kleiner Spannung fließt, erscheint aus zwei Gründen paradox. Die Behauptung scheint dem Ohmschen Gesetz zu widersprechen und auch dem von einer Gleichrichterröhre (Diode) her bekannten Strom-Spannungs-Verhalten. Zum ersten scheinbaren Widerspruch muß man sich klarmachen, daß die zwischen der Anode und Kathode liegende Spannung als Differenz zwischen der Speisespannung und entweder dem Spannungsabfall an einem äußeren Wechselstromwiderstand oder einer Schwingungsamplitude zustande kommt. Der zweite Widerspruch ist folgendermaßen aufzuklären. Wenn wir die Kennliniengebirge z.B. im Konstantstrom-Diagramm betrachten, sehen wir, daß bei kleinen Momentanwerten der Anodenspannung u_a an sich auch nur relativ kleine Momentanwerte des Anodenstromes i_a aus der Kathode herausgeholt werden können (Diodenverhalten). Hilft man jedoch durch eine an das Gitter gelegte ebenfalls saugende positive Spannung u_g nach, so schießt die Mehrzahl der Elektronen dann über ihr erstes Nahziel, das Gitter, hinaus — auf die Anode zu — und trägt so zu den gewünschten hohen Anodenstrom-„Kuppen" bei. Freilich saugt das Gitter selbst auch Elektronen an, wenn auch in geringem Maße. Außer den zeitlichen Anoden-

stromkuppen gibt es also bei dem geschilderten zweckmäßigen Betrieb der Senderöhre auch synchrone Gitterstromkuppen, deren Höhe und zeitliche Dauer allerdings kleiner als die der Anodenstromkuppen ist.

Im Gegensatz zur Betriebsweise von Empfängerröhren, bei denen es meist nur
auf eine gute Spannungsverstärkung ankommt und wo die Steuerung leistungslos
erfolgt, ist bei dem hier geschilderten Betrieb von Leistungsröhren eine bereits
ins Gewicht fallende Steuerleistung notwendig, die an das Gitter beispielsweise
durch eine Rückkopplung oder durch Fremderregung herangebracht werden muß
und zum Teil zur Erwärmung des Gitters beiträgt. Im Leerlauf wird die entstehende Gitterverlustwärme [109] sogar wichtiger für die Dimensionierung als
die Anodenverluste.

Wie die Spannungen und Ströme im einzelnen verlaufen, zeigt Tafel I[1]. Links
oben ist die klassische Kennlinie $i_a = f(u_g)$ für $u_a =$ const dargestellt, und zwar ist
hierfür eine „halbideale Triode" angenommen, deren Anodenstrom anfänglich eine
lineare Funktion der Gitterspannung ist (hier z.B. $S = 20$ mA/V) und erst bei
hohen Werten weniger steil ansteigt.

Im Anodenkreis ist ein belasteter, also gedämpfter Parallelschwingkreis angenommen, dessen Eigenfrequenz mit der Frequenz einer erregenden[2] sinus-
förmigen[3] Gitterwechselspannung übereinstimmt. Eine solche Röhrenanordnung
wird als „Sendeverstärker", „Resonanzverstärker" oder oft auch als „HF-Ver-
stärker" bezeichnet. Ein NF-Verstärker für industrielle Zwecke mit jeweils
einer bestimmten Frequenz, wie er in Ultraschallgeräten erforderlich ist, ließe
sich selbstverständlich in analoger Anordnung aufbauen.

Um in unserem Beispiel die Zeit möglichst vorteilhaft zu zählen, sei eine Arbeitsfrequenz $f = 2,77$ MHz vorausgesetzt, deren Periodendauer bekanntlich
$T = 1/f = 0,36$ μsek $= 360$ nsek beträgt. Die Zahl der Nanosekunden deckt sich
dann mit den sog. elektrischen Gradzahlen innerhalb der Periode.

Unterhalb der Kennlinien ist im gleichen Spannungsmaßstab die Sinuskurve der
steuernden Gitterwechselspannung (Amplitude $U_{gp} = 1100$ V) gezeichnet. Rechts
oben neben den Kennlinien wollen wir im gleichen Strommaßstab die zu erwartenden Anodenstromkuppen auffinden.

Ebenfalls rechts ist in einem willkürlichen Maßstab die Anodenspannung aufgetragen, die aus einer eingespeisten Gleichspannung $U_a = 12$ kV und einer überlagerten Wechselspannung mit einer Amplitude $U_{ap} = 11$ kV bestehen möge. Auf
die Entstehung dieser am Außenwiderstand abfallenden Wechselspannung und
auf die genaue Kurvenform wird später in § 50 und 51 noch näher einzugehen sein.

Im unerregten Zustand soll das Fließen des Anodenstromes mit Sicherheit
unterbunden werden. Wir legen deshalb an das Gitter eine gegenüber der Kathode
negative Vorspannung, hier z.B. $U_g = -1000$ V, und tragen ein $|-U_g| = 1000$ V[4].

Verfolgt man nun den Verlauf der resultierenden Gitterwechselspannung (die
vom Nulldurchgang der erregenden Wechselspannung an stationär eingeschwun-
gen gedacht sei), so bleibt zunächst der Elektronenstrom immer noch gehemmt,
z.B. nach 30 nsek hat das Gitter -450 V gegen Kathode (s. untere Sinuskurve),
die Anode (nach der rechten Sinuskurve) gegen Kathode $+6,5$ kV. Bei der an-

---

[1] Die Tafeln I—V befinden sich in der Tasche des rückwärtigen Buchdeckels.

[2] Ob es sich um eine Erregerspannung aus einer fremden HF-Quelle, also um einen fremd-
erregten Verstärker handelt, oder ob Eigenerregung — etwa durch Rückkopplung (Oszillator) —
vorliegt, ist für die folgenden Überlegungen zunächst gleichgültig.

[3] In letzter Zeit wurde die Wirkungsgradsteigerung betont, die sich bei bestimmten Abweichungen von der Sinusform erzielen läßt. In der einfachsten Ausführungsform werden hierfür im Oszillator Schwingkreise für die 3. Harmonische zugeschaltet [148].

[4] Diese überbestimmte Schreibweise des Betrages wurde im Hinblick auf spätere Berechnungen, z.B. Formel (132) gewählt, um dort leicht mögliche Rechenfehler auszuschließen.

gegebenen Gitterspannung wären aber laut Kennlinie 8,5 kV Anodenspannung notwendig, um den Elektronenfluß in Gang zu bringen. Erst bei 47 nsek beginnt tatsächlich der Stromfluß, dann ist nämlich wirksam:

— 200 V zwischen Gitter und Kathode, und

+ 4 kV zwischen Anode und Gitter.

Der bisher Null betragende Anodenstrom beginnt zu steigen.

Der Anstieg erfolgt nicht längs der „statischen" Kennlinie für $u_a = 4$ kV, sondern weniger steil nach einer sog. dynamischen Kennlinie.

1 Amp wird z. B. bei 3 kV im Zeitpunkt 55 nsek

2 Amp bei 2 kV in 65 nsek und

3 Amp bei 1 kV in 90 nsek

erreicht, weil die Anodenwechselspannung in diesen Zeitpunkten entsprechend gefallen ist — wie die rechte Kurve zeigt — und weil die Gitterspannungskurve in Richtung zu positiven Werten hin in passender Weise ansteigt

(55 nsek … — 100 V   65 nsek … 0 V   90 nsek … + 100 V).

In den folgenden Zeitpunkten 115, 125 und 133 nsek fällt der Anodenstrom wieder auf 2; 1 und 0 A. Der Stromfluß bleibt sodann unterbrochen bis zur nächsten Hochfrequenzperiode, in der sich das Spiel in der 407. Nanosekunde wiederholt. Der Stromabfall ist übrigens immer ein Spiegelbild des Anstieges. Ist die dynamische Kennlinie eine Gerade, so ist leicht einzusehen, daß die Anodenstromkuppe einem Abschnitt einer Sinuskurve gleichkommt.

Die genaue Form der Kuppe ist für uns nicht wesentlich, wir haben jedenfalls erreicht, daß der Elektronenschwarm in der Röhre nur in jenem günstigen Zeitintervall von $47 \cdots 90 \cdots 133$ nsek fließt, in dem die Anodenspannung besonders kleine Werte, nämlich $4 \cdots 1 \cdots 4$ kV, aufweist.

In der Vakuumröhre ist dieses impulsartige Wandern der Elektronen mit zeitlich dazwischenliegenden Pausen eine Realität. In einem äußeren Kreis fließen wegen des Kontinuitätsgesetzes natürlich die gleichen Stromimpulse, doch kann man sich diese dort ohne weiteres auch durch einen unveränderlichen (übrigens recht niedrigen) Gleichstrom mit überlagerten Hochfrequenzschwingungen der Frequenzen f, $2f$, $3f$ usw., den sog. Harmonischen, ersetzt denken. Der Gleichstromwert, den man durch Planimetrieren der Stromkuppen leicht findet, stammt von der Anodengleichspannungsquelle her. Das Ausmaß der Harmonischen (s. a. S. 157) ist durch die gewählte Aussteuerung bestimmt. Insbesondere ist hierfür die Zeitdauer des Stromflusses maßgebend, die man zu Vergleichszwecken auf die Periodendauer bezieht und deshalb in elektrischen Winkelgraden mißt. Es ist üblich, den elektrischen Winkel für die halbe Stromflußzeit, in unserem Fall also von $47 \cdots 90$ nsek, anzugeben und ihn mit Stromflußwinkel Θ_a (hier $= 43°$) zu bezeichnen.

Je kleiner Θ_a ist, desto besser gelingt das eingangs geforderte „Heranschleichen" des Elektronenschwarmes an die Anode, ohne große Wärmeverluste befürchten zu müssen, desto größer ist folglich auch der Wirkungsgrad. Im Umformerbau kommt es aber nicht nur auf den höchsten theoretisch erzielbaren Wirkungsgrad an, sondern auf die höchste erzielbare Ausgangsleistung bei keineswegs vorgegebener Eingangsleistung. Hierzu muß ein Kompromiß geschlossen und die Stromflußdauer etwas länger angesetzt werden, meist liegt Θ_a zwischen 50 und 70°, wobei die oberen Werte häufiger anzutreffen sind.

Die Betriebsarten haben je nach Stromflußdauer und Kurvenform des Anodenstroms verschiedene Kennbuchstaben erhalten. Eine vollständige, möglichst sinusförmige Stromkurve erhält man in „Klasse-A-Einstellung", wobei nicht nur keine Strompausen eintreten dürfen, sondern die beiden Halbwellen einander sogar völlig gleichen sollen. Der Vorteil eines solchen Betriebes — die unverzerrte Verstärkung der Steuerspannung — ist für unsere Anwendungen nicht wesentlich. Verschiebt man die Gitterspannung mehr nach dem Negativen, so spricht man zunächst von „AB-Betrieb", der bereits kurz lückende Stromkurven mitumfaßt, die Stromflußdauer muß hierbei aber jedenfalls länger als die Pause sein ($\Theta_a = 90 \cdots 180°$). Der für uns allein in Frage kommende Betrieb mit relativ kurzen Stromimpulsen erfolgt in der sog. „Klasse-C-Einstellung" [130, 68], wobei $\Theta_a = 0 \cdots 90°$ ist.

Ein beinahe nur ideeller Begriff ist die zwischen A und C liegende „Klasse-B-Einstellung", bei der Θ_a genau 90° sein soll. Wie wir später sehen werden, ergeben sich bei praktischen, „nichtidealen" Kennlinien hierfür Definitionsschwierigkeiten.

Zur Auffindung des erwähnten Kompromisses zwischen Wirkungsgradsteigerung einerseits ($\Theta_a \rightarrow 0°$) und höherer Eingangsleistung ($\Theta_a \rightarrow 90°$) andererseits wurden in der Literatur zahlreiche Kurven [101] und Berechnungen angegeben, die unter gewissen einschränkenden Voraussetzungen die optimale Ausgangsleistung auffinden lassen. Solche Angaben vermitteln wertvolle Zusammenhänge zwischen den einzelnen Größen, können aber von Praktikern selten ausgewertet werden, weil zunächst viele Randbedingungen des Problems, wie z. B. der *genaue* auf die Röhre wirksame Außenwiderstand, noch unbekannt sind.

Wir wollen uns daher bewußt auf zwei für die Praxis wichtige Berechnungsgänge beschränken. Im ersten soll der Konstrukteur innerhalb gegebener Grenzwerte die günstigste Röhreneinstellung finden und u. a. die dabei zu erwartenden Gleichstromwerte vorausberechnen. Im zweiten Berechnungsgang soll hingegen dem Prüffeldingenieur bzw. dem Entwickler nach Fertigstellung seiner Konstruktion, sobald sich das aufgebaute Gerät elektrisch messen läßt, eine Rechenmethode angegeben werden, mit der aus den der Messung leicht zugänglichen Gleichstromwerten die genaue Einstellung, alle Wechselspannungs- und -stromwerte, der Wirkungsgrad und die tatsächliche Verteilung der Leistungen zurückgerechnet werden können.

In beiden Fällen werden graphische Rechenhilfen geboten.

Für den ersten Berechnungsgang, die sog. Dimensionierung, waren bisher in der Literatur, noch mehr aber in der Praxis, nach unserem Erachten unnötige Annahmen willkürlicher Werte, wie z. B. der Gittervorspannung, gefordert bzw. üblich. Hier soll ein in gerader Richtung auf das Endergebnis zusteuerndes graphisches Rechenverfahren gezeigt werden: „Die Dimensionierung mit Hilfe einer Verlustfunktion φ_a".

Für die zweite Aufgabe „Grenzwertkontrolle auf Grund der Gleichstrommeßwerte" suchen wir, F. Jenny [75] folgend, aus den beiden unendlichen Mannigfaltigkeiten der dem Anodenstrom bzw. dem Gitterstrom entsprechenden Einstellungen mit Hilfe der regula falsi jene einzige heraus, für die die Anodenrestspannung $U_{ap\,min}$ übereinstimmt [74, 75]. Hierzu wird ein bequem anzuwendendes Doppelnomogramm angegeben, außerdem werden einige Einzelheiten verfeinert. Die Anwendung einer ideellen Stromflußeinsatzlinie bietet sowohl für den ersten als auch für den zweiten Berechnungsgang höhere Genauigkeiten, wobei man sich klar sein muß, daß die Benutzung dokumentierter Kennlinien an Stelle individuell aufgenommener [87] schon an sich eine Ungenauigkeit mit sich bringt. Es ist aber wichtig, daß Geräteentwickler und Röhrenhersteller im Verkehr miteinander die gleichen Bezugspunkte verwenden und es wäre erstrebenswert, wenn sie den gleichen Berechnungsgang verwendeten. Dann käme es sogar auf volle objektive Richtigkeit des Verfahrens — wie z. B. in dem Detail der Annahme einer quadratischen Gitterstromkennlinie — gar nicht mehr an. Gewisse systematische Abweichungen [123] beträfen alle Exemplare des Röhrentyps und die Zulässigkeit eines — wenn vielleicht auch objektiv etwas unrichtig berechneten — Arbeitspunktes wäre schon allein durch die zahlreichen Bestätigungen im Prüffeld des Röhrenherstellers weitgehend gewährleistet.

d) Harmonische Analyse der Stromkuppen. Stromfaktor. Grundwellenanteil und Verlustfunktion in Abhängigkeit vom Stromflußwinkel

§ 47. Die Stromkuppen lassen sich als periodische Funktion bekanntlich nach FOURIER durch eine Reihe

$$i_a = I_a + I_{a1p} \cos \omega t + I_{a2p} \cos \omega t + \cdots \tag{109}$$

ausdrücken. Bildet man den Quotienten zwischen der Amplitude der ersten Harmonischen I_{a1p} und dem planimetrierten (arithmetischen) Mittelwert I_a der Stromkuppe, so erhält man ein spezifisches — allerdings nur stromseitiges — Maß für den Leistungsumsatz in der Röhre.

Da die Leistung P_0 im Ausgang der Anode fast ausschließlich[1] durch die Grundwelle I_{a1p} bestimmt wird und andererseits die Eingangsleistung dem Gleichstrom I_a proportional ist, bedeutet der Quotient

$$I_{a1p}/I_a$$

einen Anteil des Wirkungsgrades, der nur noch von einem Spannungsquotienten ergänzt werden muß. Aus später ersichtlichen Gründen tabelliert man den halben Wert dieser „Stromaussteuerung" und nennt ihn

$$\chi_a = \frac{I_{a1p}}{2 I_a}. \tag{110}$$

Der Wirkungsgrad wird somit

$$\eta = P_o/P_{ia} = \chi_a f(u_a). \tag{111}$$

Die Funktion χ_a kennzeichnet als (halbe) Stromaussteuerung die jeweilige Umformereigenschaft der Röhre.

Ob eine Stromkuppe spitz oder breit ist, zeigt dem Starkstromtechniker der Scheitelfaktor (nach BENISCHKE [6]) an. Der Scheitelwert wird auf den quadratischen Mittelwert (Effektivwert) bezogen, so wie ihn der Starkstromtechniker an seinen Meßgeräten abliest. Der Anodenstrom der Senderöhre wird mit einem Drehspulmeßwerk als arithmetischer Mittelwert I_a erfaßt und auch als solcher von der Gleichstromquelle geliefert. Wir haben daher hier den Scheitelwert I_{ap} auf I_a zu beziehen und bilden den „Stromfaktor"

$$I_{ap}/I_a, \tag{112}$$

der der Literatur entsprechend $= 1/\psi_a$ zu setzen ist.

$1/\psi_a$ bzw. ψ_a ist eine für die Dimensionierung und Kontrolle wichtige relative normierende Größe. Die beiden Funktionen ψ_a und χ_a lassen sich für jede vorgegebene Form der Stromkuppe in Abhängigkeit vom Stromflußwinkel Θ_a eindeutig angeben, im allgemeinen nur mittels graphischer Integration.

Ist die Stromkuppe ein waagerechter Abschnitt einer genauen Sinuskurve, so lassen sich [130, 68, 3, 153] folgende einfache Formeln aufstellen:

$$\frac{1}{\psi_a} = \pi \frac{1 - \cos \Theta_a}{\sin \Theta_a - \Theta_a \cos \Theta_a}, \tag{113}$$

$$\chi_a = \frac{\Theta_a - \cos \Theta_a \sin \Theta_a}{2 (\sin \Theta_a - \Theta_a \cos \Theta_a)}. \tag{114}$$

Beispielsweise für $\Theta_a = 60°$ wird $1/\psi_a = 4{,}587$; $\psi_a = 0{,}218$ und $\chi_a = 0{,}8955$.

---

[1] Siehe S. 157.

Wegen der notwendigen Differenzbildungen bei der Berechnung reicht die Rechenschiebergenauigkeit nicht aus; hier und da sind die veröffentlichten Werte daher fehlerhaft. Da die genauen Funktionen in die später gezeigten Nomogramme eingearbeitet sind, soll auf die Wiedergabe der Funktionsschaubilder [130, 154] verzichtet werden, die nur in sehr großem Format von Nutzen wären. Die Werte können, wenn sie allein benötigt werden sollten, an den Nomogrammleitern abgelesen werden.

Bei der im obigen Zahlenbeispiel gewählten Stromkuppenform, einem Sinusabschnitt mit der Basis $2\,\Theta_a = 2 \cdot 60° = 120°$, die also $^2/_3$ der Basis der vollständigen Sinushalbwelle beträgt, ist der Gipfel etwa 4,6mal so hoch wie der planimetrierte Mittelwert, die Amplitude der Grundschwingung ist dagegen nicht ganz doppelt so hoch wie der Mittelwert und beträgt genau 2 mal 89,55% = 179,1% vom Gleichstromanteil.

Zu den üblichen Klasse-C-Einstellungen gehören Werte von $1/\psi_a =$ etwa 4 bis 5 und $\chi_a = 0{,}86$ bis 0,91.

Für die komplette Sinushalbwelle ($2\,\Theta_a = 2 \cdot 90° = 180° =$ Klasse-B-Einstellung) sinkt $1/\psi_a$ auf den Zahlenwert von $\pi = 3{,}14\ldots$ und ebenso geht χ_a zurück, und zwar auf $\pi/4 = 0{,}785$. Demgemäß sinkt auch der Wirkungsgrad. Es ändern sich die Zahlenwerte nicht entscheidend, wenn statt der bisher vorausgesetzten linearen bzw. halbidealen Aussteuerung parabelförmige oder praktische Kennlinien zugrunde gelegt werden.

Bei dem später zu erläuternden Verfahren der „Grenzwertkontrolle" kommen wir hinsichtlich der Anodenstromkuppen mit den beiden Funktionen $1/\psi_a$ und χ_a aus, für die Auswertung der Gitterstromkuppen benötigen wir jedoch noch die beiden analogen Funktionen $1/\psi_g$ und χ_g.

Die tatsächlich auf die Gitterstromaussteuerung wirksame dynamische Kennlinie ersetzen wir jedoch nicht wie bei der Betrachtung des Anodenstromes durch eine lineare, sondern durch eine parabelförmige Kurve

$$i_g = c\,u_{\text{steuer}}^2\,. \tag{115}$$

So gerechnete Werte von $1/\psi_g$ und χ_g sind in der rechten Hälfte des Nomogrammes Abb. 218 aufgetragen.

Für das zu erläuternde „Dimensionierungsverfahren" werden wir neben ψ_a noch eine neue Funktion φ_a einführen und zu diesem Zweck in Abhängigkeit vom Stromflußwinkel Θ_a vorausberechnen.

Zu der Funktion φ_a kommen wir folgendermaßen:

Die Anodenverlustleistung P_a wird zunächst auf die Eingangsleistung P_{ia} bezogen:

$$P_a = (1 - \eta)\,P_{ia}\,. \tag{116}$$

Die Eingangsleistung ist nach Gl. (107)

$$P_{ia} = I_a U_a\,,$$

während der Wirkungsgrad nach Gl. (111)

$$\eta = \chi_a f(u_a) \text{ ist}\,.$$

Demnach ist

$$P_a = [1 - \chi_a f(u_a)]\,I_a U_a\,. \tag{117}$$

Wenn schließlich der Gleichstromwert I_a noch durch den Spitzenwert I_{ap} ausgedrückt wird,

$$I_a = \psi_a I_{ap} \tag{118}$$

erhalten wir eine Formel, die den Zusammenhang angibt zwischen den drei Grenzwerten P_a, I_{ap} und U_a einerseits und einem im wesentlichen vom Stromflußwinkel Θ_a abhängigen Ausdruck andererseits, den wir *Verlustfunktion* φ_a nennen wollen.

$$P_a = \psi_a \left[1 - \chi_a f(u_a)\right] I_{ap} U_a = \varphi_a I_{ap} U_a \,.$$

$$\varphi_a = \frac{P_a}{I_{ap} \cdot U_a} \,. \tag{119}$$

Mit einem auf dieser Formel aufgebauten graphischen Verfahren ist eine eindeutige Dimensionierung auf optimale Werte ohne Rückrechnung möglich, indem man das Produkt aus den zulässigen Werten $I_{ap} U_a$ durch die gleichfalls zulässige Verlustleistung P_a dividiert und den zum Quotienten φ_a gehörenden Stromflußwinkel Θ_a in das Kennlinienfeld einführt.

Es soll nun auf den Spannungsanteil $f(u_a)$ bei der Wirkungsgradberechnung eingegangen werden.

$$\eta = \frac{P_a}{P_{ia}} = \frac{1/2 \cdot I_{a1p} U_{ap}}{I_a U_a} = \chi_a \frac{U_{ap}}{U_a} \,. \tag{120}$$

Der gesuchte Spannungsanteil des Wirkungsgrades ist die Spannungsaussteuerung U_{ap}/U_a selbst.

Der Wirkungsgrad ist also das Produkt aus der Spannungsaussteuerung und der halben Stromaussteuerung. Die Spannung liegt in dem Augenblick fest, wenn wir den Anodenspitzenstrom I_{ap} an der *höchsten vertretbaren Stelle im Kennlinienfeld eingezeichnet* haben. Somit ist die Verlustfunktion für die betreffende Spannungsaussteuerung tatsächlich nur mehr vom Stromflußwinkel Θ_a abhängig. Wenn wir im späteren Beispiel die Dimensionierung mit der zunächst willkürlich erscheinenden Spannungsaussteuerung

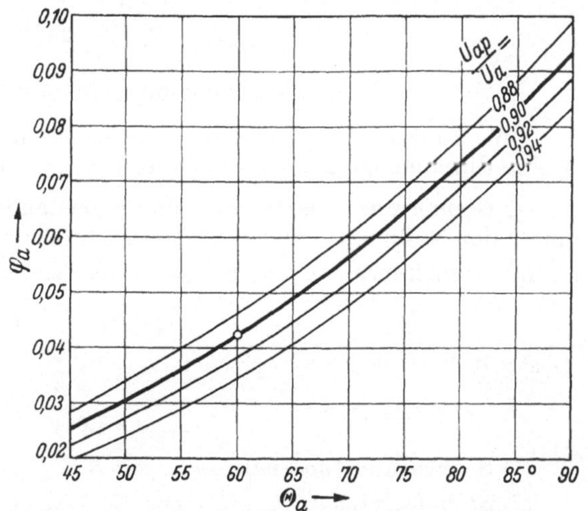

Abb. 215. Verlustfunktion φ_a in Abhängigkeit vom Stromflußwinkel und der Spannungsaussteuerung bei linearer dynamischer Kennlinie

$$U_{ap}/U_a = 0,9$$

beginnen werden, so mindert diese Annahme die graphische Methode keineswegs zu einem Probierverfahren herab, da wir *genau so gut* mit der äußerst möglichen *an der Grenze des überspannten Betriebes* ablesbaren Restspannung hätten beginnen können.

Die Verlustfunktion φ_a beträgt beispielsweise bei $\Theta_a = 60°$ und $U_{ap}/U_a = 0,9$

$$\varphi_a = \psi_a \left[1 - \chi_a \frac{U_{ap}}{U_a}\right] = 0,218\,(1 - 0,8955 \cdot 0,9) = 0,0423 \,. \tag{121}$$

Die Anodenverlustleistung P_a beträgt also hier rund 4% des Leistungsproduktes aus Spitzenstrom I_{ap} und Gleichspannung U_a. In Abb. 215 sind die Werte der Verlustfunktion φ_a für verschiedene Stromflußwinkel Θ_a und Spannungsaussteuerungen U_{ap}/U_a eingetragen.

e) Vorbemerkungen zur Dimensionierung

§ 48. Nach dieser Darlegung der funktionalen Zusammenhänge soll ein Verfahren angegeben werden, das ohne die üblichen *willkürlichen* Annahmen gestattet, jene Einstellungsdaten für den Betrieb der Senderöhre geradewegs aufzufinden, bei denen sich die maximal mögliche Ausgangsleistung bei voller oder aber auch bei bestimmter teilweiser Ausnutzung der zulässigen Anodenerwärmung ergibt.

Wir wollen dies am Beispiel einer Sendetriode (Abb. 216) zeigen, für die der Hersteller folgende Grenzwerte angibt:

$$I_{kp\,\text{zul}} = 1{,}6 \text{ A}$$

$$U_{a\,\text{zul}} = 3 \text{ kV}$$

$$P_{a\,\text{zul}} = 200 \text{ W}$$

f) Ergänzungen im Kennlinienfeld

§ 49. Zunächst ergänzen wir das Konstantstrom-Diagramm der gewählten Röhre durch einige Eintragungen (rote Linien in Abb. 216).

① *Grenzgerade* des überspannten Zustandes $U_{gp\,\text{max}} = U_{ap\,\text{min}}$ (zu ziehen durch den Nullpunkt und beispielsweise durch den Punkt $u_a = 400\,\text{V}$, $u_g = +\,400\,\text{V}$).

② Grenzkurve für den *Kathodenspitzenstrom*

$$I_{kp\,\text{zul}} = i_a + i_g \tag{122}$$

(geht z.B. durch die Kreuzungspunkte

$i_a = 1{,}4\ A$	$i_a = 1{,}2\ A$
$i_g = 0{,}2\ A$	$i_g = 0{,}4\ A$
$I_{kp\,\text{zul}} = 1{,}6\ A$	$I_{kp\,\text{zul}} = 1{,}6\ A$

③ Senkrechte *Anodenspeisungsgerade* $U_{a\,\text{zul}} = 3{,}0$ kV.

④ *Stromflußeinsatz*-Kurve einer „halbidealen" Triode s. S. 148). Hierzu trägt man die Abstände der i_a-Linien von $1/2\,I_{ap\,\text{zul}}$ nach unten bis zum Erreichen einer neuen $i_a = 0$-Linie auf, z.B. also auf der Senkrechten $U_a = 2$ kV:

$$\Delta i_a = 0{,}6 - 0{,}4\ A \ldots \quad \Delta u_g = 30\ \text{V} \ldots \text{ Ordinate} \quad\ \ 5\ \text{V (abgelesen)}$$
$$0{,}4 - 0{,}2\ A \ldots \quad\quad\quad\quad 30\ \text{V} \ldots \text{ Ordinate} - 25\ \text{V (abgelesen)}$$
$$0{,}2 - 0\ \ \ A \ldots \quad\quad\quad\quad 30\ \text{V (aufgetragen bis zur Ordinate} -55\ \text{V).}$$

Zu einem ähnlichen Ergebnis kommt man, wenn an die klassischen Kennlinien[1] in halber Höhe (hier: 0,65 A) von $I_{ap\,\text{max}}$ (Schnittpunkt der eingetragenen Kurven ① und ② ... hier: 1,3 A) Tangenten gelegt und deren Fußpunkte[2] in das Konstantstrom-Diagramm eingetragen werden.

⑤ *Ideelle Stromflußeinsatz-Kurve*, d. i. die $i_a = 0$-Linie, die auf dem oberen Drittel des Abstandes von Linie ④ zu der vom Hersteller vorgegebenen $i_a = 0$-Linie einzuzeichnen ist. Zum Beispiel:

$$-U_g = 55 + \frac{85 - 55}{3} = 65\ V \text{ auf der 2-kV-Senkrechten.}$$

Benützt man statt der gegebenen Linie $i_a = 0$ die ideelle Linie ⑤, so gleicht man den an sich schon geringfügigen Einfluß der Ausweitung der Anodenstromkuppen an der Basis zufolge der nichtlinearen dynamischen Kennlinie weitgehend aus.

Zwei Zeichner werden nach den angegebenen Regeln vielleicht zu etwas abweichenden Kurven ⑤ kommen. Man kann sich aber leicht überzeugen, daß die

---

[1] Nicht abgedruckt, analog Abb. 211.
[2] „projected cut-off" [155].

Abweichungen nur eine geringfügige Verfälschung des ideellen Stromflußeinsatzes um vielleicht 1° bedeuten; wie später zu sehen, bedeutet dies im praktisch üblichen

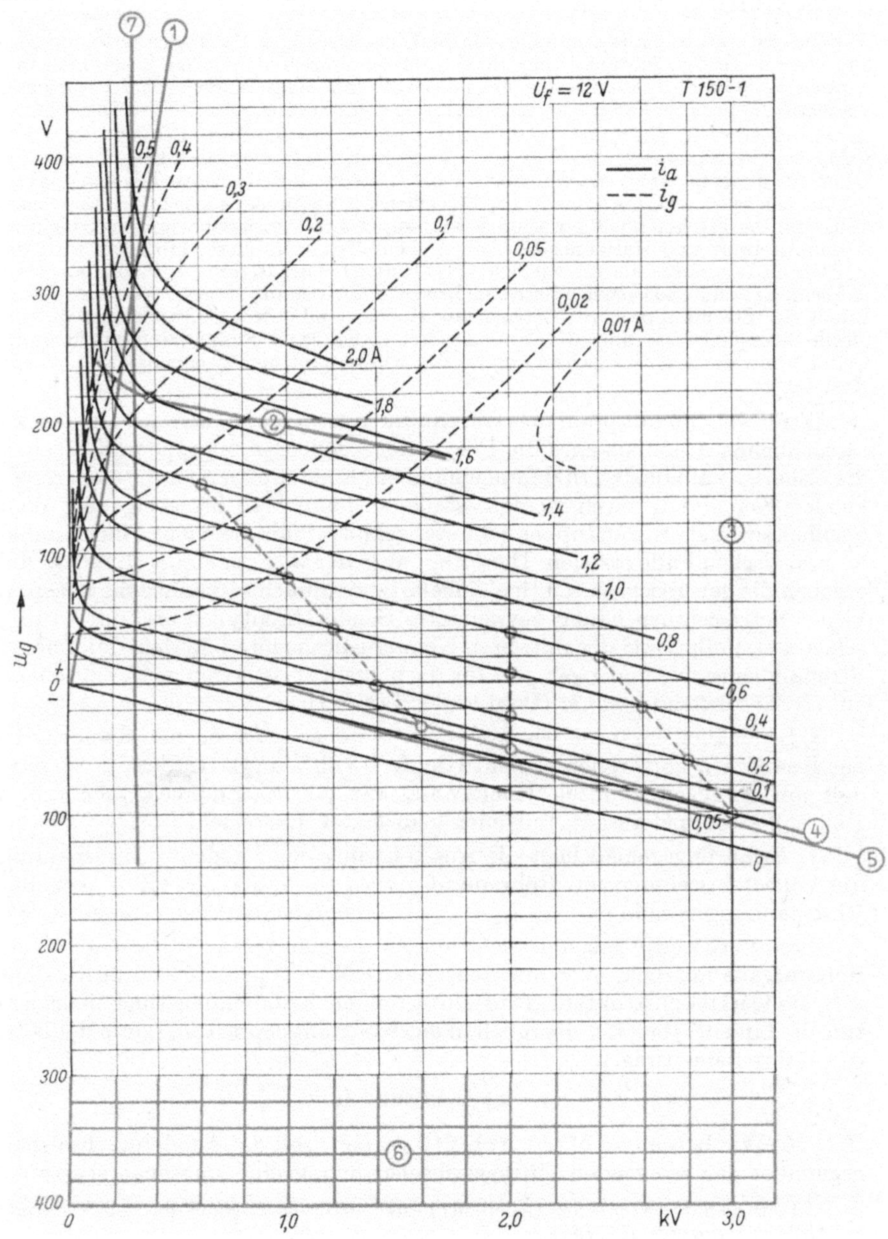

Abb. 216. Ergänztes Konstantstrom-Diagramm einer Sendetriode.

Anm.: Zum Aufsuchen der Linie ④ ist noch ein weiteres rein geometrisches Konstruktionsverfahren eingetragen. In einfacher Weise werden je im linken und im rechten Teil des Kennlinienfeldes die Schnittpunkte der i_a-Schar mit der jeweils um ein Feld versetzten Senkrechten des Rasters eingezeichnet und sodann Geraden (in der Abb. gestrichelt) so hindurchgelegt, daß die Schnittpunkte des mittleren Bereiches [etwa $i_a = (0,2\ldots0,6)\,I_{kp\,zul}$] möglichst genau erfaßt werden. Dort, wo der untere Teil dieser Geraden die entsprechende Rastersenkrechte schneidet, liegt ein Punkt der gesuchten Linie ④.

Einstellungsbereich Fehler bei der Berechnung der Verlustleistung von $2\cdots3\%$. Wichtig ist jedoch, daß man bei Vergleichen verschiedener Einstellungen stets die gleiche Kurve ⑤ benutzt.

Wie erwähnt, sollen in den folgenden Berechnungsgängen Funktionswerte von ψ_a und χ_a angewendet werden, die unter Zugrundelegung zumindest halbidealer Kennlinien tabelliert wurden. Wird im Berechnungsgang eine ideelle Stromflußeinsatzlinie nach der Konstruktionsvorschrift ⑤ benutzt, so wird sie, auch wenn sie recht ungenau ermittelt wurde, stets zu richtigeren Resultaten führen als die vorgegebene $i_a = 0$-Linie. Diese Behauptung wird durch folgenden Grenzübergang klar. Die praktischen Kennlinien mögen im Gesamtverlauf so aussehen wie die halbidealen Kennlinien in Tafel I, die im durchlaufenen Teil genau gerade angenommen waren. Lediglich knapp vor Erreichen des Fußpunktes mögen sie scharf nach links abbiegen. Der Flächeninhalt der Anodenstromkuppe ändert sich dabei praktisch nicht, Gleichstrommittelwert und Harmonische bleiben ebenfalls unverändert. Trotzdem wird im Konstantstrom-Diagramm die vorgegebene $i_a = 0$-Linie bei negativeren u_g-Ordinaten einzuzeichnen sein. Es könnte so beispielsweise eine Klasse-B-Einstellung vorgetäuscht sein, obwohl dem Inhalt der Stromkuppe ein C-Betrieb mit vielleicht 60° Stromflußwinkel entspricht. Eine ideelle Stromflußeinsatzlinie, die aus den zuerst vorhandenen Fußpunkten (den Schnitten der Geraden mit der Abszissenachse) konstruiert wurde, gibt hier zweifellos das genau richtige Resultat.

Wenn wir nun mit praktischen Kennlinien arbeiten, so wird je nach Anstieg des tatsächlichen Anlaufstromes die Fläche der Anodenstromkuppe größer sein als für die bisherige halbideale Triode angenommen. Ersetzt man aber die bisherigen halbidealen Kennlinien durch weniger steile, so kann man bei geeigneter Wahl des Steilheitswinkels Stromkuppen (Sinusabschnitte) mit gleichem Flächeninhalt wie im praktischen Falle erzielen. Die Fußpunkte der weniger steilen Ersatzkennlinien ergeben die gewünschte „richtige" ideelle Stromflußeinsatzlinie[1]. Sie liegen, wie an vielen Betriebsfällen häufig verwendeter Senderöhrentypen erkannt wurde, zwischen dem Fußpunkt[2] der mittleren Kennlinientangente und dem dokumentierten Stromflußeinsatz[3], und zwar, wie für die obige Konstruktion vorgeschrieben, etwa am *oberen Drittelungspunkt* (Punkte der Linie ⑤).

⑥ Schließlich ergänzen wir den vom Hersteller vorgesehenen Raster unterhalb der Kennlinien vorsorglich um ein Hundert-Voltfeld ⑥. (In der Praxis geschieht dies am einfachsten durch Überkleben mit einem entsprechenden aus einem Röhrenblattdoppel ausgeschnittenen gedruckten Rasterfeld.)

⑦ Erfahrungsgemäß liegt die Aussteuerung der Anodenwechselspannung für die Vollasteinstellung von Röhrenumformern so, daß $U_{ap} \approx 0{,}9\,U_a$, weshalb die Restspannungsgerade ⑦ $U_{ap\,min} = 0{,}1\,U_a$ ebenfalls (rot) eingetragen wird[4].

Diese Vorbereitungen sind nicht nur für die eine gerade vorliegende Konstruktionsaufgabe nützlich. Wer mit denselben Röhrentypen laufend zu tun hat, wie z.B. ein Gerätekonstrukteur, Prüffeldtechniker, Kundendienstingenieur, wird gut tun, die Linien ① bis ⑦ vorsorglich in das Konstantstrom-Diagramm der betreffenden Röhren einzutragen.

g) Belastungslinie

§ 50. Wie bereits an Hand Abb. 216 gezeigt, soll die Anodenwechselspannung gegenüber der erregenden Gitterwechselspannung eine Phasenverschiebung von

---

[1] Identisch mit der Linie der „Anodenruheströme für effektiven B-Betrieb". [2] „projected cut-off". [3] „true cut-off" [*155*].

[4] Manche Umformerkonstrukteure wenden etwas größere U_{ap}-Amplituden an, insbesondere bei Röhrentypen mit relativ geringer positiver Gitteraussteuerung. Einen Anhaltspunkt über den Röhrentypus gibt die relative Ordinate des Schnittpunktes ① – ②. Bei den besprochenen Röhren ist an diesem „obersten" Aus-steuerungspunkt $U_{gp\,max}/U_{a\,zul} = 0{,}04$ bis 0,08, bei anders konstruierten Senderöhren jedoch oft nur 0,03. Dann kann die Vollastaussteuerung bis $U_{ap}/U_a \approx 0{,}92\cdots0{,}94$ gehen. Solche Werte sind auch üblich, wenn Automatiken im Gitterkreis vorgesehen werden, um eine Gefährdung im Leerlauf zu vermeiden.

genau 180° aufweisen. Sind außerdem noch beide Spannungen sinusförmig, so liegen alle Augenblickswerte im Konstantstrom-Diagramm auf einer Geraden, wie sich leicht beweisen läßt. Aus den beiden Gleichungen für die Augenblickswerte

$$u_a = U_a - U_{ap} \sin \omega t, \qquad (123)$$

$$u_g = U_g + U_{gp} \sin \omega t \qquad (124)$$

folgt eine ihnen gemeinsame lineare Funktion

$$\frac{(U_a - u_a)}{U_{ap}} = \frac{(U_g - u_g)}{U_{gp}}, \qquad (125)$$

die durch eine Gerade, bei Berücksichtigung von Gl. (123) und (124) durch einen Geraden*abschnitt* ersetzbar ist. Ihre Neigung

$$\Delta u_g / \Delta u_a = U_{gp} / U_{ap} \qquad (126)$$

entspricht gleichzeitig der „Spannungsverstärkung“ bzw. dem „Rückkopplungsfaktor“.

Für zwei Belastungsfalle, z. B. Vollast und Leerlauf, werden somit zwei parallele Belastungslinien einzuzeichnen sein, falls beim Übergang von Vollast auf Leerlauf die wirksame Rückkopplung unverändert geblieben ist.

Bei einer von 180° abweichenden Phasenverschiebung zwischen u_g und u_a ist der Zusammenhang zwischen beiden Augenblickswerten durch eine Ellipse darzustellen, so daß also Hin- und Rücklauf auf zwei getrennten Wegen im Kennlinienfeld erfolgt. Bei einer solchen Arbeitsweise verzichtet man auf den eingangs erwähnten Kunstgriff des „Heranschleichens“ an die Anode. Es ist leicht einzusehen, daß auf der oberen Ellipsenhälfte gleichzeitig hohe Elektronenströme mit großen Augenblickswerten der Anodenspannung auftreten, daß also die Wärmeverluste größer sind als bei phasenrichtiger Rückkopplung.

h) Annahmen

§ 51. Es sollen im folgenden nur völlig eindeutige Werte, und zwar nur die wesentlichen angenommen werden.

1. Im folgenden Rechnungsbeispiel sei eine phasenrichtige, d. h. um genau 180° verschobene Rückkopplungsspannung angenommen bzw. bei Fremderregung ein reeller Abschlußwiderstand im Anodenkreis. Die Belastungslinie ist demnach eine Gerade.

Beide Bedingungen können praktisch nur für die Grundwelle allein zutreffen. An dem frequenzabhängigen Außenwiderstand erzeugen die Anodenstromkuppen einen Abfall, der sich durch einen mehr oder weniger hohen Oberwellengehalt der Anodenspannung ausdrückt. Durch die kapazitive Dämpfung des Schwingkreiskondensators bleibt der Einfluß der Oberwellen allerdings gering. Beispielsweise erhält man bei einem Stromflußwinkel von $\Theta = 60°$ und einer Gesamtdämpfung $1/\omega C R_a = \omega L / R_a = 0{,}1$, entsprechend einer Kreisgüte (einschließlich Last) von nur 10, für die einzelnen Harmonischen:

	relative Stromamplitude I_{anp}/I_{a1p}	relativer Widerstand $100 Z_n / R_a$	relative Spannungsamplitude $100 U_{anp}/U_{ap}$
Grundwelle	1,00	$\times 100$ %	$= 100$ %
2. Harmonische	0,70	$\times$ 6,7 %	$=$ 4,7 %
3. Harmonische	0,35	$\times$ 3,8 %	$=$ 1,3 %
4. Harmonische	0,07	$\times$ 2,7 %	$=$ 0,19 %

Mit kleineren Dämpfungen sinken infolge der Resonanzüberhöhung die relativen Oberwellenwiderstände und Spannungen proportional. Zum Beispiel beträgt bei einer an UKW-

Kreisen durchaus realisierbaren Vollastdämpfung von 0,001, entsprechend einer Kreisgüte von 1000, der Anteil der 2. Harmonischen nur mehr 0,047% der Anodenwechselspannung. Würde die volle Scheinleistung $i_{anp} \cdot u_{anp}$ nach außen als Strahlungsleistung wirken, so wären schon bei Umformern von einigen hundert Watt Nutzleistung trotz der an sich kleinen Oberwellenanteile unerträgliche Funkstörungen die Folge. Die industriellen Erwärmungsanordnungen ergeben glücklicherweise für Strahlungszwecke ungünstige Antennenimpedanzen. Hierdurch und durch natürliche und zusätzliche Filterung des gesamten Netzwerkes im Anodenausgang bleibt die ausgestrahlte Oberwellenleistung noch wesentlich kleiner [43], als nach den obigen Prozentzahlen zu erwarten wäre.

2. Die Röhre soll im ersten, nur der Einführungen dienenden Beispiel *voll* ausgenutzt werden. Es sollen also — zunächst — die Grenzwerte $I_{kp\,zul}$ und $P_{a\,zul}$ als Betriebswerte angenommen sein. Dies ist allerdings nur in Sonderfällen statthaft, etwa dann, wenn sowohl Heiz- als auch Anodenspannung automatisch konstant gehalten werden und die Last im Betrieb nicht schwankt. Letzteres ist bei Nachrichtensendern, die auf eine feste Antenne arbeiten, ohne weiteres der Fall, hingegen bei industriellen Röhrenumformern für Ultraschallerzeugung und für HF-Erwärmung nur dann, wenn sogar schon das bloße Einschalten der Anodenspannung ohne Belastung im Arbeitskreis oder mit Überlast automatisch verhindert ist.

Der Zweck eines jeden HF-Erwärmungsgerätes ist schließlich eine Temperaturerhöhung am Werkstück, wodurch sich dessen Widerstand — oft erheblich, siehe Abb. 109 — verändert und damit auch der Außenwiderstand der Röhre variiert. Wollte man beim Betrieb der Röhre tatsächlich bis zu den äußersten zulässigen Grenzen gehen, so müßte gewährleistet sein, daß die Widerstandsänderung gegenüber einer konstanten Grundlast (einschließlich der Kreisverluste) unwesentlich bleibt.

Bei intermittierendem Betrieb könnte man hinsichtlich der R_a-Abweichungen etwas weiter gehen, da sich die Anode nach einem zeitlichen Mittelwert erwärmt. Die Einschaltdauer darf aber höchstens einige Sekunden betragen mit Rücksicht auf die Erwärmungszeitkonstante der jeweiligen Anodenmasse.

Sobald einmal das Rechnungsverfahren für volle Ausnutzung der gegebenen Grenzwerte beherrscht wird, werden wir schon vor Rechnungsbeginn *geeignete Reduktionsfaktoren* für $I_{kp}/I_{kp\,zul}$ und $P_a/P_{a\,zul}$ festlegen. Erst damit gelingt es, für die in der Praxis tatsächlich sehr weiten Variationen ausgesetzten induktiven Röhrenumformer jene Einstellung aufzusuchen, die eine brauchbare Lebensdauer der Röhre erwarten läßt.

3. Die eingespeiste Anodengleichspannung sei vorgegeben, und zwar entweder durch die Angabe $U_{a\,zul}$ des Röhrenherstellers oder durch den Wunsch des Umformerherstellers nach einer bestimmten niedrigen Anodenspannung U_a, um Isolations- und Durchschlagrisiken auszuschließen oder etwa um Kondensatoren bestimmter Normspannung verwenden zu können. Eine niedrigere Anodenspannung für den Vollastbetrieb wird übrigens immer dann anzusetzen sein, wenn betriebsmäßig auch Leerlauf vorkommt. Wegen des Innenwiderstandes der Anodenspannungsquelle ($R_{i1,2}$ des Transformators, R_i der Gleichrichterröhren — bei Vakuumröhren mehr, bei gasgefüllten Röhren weniger —, R der Längsglieder der Siebkette) darf beispielsweise die Anodenspannung für Vollast vielleicht nur $U_a' = 2800$ V betragen, wenn bei Leerlauf $U_a'' = 3000$ V nicht überschritten werden soll.

Um eine möglichst lange Lebensdauer der Kathode zu erhalten, ist es andererseits günstig, mit der Anodenspannung so hoch wie möglich zu gehen, denn bei gegebener Leistung benötigt man dann geringere Stromstärken und schont so die Kathode. Dies gilt sowohl für reine Wolframkathoden als auch für thorierte. Bei den ersten kann man bei geringerer Stromentnahme die Heizung senken und so unmittelbar die Lebensdauererwartung erhöhen (etwa auf das Doppelte bei 5% Heizspannungssenkung). Bei den thorierten Kathoden ist eine geringe Senkung der Heizspannung bei geringerer Stromentnahme ebenfalls möglich, aber schon die geringere Stromentnahme selbst verlängert hier die Lebensdauererwartung, wenn wir an die komplizierten Verhältnisse bei der Erneuerung der emittierenden Schicht denken.

Wenn eine Röhre im Betrieb durch „zu hohe Spannung" beschädigt wird, so geschieht dies seltener durch zu hohe Anodengleich- oder -wechselspannung, sondern eher durch die mit letzterer im starren Verhältnis verknüpfte zu hohe Gitterwechselspannung, oder aber in trivialer Weise einfach durch den bei zu hoher Anodenspannung mitgestiegenen zu hohen Leistungsumsatz.

i) Dimensionierung mit Hilfe der Verlustfunktion φ_a

§ 52. Nun können wir an die Vorausberechnung optimaler Betriebsdaten gehen. Für jede Röhre sind vom Röhrenhersteller absolute Grenzwerte vorgeschrieben, die nicht überschritten werden dürfen. Um vernünftige Betriebsbedingungen zu schaffen, wird der Gerätekonstrukteur wohl alle normalen Vollastbetriebsdaten *unterhalb* der zulässigen Grenzwerte ansetzen. Trotzdem wollen wir im *ersten* folgenden Beispiel ausnahmsweise diese Grenzwerte selbst als Betriebsdaten zulassen, um die Eindeutigkeit des Verfahrens zu zeigen, das ohne Umwege zur maximal möglichen Ausgangsleistung führt.

Beispiel I. *Gegeben:*

Kennlinien der Sendetriode der Abb. 217

Betriebsmäßige Anodengleichspannung U_a = Grenzwert $U_{a\,\mathrm{zul}} = 3\,\mathrm{kV}$ (vorbereitete Linie ③)

Betriebsmäßiger Kathodenspitzenstrom I_{kp} = Grenzwert $I_{kp\,\mathrm{zul}} = 1,6\,\mathrm{A}$ (vorbereitete Linie ②)

Betriebsmäßige Anodenverlustleistung P_a = Grenzwert $P_{a\,\mathrm{zul}} = 200\,\mathrm{W}$.

Gesucht: Jene negative Gittervorspannung $|-U_g|$, die zur Einstellung der höchsten Ausgangsleistung P_0 bei voller Ausnutzung der obigen Grenzwerte gehört; ferner gesucht: diese Ausgangsleistung P_0 selbst.

1. Bei Spannungsaussteuerung $U_{ap}/U_a = 0,9$ (vorbereitete Linie ⑦)	2. Bei Spannungsaussteuerung bis zur Grenze ① des überspannten Betriebes.

Das obere Ende A (Aussteuerungspunkt) der Belastungslinie liegt fest.

A_1 liegt auf dem Schnittpunkt der Linien ② und ⑦.	A_2 liegt auf dem Schnittpunkt der Linien ① und ②.

Die Spitze der Anodenstromkuppe I_{ap} läßt sich aus dem Kennlinienfeld ablesen; durch Interpolation findet man

im Punkt A_1: $I_{ap} = 1,37\,\mathrm{A}$	im Punkt A_2: $I_{ap} = 1,32\,\mathrm{A}$. Die hohe Ablesegenauigkeit folgt aus der Bedingung $$I_{ap} = I_{kp\,\mathrm{zul}} - I_{gp} = 1,6 - 0,28\,\mathrm{A}\,.$$

Die Verlustfunktion φ_a errechnet sich aus $\varphi_a = \dfrac{P_a}{I_{ap}\,U_a}$ (119)

$$\varphi_a = \frac{200}{1,37 \cdot 3000} = 0,0487\,. \qquad\qquad \varphi_a = \frac{200}{1,32 \cdot 3000} = 0,0505\,.$$

Nun suchen wir in der dem Buche beiliegenden durchsichtigen Schablone Tafel II (in der Tasche am hinteren Buchdeckel) den der jeweiligen Verlustfunktion φ_a entsprechenden Strahl.

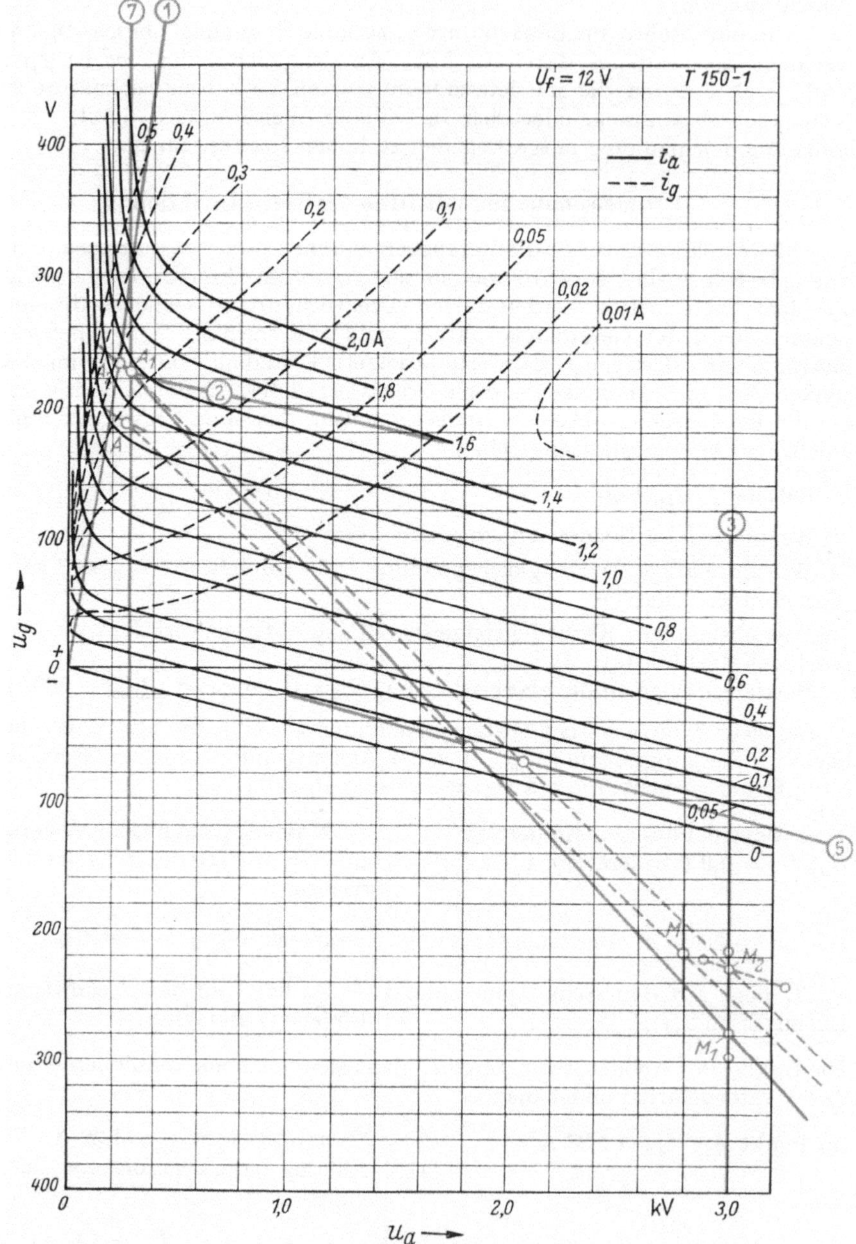

Abb. 217. Belastungslinien im Konstantstrom-Diagramm der Sendetriode der Abb. 216. A_1—M_1 (vollausgezogen) zu Beispiel I,1; A_2—M_2 (gestrichelt mit Hilfskonstruktion) zu Beispiel I,2 und A—M (gestrichelt) zu Beispiel II.

Die Werte von $\varphi_{a\,0,9}$ sind auf einer Leiter eingezeichnet, so daß wir auf der Teilung den Wert 0,0487 unmittelbar auffinden und den Strahl durch die Spitze O auf der Schablone sofort zeichnen können (etwa bei $\Theta_a = 64°$).

Im Fall 2 muß zuerst die Restspannung $U_{ap\,\mathrm{min}}$ und damit die Amplitude U_{ap} aus dem Kennlinienfeld im Punkt A_2 abgelesen werden.

$$U_{ap\,\mathrm{min}} = + U_{gp\,\mathrm{max}} = 230 \text{ V},$$
$$U_{ap} = U_a - U_{ap\,\mathrm{min}} = 2770 \text{ V}.$$

Die Spannungsaussteuerung beträgt

$$U_{ap}/U_a = 2770/3000 = 0,925.$$

Im Hilfsnetz (rechts oben auf der durchsichtigen Schablone) finden wir durch Interpolation für $\psi_a = 0,0505$ bei $U_{ap}/U_a = 0,925$ einen Strahl, der auf der Θ_a-Skala mit 70° beziffert ist.

Jetzt schon oder auch nach Beendigung des graphischen Verfahrens können wir die Ausgangsleistung P_0 aus

$$P_0 = \psi_a I_{ap} U_a - P_a \tag{127}$$

angeben [aus Gl. (107), (108) und (112)]. ψ_a liegt bereits durch den Schnitt des betreffenden Strahles, der durch den jeweiligen φ_a-Wert auf der φ_a-Skala geht, fest.

$$\psi_a = 0,235, \qquad\qquad \psi_a = 0,252,$$
$$P_0 = 0,235 \cdot 1,37 \cdot 3000 - 200 \qquad P_0 = 0,252 \cdot 1,32 \cdot 3000 - 200$$
$$= 970 - 200 = 770 \text{ W}. \qquad\qquad = 1000 - 200 = 800 \text{ W}.$$

Im eigentlichen graphischen Verfahren legen wir nun die durchsichtige Schablone Tafel II auf das Konstantstrom-Diagramm der gewählten Röhre. Im wesentlichen wird dabei eine „kotierte Projektion" einer Sinusschwingung (der Bezifferung nach einer Kosinuslinie), die in einer senkrechten Schnittebene des Kennliniengebirges liegt, so aufgelegt, daß der Anfangszeitpunkt 0° auf dem jeweiligen Punkt A festliegt und der Zeitpunkt 90° auf der Anodenspeisungsgeraden ③ (M = Mitte der Schwingung)[1] so lange gleitet, bis der durch den vorher gefundenen Strahl bestimmte Stromflußeinsatz[2], ausgedrückt durch den Zeitpunkt bzw. Stromflußwinkel

$$\Theta_a = 64° \qquad\qquad \Theta_a = 70°$$

auf der ideellen Stromflußeinsatzlinie ⑤ liegt. Dies gelingt nach einiger Übung unmittelbar oder zumindest recht rasch. Mit Sicherheit führen die beiden folgenden schrittweisen Verfahren zum Ziel; das eine sei am Beispiel I.1, das andere am Beispiel I.2 gezeigt. Man sucht zunächst jene zwei der parallelen Leitstrecken auf der Schablone, die etwa für die Lösung in Frage kommen. Das sind hier die Leitstrecken $10'-10''$ und $11'-11''$. Dann legt man zunächst $10'$ auf den gegebenen Anfang der zu suchenden Belastungslinie

$$A_1 \qquad\qquad A_2$$

und läßt $10''$ so lange kreisen, bis dieser Punkt genau auf der Anodenspeisungsgeraden ③ liegt. Der **Spannungswert**

und läßt die Schablone um A_2 so lange kreisen, bis der Schnittpunkt des vorausbestimmten Strahles $\varphi_{a\,0,925} = 0,505$

---

[1] Der eigentliche Arbeitspunkt.
[2] Bezugspunkt für Anodenstrom.

dieses Punktes M wird aufgeschrieben ($-215\,\mathrm{V}$), ferner auch der Schnittpunkt der Leitstrecke $10'-10''$ mit ⑤ notiert ($\Theta_a = 71°$, $\varphi_{a0,9} = 0,058$). Dasselbe wird mit $11'-11''$ wiederholt: $M\,(-295\,\mathrm{V})$, $\Theta_a = 62°$, $\varphi_{a0,9} = 0,046$. Die Interpolation ergibt für den vorausgerechneten Wert $\varphi_{a0,9} = 0,0487$ die richtige Ordinate von $\underline{M_1\,(U_g = -278\,\mathrm{V})}$

mit $10'-10''$ genau auf ⑤ liegt. Die Stelle im Diagramm, auf der $10''$ liegt, wird markiert (hier z. B. bei den Koordinaten $u_a = 2,9\,\mathrm{kV}$, $u_g = -220\,\mathrm{V}$), dasselbe wird mit $11'-11''$ wiederholt, wobei sich der Punkt mit den Koordinaten ($u_a = 3,25\,\mathrm{kV}$, $u_g = -240\,\mathrm{V}$) ergibt. Die Verbindungsgerade beider Punkte schneidet

$$U_a = 3\,\mathrm{kV} \text{ in } M_2\,(U_g = -225\,\mathrm{V}).$$

Das rechte Interpolationsverfahren ist etwas bequemer. Durch die gegebene Abszisse U_a und durch die gefundene Ordinate U_g des Mittelpunktes M der Belastungslinie ist die optimale Einstellung nun definiert anzugeben und leicht zu kontrollieren. Für die Praxis muß man jetzt noch die Größe des Gittergleichstroms I_g oder die Größe des Gitterwiderstandes R_g ermitteln

$$R_g = \frac{|-U_g|}{I_g}. \tag{128}$$

Man könnte hierzu neben den Leitern Θ_a und ψ_a auch noch eine Leiter mit einer geeigneten ψ_g-Funktion auf der Schablone vorsehen und in der oben gefundenen richtigen ·Stellung $A-M$ mit der Gitterstromeinsatzlinie, d. i. der Abszissenachse[1], zum Schnitt bringen. Wenn aber ohnedies eine „kotierte Projektion einer Kosinuskurve" als Schablone angewendet wurde, kann man eine für alle Gitterstromkennlinien gültige einfache graphische Integration durchführen, indem auf der Schablone in bekannter Weise [68] der elektrische Gesamtwinkel $90°$ in eine Anzahl gleicher Winkel eingeteilt wird. Wir haben auf der Schablone Tafel II die Viertelperiode in 10 Teile geteilt (rote Strahlen a bis j), damit das nun folgende graphische Ergebnis auf die ganze Periode mit Division der Streifensumme durch die Zahl 20 besonders einfach auszuwerten ist.

Die Schablone wird so über das Konstantstrom-Diagramm gelegt, daß über der (halben) Belastungslinie $A-M$ eine genau gleich lange Leitstrecke (zwischen $10'-10''$ und $11'-11''$) liegt. Sodann werden die Augenblickswerte von i_g an den Schnittpunkten der Strahlen a, b, c ... mit der Belastungslinie abgelesen. Wir fügen hier auch die Augenblickswerte i_a hinzu, nicht weil wir sie im Rahmen dieses Berechnungsganges benötigen, sondern um die Berechtigung der ideellen Stromflußeinsatzlinie nachträglich zu zeigen.

Wir lesen unterhalb der Gipfelwerte A in der Mitte der Stromkuppen ($\Theta = 0°$)

$$I_{gp} = 0,230\,\mathrm{A} \qquad I_{ap} = 1,37\,\mathrm{A} \qquad | \qquad I_{gp} = 0,280\,\mathrm{A} \qquad I_{ap} = 1,32\,\mathrm{A}$$

auf der zugehörigen Belastungslinie $A-M$ folgende Augenblickswerte ab:

	i_g	(i_a)	i_g	(i_a)	
a	0,220 A	1,35 A	0,260 A	1,34 A	⎫ Einsatte-
b	0,180 A	1,32 A	0,210 A	1,35 A	⎬ lung
c	0,130 A	1,22 A	0,150 A	1,30 A	
d	0,070 A	1,00 A	0,080 A	1,15 A	
e	0,030 A	0,76 A	0,040 A	0,90 A	
f	0,010 A	0,46 A	0,010 A	0,60 A	
g	—	0,20 A	—	0,35 A	
h	—	0,01 A	—	0,08 A	
	0,640 A : 20	6,32 A : 20	0,750 A : 20	7,07 A : 20	
	$= I_g = 0,032$ A	$(= I_a = 0,316$ A$)$	$= I_g = 0,038$ A	$(= I_a = 0,354$ A$)$	

---

[1] Bezugspunkte für Gitterstrom.

Im Rahmen des Berechnungsganges erhalten wir nun das letzte bisher noch fehlende Resultat: Die Größe des Gitterwiderstandes nach Gl. (128)

$$R_g = \frac{|-U_g|}{I_g} = \frac{278\,\text{V}}{0,032\,\text{A}} = 8700\,\Omega\,. \qquad \Big| \qquad R_g = \frac{|-U_g|}{I_g} = \frac{225\,\text{V}}{0,038\,\text{A}} \approx 6000\,\Omega\,.$$

Im Berechnungsgang war die Größe des Gleichstroms I_a implizit mit

$$I_a = \psi_a I_{ap} = 0,235 \cdot 1,37\,\text{A} = 0,322\,\text{A} \quad | \quad I_a = \psi_a I_{ap} = 0,252 \cdot 1,32\,\text{A} = 0,333\,\text{A}$$

eingesetzt gewesen. Der Fehler beträgt im Beispiel I.1 weniger als $+2\%$, im Beispiel I.2 -6%. Im ersten Fall war daher die Annahme einer halbidealen Ersatzkennlinie berechtigt, während im zweiten Beispiel — wie auch aus den Augenblickswerten erkannt werden kann — die Anodenstromkuppe bereits eingesattelt oder zumindest abgeflacht ist, so daß der wirkliche Flächeninhalt größer als der aus einem Sinusabschnitt errechnete ist.

Um die Bezeichnung I_{ap} eindeutig der Mitte der Anodenstromkuppe zuordnen zu können, schlagen wir vor, die höheren Doppelgipfel auf beiden Seiten einer eingesattelten Stromkuppe mit I_{apd} zu kennzeichnen. Man kann die Einsattelung indirekt daran erkennen, daß die Belastungslinie $M-A$ die Kurvenschar der i_a-Linien tangiert und A bereits jenseits des Berührungspunktes liegt. Am Berührungspunkt selbst ist der Doppelgipfelwert I_{apd} abzulesen. In empfehlenswerten Betriebseinstellungen liegt hingegen A stets vor dem Berührungspunkt. Daher ist auch für den Normalfall die Voraussetzung halbidealer (bis zum Punkt A gerader) dynamischer Kennlinien berechtigt.

Das allzu nahe Herangehen [101] an die Grenze ① des überspannten Betriebes bringt vermehrte Oberwellen mit sich und vermehrt so die Funkstörspannungen und -feldstärken. Außerdem werden wir sehen, daß jede Unterlast und vor allem der Leerlauf den Anfang der Belastungslinie von einem dicht an der Grenze ① liegenden Arbeitspunkt in das überspannte Gebiet hinschiebt. Wir haben daher mit gutem Grund für die Dimensionierung eine normierte Spannungsaussteuerung 0,9 vorgesehen, man sieht, daß hierbei im zulässigen Gebiet keine Belastungslinie bei C-Einstellung den evtl. Berührungspunkt an die i_a-Scharen überschreitet.

Beispiel II. In diesem praktischen Beispiel soll eine für die gleiche Röhre in einem induktiven Kleinumformer mit wechselnder Last *mit Sicherheit* vertretbare Höchstleistung errechnet werden.

Mit Rücksicht auf die Spannungserhöhung bei Leerlauf wird die Anodengleichspannung bei Vollast mit nur 2800 V angenommen. Die Röhre soll ferner sowohl hinsichtlich der Anodenverlustleistung als auch beim Spitzenstrom zur Sicherheit 20% unter den zulässigen Grenzwerten betrieben werden.

Gegeben: Kennlinien der Triode der Abb. 217
    Betriebsmäßige Anodengleichspannung $U_a = 2800\,\text{V}$
    Betriebsmäßiger Kathodenspitzenstrom $I_{kp} = 0,8 \cdot 1,6 = 1,28\,\text{A}$
    Betriebsmäßige Anodenverlustleistung $P_a = 0,8 \cdot 200 = 160\,\text{W}$
    Spannungsaussteuerung $U_{ap}/U_a = 0,9$ (s. a. Fußnote[4] S. 156)
daher beträgt die Restspannung $U_{ap\,\min} = 0,1\,U_a = 280\,\text{V}$.
Gesucht sind die gleichen Werte wie im Beispiel I.

Wir zeichnen die Linie $U_{ap\,\min} = 280\,\text{V}$ und ein kurzes Stück der $I_{kp} = 1,28\,\text{A}$-Linie ein und finden $I_{ap} = 1,10\,\text{A}$ am Schnittpunkt beider Linien (Punkt A). Die Verlustfunktion Gl. (119) ist demnach

$$\varphi_a = \frac{P_a}{I_{ap} U_a} = \frac{160}{1,1 \cdot 2800} = 0,052\,.$$

Auf der Schablone lesen wir auf dem $\varphi_{a\,0,9} = 0{,}052$-Strahl noch folgende Werte ab:
$\Theta_a = 67^\circ$, $\psi_a = 0{,}241$.

Daraus ergibt sich mit Gl. (127) sofort die unter obigen Voraussetzungen erreichbare Höchstleistung

$$P_0 = \psi_a I_{ap} U_a - P_a = 0{,}241 \cdot 1{,}1 \cdot 2800 - 160 = 745 - 160 = 585\,\mathrm{W};$$
$$\eta = 585 : 750 = 0{,}78.$$

(Der vorstehende auf ein Mindestmaß reduzierte rasch wiederholbare Berechnungsgang ermöglicht es, in diesem Rechnungsstadium die Angaben u. U. etwas zu revidieren, um vielleicht einen höheren Wirkungsgrad bei kleinerer Verlustleistung zu erreichen oder um sich mit einer kleineren Ausgangsleistung – dem Bedarf entsprechend – zu begnügen. Bei der zweiten Rechnung wählt man neue entsprechend verbesserte Sicherheitsfaktoren.)

Der Rest der Berechnung erfolgt für die vorerst gewählten Angaben des Beispiels II so wie im Beispiel I gezeigt.

$$A \ (U_{ap\,\mathrm{min}} = 280\,\mathrm{V} \quad U_{gp\,\mathrm{max}} = 185\,\mathrm{V}) \qquad \left.\begin{array}{l}\text{Im Kennlinienfeld}\\[4pt]\text{gegeben.}\end{array}\right.$$
$$I_{ap} = 1{,}10\,\mathrm{A} \qquad I_{gp} = (I_{kp} - I_{ap}) = 0{,}180\,\mathrm{A}$$
$$M \quad (U_a = 2{,}8\,\mathrm{kV} \qquad U_g = -215\,\mathrm{V}).$$

(Durch Anlegen der Schablone mittels $\varphi_a = 0{,}052$ gefunden.)

Auf der Belastungslinie $A - M$ lesen wir unter den roten Strahlen der Schablone folgende Augenblickswerte i_g ab[1]:

	i_g
a	0,170 A
b	0,150 A
c	0,100 A
d	0,060 A
e	0,025 A
f	0,010 A

$$I_g = 0{,}515 : 20 = 0{,}026\,\mathrm{A} \qquad R_g = |-U_g| : I_g = 8300\,\Omega.$$

In diesem praktischen Falle wollen wir auch den Außenwiderstand R_a berechnen, der im Anodenkreis der Röhre bei obiger Einstellung wirksam sein muß:

$$R_a = \frac{U_{ap}^2}{2\,P_0} = \frac{2520^2}{2 \cdot 585} = 5400\,\Omega. \tag{129}$$

Zur Klarstellung muß erwähnt werden, daß es sich dabei um einen die Belastung der Röhre kennzeichnenden Widerstand handelt, in dessen Leistungsumsatz auch die rückgekoppelte Eingangsleistung der Triode enthalten ist. Erst wenn von $P_0 = 585$ W diese Steuerleistung[2], ferner noch die Kreis- und Leitungsverluste abgezogen werden, kommt man zu der an den Klemmen des Umformers abgebbaren Leistung (hier vielleicht 500 W) und analog zu dem dort wirksamen Außenwiderstand.

---

[1] Den Gleichstrommittelwert des Anodenstromes I_a benötigen wir explizit für die Dimensionierung nicht. Im Beispiel II ergäbe sich übrigens sowohl aus $\psi_a I_{ap}$ als auch aus der graphischen Integration der genau gleiche Wert $I_a = 0{,}265$ A.

[2] Die genaue Berechnung der Gitterverlustleistung P_g und der Steuerleistung P_{gs} wird erst auf S. 170 gezeigt. In diesem Stadium genügt die Schätzung $\chi_g \approx 0{,}95$, womit wir

$$P_g = \chi_g I_g U_{gp\,\mathrm{max}} = 0{,}95 \cdot 0{,}026 \cdot 190 = 4{,}7\,\mathrm{W}$$

und
$$P_{gs} = \chi_g I_g U_{gp} = 0{,}95 \cdot 0{,}26 \cdot (190 - 215) = 10\,\mathrm{W}$$

erhalten. Der so errechnete Wert P_g für *Vollast* soll weit unterhalb der **gegebenen** Grenze (hier $P_{g\,\mathrm{zul}} = 15$ W) bleiben. Ist betriebsmäßig Leerlauf zu erwarten, so sollte $P_{g\,\mathrm{Vollast}} \lesssim 0{,}5\,P_{g\,\mathrm{zul}}$ sein. Erhält man bei dieser Dimensionierung zu hohe Gitterverluste, so ist die Rechnung mit einer etwas höheren Anodenrestspannung $U_{ap\,\mathrm{min}}$ zu wiederholen. Bei den hier betrachteten Röhren lag jedoch keine Notwendigkeit vor, den Aussteuerungspunkt A noch weiter nach rechts zu verschieben (siehe hierzu auch S. 174).

k) Grenzwertkontrolle auf Grund der Gleichstrommeßwerte

§ 53. Sobald der Röhrenumformer fertiggestellt ist, müssen die elektrischen Betriebswerte kontrolliert werden; vor allem will man sich vergewissern, daß nirgends die vom Röhrenhersteller vorgeschriebenen Grenzwerte überschritten werden. Einige Betriebswerte, wie z. B. die Anodenausgangsleistung P_0, lassen sich unmittelbar überhaupt nicht messen, bei anderen, z. B. den *hochfrequenten* Wechselspannungen, ist die *Messung mit Unsicherheiten* verbunden. Hingegen sind vier Gleichstromgrößen mit genügender Genauigkeit meßbar; meist sind in Röhrenumformern für drei dieser Werte sogar Betriebsinstrumente angebracht.

Es ist dies die Anodengleichspannung U_a, — der Anodengleichstrom (arithm. Mittelwert) I_a, — der Gittergleichstrom (arithm. Mittelwert) I_g. Die vierte Größe, die (negative) Gittergleichspannung U_g, entsteht in Röhrenumformern meist allein durch den Spannungsabfall des Gittergleichstroms I_g am Gitterwiderstand R_g und kann, wenn R_g bekannt ist, leicht aus $I_g R_g$ berechnet werden. Wenn R_g variabel ist (z. B. weil dieser Widerstand — ganz oder teilweise — aus Glühlampen gebildet ist), oder wenn Gittervorspannungen aus fester Speisung oder von einem Abfall an einem Kathodenwiderstand herrührend zum Wert von U_g beitragen, so empfiehlt es sich, die vierte Größe U_g als Meßwert anzugeben. Üblicherweise sind die zu U_g beitragenden Schaltglieder kapazitiv überbrückt und hochfrequenzfrei, doch muß jedes Meßgerät für sich nochmals unmittelbar an den Klemmen kapazitiv überbrückt werden.

Erst wenn es gelingt, aus den vier obigen exakten Gleichstrommeßwerten die übrigen interessierenden Betriebswerte zu errechnen, kann man, auch wenn gewisse Ungenauigkeiten des Rechenverfahrens hinzukommen, mit dem notwendigen Vertrauen zur endgültigen Inbetriebsetzung des Röhrenumformers schreiten. Manche Röhrenhersteller machen ihre Entscheidung über Garantieansprüche bei vorzeitigem Ausfall einer Röhre von der Vorlage der vier Gleichstromwerte für Vollast und Leerlauf abhängig. Wenn man an die Aufgabe herangeht, aus vier Röhrenwerten die übrigen zu berechnen, zeigt sich zunächst eine verwirrende Vielfalt der größtenteils empirischen Zusammenhänge. Sicherlich kann man etwa mit der bei der vorhergehenden „Dimensionierung" verwendeten Dreiecksschablone nach systematischem Probieren ebenfalls die zu bestimmten vier Gleichstromwerten passende Einstellung, den Stromflußwinkel und sämtliche Gipfelwerte und Leistungen auffinden.

Durch eine gewisse Normierung der Zusammenhänge, die in einem Doppelnomogramm zusammengefaßt werden, gelingt es jedoch, mit zwei bis drei kurzen Probeansätzen auszukommen, so daß ein Vollast- samt Leerlauffall in insgesamt etwa einer Viertelstunde vollständig durchgerechnet werden kann. Wir verzichten hierbei allerdings auf jede individuelle graphische Integration und arbeiten ausschließlich mit vorberechneten Integralfunktionen (ψ_a, χ_a, ψ_g, χ_g). Dennoch werden wichtige Einzelheiten des betreffenden Röhrentyps aus den Kennlinienfeldern selbst entnommen, wie z. B. der Stromflußeinsatz und die Anoden- und Gitterstromaufteilung sowie ihre momentane Spannungseinstellung am Gipfel der Stromkuppen. Der Verlauf sowohl der Anoden- als auch der Gitterstromkuppe ist aber normiert angenommen, und zwar sind Trioden mit folgenden dynamischen Kennlinien vorausgesetzt:

$$i_a = c\, u^n_{\text{steuer}} \quad \dots n = 1 , \qquad (130)$$

$$i_g = c\, u^n_{\text{steuer}} \quad \dots n = 2 . \qquad (131)$$

Beispiel:
gegeben: $|-U_g| = 840$ V

Belastungslinie	probeweise gewählt			gefunden
	$A'M$	$A''M$	$A'''M$	AM
$U_{gP\,max}$	500	400	300	435 V
U_{gv}	130	110	90	115 V
$1/\psi_a$	4,7	5,1	5,6	4,95
$1/\psi_g$	6,8	7,4	8,0	7,1
X_a				0,91
X_g				0,95

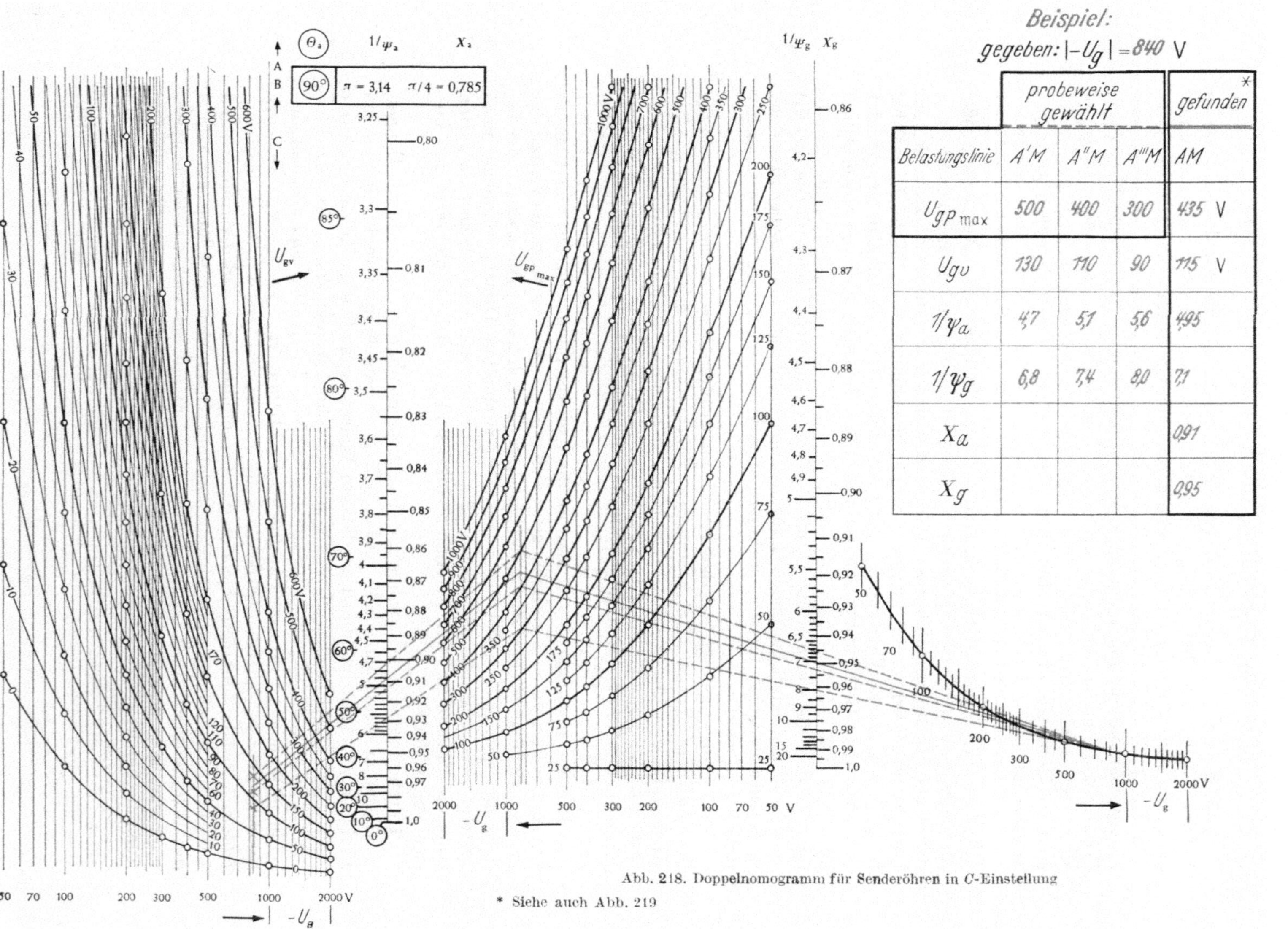

Abb. 218. Doppelnomogramm für Senderöhren in C-Einstellung

* Siehe auch Abb. 219

Die Integralfunktionen werden im Nomogramm nicht in Abhängigkeit vom Stromflußwinkel eingetragen, sondern auf logarithmischen Kosinusleitern, und zwar

links   und   rechts

$$\cos \Theta_a = \frac{|-U_g| - U_{gv}}{|-U_g| + U_{gp\,\max}} \qquad (132) \qquad\qquad \cos \Theta_g = \frac{|-U_g|}{|-U_g| + U_{gp\,\max}} \qquad (133)$$

Die beiden Gleichungen sind an Hand der Tafel I leicht aufzustellen. Bei praktischen Kennlinien entspricht die Größe der Verschiebungsspannung U_{gv} dem Abstand zwischen Nullinie und ideellem Stromflußeinsatz. Die Tatsache, daß eine Einstellung nach Klasse C vorliegt, ist bereits aus $|-U_g| > |U_{gv}|$ erkennbar; wie groß der Stromflußwinkel bzw. sein Kosinus genau ist, interessiert kaum. In dem im folgenden erstmalig abgedruckten Doppelnomogramm Abb. 218 werden unmittelbar aus den drei Gitterspannungswerten die vier Verhältniswerte $1/\psi_a$, χ_a, $1/\psi_g$, χ_g aufgesucht. Für die Theorie der Nomographie ist es interessant, daß hier Leitern innerhalb von angeschlossenen Netztafeln unmittelbar als Fluchtlinien des Hauptnomogramms verwendet werden, ohne daß man eine Verbindungskonstruktion oder eine Zapfenlinie benötigt. Dies beruht darauf, daß die Abszissenteilung je zweier Netztafeln gespiegelt gleich gewählt wurde und so zwangsläufig die äußeren Fluchtleitern stets gleich weit von der Mittelleiter abstehen. Die Dekadenanfänge der Fluchtleitern, die an sich logarithmisch geteilt sind, wurden zur Erreichung besserer Schnitte stetig versetzt. Die logarithmische Teilung bezieht sich auf Zähler und Nenner von Gl. (132) und (133); beziffert ist die Teilung jedoch zur Bequemlichkeit mit den Werten der drei Gitterteilspannungen ($|-U_g|$, U_{gv}, $U_{gp\,\max}$) selbst. Die Mittelleitern sind für $\cos \Theta_a$ bzw. $\cos \Theta_g$ konstruiert, jedoch mit Skalen für $1/\psi_a$, χ_a bzw. $1/\psi_g$, χ_g versehen.

Die Anwendung des Doppelnomogramms soll an folgendem Beispiel erläutert werden.

An der luftgekühlten 73 kW Senderöhre der Abb. 217 wurden in einem induktiven Umformer folgende Werte gemessen:

	Vollast		Leerlauf	
Anodengleichspannung U_a	14200	V	14700	V
Anodengleichstrom I_a	5,9	A	1,9	A
Gitterwiderstand R_g	800	Ω	800	Ω
Gittergleichstrom I_g	1,05	A	1,2	A
(Betriebsfrequenz f	1,0	MHz	0,99	MHz)

Es handelt sich um einen eigenerregten Oszillator, in dem eine Triode aus einem Gleichrichter mit einer Anodenspannung von etwa 5% Welligkeit versorgt wird. Diese geringe Welligkeit braucht in der Kontrollrechnung nicht berücksichtigt zu werden, wenn die davon betroffenen Betriebswerte, vor allem der Kathodenspitzenstrom, entsprechend unterhalb der zugehörigen Grenzwerte liegen. Es genügt, die Kontrollrechnung für die in der höchsten Anodenspannungsstufe gemessenen Werte durchzuführen. Wir wollen zuerst die Vollastkontrolle ausführlich erläutern und dann für die Leerlaufkontrolle einen Rechenvordruck benutzen, dessen Anwendung sich empfiehlt, sobald derartige Kontrollen häufig auszuführen sind. In zwei nebeneinanderstehenden Wertekolonnen kann die Vollast und der Leerlauf bequem auf einem Blatt durchgerechnet werden.

1. Vollast. Aus den Meßwerten lassen sich unmittelbar errechnen: Die Eingangsleistung $P_{ia} = U_a I_a = 83800$ W nach Gl. (107), ferner die Gittergleichspannung $|-U_g| = I_g R_g = 840$ V nach Gl. (128).
Wir zeichnen nun in das ergänzte Konstantstrom-Diagramm Abb. 219 die bekannte Mitte M in der Belastungslinie mit den Koordinaten ($u_a = 14{,}2$ kV,

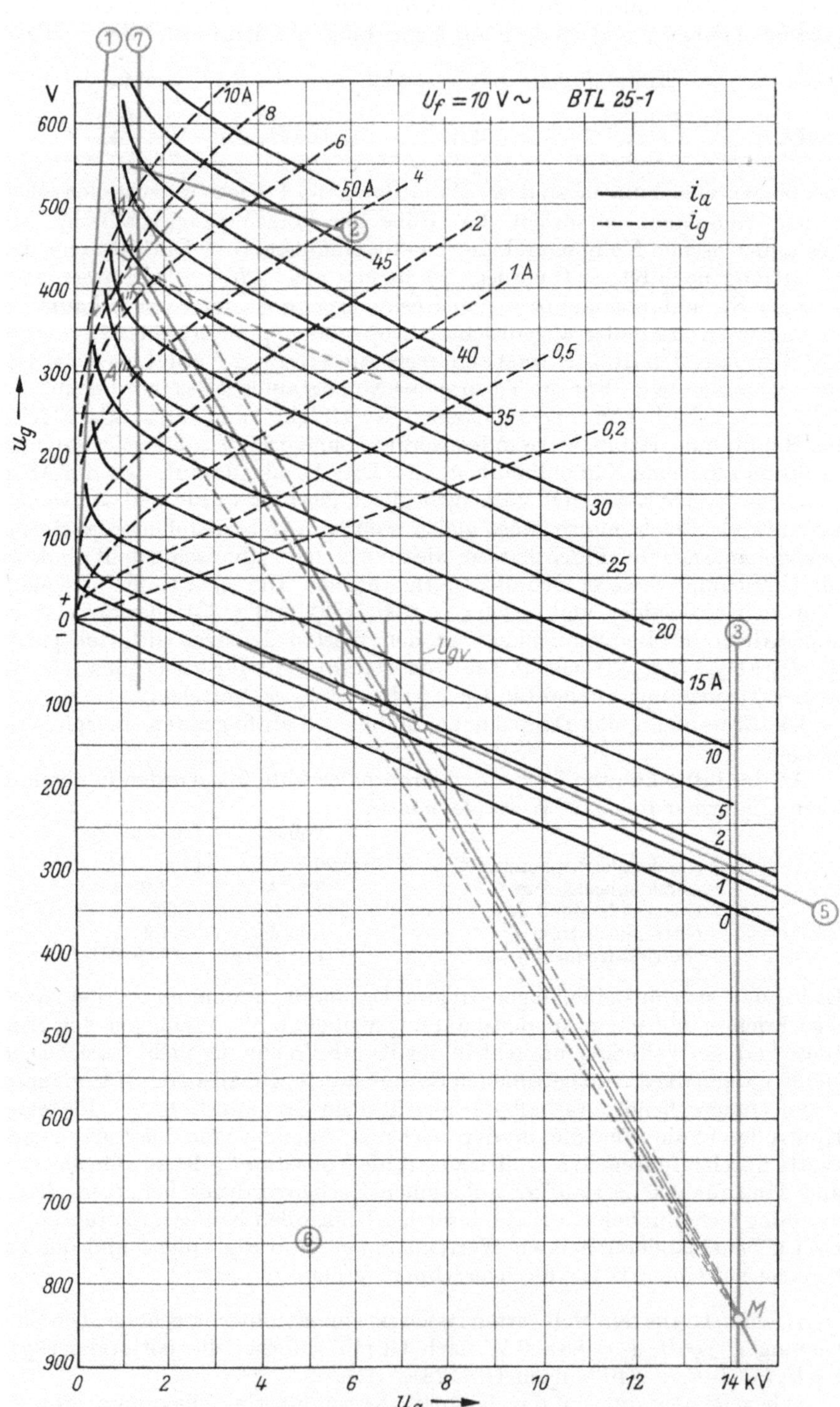

Abb. 219. Ergänztes Konstantstrom-Diagramm der 73 kW Sendetriode der Abb. 214

$u_g = -840$ V) ein und verbinden den Punkt M mit drei probeweise angenommenen Anfangspunkten A der Belastungslinie.

Zweckmäßig wählt man für Vollast Punkte A mit der Abszisse $u_a = 0{,}1\ U_a$ und runden Ordinatenwerten unterhalb der $I_{kp\ \text{zul}}$-Linie ②, hier also

$$A'\ (+1420\ \text{V},\ +500\ \text{V})\ .$$
$$A''\ (+1420\ \text{V},\ +400\ \text{V})$$
$$A'''\ (+1420\ \text{V},\ +300\ \text{V})\ .$$

Die gestrichelten Verbindungslinien $A'M$, $A''M$, $A'''M$ schneiden die Stromeinsatzlinie ⑤. Die Ordinaten der Schnittpunkte notieren wir uns als Verschiebungsspannungen U_{gv}. Zu einem angenommenen

	$U_{gp\,\text{max}}$	500	400	300 V
gehört	U_{gv}	130	110	90 V.

Mit diesen sechs Werten und der bekannten Gitterspannung $|-U_g| = 840$ V zeichnen wir in das Doppelnomogramm Abb. 218 zweimal drei Strahlen ein und lesen an der Mittelskala ab:

zu	$U_{gp\,\text{max}}$	500	400	300 V
links	$1/\psi_a$	4,7	5,1	5,6
rechts	$1/\psi_g$	6,8	7,4	8,0

Zu den nun errechenbaren Stromgipfeln

$I_{ap} = (1/\psi_a)\,I_a$	27,8	30,2	33 A, bzw.
$I_{gp} = (1/\psi_g)\,I_g$	7,15	7,76	8,4 A

finden wir in der $i_a = f(u_a)$- bzw. $i_g = f(u_a)$-Kennlinie (Abb. 212 und 213) die zugehörigen Momentanwerte u_a

	900	2100	6500 V
bzw.	2700	900	300 V.

Durch Interpolation läßt sich ein Punkt A finden, für den der Momentanwert u_a aus der I_{ap}-Kennlinie mit dem aus der I_{gp}-Kennlinie bei der gleichen Gitterspannung zusammenfällt. Da lineare Interpolation wegen der stark gekrümmten Kennlinien hier nicht zulässig ist, zeichnen wir die obigen $2 \cdot 3\ u_a$-Werte in das Konstantstrom-Diagramm ein und suchen den Schnittpunkt der zwei Verbindungskurven. Wir erhalten so den gesuchten Punkt A mit den Koordinaten

	Restspannung	$U_{ap\,\text{min}} = 1400$ V
	Gitterspannungsgipfel	$U_{gp\,\text{max}} = +435$ V
und den	Stromgipfeln $I_{ap} = 29{,}2$ A, $I_{gp} = 7{,}5$ A.	

Aus dem Doppelnomogramm finden wir mit den endgültigen vollausgezogenen Strahlen die gesuchten (halben) Stromaussteuerungen der Grundwelle

links des Anodenstromes $\chi_a = 0{,}91$ rechts des Gitterstromes $\chi_g = 0{,}95$.

Die weitere Rechnung ist schnell erledigt:
Die Gitterwechselspannungsamplitude beträgt nach Tafel I

$$U_{gp} = |-U_g| + U_{gp\,\text{max}} = 840 + 435 = 1275\ \text{V}. \tag{134}$$

Die Steuerleistung ist das halbe Produkt aus Stromgipfel der Grundwelle und
Spannungsgipfel, d.i. nach Umformung

$$P_{gs} = \chi_g\,I_g\,U_{gp} = 0{,}95 \cdot 1{,}05 \cdot 1275 = 1275\,\text{W}\,. \tag{135}$$

Das Produkt des Grundwellenstromanteils mit den positiven Gitterspannungs-
werten erwärmt das Gitter; die höheren Harmonischen sind nicht nur beim fremd-
erregten Sendeverstärker, sondern auch beim rückgekoppelten Oszillator in der
Gitterspannung so gering, daß deren Leistungsanteil für die Gittererwärmung
vernachlässigbar klein ist:
Gitterverlustleistung

$$P_g = \chi_g\,I_g\,\text{U}_{gp\,\max} = 0{,}95 \cdot 1{,}05 \cdot 435 = 435\,\text{W}\ (< P_{g\,\text{zul}} = 1200\,\text{W})\,. \tag{136}$$

Die Anodenwechselspannungsamplitude ist die Differenz der Abszissen der Punkte
A und M, also

$$U_{ap} = U_a - U_{ap\,\min} = 14\,200 - 1400 = 12\,800\,\text{V}\,. \tag{137}$$

Der Wirkungsgrad beträgt

$$\eta = \chi_a\,U_{ap}/U_a = 0{,}91 \cdot 12\,800/14\,200 = 0{,}82\,, \tag{120}$$

so daß die unmittelbar an der Anode abgegebene Ausgangsleistung

$$P_0 = \eta\,P_{ia} = 0{,}82 \cdot 83\,800 = 68\,700\,\text{W} \tag{111}$$

ist, während die dort nach Abzug der rückgekoppelten Steuerleistung P_{gs} am
Schwingkreis abgegebene Nutzleistung

$$P_{0N} = \eta\,P_{ia} - P_{gs} = 68\,700 - 1150 \approx 67\,500\,\text{W} \tag{138}$$

beträgt. Als Verlustleistung muß von der Anode durch Kühlung weggeführt
werden

$$P_a = P_{ia}\,(1 - \eta) = 83\,800 \cdot 0{,}18 = 15\,000\,\text{W}\ (= 0{,}59\,P_{a\,\text{zul}})\,. \tag{116}$$

Schließlich kontrollieren wir noch den Kathodenspitzenstrom

$$I_{kp} = I_{ap} + I_{gp} = 29{,}2 + 7{,}5 = 36{,}7\,\text{A}\ (\approx 0{,}73\,I_{kp\,\text{zul}})\,, \qquad \text{siehe (122)}$$

und den Außenwiderstand

$$R_a = U^2_{ap}/2\,\eta\,P_{ia} = 12\,800^2/2 \cdot 0{,}82 \cdot 83\,800 = 1190\,\Omega\,. \qquad \text{siehe (129)}$$

2. Leerlauf. Die Kontrolle des Leerlaufes geschieht analog in einem Rechenvordruck, nunmehr ohne Zwischenerklärungen. Es sei lediglich bemerkt, daß es
sich bei der probeweisen Annahme des Punktes A im Leerlauffall empfiehlt, die
Punkte A', A'' ... nicht wie bei Vollast auf der Linie ⑦, sondern auf der Linie ①
anzunehmen. Da $U_{gp\,\max}$ im Leerlauf beim Oszillator unter dem bereits errechneten $U_{gp\,\max}$ bei Vollast liegt, reichen für den Leerlauf zwei entsprechend gewählte Punkte, hier 400 und 300 V aus.

Gegeben:

$$U_a = 14\,700\ \text{V} \qquad\qquad R_g = 800\ \Omega$$

$$I_a = 1{,}9\,\text{A} \qquad\qquad I_g = 1{,}2\,\text{A}$$

$$|-U_g| = 960\,\text{V}\ [< |-U_g|_{\text{zul}} = 1000\,\text{V}] \qquad\qquad \text{Gl. (107)}$$

$$P_{ia} = I_a\,U_a = 27\,900\,\text{W} \qquad\qquad\qquad\qquad \text{Gl. (128)}$$

	probeweise gewählt		*gefunden*	
$U_{gp\,\text{max}}$	*400*	*300*	*350* V (interpoliert)	Abb. 219
U_{gv}	*90*	*60* V	*75* V (interpoliert)	Abb. 219
$1/\psi_a$	*5,5*	*6,2*		Abb. 218
$I_{ap} = (1/\psi_a)\,I_a$	*10,4*	*11,8* A		Gl. (112)
$U'_{ap\,\text{min}}$	*400*	~ 410	*400* V (interpoliert)	Abb. 212
			$\chi_a = 0{,}932$ aus Doppelnomogramm	Abb. 218
$1/\psi_g$	*7,5*	*8,5*		Abb. 218
$I_{gp} = (1/\psi_g)\,I_g$	*9,0*	*10,2*	*9,6* A (interpoliert)	Abb. 219
$U''_{ap\,\text{min}}$	*700*	*200*	*400* V (interpoliert)	Abb. 213
			$\chi_g = 0{,}96$ aus Doppelnomogramm	Abb. 218

$$U_{gp} = |-U_g| + U_{gp\,\text{max}} = 960 + 350 = 1310 \qquad \text{Gl. (134)}$$

$$P_{gs} = \chi_g I_g U_{gp} \qquad\qquad = 0{,}96 \cdot 1{,}2 \cdot 1310 = 1500\ \text{W} \qquad \text{Gl. (135)}$$

$$P_g = \chi_g I_g U_{gp\,\text{max}} \qquad = 0{,}96 \cdot 1{,}2 \cdot 350 = 400\ \text{W} \qquad \text{Gl. (136)}$$

$$U_{ap} = U_a - U_{ap\,\text{min}} \qquad = 14700 - 400 = 14300\ \text{V} \qquad \text{Gl. (137)}$$

$$\eta = \chi_a U_{ap}/U_a \qquad\quad = 0{,}932 \cdot 14300/14700 = 0{,}907 \qquad \text{Gl. (120)}$$

$$P_{0N} = \eta\, P_{ia} - P_{gs} \qquad = 0{,}907 \cdot 27900 - 1500 = 23800\ \text{W} \qquad \text{Gl. (138)}$$

$$P_a = P_{ia}\,(1 - \eta) \qquad\;\; = 27900 \cdot 0{,}094 = 2620\ \text{W}. \qquad \text{Gl. (116)}$$

Der Kathodenspitzenstrom bei Leerlauf braucht nicht kontrolliert zu werden.

$$R_a = U_{ap}^2/2\,\eta\,P_{ia} = 14300^2/2 \cdot 0{,}907 \cdot 27900 = 4060\ \Omega\,.$$

1) Diskussion und Schlußkontrollen

§ 54. Der Konstrukteur dieses Umformers wählte seine Röhrenbetriebswerte nicht in der Absicht, die vom Röhrenhersteller für den Fall konstanten Außenwiderstandes und besonders sorgfältiger Betriebskontrollen (Nachrichtensender) genannte Höchstleistung $P_{0\,\text{max}} = 73$ kW zu erreichen. Mit einer Einbuße von nur 6% ($P_0 = 68{,}7$ kW, $P_{0N} = 67{,}5$ kW) gelang es ihm, eine zweckmäßige Einstellung zu finden, die hohen Vollastwirkungsgrad (82%) mit großer Leerlaufsicherheit vereint. Bei einem so aufwendigen Gerät würde z. B. 10% Wirkungsgradverschlechterung während 10000 Stunden Lebensdauer der Senderröhre unnötige Stromkosten von etwa 8000,– DM verursachen, also jedenfalls mehr als die Röhre selbst kostet. Die gewählte Einstellung hat bei den kritischen Betriebswerten in Vollast und Leerlauf so ausreichende Abstände gegen die Grenzdaten, daß die Röhre vielleicht sicherer betrieben wird, als wenn sie etwas nach einer Faustformel mit $P_0 = 0{,}7\,P_{0\,\text{zul}}$, also nach einer 70%-Empfehlung für industrielle Röhrengeräte, gefahren würde, dabei aber etwa den überspannten Zustand erreichte, so daß dann bei Entlastung die – ohnedies sehr hoch liegende – Verlustgrenze des robusten Gitters (1,2 kW) überschritten würde. Im vorstehend kontrollierten Leerlauf wurde hingegen der Gitterverlust mit nur $1/3$ des zulässigen Wertes ausgenutzt, wohl weil der Konstrukteur bei schärferer Aussteuerung vermehrte Oberwellenstörungen befürchtete.

Mit der Oszillatorleistung $P_{0N} = 67{,}5$ kW kann dem Werkstück eine Spitzenleistung von 60 kW zugeführt werden; die sogenannte Klemmenleistung liegt höher. Die Abzugsposten sind hierfür: Kreis- und Zuleitungsverluste bis zu den Klemmen, sodann noch die Verluste des Glühübertragers und der Heizspule. Die HF-Nennleistung wird mit einem Durchflußkalorimeter oder mit photometrierten Glühlampenphantomen (z.B. Kombinationen von 500- oder 1000-W-Glühlampen) bestimmt. Mit solchen einfachen Substitutionsmessungen lassen sich die errechneten $P_{0\,N}$-Werte bei Berücksichtigung der Abzugsposten kontrollieren.

Auch der errechnete P_a-Wert kann durch Vergleich mit „statischem Betrieb", d.h. Betrieb im nichtschwingenden Zustand bei $P_{ia} \leq P_{a\,zul}$ durch Kalorimetrierung des Kühlmittels nachgemessen werden. P_g ist dagegen keiner direkten Kontrolle zugänglich. Die erreichte Gittertemperatur läßt sich allerdings nach dem Abschalten am Schluß eines genügend langen Leerlaufbetriebes aus dem auslaufenden Gitterstrom unter gewissen Voraussetzungen ermitteln.

Eine weitere Kontrolle betrifft die Rückkopplung. Die Rückkopplungsgrade des Vollast- und des Leerlauffalles werden in dem Konstantstrom-Kennlinienfeld durch die Steigung der Belastungslinien dargestellt (im Beispiel: knapp 10%, für Voltmaßstäbe 1:1!). Ist die Rückkopplung gering, so besteht die Gefahr, daß die Schwingung abreißt. Man bestimmt die Sicherheit gegen Abreißen, indem man in der Nachbarschaft ungünstigster Betriebsumstände (z.B. Unterheizung, Unterspannung) den Rückkopplungsgrad probeweise senkt und auf etwaiges Aufhören des Gitterstromes achtet.

Die Belastungslinien von Vollast und Leerlauf sind nicht immer ganz parallel[1], wie man es an sich erwarten würde. Die Rückwirkung der Last sowie verschieden hohe Erwärmung der Kreise ändern die Spannungsteilung (s. Abschn. 6). Bei Entlastung mit unveränderter Einstellung, also *ohne Anwendung von Automatiken* [*15, 27*], wandert der Arbeitspunkt A vom Vollastpunkt übrigens stets *schräg nach links unten* in Richtung zum Endpunkt der Leerlauf-„Belastungslinie" im Konstantstromdiagramm aus.

Wir hatten bei der Erläuterung beider Dimensionierungsverfahren den notwendigen Sicherheitsabstand von den zulässigen Grenzdaten für den industriellen Betrieb betont. Beim ersten Verfahren gingen wir sogar direkt von drei solchen Grenzen $U_a - I_{kp} - P_a$ aus, die gegenüber den vorgegebenen Daten geeignet reduziert waren. Hierbei kann es aber bei einigen wenigen Röhrentypen vorkommen, daß im zunächst gefundenen Betriebsfall der notwendige Abstand von anderen Grenzdaten, wie $P|_{g\,zul}$, $-U|_{g\,zul}$, nicht eingehalten wird. Man muß dann die Rechnung auf diesen kritischen Abstand hin neu durchführen — ebenfalls mit genügender Reserve. Solche Röhren brauchen deswegen für die industrielle Verwendung nicht als ungünstig bezeichnet zu werden; beispielsweise genügt es, wenn der Hersteller den zulässigen Kathodenspitzenstrom I_{kp} mit Überschuß angesetzt hat, so daß dann leicht der zulässige Gitterverlust zu gering erscheint. In Wirklichkeit kommt aber hier die Emissionsreserve einer langen Lebensdauer der Röhre zugute.

Bei gewissen Röhrentypen schreiben die Hersteller neben absoluten Grenzwerten für U_a, I_{kp}, P_a auch noch vor, daß im industriellen Betrieb gewisse P_{ia}- oder I_a- und I_g-Werte nicht überschritten werden. Solche Forderungen scheinen nach Erklärungen in den letzten Abschnitten physikalisch nicht begründet zu sein. Es ist aber so, daß die Überschreitung gerade solcher einfacher Meßwerte für den Betriebstechniker leicht feststellbar ist und demnach bei Variationen der Betriebsverhältnisse auch verhindert werden kann. Diese Werte sind in den Datenblättern so angesetzt, daß bei ihrer Einhaltung ein ausreichender Sicherheitsabstand gegen Überschreitung der wirklich wichtigen Werte P_a und I_{kp} gewährleistet ist, sobald der Gerätehersteller die Grundeinstellung einmal richtig gewählt hat.

---

[1] Am ehesten bei festem Gitterwiderstand. Glühlampen verhindern die Vergrößerung von $|-U_g|$; bei Verwendung von Eisenwasserstoffwiderständen als Gitterwiderstand können die beiden Belastungslinien für Vollast und Leerlauf sich sogar kreuzen.

m) Außenwiderstand im Anodenkreis, seine Beziehungen zum Innenwiderstand der Röhre und zur Last

§ 55. Die klassische Bedingung für die Leistungsanpassung irgendeines Außenwiderstandes R_a an eine Stromquelle mit bekanntem Innenwiderstand R_i

$$R_a = R_i$$

gilt für Gleich- und Wechselstrom, solange R_i im Variationsbereich *konstant* ist. In den engen Grenzen, in denen diese Forderung bei einer Röhre erfüllbar ist (A-Betrieb), erhält man auch im Anodenkreis bei gegebener Gittersteuerspannung U_{gp} dann die höchste Wechselstromleistung am Außenwiderstand R_a, wenn $R_a = R_i$. Ist der Außenwiderstand für Gleich- und Wechselstrom zufällig gleich groß, ebenso wie R_i es ist, so teilt sich die Wechselstrom- und Gleichstromleistung zu jeweils gleichen Teilen auf beide in Reihe gedachten Widerstände auf; *maximal* entfällt auf die an R_a und R_i entstehenden Wechselstromleistungen je $P_{ia}/8$, der Rest auf die Gleichstromverluste. Die beiden verschieden groß anzusetzenden Quellspannungen im Ersatzbild müssen diese Gleich- und Wechselstromanteile je getrennt liefern. Man sieht hier schon die erste Schwierigkeit. Die Quellspannungen müssen sozusagen nachträglich hinzugekünstelt werden, um sowohl die ursächliche Steuerung, als auch Gleich- und Wechselanteil richtig wiederzugeben.

Handelt es sich ferner bei R_a um einen Außenwiderstand, der — wie bei HF-Ausgängen üblich — nicht vom Gleichstrom durchflossen ist, so ändert sich die Leistungsbilanz noch weiter. Sind schließlich die Anodenströme nicht sinusförmig, sondern wie in Röhrenumformern intermittierend, so wird die Rechnung im Ersatzbild durch die Stromfaktoren der Stromkuppen noch weiter kompliziert. Für die Wechselstromleistung ist die erste Harmonische maßgebend. Für die Eingangsleistung und auch mit für die Verluste ist jedoch der Anodengleichstrom einzusetzen. Trotzdem gelingt es, auch dies noch in ein Ersatzschaltbild[1] mit U_a als Quellspannung zu pressen, deren Innenwiderstand $R_{iL}/2 \, \psi_a \chi_a$ ist, so daß die Anpassungsforderung für maximale Ausgangsleistung des Resonanzverstärkers

$$R_a = \frac{R_{iL}}{2} \, \psi_a \chi_a$$

geschrieben wird. Für $\Theta_a = 180°$ (A-Betrieb) ergibt sich ebenso wie für $\Theta_a = 90°$ (B-Betrieb): $R_a = 2\,R_{iL}$. Für $\Theta_a = 60°$, also einen durchschnittlichen C-Betrieb, erhält man $R_a = 2{,}55\,R_{iL}$.

Wenn man sich fragt, warum diese anscheinend einfachen Zusammenhänge als Dimensionierungsregel für Röhrenumformer keine Bedeutung gewonnen haben, so erkennt man, daß mehrere Umstände der Verwertung im Wege stehen. Da ist zunächst die Größe des „für die Leistungsabgabe maßgebenden Innenwiderstands" R_{iL} selbst. Wenn ohne Gitterstrom gearbeitet wird, ist R_{iL} noch leicht als Kotangente längs der Kennlinien $u_g = 0$ im i_a/u_a-Kennlinienfeld zu definieren. Bei B- und C-Betrieb ist jedoch die (linke) Einhüllende an die i_a/u_a-Kennlinien die äußerste Aussteuerungsgrenze. Manche Autoren geben daher deren mittlere Kotangente als R_{iL} an. Zweifellos ist ein solcher weiterer echter Röhrenkennwert — insbesondere bei Angabe des Arbeitspunktes — objektiv feststellbar und wäre daher zu schnellen Vergleichen von mehreren Röhrentypen untereinander auch gut geeignet.

---

[1] Es läßt sich übrigens nicht nur ein einziges Ersatzschaltbild, sondern beliebig viele angeben, wenn nämlich eine andere Quellspannung als konstant angenommen wird oder wenn in der Quellspannung oder im komplizierten Innenwiderstand die Rückwirkung des Außenwiderstands enthalten ist. MODEL [*111*] bemüht sich, das für den entkoppelten Verstärker geltende Ersatzschaltbild (mit U_{gp}/D als Quellspannung) auch für den Röhrenumformer anzusetzen, er selbst hält es aber für Energiebetrachtungen ungeeignet.

Leider ist aber eine Aussteuerung, insbesondere bei Vollast, bis an diese „Grenz-kennlinie" bei Röhrenumformern kaum angängig. An der Grenzlinie hört der Anoden-strom nämlich nicht plötzlich zu fließen auf, sondern bereits bei benachbarten Betriebszuständen mit höheren Anodenspannungen u_a wird ein Teil der zur Anode hin bestimmten Elektronen vom Gitter—teilweise unter recht komplizierten Bewegungen —abgefangen. Die FOURIER-Zerlegung der Anodenstromkuppen gibt kleinere Werte, die Leistung ist noch so hoch, wie die vereinfachende Optimumrechnung voraussetzte.

Um sich der Wirklichkeit mehr anzuschließen und auch der Einfachheit halber, nehmen andere Autoren eine benachbarte Aussteuerungsgrenze an, und zwar den „grenzgespannten Zustand", die Linie ① $u_a = u_g$, obwohl in dieser Universal-annahme die Geometrie des betreffenden Röhrentyps unberücksichtigt bleibt. Bei der Einzeichnung dieser nun anders definierten R_{iL}-Geraden in das i_a/u_a-Feld wird die schwache Krümmung der $u_a = u_g$-Kurve entweder gemittelt oder die R_{iL}-Linie etwas rechts davon angesetzt [101].

Eine bessere Entscheidung, ob bei der betreffenden Röhre die Anodenstromkuppe sich einzusatteln beginnt, gibt die Lage der Belastungslinie und ihres Endpunktes A, und zwar muß festgestellt werden, ob die Belastungs*strecke A M* die i_a-Kurven im Konstantstrom-Kennlinienfeld tangiert oder nicht. Liegt, wie in § 52, Beispiel I ausgeführt, A *vor* dem Berührungspunkt, so ist die Stromkuppe normal. Schneidet jedoch die Belastungsstrecke eine i_a-Kurve zweimal, so hat die Stromkuppe *zwei* Höcker (Doppelgipfel). Leider ist die Lage der Berührungspunkte von der Neigung der Belastungslinie, also vom Rückkopplungsgrad bzw. der gewählten Gitter-vorspannung abhängig[1]. Man kann aber immerhin einen ziemlich eindeutigen schma-len „Streuschlauch" für die im Einzelfall in Frage kommenden Berührungspunkte einzeichnen. Die Anwendung dieser — nun schon an die dritte Stelle — nach rechts gerückten Grenzlinien wird nur für den Leerlauf ratsam sein — der zugehörige Voll-lastbetrieb liegt *bei Annahme konstanter Rückkopplung* stets bei noch größeren Restspannungen $U_{ap\,min}$, also noch weiter rechts — eine vierte notwendige Ver-schiebung gegenüber der alten Lage von R_{iL}.

Wir hatten daher guten Grund, auf die Festlegung der R_{iL}-Werte für höchsten Vollastbetrieb überhaupt zu verzichten und rechnen zunächst mit 10% Rest-spannung, wenn es sich um die Vordimensionierung handelt, um dann bei den nächsten Schritten und der Kontrollmessung auf die individuellen Eigenarten des Betriebes und der Kennlinienkrümmung genau Rücksicht zu nehmen.

Selbst wenn wir nun mit einer der gewählten Grenzen den einen oder andern „richtigen" R_{iL}-Wert aufgefunden hätten, bliebe dies problematisch, weil man bei großen Leistungsröhren alle diese „Innenwiderstände" mit den praktisch in Frage kommenden Außenwiderständen in keine sinnvolle Beziehung bringen kann. Je nach Definition kann man in vorstehendem Beispiel der BTL 25-1 ein R_{iL} zwischen 30 und 70 Ohm herauslesen. Der Außenwiderstand, den wir für Vollast errechneten, beträgt demgegenüber $R_a = 1190$ Ohm, bei Teillast noch mehr. Für das sicherlich recht optimale Vollastbeispiel errechnet sich ein Quotient $R_a/R_{iL} = 25$!

$$(\text{bei } R_{iL} = U_{ap\,min}/I_{ap} = 48\,\Omega)\,.$$

Geradesowenig, wie bei einem Starkstromnetz irgendeine vorteilhafte An-passungsbedingung besteht, gibt es eine solche für die Höhe des Anodenaußen-widerstandes im Röhrenumformer. Es ist — im Gegensatz zur Schwachstromtech-nik — weder möglich eine halbe Riesenleistung als Verlust im Innenwiderstand unterzubringen noch laufend die Kosten dafür zu tragen, nur um am Außenwider-stand die andere Hälfte der Riesenleistung als theoretisches Leistungsmaximum

---

[1] Ein Vergleich verschiedener Röhren in B-Betrieb ist daher nicht so schlüssig wie in der jeweils günstigen C-Einstellung.

zu erzielen. Alle praktisch möglichen Außenwiderstände im Anodenkreis von Röhrenumformern übersteigen, ebenso wie die Verbraucher in Starkstromnetzen, die gegebenen Innenwiderstände — oft um Größenordnungen. Man sollte vermeiden, hier noch von Über-„Anpassung" zu sprechen, weil damit irgendwie einem Idealbild einer vielleicht doch einmal realisierbaren genauen Anpassung $1:1$ vergeblich nachgetrauert wird.

Ohne, daß dies durch einfache oder komplizierte Anpassungsformeln erfaßbar wäre, gibt es bei Variation praktischer R_a-Werte (wertmäßige Senkung z.B. von $30 \times R_{iL}$ auf $20 \times R_{iL}$, wohlgemerkt ohne direkten Zusammenhang mit R_{iL}) nicht immer nur monotonen Leistungsanstieg, sondern man stößt dann manchmal auf eine Höchstleistung beim Betrieb mit einem bestimmten R_a. Dies rührt bei stark ausgesteuerten Röhren beispielsweise von dem dabei immer größer werdenden Abzugsposten „Gitter-Steuerleistung" her. In andern Fällen sind oft die Nebenbedingungen der Grund für einen — dann meist unstetigen — Leistungsabfall und damit für das Entstehen eines benachbarten Leistungsmaximums. Es handelt sich dabei um Leistungsreduktionen, erzwungen durch Grenzwerte, wie P_a, P_g, I_{kp}, I_a, $|-U_g|$ oder den von ihnen abgeleiteten Sicherheitswerten. Dem Aufsuchen eines Betriebspunktes in richtigen Abständen von gegebenen Grenzen, der solche maximale Leistungen ergibt, galt beispielsweise unser in § 52 erläutertes Dimensionierungsverfahren. Dabei kam keinerlei Anpassungsrechnung vor.

Während also der optimale Anodenausgangswiderstand R_a einer in eine Formel gepreßten „Anpassungs"-Vorschrift gegenüber den Röhrendaten trotzt, kann bei dem Übersetzungsverhältnis[1]: Werkstückwiderstand R_w zu Anodenausgangswiderstand R_a mit einigem Recht von Anpassung[2] gesprochen werden. Es gilt hier, den Variationsbereich von R_w in einen Variationsbereich *passender* R_a-Werte zu transformieren. Dies geschieht nicht mit dem Ziel auf direkte Leistungsmaxima[3], sondern um die von der Röhre her verfügbare HF-Energie auf dem Arbeitsgut zu sammeln.

Die beiden Variationsbereiche von R_w und R_a sollen dabei keineswegs immer proportional sein. Wir kommen damit zum Einfluß der Übertragungsglieder zwischen Röhre und Werkstück, die neben den vorbeschriebenen Röhreneigenschaften wesentlich für das Betriebsverhalten maßgebend werden, sobald im Arbeitsgut die während der Erwärmung immer unvermeidlichen Wirk- und Blindlastschwankungen auftreten.

Der Einfluß von Dimensionierungsänderungen läßt sich am leichtesten beim Übergang zu Extremwerten erkennen. Wir haben daher auf S. 176 an die Ränder einer nach Art eines Koordinatenkreuzes gestalteten Zusammenstellung die vier extremen Zustände geschrieben, die sich bei Variation der entweder als Längs- (Serien-) Widerstände oder als Quer- (Parallel-) Widerstände zu deutenden Übertragungsglieder ergeben. Ordnet man ältere und neuere Umformer in dieses Koordinatenkreuz ein und vergleicht ihre Eigenschaften, so findet man bei modernen Geräten eine Tendenz zu mehr in der unteren Hälfte liegenden Betriebsarten. Die seitliche Tendenz ist nicht allgemeingültig festzulegen, sie dürfte bei induktiven

---

[1] Die verschiedenen Auskopplungsmöglichkeiten (Glühübertrager, induktiv-galvanische Kopplung, kapazitive Teilung usw.) lassen sich hinsichtlich der Übersetzung, des Koppelfaktors, der Frequenzabhängigkeit usw. auf einheitliche Formeln bringen [*141*].

[2] „Anpassung im weiteren Sinn", dieser Begriff sollte auf jene freizügige Auswahl von Größen beschränkt bleiben, bei der die Variationsmöglichkeit in der Nähe des Optimums nicht durch dritte Einflußgrößen, z.B. max. zulässige Betriebswerte, begrenzt wird [*140*].

Das Aussuchen *passender* Betriebswerte im Sicherheitsabstand von Grenzwerten wird von Praktikern oft auch „*Anpassung*" genannt, rein sprachlich richtig, zur Vermeidung von Mißverständnissen sollte man dabei aber besser von „angemessener Dimensionierung im Rahmen von diesen oder jenen Grenzen" sprechen.

[3] Dies wäre die klassische Anpassung im engeren Sinn, wobei die Lage eines Extremwertes durch Differentiation bestimmt wird.

Geräten meist eher links von der Mitte liegen als rechts. (Das ebene Koordinatenkreuz ist übrigens eine Vereinfachung der Wirklichkeit. Wollte man Blind- und Wirkanteile, die sich oft verschieden auswirken, getrennt berücksichtigen, müßte das Kreuz eine räumliche Ausdehnung erhalten.)

Die Dimensionierungsextreme von HF-Quellen und Übertragungsgliedern

(Die kennzeichnenden Ursachen brauchen jeweils nicht unbedingt gemeinsam aufzutreten)

Relativ zu hohe Querwiderstände

z.B. zu knappe Blindleistung im Anodenkreis, niedriges C/L-Verhältnis (meist verbunden mit zu geringer Güte des Schwingkreises):

erhebliche Frequenzdrift bei schwankendem Blindanteil der Last.

Wenn sogar für Rückkopplung zu knappe Blindleistung:

Abreißen der Schwingung.

Geringe Grundwirklast:

Extremer Leerlauf bei Entlastung, dabei Gefahr der Gitterüberhitzung und starke Oberwellen.

Dimensionierung in dieser Richtung nur zulässig, wenn Lastschwankung gering.

Allgemein knapp dimensioniert.

Niedrige Längswiderstände

z.B. kleiner Innenwiderstand der Röhre; feste Kopplung; kurze bzw. reichlich dimensionierte Anschlußleistung – vorsichtige Ausnutzung:

HF-Spannung am Werkstück bleibt bei Lastschwankung annähernd konstant.

HF-Erwärmungsleistung sinkt mit steigendem Werkstückwiderstand.

Strom steigt bei Überforderung, bis Überstromschutz auslöst.

Wegen des kleinen Innenwiderstandes ist überdimensionierte Röhre erforderlich.

Frequenzverwerfung bei Lastschwankung, starke Oberwellenausstrahlung.

Mittlere Lösungen

HF-Erwärmungsleistung bleibt in gewissen Grenzen konstant oder folgt gewünschter Kurve.

Angemessen dimensionierte Röhre.

Relativ hohe Längswiderstände

z.B. hoher Innenwiderstand der Röhre; lose Kopplung; schwache oder sehr lange Anschlußleitungen; volle Belastung; abgestimmter Sekundärkreis:

HF-Strom im Werkstück bleibt bei Lastschwankung annähernd konstant.

HF-Spannung und HF-Erwärmungsleistung steigt bis zum Zustand höchsten Lastwiderstands.

HF-Quelle kann nicht überfordert werden. (HF-Spannung klein bei kaltem Werkstück).

Wegen schlechten Übertragungswirkungsgrads überdimensionierte Röhre erforderlich. Große *Verlustleistung im Gerät.*

Frequenzstabil, oberwellenarm.

Niedrige Querwiderstände

z.B. relativ zur Blindlastschwankung hohe Blindleistung im Anodenkreis; hohes C/L-Verhältnis; hohe Güte; relativ zur Wirklastschwankung hohe Grundwirklast.

Lastrückwirkung gering. Extremer Leerlauf der Röhre bei Entlastung verhindert. Frequenzstabil, oberwellenarm.

Allgemeine Überdimensionierung

Dimensionierung in Richtung auf Frequenzstabilität.

Vieles, was über bemerkenswerte Stabilität gewisser Röhreneinstellungen zu lesen ist, ist genaugenommen auf geschickte Dimensionierung der verwendeten Übertragungsglieder zurückzuführen. Die Bezeichnung „stabil" bleibt ohne Erläuterung ein Schlagwort, man sollte immer hinzufügen, ob Spannungs- oder

Stromkonstanz am variablen Werkstückwiderstand gemeint ist. Die beiden Möglichkeiten liegen, wie im Kreuz der Dimensionierungsextreme gezeigt, diametral, ihre entgegengesetzten Auswirkungen auf das kalte oder warme Werkstück sind dort kurz dargelegt.

Abschließend kann man sagen, daß die gesamten Zusammenhänge mehr als eine Anpassungsfrage im engen Sinn bedeuten, sie sind in erster Sicht verwirrend kompliziert, sie lassen sich aber doch übersehen, sobald jedes Glied und jeder Einfluß an die richtige Stelle gesetzt wird. Die Röhre hat ihre Aufgabe dann am besten erfüllt, wenn sie die verlangte HF-Leistung in den Grenzen der zulässigen Variation des Erwärmungsgutes hergibt – eine darüber hinausgehende Funktion, nämlich die einer Korrektur der Eigenschaften der nachgeschalteten Übertragungsglieder, sollte man von ihr nicht verlangen.

In dem nun beendeten Abschnitt über die Senderöhren haben wir das Hauptgewicht auf die Darlegung von zwei Rechenverfahren für den Praktiker gelegt und dabei auch einige zusätzliche Bemerkungen über den Röhrenbetrieb eingeflochten. Der Konstrukteur und auch der Benutzer von Röhrenumformern müssen beide jedoch vielfältige weitere Einzelheiten beachten, wenn die verwendeten großen oder kleinen Senderöhren im rauhen Industriebetrieb die gehörige lange Lebensdauer erreichen sollen. Über die richtige Heizung werden bei der anschließenden Besprechung des Heizspannungstransformators noch einige wichtige Maßregeln angegeben werden. Beim erstmaligen und auch bei jedem weiteren Einschalten müssen gewisse Vorschriften eingehalten werden; die Kühlung, ja sogar Lagerung und Transport [16], selbstverständlich auch der Einbau der Röhre kann falsch, gerade noch angängig oder zweckmäßig erfolgen. Wie sich der Benutzer im einzelnen verhalten soll, dies zu schildern, würde hier zu weit führen. Die Röhrenhersteller haben hierfür Empfehlungen [26, 125, 139, 151, 160] herausgegeben, die auf praktischen langjährigen Erfahrungen beruhen und auf die wir verweisen können.

5. Heiztransformator für die Oszillatorröhre

§ 56. Bei den Oszillatorröhren ist für deren Heizung große Sorgfalt zu verwenden. Sie ist mit ausschlaggebend für deren Lebensdauer, die ja aus wirtschaftlichen Gründen möglichst hoch anzustreben ist, weil die Röhre zu den wichtigsten Teilen des Umformers zählt. Die betrieblichen Maßnahmen richten sich nach der Art der Kathoden der eingebauten Röhren. Es werden Röhren mit reinen Wolframkathoden und solche mit thorierten Wolframkathoden verwendet. Die Eigenarten der beiden Kathodenarten wurden schon im § 44 gekennzeichnet.

a) Wolframkathoden

Die reine Wolframkathode hat den Vorteil, daß sie die Möglichkeit einräumt, mit reduzierter Heizspannung zu arbeiten, was sich günstig auf die Lebensdauer der Röhre auswirkt. Die Heizspannung kann verringert werden, wenn nicht mit vollem Emissionsstrom gearbeitet wird. Durch den damit geringeren Kathodenverschleiß kann z.B. bei einer Spannungsreduktion von 5% unter Umständen die Lebensdauer beinahe verdoppelt werden. Man wird also bei einem Umformer, der Röhren mit Wolframkathode besitzt, möglichst eine Regelbarkeit der Heizung vorsehen, die eine so weitgehende Senkung der Spannung zuläßt, daß sie für die Erzeugung der notwendigen Emission gerade noch [168] ausreicht. Die Regelung der Spannung kann entweder verlustlos mit einem Regeltransformator oder mit Widerständen vorgenommen werden. Zu empfehlen ist, daß man die Höhe der Spannung mit einem geeigneten Voltmeter überwacht, das

an den Heizfadendurchführungen der Röhre angeschlossen ist. Es darf nicht verkannt werden, daß eine möglichst lange Lebensdauer der Reinwolframkathode
eine Betriebsweise, die jeweils gerade nur die passende Emissionstemperatur erreicht, und eine äußerst genaue Beobachtung der je nach Last verschieden anzusetzenden Heizspannung auf ±1% verlangt. Dies ist in der Praxis bei ausgelasteten Röhrenumformern nur durch eine Regelautomatik zu erreichen, wobei
außerdem die mit der Röhrenalterung sich ändernden optimalen Einstellungen
zu berücksichtigen sind. Derartige Überlegungen sind vielleicht in Nachrichtensendern angebracht, bei industriellen HF-Erzeugern empfiehlt es sich, wenn man
die lange Lebensdauer von Wolframkathoden ausnutzen will, von vornherein maximal nur bis etwa zur Hälfte der Typenleistung zu fahren und die Heizspannung
zwar unter den Nennwert zu senken, aber nicht so viel, als es an sich zulässig
wäre. Dann darf nämlich die Heizspannung im Rahmen der üblichen Netzschwankungen variieren.

b) Thorierte Wolframkathoden

Diese Kathodenart wurde durch ihre monomolekulare Aktivschicht gekennzeichnet, die in der Lage ist, abdampfenden und neu nachstoßenden Thoriumoxyden
das Gleichgewicht zu halten. Thorierte Wolframkathoden haben den Vorteil, daß
sie einer geringeren Heizleistung bedürfen (gute Stabilisierung) und daher einen
günstigen Wirkungsgrad ergeben. Für das einwandfreie Arbeiten der dünnen Thoriumschicht ist aber wichtig, daß die Heizspannung bei Vollast ziemlich konstant
gehalten wird. Eine Unterheizung bei voller Belastung ist im Gegensatz zur reinen
Wolframelektrode gefährlich, da dann die Röhre in kurzer Zeit dauernd emissionslos
wird. Eine Überheizung verkürzt die Lebensdauer. Im allgemeinen wird bezüglich
der Heizspannung eine Toleranz von ±3%, teilweise ±5% zugelassen. Um diese
einzuhalten, können entweder magnetische Spannungsstabilisatoren oder automatisch arbeitende Regler verwendet werden. Sollte dieser Aufwand sich jedoch
aus preislichen Gründen verbieten, so wird man zumindest ein geeignetes Voltmeter und einen Umschalter für den Heiztransformator vorsehen, der eine genaue
Einregelung ermöglicht. Andererseits sind Industrieröhren mit thorierten Wolframelektroden verhältnismäßig unempfindlich, siehe hierzu auch § 55.

Beide Kathodenarten können entweder mit Gleich- oder Wechselstrom beheizt werden. Bei den Industrieumformern für die induktive Wärmebehandlung
wird man aus Gründen der Einfachheit die letztere Stromart vorziehen. Zudem
fallen hier die Gründe nicht ins Gewicht, die früher in der Nachrichtentechnik für
Gleichstromheizung gesprochen haben.

Beim Einschalten der Heizung ist zu beachten, daß der Heizfaden im kalten
Zustand einen viel kleineren Widerstand hat als im warmen. Man muß daher bei
den größeren Umformerröhren Vorsorge treffen, daß der hohe Einschaltstromstoß
begrenzt wird. Bei großer Schalthäufigkeit wird sich dies auch für kleinere Röhren
empfehlen. Die Herabsetzung des Einschaltstromstoßes kann auf verschiedenen
Wegen erreicht werden, z.B. durch Streutransformatoren, Regeltransformatoren,
durch vorgeschaltete Widerstände u.ä.

6. Oszillator

§ 57. Von ausschlaggebender Bedeutung des Oszillators, der die Aufgabe hat,
die Schwingungen im Schwingkreis aufrechtzuerhalten, ist die Art und Anzahl
der verwendeten Oszillatorröhren. Es sind dies vorwiegend Trioden, die strahlungs-, luft- oder wassergekühlt sein können. Die Kühlung [133] hat die Aufgabe,
die durch die Verluste entstehende Wärme abzuführen, vor allem die Anoden-

verlustleistung, aber auch Gitterverlustleistung und Heizleistung. Durch geeignete Sicherheitsmaßnahmen ist dafür zu sorgen, daß eine Röhre nie ohne Kühlung betrieben werden kann. Bei großen Röhren wird von manchen Herstellern empfohlen, die Kühlung noch kurze Zeit nach dem Abschalten der Spannungen (Heiz- und Anodenspannung) zu belassen. Ist das Kühlmittel Luft, so ist durch entsprechende Filter für eine Reinigung von Schmutz und Feuchtigkeit zu sorgen. Für Wasserkühlung empfiehlt sich zunächst die Verwendung von destilliertem Wasser. Solche Kühlanlagen mit einem Rückkühler sind zur Wasserersparnis bei großen Leistungsröhren die Regel. Bei kleinen und mittleren Anlagen spielt der Wasserverbrauch eine geringere Rolle, man läßt daher laufend frisches Leitungswasser durch den Röhrenkühltopf fließen. Hat das Wasser nicht mehr als 8 deutsche Härtegrade, so ist dies unbedenklich. Meistens hat es jedoch einen größeren CaO-Gehalt als 80 mg/Liter, so daß sich in den Kühlsystemen mehr oder weniger starke

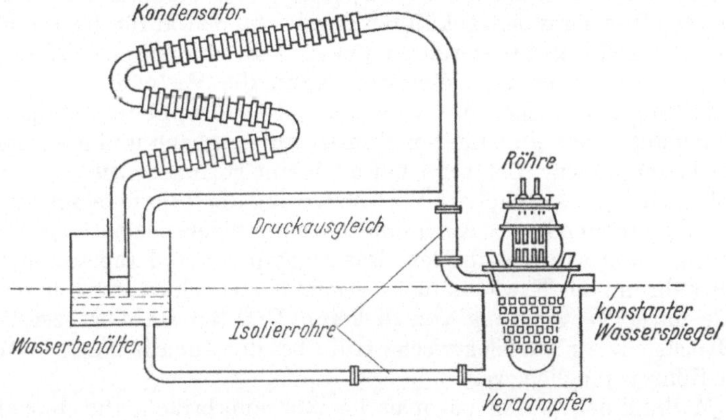

Abb. 220. Schema zur Erläuterung der Siede- oder Verdampfungskühlung von Oszillatorröhren

Kalkabsonderungen anlagern. Die Praxis begrüßte es daher in den dreißiger Jahren, als die Röhrenfirmen Leistungsröhren mit forcierter Luftkühlung herausbrachten. Solche luftgekühlte Röhren waren durch viele Jahre hindurch die häufigste Bestückungsart von Industrieumformern. Seit aber chemische[1] Verfahren zur laufenden Verhinderung der Absonderungen bekanntgeworden sind, erfreut sich die Wasserkühlung wieder einer steigenden Beliebtheit, zumal die wassergekühlten Röhren billiger als die luftgekühlten sind.

In letzter Zeit kam als Abart der Wasserkühlung die Siedekühlung [7] hinzu, bei der die Änderung des Aggregatzustandes von Wasser auf Dampf der Röhrenanode Wärme entzieht. Hierbei ist ein etwas größerer Aufwand im äußeren Kühlsystem erforderlich. In der Abb. 220 ist das Prinzip der Siede- oder Verdampfungskühlung angegeben. Die Röhre befindet sich mit ihrem Anodenkörper in einem mit destilliertem Wasser gefüllten Kessel. Die während des Betriebes sich erhitzende Anode

---

[1] Die grundlegenden Verfahrenspatente DRP 686 100 und 767 070 (Erf. F. Killewald) aus dem Jahre 1935 wurden verhältnismäßig spät, nämlich 1939 bzw. 1951 bekanntgemacht. Sowohl diese Verfahren als auch das US.Pat. 2 038 316 (1936) von ROSENSTEIN blieben bei den Röhrenfachleuten unbeachtet. So kam es, daß die Vorteile der vorgeschlagenen Minimaldosen schwer löslicher Phosphate, die das Wachstum von Karbonatkristallen stören, beim Röhrenkühlwasser seinerzeit nicht verwertet wurden und die (teurere) Luftkühlung bei Senderöhren schließlich aus Sicherheitsgründen den Vorrang gewann. Erst durch die neueren Präparate (DBP Anm. C 967 IVb/85b und G 13122 IVa/12i 31) und einfache Dosierungstöpfe — Lösung im Wasserdurchfluß — (DBGM 1 664 968 und 1 716 285 1955) scheint die Wasserkühlung ihre alte Stellung wieder zu gewinnen.

13*

läßt das Wasser verdampfen. Der entstehende Wasserdampf sammelt sich im oberen Teil des Kessels und strömt durch ein Isolierrohr aus Hartglas in den Kondensator. Das dort entstehende Wasser fließt durch seine eigene Schwere durch ein Isolierrohr wieder in den Verdampfungskessel zurück. Bei diesem Kreislauf wird keine Pumpe benötigt, und die benötigte Wassermenge ist um ein Vielfaches geringer als bei der üblichen Durchflußkühlung. Die Oberfläche der Anode muß für die Siedekühlung entsprechend gestaltet sein. Sie wird beispielsweise mit Höckern oder Rippen versehen, so daß die mit Wasser benetzte Oberfläche vergrößert wird. Außerdem verstärken die Höcker durch ihre Form die bei der Blasenverdampfung einsetzende Rührwirkung (z. B. Triode RS 1061 V).

Die wirtschaftlichste Kühlungsart muß bei der Entwicklung eines Industrieumformers jedesmal im einzelnen sorgfältig überlegt werden.

Um den Forderungen der Industrieumformer gerecht zu werden, ist man bestrebt, Trioden robuster Bauart herzustellen [*102*]. Dies gilt in erster Linie für die mechanischen Eigenschaften der wassergekühlten Trioden, und zwar für die Anodenylinder. Moderne amerikanische Industrieröhren weisen z.B. eine 4fache Wandstärke des Zylinders gegenüber früher auf. Hierdurch kann die Verlustleistung der Triode unter Beibehaltung der übrigen Abmessungen auf das Doppelte gesteigert werden. Dies ergibt sich aus einem günstigeren Temperaturausgleich und gleichzeitig niedrigerer Betriebstemperatur. Letzteres hat auch eine geringere Bildung von Kesselstein zur Folge. Die zulässige höhere Verlustleistung der Triode beugt unzulässigen Überlastungen weitgehend vor. Auch eine zweckmäßigere, selbsttragende Art der Heizfadenaufhängung wurde gefunden. Das Prinzip der Federspannung zum Längenausgleich während der Erwärmung ist gegenüber Erschütterungen anfällig. Das Gitter wurde unter Verwendung von dickeren Drähten stabiler gestaltet, als es bisher mit Rücksicht auf die elektrische Güte bei den für die Nachrichtentechnik bestimmten Röhren möglich war.

Ähnliche Maßnahmen trafen europäische Röhrenfabriken, die den amerikanischen Herstellern im Senderöhrenbau für mittlere Frequenzen inzwischen den Vorrang abgelaufen haben. Hierzu mag u.a. die große Lohnintensität solcher Spezialröhren beigetragen haben.

Bei den modernen Industrieröhren (z.B. FTL 3-1 oder RS 1061) hat man trotz Verwendung thorierter Kathoden den praktischen Netzschwankungen Rechnung tragen können. Auch bei Vollast darf hier die Heizspannung U_f vom Nennwert — wie auch sonst üblich — nach oben um $+5\%$, nach unten jedoch um -10% schwanken (bei einzelnen Typen von Senderöhren sogar bis zu -15%!). Dies bedeutet für den Praktiker eine wesentliche Erleichterung der Betriebsverhältnisse.

Zugunsten des robusten Aufbaus wird auf *extrem* hohe Steilheit[1] verzichtet, die Auffassung, wie weit hier der Kompromiß gehen soll, schwankt derzeit noch [*94*].

---

[1] Hohe Steilheit von Leistungsröhren fördert übrigens das Auftreten von „wilden" Schwingungen. Es handelt sich dabei um unerwünschte parasitäre, auf Nebenwegen eigenerregte Röhrenschwingungen, die mit der Arbeitsfrequenz und ihren Harmonischen nicht synchron verlaufen und unbedingt unterdrückt werden müssen, da sie zusätzliche Anodenverluste bedeuten — für ihre Elektronenschwärme gilt ja der Trick mit dem Heranschleichen (§ 46) nicht —, da sie ferner Funkstörungen, ja mit ihren hohen überlagerten Spannungsamplituden sogar Überschläge und Lichtbogen zur Folge haben und auch ohne Überschläge häufig die Hauptschwingung zum Abreißen bringen. Neben hoher Röhrensteilheit wirken anregend für wilde Schwingungen hohe Anodenspannung, Überheizung, Verschlechterung des Röhrenvakuums, geringe Verluste in den schuldtragenden parasitären Nebenkreisen und den zugehörigen Rückkopplungsgliedern, nicht konzentrierte Erdungsanschlüsse und lange Leitungen. Wir verweisen auf die Nomographien über Sender und HF-Umformer, wo ausführlich geschildert ist, wie parasitäre Schwingungen erkannt, gedämpft und schließlich verhindert werden.

Von den vielen theoretisch für Röhrenumformer in Frage kommenden Schaltungen und Betriebsweisen haben sich nur einige wenige bewährt. Nach kurzen allgemeinen Erläuterungen werden praktisch ausgeführte Anordnungen näher beschrieben.

Die Belastungslinie der Röhren wird stets für den C-Betrieb eingestellt, d.h. der Anodenstrom fließt kürzer als eine Halbperiode lang. Hierdurch wird eine befriedigende Leistung mit hohem Wirkungsgrad erreicht. Einschließlich der Röhrenheizung und der Hilfsbetriebe beträgt der Gesamtwirkungsgrad eines Umformers bei voller Belastung immerhin noch mehr als 50%, d.h. die dem Netz entnommene Leistung ist ungefähr doppelt so groß als die Hochfrequenznennleistung, siehe hierzu auch § 53. Die Umformer für induktive Erwärmung kommen im allgemeinen mit einer einzigen selbsterregten Röhrenstufe aus, sie sind also mit direkter Rückkopplung ausgeführt.

Der Außenwiderstand, auf den die Oszillatorröhre arbeitet, ist, wie schon erwähnt, immer ein Schwingkreis, der sich als sogenannter „Schwungradkreis" grundsätzlich aus einer Schwingkreisinduktivität und einer Schwingkreiskapazität zusammensetzt, die parallel geschaltet sind. Je nach Art der Rückkopplungsschaltung sind die Schwingkreiselemente verschieden zusammengesetzt. Bei transformatorischer Rückkopplung, die von A. MEISSNER 1913 angegeben wurde, ist die ganze Schwingkreisspule (oder ein Teil von ihr) Primärwicklung des Rückkopplungstransformators (s. z.B. Abb. 221), dessen Sekundärseite die hochfrequente Gitterspannung U_{gp} liefert und durch die Gitterstromkuppe $I_{gp\,max}$ belastet ist. Die praktischen Induktivitätswerte weichen daher von den im Ruhezustand gemessenen ab. Das Verhältnis der rückgekoppelten Spannungen

$$- U_{gp}/U_{ap}$$

wird als Rückkopplungsgrad K bezeichnet.

Die wichtigsten Rückkopplungsschaltungen mit einer Röhre

HF-mäßiger Anschluß zwischen:	MEISSNER	HARTLEY	COLPITTS	HUTH-KÜHN
Anode und Kathode	$L_{\mathrm{prim}} \| C$	L_{AK}	C_{AK}	L_{AK}
Gitter und Kathode	$L_{\mathrm{sek}} = L_{GK}$	L_{GK}	C_{GK}	L_{GK}
Gitter und Anode	—	$C_{GA} (\| C_{ga})$	L_{GA}	C_{ga}
kapazitiver Parallelzweig im Anodenschwingkreis	C	C_{GA} in Reihe mit L_{GK}	C_{AK}	C_{ga} in Reihe mit L_{GK}
induktiver Parallelzweig im Anodenschwingkreis	L_{prim}	L_{AK}	L_{GA} in Reihe mit C_{GA}	L_{AK}

Wird die Gitterkreisinduktivität L_{GK} an die zwischen Anode und Kathode liegende Spule L_{AK} angereiht, so kommt man zu der von R. V. L. HARTLEY angegebenen induktiven Dreipunktschaltung. Sie ist als eine aus Blindwiderständen aufgebaute Spannungsteilerschaltung zu deuten, ebenso wie die von E. H. COLPITTS angegebene kapazitive Dreipunktschaltung.

In beiden Fällen kann man sowohl zwischen Anode und Gitter als auch zwischen Anode und Kathode aus denselben drei Blindwiderständen je einen Parallelschwingkreis zeichnen; welchen von beiden man für die Frequenzbestimmung heranzieht, ist gleichgültig, da die drei tatsächlich in geschlossener Reihe geschalteten Blindwiderstände grundsätzlich eine einzige Resonanzfrequenz besitzen. Für die Bestimmung des Rückkopplungsgrades ist freilich der zwischen Anode und Kathode liegende Schwingkreis bzw. der entsprechende Spannungsteiler zu betrachten.

13 E

Bei HARTLEY liegt zwischen Anode und Kathode eine Induktivität L_{AK} und zwischen Gitter und Kathode eine Induktivität L_{GK}, der Rückkopplungsgrad ist daher

$$K \approx L_{GK}/L_{AK}.$$

Bei COLPITTS liegen an diesen Strecken Kapazitäten, der Rückkopplungsgrad ist dann

$$K \approx C_{AK}/C_{GK}.$$

Bei HARTLEY ist zu beachten, daß der Kathodenanschlußpunkt nur scheinbar eine Anzapfung an einer Gesamtspule bildet; der Rückkopplungsgrad ist also nicht etwa das Verhältnis des kleinen Teiles zum Ganzen, sondern des kleineren Teiles zum größeren Teil.

Begnügt man sich in der induktiven Dreipunktschaltung an Stelle einer äußeren Kapazität C_{GA} mit der kleinen inneren Röhrenkapazität C_{ga}, so erhält man die HUTH-KÜHN-Schaltung, die äußerlich keine Rückkopplung zu besitzen scheint. Dieser Sonderfall der HARTLEY-Schaltung wurde zur UKW-Erzeugung verwendet, verlor aber, seit genaue Frequenzeinhaltung gefordert wird, seine Bedeutung u.a. deshalb, weil C_{ga} für den Gerätehersteller ein zu unsicheres Schaltelement ist.

In allen Oszillatorschaltungen beeinflußt die Last die Höhe der wirksamen Induktivität und damit die Schwingkreisfrequenz. Im einfachsten Fall ist die Arbeitsspule bereits die Schwingkreisinduktivität oder ein Teil von ihr. Üblicherweise bedient man sich aber aus Anpassungsgründen des Glühübertragers, über den schon in §§ 15 bis 17 gesprochen wurde. Er ist mit seiner Primärwicklung ein Teil bzw. die Schwingkreisinduktivität. Bezeichnet man diese allgemein mit L, den gesamten in Serie mit L gedachten Wirkwiderstand des Kreises mit R_s und die Schwingkreiskapazität allgemein mit C, so gilt für den äquivalenten Parallelwiderstand R_a, der als Resonanzwiderstand zugleich auch den Außenwiderstand der Röhre bildet,

$$R_a = \frac{L}{R_s C}.$$

Nach Gl. (129) ist andererseits $R_a = \frac{U_{ap}^2}{2 P_0}$. Da U_{ap} meist $\approx 0{,}9\, U_a$, kann überschlägig der Außenwiderstand zu

$$R_a \approx 0{,}4\, \frac{U_a^2}{P_0},$$

also aus der Anodenversorgungsspannung U_a und der im betreffenden Fall an der Anode abgegebenen Hochfrequenzleistung P_0 berechnet werden; außerdem auch der effektive Serienwiderstand R_s, sofern L und C bekannt sind. Im Wert von R_s ist außer den Kreisverlusten die transformierte Rückwirkung durch den sekundären Lastwiderstand (Werkstückwiderstand R_w) enthalten.

Da die induktive Wärmebehandlung ein Arbeitsverfahren ist, das sich in erster Linie für die Mengenfertigung eignet und hier seine größte Wirtschaftlichkeit hat, wird ein Umformer wohl in den meisten Fällen für eine Art von Werkstück, zumindest aber für ähnlich geartete Werkstücke, auszulegen sein, d.h. mit anderen Worten, der Werkstückwiderstand R_w wird sich von Werkstück zu Werkstück nicht ändern, zumindest wird diese Änderung aber nur so groß sein, daß durch entsprechende Auslegung der Heizspule der gewünschte Arbeitswiderstand in bezug auf den Glühübertrager (R_w', s. hierzu auch § 32) und Resonanzwiderstand erreicht wird. Es gibt nun aber verschiedentlich auch Fälle, bei denen dies nicht möglich ist, d.h., wo die Art des Werkstückes es nicht mehr zuläßt, mit Hilfe des vorhandenen Glühübertragers und den Daten des Schwingkreises die erforderliche Größe des Resonanzwiderstandes zu erreichen. Dies dürfte z. B. in den Versuchs- und Entwicklungswerkstätten die Regel sein. Man wird also in solchen Fällen, wenn R_a konstant bleiben soll und wenn sich R_s und L durch die Werkstückbedingungen ändert, gezwungen sein, die Kapazität des Schwingkreises veränderlich zu machen, da man ja nicht für jedes neue Werkstück einen neuen Glühübertrager bauen will. Es werden aus diesem Grunde auch Umformer mit veränderlichen Schwingkreiskapazitäten oder Induktivitäten gebaut. Ein Übertrager, der u. a. auch eine Änderung der Größe R_a ermöglicht, wurde schon in Abb. 59 gezeigt. Auf die Größe der Widerstandsänderung des einzelnen Werkstückes während der Erwärmungszeit wurde schon im § 32 eingegangen.

Als erstes Beispiel möge die Schaltung eines 25-kW-Umformers dienen, der mit einer, und zwar wassergekühlten Oszillatorröhre arbeitet; s. Abb. 221. Die Rückkopplung wird hier über einen Transformator bewerkstelligt. Die Energieversorgung des Umformers erfolgt mittels eines Glühkathoden-Hochspannungsgleich-

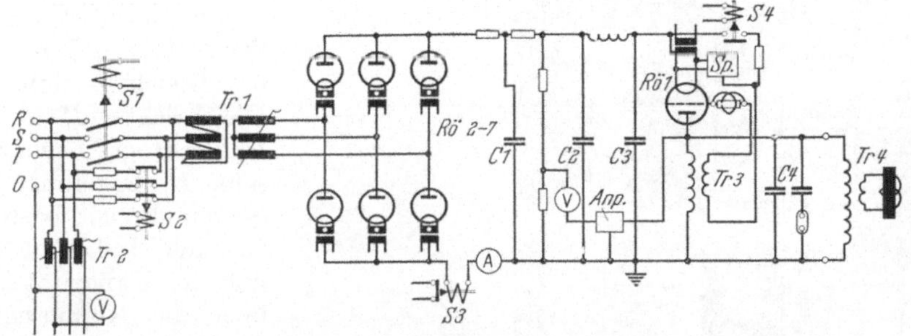

Abb. 221. Prinzipschaltbild eines 25-kW-Umformers mit einer Triode

$C1$–$C3$ Siebkondensatoren; $C4$ Schwingkreis-Kondensatorbatterie; $Rö1$ Oszillatorröhre; $Rö\ 2$–7 Gleichrichterröhren; $S1$ Hauptschalter; $S2$ Schütz zum Einschalten über Schutzwiderstände; $S3$ Überstromrelais; $S4$ Tastrelais zum Schalten der Hochfrequenz; $Tr1$ Hochspannungstransformator; $Tr2$ Hilfsbetriebstransformator; $Tr3$ Rückkopplungstransformator; $Tr4$ Glühübertrager; Sp Sperrgleichrichter; Anp Anpassungsanzeiger (AEG)

richters in Dreiphasen-GRAETZ-Schaltung. Durch Änderung dieser Anodengleichspannung, entweder durch einen geeigneten Stufentransformator auf der Wechselstromseite oder stufenlos mit Hilfe von gittergesteuerten Gleichrichterröhren, kann die Hochfrequenzausgangsleistung geregelt werden.

In Abb. 222 ist ein Umformer mit einer luftgekühlten Oszillatorröhre für eine HF-Leistung von 18 kW gezeigt. In der oberen rechten Hälfte ist die auf dem Luftführungszylinder aufgesetzte Oszillatorröhre zu erkennen. In der linken Hälfte ist der steuertechnische Teil untergebracht, in dem sich auch Zeitglieder für die HF-Tastung befinden. Dieser ganze steuertechnische Teil ist aus einzelnen leicht auswechselbaren Einschüben zusammengebaut, so daß diese im Fall einer Störung sofort gegen Reserveeinheiten ausgetauscht werden können und damit die Betriebsunterbrechung auf ein Minimum herabgesetzt wird. In der unteren Hälfte sind Ventilator mit Luftfilter, Heiztransformator sowie Betriebsstundenzähler und ähnliches untergebracht. Der Anodenspannungsgleichrichter ist in einer getrennten Einheit untergebracht, um bezüglich der Aufstellungsmöglichkeiten beweglicher zu sein.

Werden Umformerleistungen benötigt, die größer sind, als eine einzelne vorgesehene Oszillatorröhre leisten kann, so ist es möglich, zwei solche Röhren zu verwenden, und zwar entweder in Gegentakt- oder Parallelschaltung. Das Schaltbild für einen Umformer mit zwei Oszillatorröhren in Gegentaktschaltung zeigt Abb. 223. Zur Erzielung eines möglichst hohen Wirkungsgrades wird bei den hier besprochenen Umformern, wie bereits ausgeführt, im C-Betrieb gearbeitet, so daß bei einer sinusförmig verlaufenden Gitterwechselspannung nur jeweils während eines Teiles der positiven Halbperiode ein Anodenstrom fließen kann. Bei der Gegentaktschaltung ist es insofern anders, weil während der positiven Halbwelle der Gitterwechselspannung der Strom durch die erste Röhre fließt und während der negativen Halbwelle durch die zweite Röhre, so daß sich der Strom im Anodenkreis wieder zu einer vollständigen Schwingung zusammensetzt. Die Kathoden der beiden Oszillatorröhren V werden auch hier wieder über den Transformator T' mit Wechselstrom geheizt. Den Anoden der beiden Röhren wird die Gleichspannung vom Gleichrichter H über die beiden Hochfrequenzdrosseln L_a zugeführt. Der Schwingkreis, bestehend aus der Induktivität L_1 und der Kapazität C_p, ist über die Kopplungskondensatoren C_c mit den Anoden verbunden. Die Rückkopplung erfolgt bei der Gegentaktschaltung in besonders einfacher Weise, indem man über (Rück-) Kopplungskondensatoren C_r jeweils die Anode der einen Röhre mit dem Gitter der andern HF-mäßig verbindet. Hierdurch wird die notwendige 180°-Phasenverschiebung zwischen Gitter- und Anodenspannung einer Röhre gewährleistet.

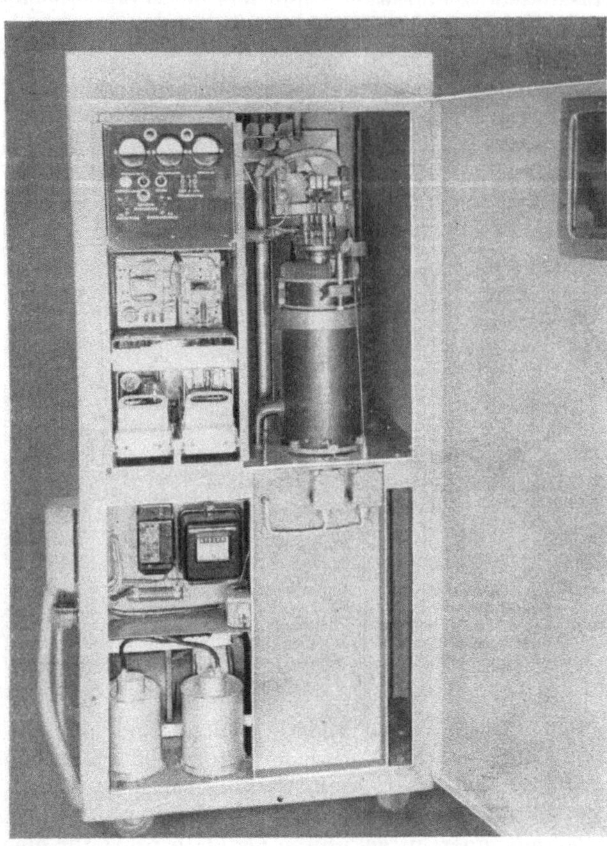

Abb. 222. Ansicht eines geöffneten HF-Röhrenumformers mit einem luftgekühlten Oszillatorrohr für eine HF-Leistung von 18 kW (BOSCH)

Die Rückkopplungswege müssen stets der Steuerleistung entsprechend dimensioniert werden. C_a, C_g und C_f sind Entkopplungskondensatoren, welche für die Hochfrequenzenergie eine niederohmige Ableitung gegen „Erde" bilden. In Abb. 224 ist ein Umformer mit einer Hochfrequenzleistung von 4 kW gezeigt, der eine Schaltung gemäß Abb. 223 besitzt. Abb. 224a läßt den inneren Aufbau des Gerätes erkennen, man sieht, daß die Schaltelemente mit einem geringsten Raumbedarf zusammengebaut und räumlich entsprechend ihrer Aufgabe angeordnet sind. Der obere linke Teil enthält die beiden luftgekühlten Oszillatortrioden mit einer maximal möglichen Leistung von je 3,3 kW. Die maximale Anodenverlustleistung je Rohr ist 2 kW, die durch die Kühlluft abgeführt werden muß. Im oberen rechten Teil des Gehäuses sind die notwendigen Schalter und Relais untergebracht. Unten links befindet sich der Ventilator und Heiztransformator für die Trioden und unten rechts sind die drei Gleichrichterdioden mit ihrem Heiztransformator sowie dem Anodenspannungstransformator eingebaut. Abb. 224 b zeigt das Gerät in der Ansicht in betriebsbereitem Zustand. Auf dem eigentlichen HF-Umformer ist in

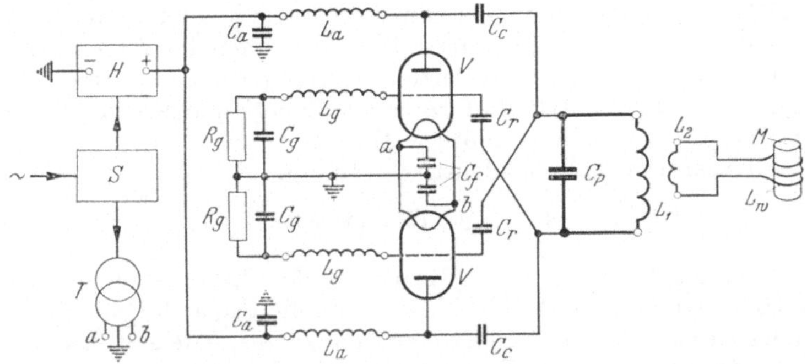

Abb. 223. Schaltschema eines Röhrenumformers mit zwei Trioden in Gegentaktschaltung (BBC)
S Steuerteil; H Anodenspannungsgleichrichter; T Heiztransformator; V Oszillatortrioden; C_p Schwingkreiskapazität; L_1 Schwingkreisinduktivität; L_2 Sekundärspule; L_w Heizspule; M zu erwärmendes Werkstück; C_c Anodenkopplungskondensator; C_r Rückkopplungskondensator; L_a Anodenkreissperrdrossel; L_g Gitterkreissperrdrossel; R_g Gitterwiderstand; C_a, C_g, C_f Entkopplungskondensatoren

dem zylindrischen abschirmenden Gehäuse der Schwingkreis untergebracht. Zwei Rändelmuttern gestatten den Anschluß der Heizspule, ähnlich Abb. 131. Der unterhalb der Heizspulenbefestigung angebrachte Arbeitstisch enthält ein Gefäß für Härtearbeiten.

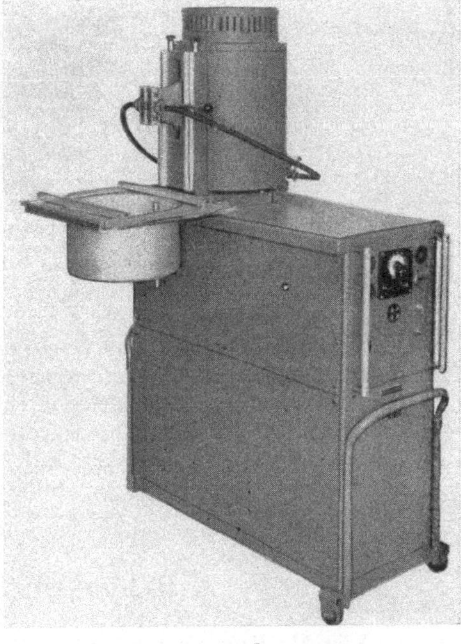

a   b

Abb. 224 a u. b. Ansicht eines 4-kW-Röhrenumformers (BBC)
a Innenansicht des Umformers mit den vier Baukasteneinheiten Oszillator, S, T und H entsprechend der Abb. 223; b Ansicht des Umformers mit aufgebautem Schwingkreis in zylindrischem Abschirmgehäuse. Unter dem Anschlußteil für die Heizspule Arbeitstisch mit Gefäß für Härtearbeiten

7. Umformer mit Energiespeicher

§ 58. Es gibt Fälle, in denen eine sehr kurze Erhitzungszeit verlangt wird. Dies trifft zu z. B. beim Oberflächenhärten von Werkstücken der Feinwerktechnik, wie Zahnräder und Achsen für Uhren, ohne daß ein Verziehen der Werkstücke eintritt. Hier wird mit sehr kurzen, genau dosierten Stromimpulsen gearbeitet. Man erzielt diese, indem man für den HF-Umformer als Energiequelle einen Kondensator verwendet. In diesem wird die benötigte Energie gespeichert. Die in einem geladenen Kondensator enthaltene elektrische Energie A_e ist:

$$A_e = 1/2\,C\,U^2 \quad [\text{Wsek}].$$

In dieser Gleichung bedeuten C die Kapazität des Speicherkondensators in μF und U die Ladespannung in kV. Macht man nun die Kapazität des Kondensators und die Ladespannung regelbar, so ist man in der Lage, jede gewünschte Energiemenge zur Verfügung zu stellen. Der Ausgleich der Kondensatorladung durch den Verbrauch des HF-Umformers geht sehr schnell vor sich. Zeiten zwischen 10^{-2} und 10^{-4} sek sind durchaus erreichbar [44, 157]. Die Leistungen, für die derartige Umformer gebaut werden, sind maximal ungefähr 1 kW. Das Arbeiten mit diesen Umformern wird unter den Verfahrensbegriffen Mikro- oder Impuls-Induktionshärtung beschrieben. Die Anwendungsgrenze wird als erreicht angesehen, wenn die den Abschreckvorgang bewirkenden Kaltmassen des Werkstückes gegenüber der erwärmten, also zu härtenden Masse zu klein werden.

Das schematische Schaltbild eines bei dem Verfahren verwendeten Speicherumformers zeigt Abb. 225. Es wird der Speicherkondensator c über einen regelbaren Hochspannungstransformator a und eine Gleichrichterröhre auf den gewünschten

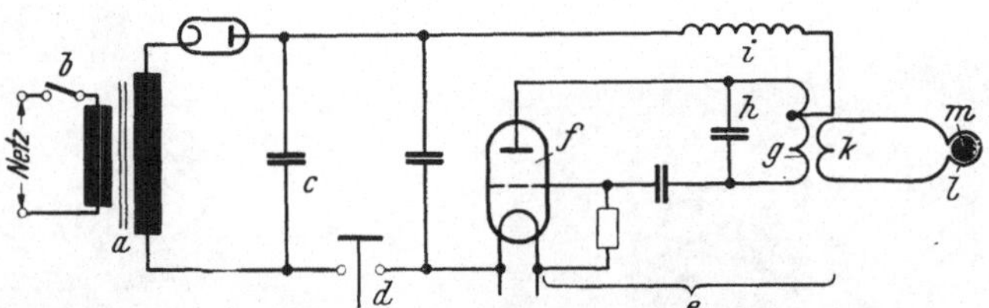

Abb. 225. Prinzipschaltbild eines Hochfrequenzumformers mit Energiespeicher
a Hochspannungstransformator; *b* Ladeschalter; *c* Speicherkondensator; *d* Hochspannungsschütz (Anodenstromtastung); *e* Hochfrequenzumformer; *f* Oszillatorrohr; *g* Schwingspule; *h* Schwingkondensator; *i* Hochfrequenzdrossel; *k* Ankopplungsspule; *l* Heizspule; *m* Werkstück

Energieinhalt aufgeladen. Nach dem Ladevorgang kann dann mit Hilfe des Schaltschützes d dem Umformer e die Ladeenergie zugeführt werden, der diesen Gleichspannungsimpuls in schon früher beschriebener Weise in HF-Schwingungen umformt. Die HF-Energie wird dann in bekannter Weise mittels der Heizspule l dem Werkstück m zugeführt. Ein Anwendungsbeispiel für die Verwendung eines derartigen Umformers ist in § 60 gezeigt.

D. Funkentstörung der Umformer

§ 59. Mit Rücksicht auf die Sicherheit der drahtlosen Nachrichtenübermittlung ist es notwendig, daß die Anlagen bzw. Einrichtungen für die induktive Wärmebehandlung elektrisch so ausgelegt werden, daß eine Störung derselben nicht möglich ist. Maßgebend hierfür ist das Gesetz über den Betrieb von Hochfrequenzgeräten vom 9. 8. 1949 nebst der zugehörigen Verwaltungsanweisung (veröffentlicht im Amtsblatt des Bundesministers für das Post- und Fernmeldewesen 1950, Nr. 75 vom 10. 11. 1950, S. 383 u. f.); s. hierzu auch VDE-Vorschr. 0871 Teil 2 und 2a.

Bis zum zweiten Weltkrieg war keine gesetzliche Regelung vorhanden. Der zu diesem Zeitpunkt erheblich ansteigende Funkverkehr machte hier jedoch eine Regelung notwendig. Dies geschah erstmalig auf der Weltnachrichtenkonferenz in Atlantic City 1947. Es wurde eine Zuweisung von Frequenzen für alle HF-Erzeuger, auch für die industriellen HF-Geräte, vorgenommen. Der Sinn dieser Regelung ist, daß ein geordneter Funkverkehr entsprechend den modernen Erkenntnissen der Wellenausbreitung ohne Störungen durch eine sinnvolle Frequenzzuweisung gewährleistet ist. Leider werden die Belange der Funkdienste hier einseitig bevorzugt. Für die deutsche Bundesrepublik wurde vom Wirtschaftsrat auf Weisung der Militärregierung das oben angeführte Gesetz erlassen und damit auch die Bestimmungen des Weltnachrichtenvertrages für Deutschland als bindend erklärt. Es bildet somit die gesetzliche Grundlage zur Verhinderung von Störungen des Funkempfanges durch elektrische Geräte, die Hochfrequenz verwenden oder erzeugen. Das Gesetz hat folgenden Wortlaut:

§ 1. (1) Wer Geräte oder Einrichtungen in Betrieb nimmt, die elektromagnetische Schwingungen im Bereich von 10 kHz bis 3 000 000 MHz erzeugen oder verwenden (Hochfrequenzgeräte), bedarf einer Genehmigung.

(2) Hochfrequenzgeräte, die zu fernmeldemäßigen Übermittlungen bestimmt sind, fallen nicht unter dieses Gesetz.

§ 2. (1) Die Genehmigung wird durch die Verwaltung für Post- und Fernmeldewesen erteilt, wenn das Hochfrequenzgerät

a) innerhalb des Vereinigten Wirtschaftsgebietes betrieben wird und

b) keine Funkdienste stört, die in anderen als den diesen Hochfrequenzgeräten zugewiesenen Frequenzbereichen [13 560 kHz (22,124 m) $\pm 0,05\%$, 27 120 kHz (11,062 m) $\pm 0,6\%$, 40,68 MHz (7,3746 m) $\pm 0,05\%$] betrieben werden[1].

Sie ist übertragbar.

(2) Die Genehmigung kann unter der Auflage erteilt werden, daß das Hochfrequenzgerät nur auf dem Grundstück betrieben werden darf, das in der Genehmigungsurkunde angegeben ist.

§ 3. (1) Für bestimmte Arten und Baumuster von Hochfrequenzgeräten kann die Verwaltung für Post- und Fernmeldewesen „Allgemeine Genehmigungen" erteilen.

(2) Die Erteilung einer „Allgemeinen Genehmigung" kann von dem Hersteller beantragt werden.

(3) Die „Allgemeinen Genehmigungen" werden im Amtsblatt der Verwaltung für Post- und Fernmeldewesen veröffentlicht.

§ 4. (1) Der Antrag auf Erteilung einer Genehmigung ist an die für den Wohnsitz des Antragstellers zuständige Oberpostdirektion zu richten.

(2) Er muß enthalten:

a) Name, Beruf und Wohnort des Antragstellers,

b) Art, technische Kennzeichnung und Verwendungszweck des Hochfrequenzgerätes.

c) Bezeichnung des Grundstücks, auf dem das Hochfrequenzgerät betrieben werden soll.

§ 5. (1) Die Genehmigung wird gebührenfrei erteilt.

(2) Der Antragsteller hat die durch die technische Prüfung des Hochfrequenzgerätes entstehenden Verwaltungskosten zu erstatten.

§ 6. Die Genehmigung kann von der Verwaltung für Post- und Fernmeldewesen widerrufen werden, wenn

a) die Voraussetzungen ihrer Erteilung (§ 2 Abs. 1) nicht mehr vorliegen,

b) das Hochfrequenzgerät unter Verletzung des § 2 Abs. 2 betrieben wird.

§ 7. Wer beim Inkrafttreten dieses Gesetzes Hochfrequenzgeräte betreibt, die nach § 1 Abs. 1 genehmigungspflichtig sind, hat die Genehmigung unverzüglich zu beantragen. Bis zur Entscheidung über den Antrag gilt der Betrieb des Hochfrequenzgerätes als genehmigt.

---

[1] In VDE 0871 Teil 2a/12. 55 werden zusätzlich noch genannt:

461,04 MHz $\pm$ 0,2%; 2400 MHz $\pm$ 50 MHz; 5850 MHz $\pm$ 75 MHz.

§ 8. Wer Hochfrequenzgeräte, die nach § 1 Abs. 1 genehmigungspflichtig sind und für die keine „Allgemeine Genehmigung" (§ 3) besteht, in Betrieb nimmt oder unter Verletzung einer Auflage (§ 2 Abs. 2) betreibt oder den Betrieb fortsetzt, ohne gemäß § 7 einen Antrag auf Genehmigung gestellt zu haben, wird mit Geldstrafe bis zu 150.– DM bestraft. Außerdem kann auf Einziehung des Hochfrequenzgerätes erkannt werden.

§ 9. Dieses Gesetz tritt einen Monat nach seiner Verkündung in Kraft.

Da das Gesetz ohne Durchführungsbestimmungen erlassen wurde, hat anschließend die Hauptverwaltung für das Post- und Fernmeldewesen in Zusammenarbeit mit den hieran besonders interessierten Industriegruppen eine Verwaltungsanweisung ausgearbeitet, die sich im wesentlichen eng an die Vorschriften der FCC (Federal Communications Commission USA) anschließt.

Unter dem Begriff „Funkentstörung" werden diejenigen Maßnahmen verstanden, die zur Vermeidung von Störungen außerhalb der zugelassenen Frequenzbänder geeignet sind. Der Begriff „Funkentstörung" ist in der Verwaltungsanweisung zu obigem Gesetz wie folgt definiert:

Funkstörungen sind Störungen des Funkempfangs durch gedämpfte und ungedämpfte elektromagnetische Schwingungen im Bereich von 10 kHz bis 3 000 000 MHz, die u. a. durch elektrische Vorgänge in Geräten und Anlagen hervorgerufen werden können.

Die Funkstörungen werden gemessen:

a) an Leitungen des Funkstörers, der gestörten Funkempfangsanlage oder an Sekundärstörungsträgern im Frequenzbereich von 10 kHz bis 20 000 kHz als Funkstörspannungen,

b) an Betriebsantennen im Frequenzbereich von 10 kHz bis z. Zt. 10 500 MHz als Funkstörspannungen,

c) an geeichten Meßantennen im Strahlungsfeld des Funkstörers als Funkstörfeldstärke für den gesamten Bereich der elektromagnetischen Schwingungen.

Der Begriff „Funkentstörung" wird folgendermaßen erläutert:

Funkentstörung ist die Minderung von Funkstörungen am Funkstörer und erforderlichenfalls an der funkgestörten Empfangsanlage in der Weise, daß an der Betriebsantenne der funkgestörten Empfangsanlage mit einer wirksamen Antennenhöhe von mindestens 0,5 m sich verhalten

a) für Rundfunk- und Sprechfunkdienste

$$\frac{\text{Nutzspannung}}{\text{Störspannung}} \geq 100/1 \geq 4,6\,N \geq 40\,\mathrm{db},$$

b) für Telegraphiefunkdienste (einschl. Bildfunk)

$$\frac{\text{Nutzspannung}}{\text{Störspannung}} \geq 50/1 \geq 3,9\,N \geq 34\,\mathrm{db},$$

c) für Fernsehfunkdienste

$$\frac{\text{Nutzspannung}}{\text{Störspannung}} \geq 50/1 \geq 3,9\,N \geq 34\,\mathrm{db}.$$

Zu a) und b) werden die Effektivwerte, zu c) die Spitzenwerte der Funkstörspannungen nach den CISPR-Empfehlungen gemessen.

Für die zu entstörenden Geräte und Einrichtungen gelten die VDE-Bestimmungen bzw. die „Technischen Bedingungen" für HF-Geräte.

Die Leitsätze der VDE 0871 Teil 2a/12. 55 besagen über die Grenzwerte der Störfeldstärke:

1. Die Grenzwerte der Störfeldstärken gelten, wenn nichts Besonderes festgelegt ist, im Bereich 10 kHz bis 5000 MHz, und zwar gelten bei HF-Geräten, die auf diskreten Frequenzen arbeiten (Röhrengeräte), die *Effektivwerte* und bei HF-Geräten, die impulsförmige Störfeldstärke erzeugen (Funkenstreckengeräte), die *Höchstwerte der Modulationsspitzen.*

2. Bei HF-Wärmegeräten und -anlagen (einschließlich Arbeitsvorrichtung) darf die gemäß § 8 gemessene Störfeldstärke höchstens betragen:

2.1. Bei Betrieb in einem der *zugeteilten* Frequenzbänder, in beliebigen horizontalen Ausstrahlungsrichtungen 225 μV/m in 100 m Abstand von Gerät oder Anlage für jede Oberwelle. Für etwaige Nebenwellen gilt 2.2.

2.2. Bei Betrieb *außerhalb* der zugeteilten Frequenzbänder darf die Störfeldstärke bei der Arbeitsfrequenz, jeder Oberwelle und etwaigen Nebenwellen in beliebigen horizontalen Ausstrahlungsrichtungen nicht größer als 45 μV/m in 100 m Abstand vom Gerät sein.

2.3. Im Fernsehrundfunkband 174—223 MHz darf eine Störfeldstärke von 30 μV/m, in 30 m Abstand gemessen, nicht überschritten werden.

2.31. Es wird empfohlen, auch im Fernsehrundfunkband 41—68 MHz die Störfeldstärke von 30 μV/m, in 30 m Abstand gemessen, nicht zu überschreiten.

2.4. Über die Einhaltung des Grenzwertes von 2.3 hinaus wird, insbesondere im Hinblick auf die Belange des beweglichen Flugfunkdienstes und des Flugnavigations-Funkdienstes, empfohlen, die Störfeldstärke der Oberwellen über 100 MHz auch bei Geräten, die auf den zugeteilten Frequenzen arbeiten, auf 45 μV/m in 100 m Entfernung zu begrenzen.

2.5. Falls Messungen in den 2.1 bis 2.3 angegebenen Entfernungen nicht möglich sind, ist in drei anderen Entfernungen zu messen. Die für die angegebene Entfernung hieraus zeichnerisch ermittelte Störfeldstärke darf den in 2.1 bis 2.3 jeweils genannten Grenzwert nicht überschreiten.

3.   Die in 2. angegebenen Grenzwerte gelten:
3.1. bei Serienprüfungen für die Messung auf dem Meßplatz,
3.2. bei Einzelprüfungen für die Messung am Aufstellungsort.

4. Geräte und Anlagen, die auf Industriegelände betrieben werden, gelten als ausreichend entstört, wenn außerhalb des Industriegeländes in 100 m Entfernung von dieser Grenze gemäß 2.1, 2.2 und 2.4 sowie in 30 m Entfernung von dieser Grenze gemäß 2.3 die Grenzwerte der Störfeldstärke nicht überschritten werden.

4.1. Außerdem darf ein Gerät oder eine Anlage, 1500 m vom Aufstellungsort entfernt, keine größere Störfeldstärke als 10 μV/m erzeugen.

4.2. Um wichtige öffentliche, bewegliche Funkdienste auf öffentlichen Straßen — ausgenommen Sackgassen und werkseigene Straßen — innerhalb des Industriegeländes zu schützen, dürfen die Grenzwerte der Störfeldstärke in 100 m Abstand vom anliegenden Straßenrand gemäß 2.1, 2.2 und 2.4 nicht überschritten werden.

Es sind hier im wesentlichen drei Maßnahmen zu nennen: Die Frequenzstabilisierung, die Netzentstörung und die weitgehende Herabsetzung der Erzeugung, Auskopplung und Abstrahlung von Harmonischen. Die Möglichkeit dieser Maßnahmen sind unter dem physikalisch-technischen, dem wirtschaftlichen und betriebsmäßigen Gesichtspunkt zu betrachten[1].

Die vom Gesetz freigegebenen Frequenzen reichen für die induktive Wärmebehandlung bei weitem nicht aus, ganz abgesehen davon, daß das unterste Frequenzband für die meisten Erfordernisse zu hoch liegt. Es sind hier eben die gegebenen physikalischen Gesichtspunkte bestimmend, wie z. B. Abmessung des Werkstückes, Eindringtiefe, elektrische und Wärmeleitfähigkeit des zu behandelnden Werkstoffes. Hierbei ist noch zu beachten, daß sich diese Werte während des Arbeitsvorganges stark ändern, da insbesondere die Werte σ und μ stark temperaturabhängig sind. Der Umformer muß also so gebaut sein, daß er diesen Änderungen gewachsen ist und außerdem während des ganzen Arbeitsvorganges möglichst viel Leistung in das Werkstück hinein liefert. Dies läßt sich aber nach dem augenblicklichen Stand der Technik nur mit dem eigenerregten Umformer, dessen Frequenz nachlaufen kann, erreichen, zudem ja auch noch die Forderung gestellt ist, daß sich der Prozeß in sehr kurzer Zeit abspielt. Denn in letzterem ist gerade der Vorteil der induktiven Wärmebehandlung zu sehen, weil sie eine relativ große Energiekonzentration auf die Oberflächen- bzw. Volumeinheit des Werkstoffes gestattet. Und eben darum erscheint der Weg stabilisierter Frequenz durch Nachstimmung des Schwingkreises und der Kopplung in der Endstufe mit den heutigen technischen Mitteln kaum gangbar, zudem derartige Maßnahmen leider fast immer eine merkbare Verschlechterung des Wirkungsgrades zur Folge haben. Ferner bringen auch diese Dinge eine wesentliche Komplizierung der Anlage mit sich, was im Interesse der Betriebssicherheit nicht erwünscht ist. Bei den Entstörmaß-

---

[1] Siehe hierzu auch VDE 0871 Teil 2/11. 54 § 10—16.

nahmen ist weiterhin zu berücksichtigen, daß zu der Anlage auch die Arbeitsvorrichtung, die Heizspule mit dem Übertrager und die Stromzuführungen gehören. Hier liegen die Verhältnisse im allgemeinen günstiger als z. B. bei der dielektrischen Behandlung von nichtmetallischen Werkstücken oder in der Elektromedizin. Bei der induktiven Wärmebehandlung ist der Behandlungsraum überwiegend klein, wenn er nicht sogar mit in das Umformergehäuse einbezogen werden kann. Hinzu kommt noch, daß die Umformer in vielen Fällen an Orten aufgestellt sind, die als sog. Industriegelände gelten und für die die Entstörvorschriften günstiger sind. Die zugelassenen Feldstärken sind laut Anlage 1 zur Verwaltungsanweisung zum HFG:

1. Für die Feldstärken der Harmonischen der im Gesetz (s. oben) zugelassenen Frequenzen gilt:

im *normalen Gelände* < 225 Mikrovolt/Meter eff. gemessen im Abstand von 100 m vom Gerät unter beliebigen horizontalen Ausstrahlungswinkeln (Meßantennen bis zu 4 m, HF-Gerät 60 cm über Erdboden),

im *Industriegelände* < 10 Mikrovolt/Meter eff. gemessen im Abstand von 1500 m vom Gerät.

2. Für die Feldstärken der Arbeitsfrequenz, etwaiger Nebenfrequenzen oder der Harmonischen bei HF-Geräten mit ungedämpften Schwingungen auf anderen Arbeitsfrequenzen als den im Gesetz zugelassenen gilt:

im *normalen Gelände* < 45 Mikrovolt/Meter (max. Ampl.) gemessen im Abstand von 100 m vom Gerät und < 15 Mikrovolt/Meter (max. Ampl.) gemessen im Abstand von 300 m,

im *Industriegelände* < 10 Mikrovolt/Meter eff. gemessen im Abstand von 1500 m vom Gerät.

Ist es schwierig, die geforderten Bedingungen zu erfüllen, so kann auch noch etwas durch die Wahl des Aufstellungsortes getan werden, z. B. durch Aufstellung in Erd- oder Kellergeschossen. Gegebenenfalls ist an eine entsprechende Ausgestaltung des Gebäudes zu denken, z. B. durch Abschirmungen an den Wänden. Auch ist bei Neubauten und überhaupt eine vorsichtige Verlegung von Strom-, Gas- und Wasserleitungen vorzunehmen, um störende Anregungen auf ein Minimum zu beschränken.

Bezüglich der Möglichkeiten der Entstörung läßt sich auf Grund der technischen und physikalischen Bedingungen, mit denen die Anlagen für die induktive Wärmebehandlung arbeiten müssen, sagen, daß für sie die vom Gesetz vorgesehenen Frequenzbereiche in der überwiegenden Mehrzahl der Fälle nicht in Frage kommen. Damit entfallen auch die Maßnahmen zur Frequenzstabilisierung und Oberwellenunterdrückung. Der einzige Weg, der im wesentlichen in Betracht kommt, ist derjenige der Abschirmung.

Um die Einflüsse eines elektrischen Gerätes nach außen hin abzuschirmen, bedient man sich des sog. FARADAYschen Käfigs. Seine Wirkung soll kurz folgendermaßen erläutert werden:

Hat man zwei Elektroden A und B (s. Abb. 226), zwischen denen ein elektrisches Feld besteht, und bringt in dieses einen isolierten Leiter C, so entsteht in diesem Leiter unter der Einwirkung der elektrischen Feldkräfte eine Elektronenwanderung, und zwar so lange, bis im Innern die elektrische Feldstärke gleich null ist. Ist der Leiter vorher ungeladen gewesen, so ist nach dieser Wanderung die Summe der an der Oberfläche befindlichen Elektrizitätsmenge auch wieder null. Diese Einwirkung des elektrischen Feldes auf den Leiter bezeichnet man als Influenz. Als Beispiel der Anwendung dieser Erscheinung in Form des FARADAYschen Käfigs möge Abb. 227 dienen. Es ist schematisch die Abschirmung des Raumes A, eines Hochspannungslaboratoriums, durch ein geerdetes Metallgitter G veranschaulicht. T stellt einen Transformator und K die Hochspannungselektrode dar. Durch das Gitter werden die Verschiebungslinien zwischen der Elektrode K und den Wänden des Raumes aufgefangen; infolgedessen wird der Raum hinter dem Gitter feldfrei.

Die Abschirmung eines Umformers wird man daher dadurch bewerkstelligen können, indem man ihn in ein allseitig geschlossenes Metallgehäuse setzt. Hierbei ist zu beachten, daß das Gehäuse elektrisch gut abgedichtet ist. Elektrische Spalte können sich in ungünstigen Fällen für das hindurchtretende Feld so auswirken, als ob sich am Spaltausgang ein Liniendipol befände (s. u. a. H. KADEN [85]). In diesem Fall nimmt die Feldstärke umge-

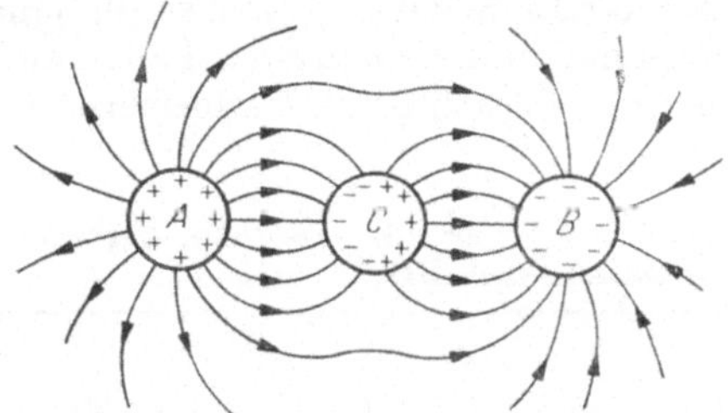

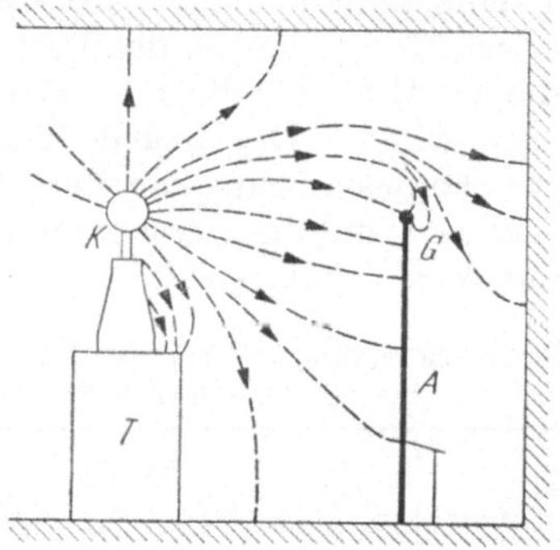

Abb. 226. Zur Erläuterung der Influenzwirkung
Abb. 227. Zur Erläuterung der Schirmwirkung

kehrt proportional mit dem Quadrat der Entfernung vom Spalt ab. Das Feld im abgeschirmten Raum ist außerdem in starkem Maße von der Spaltbreite b und der Schirmdicke d abhängig, weil das sog. Spaltverhältnis $d : b$ in die entsprechende Gleichung exponentiell eingeht. Im Gegensatz zum elektrischen Feld dringt das magnetische Feld in die Oberfläche des metallischen Schirmes ein, was sich als scheinbare Spalterweiterung auswirkt. Dieser Effekt ist besonders bei engen Spalten, selbst bei starker Flußverdrängung, d. h. bei hohen Frequenzen, sehr stark.

Die Schaltelemente im Innern des Umformers wird man so anordnen, daß Gehäuseströme und die Anregung von Sekundärstrahlern weitestgehend vermieden werden. Die Netzzuleitungen sind gut zu verdrosseln, d. h. sie sind durch Filter gegen die Arbeitsfrequenz und deren Harmonische vom Netz abzuriegeln. Das gleiche gilt für Kontrolleitungen, die herausgeführt werden müssen. Besondere Aufmerksamkeit ist auch der Verbindungsleitung für die HF-Energie vom Umformer zur Arbeitsvorrichtung zuzuwenden. Für diese Zuleitung sollte nach Möglichkeit eine konzentrische Rohrleitung verwendet, zumindest aber eine entsprechende Abschirmung vorgesehen werden. Daß auch der HF-Übertrager an der Arbeitsvorrichtung, soweit er sich nicht im Umformer befindet, und die Arbeitsvorrichtung selber gut abgeschirmt sein müssen, dürfte einleuchtend sein. Bei letzterer ist natürlich die unbehinderte, fertigungstechnische Zugänglichkeit der Vorrichtung zu beachten. Dies läßt sich wohl im allgemeinen bei stoßweiser Zuführung des zu behandelnden Werkstückes leichter durchführen als bei fortlaufender Beschickung. Bei großen Vorrichtungen ist evtl. die Abschirmung des gesamten Arbeitsraumes vorzusehen, falls die Abschirmung der Vorrichtung für die Fertigung eine zu starke Behinderung bedeuten würde.

Bezüglich der bis jetzt vorliegenden Erfahrungen kann gesagt werden, daß bei den Umformern für die induktive Wärmebehandlung die Strahlung für die Grund- und Oberwellen verhältnismäßig geringfügig ist, soweit die Grundsätze einer guten Abschirmung einigermaßen berücksichtigt sind (s. auch S. 158).

VI. Wirtschaftlichkeit der induktiven Wärmebehandlung

A. Allgemeines

§ 60. Es wurde schon verschiedentlich angedeutet, daß im allgemeinen die Wärmebehandlung auf dem induktiven Wege nur dann angewendet werden soll, wenn keine andere Möglichkeit besteht, es sei denn, die Gegebenheiten des Fertigungsverlaufes verlangen das Verfahren. Man muß sich immer vergegenwärtigen, daß die mit Hilfe der Ströme höherer Frequenzen erzeugte Wärme die wertvollste Elektrowärme ist. Die Ursache hierfür ist in erster Linie darin zu suchen, daß die Frequenzen des allgemeinen Versorgungsnetzes nur in den wenigsten Fällen ausreichend sind und diese erst in höhere Frequenzen mit Hilfe von Umformern umgeformt werden müssen.

Tabelle 20. *Bewertung der einzelnen Energiearten nach den für eine Wärmebehandlungsanlage zu berücksichtigenden Gesichtspunkten* (nach BBC)

Wertstufung	1. Brennstoff-kosten	2. Elastizität des Betriebes	3. Regelbar-keit der Öfen	4. Geräte und Sauberkeit der Erzeugung	5. Platz-bedarf	6. Bedie-nungs-kosten	7. Anlage-kosten	8. Unter-haltungs-kosten
Günstig	Kohle	Ferngas	Strom	Strom	Ferngas	Strom	Kohle	Ferngas
	Staub	Staub	Ferngas	Ferngas	Strom	Ferngas	Ferngas	Generatorgas
	Generatorgas	Kohle	Generatorgas	Generatorgas	Staub	Staub	Staub	Kohle
	Ferngas	Generatorgas	Staub	Kohle	Kohle	Generatorgas	Strom	Strom
Ungünstig	Strom	Strom	Kohle	Staub	Generatorgas	Kohle	Generatorgas	Staub

Man wird daher die Anwendung des induktiven Verfahrens vermeiden, wenn es sich um Wärmebehandlungen mit Haltezeiten handelt. Dies führt u. U. dazu, daß man das induktive Verfahren zur raschen Anheizung des Werkstückes verwendet und dann für das Halten der Temperatur widerstandsbeheizte Zonen vorsieht. Nun sind ja, wie schon angedeutet, bei der Auswahl der Energiequelle für eine Wärmebehandlung nicht nur die Kosten für die Energieart ausschlaggebend, sondern es sprechen hier noch andere Gesichtspunkte mit. In Tab. 20 ist versucht, eine Übersicht anzugeben, wie sich unter den maßgebenden Gesichtspunkten die einzelnen Energiearten einordnen. Es ist sofort auffallend, daß die beiden Energiearten, die einem allgemeinen Versorgungsnetz entnommen werden können, das Ferngas und der elektrische Strom, in der Mehrzahl der Gesichtspunkte am günstigsten liegen, obwohl sie bezüglich der Kosten für die Wärmeeinheit am ungünstigsten sind. Die obige Einordnung des elektrischen Stromes gilt für die induktive Wärmebehandlung in erhöhtem Maße.

Der Wirkungsgrad des notwendigen Umformers ist bei der Wirtschaftlichkeit des induktiven Verfahrens von ausschlaggebender Bedeutung. Setzt man bei der Belastung eines Umformers die Nennlast voraus, so kann man als Richtwerte bezüglich des Wirkungsgrades für einen Maschinenumformer etwa 75 bis 80% und einen

Röhrenumformer etwa 55% angeben[1]. Schon diese beiden Zahlen deuten darauf hin, daß man, soweit die physikalischen und fertigungstechnischen Bedingungen es gestatten, mit einer möglichst niedrigen Frequenz arbeiten soll. Mit anderen Worten gesagt: Ist die Anwendung der Netzfrequenz nicht möglich, dann sollte man versuchen, mit den Mittelfrequenzen auszukommen. Bezüglich der Energiekosten für höhere Frequenzen allgemeingültige Zahlen anzugeben, ist nicht ohne weiteres möglich, da die sie beeinflussenden Faktoren zu unterschiedlich sind. Folgende Faktoren sind hierbei in Betracht zu ziehen: Die Art des Werkstoffes und der gewünschten Wärmebehandlung, die Beschaffungs- und Betriebskosten des Umformers und außerdem der zeitliche und leistungsmäßige Ausnutzungsgrad der Anlage. In bezug auf das Werkstück ist zu sagen, daß das induktive Verfahren um so wirtschaftlicher ist, je kleiner die zu härtende Oberfläche ist und je weniger verschiedenartig die zu härtenden Stellen sind. Beim Oberflächenhärten steigt die Wirtschaftlichkeit des Verfahrens gegenüber den üblichen mit steigendem Gewicht des Werkstückes. Beim Vergleich mit den üblichen Härteverfahren werden bei zweckentsprechender Gestaltung der Vorrichtungen die Neben- und Rüstzeiten ins Gewicht fallen. Außerdem ist es für die moderne Mengenfertigung von Bedeutung, daß das Verfahren in die Fertigungsstraßen eingebaut werden kann und die Behandlungszeiten in der Größenordnung der spanabhebenden und formenden Arbeitsgänge der Metallverarbeitung liegen.

Um einen Anhaltspunkt über die Größe der erforderlichen Anlage zu erhalten, wird man die zu erzeugende Wärmeenergie und den stündlichen Durchsatz, für den der Umformer auszulegen ist, errechnen. Die Wärmeenergie kann mit Hilfe der Gl. (80) bzw. der Kurven der Abb. 90 ermittelt werden. Sind die notwendigen kWh/kg und der Durchsatz in kg/h bekannt, so kann man die Ausgangsleistung des Umformers mit folgender Beziehung finden:

$$N = \frac{Q_e\,D}{\eta_u}\ \text{kW}\,. \tag{139}$$

Hierin ist $\eta_{\ddot{u}}$ der Übertragungswirkungsgrad auf das Werkstück vom Ausgang des Umformers ab gerechnet. Bezüglich seiner Größe sei auch auf § 35 verwiesen, wo schon nähere Angaben für die verschiedenen Heizspulenanordnungen, Abb. 129, gemacht wurden.

Da in obiger Gleichung der Ausnutzungsgrad und die Einschaltdauer nicht berücksichtigt wird, so ist in diesem Fall N die abgegebene Leistung des Umformers bei 100%iger Einschaltdauer. Diese letzte Voraussetzung wird aber in vielen Fällen nicht zutreffen, da es oft notwendig sein wird, die Ausgangsleistung des Umformers bei Werkstückwechsel zu unterbrechen, wenn man ihn nicht auch im Leerlauf unzweckmäßigerweise eingeschaltet lassen will. Außerdem ist zu beachten, daß der Umformer nicht immer vollkommen ausgenützt sein wird, was man u. a. schon nicht mit Rücksicht auf die physikalischen Gegebenheiten machen kann, wie z. B. Änderungen des ohmschen Widerstandes und der magnetischen Permeabilität während der Erwärmung. Berücksichtigt man die genannten Punkte in Gl. (139), so erhält man für die Nennleistung des Umformers:

$$N_n = \frac{Q_e\,D\,100}{\eta_u\,A\,E_D}\ \text{kW}\,, \tag{140}$$

wo A der leistungsmäßige Ausnützungsgrad N/N_n und E_D die Einschaltdauer in Prozent ist. Die Tafel III[2] gibt eine Leitertafel wieder, die es verhältnismäßig

---

[1] Wirkungsgrad beim Maschinenumformer ohne Kondensatorbatterie und Glühübertrager, beim Röhrenumformer mit Kondensatorbatterie und Glühübertrager.

[2] In der Tasche im rückwärtigen Buchdeckel. Leitertafeln werden für die dauernde Benützung vorteilhafterweise auf Aluminiumplatten photographiert.

rasch gestattet, bei einem geforderten Durchsatz in kg/h die erforderliche maximale Nennleistung des Umformers zu ermitteln. Die Tafel ist für das Erwärmen von Stahl auf eine Temperatur von 850 °C und 1100 °C ausgelegt, wie sie im allgemeinen für das Härten und die Warmverformung benötigt werden. Außerdem ist noch die Skala für das Erwärmen von Messing auf 650 °C aufgenommen, eine Temperatur, die für das Hartlöten erforderlich ist. Die Anwendung der Leitertafel ist an Hand eines Beispiels erläutert. Hierbei ist jedoch zu berücksichtigen, daß die Ermittlung von 60 kg Messing je Stunde zu hoch liegt, weil $\eta_{ü} = 80\%$ für Messing zu hoch ist und vielleicht mit 40% angesetzt werden sollte; in dem Fall erhält man dann einen Durchsatz von 30 kg/h.

Kennt man die Leistung des Umformers, so können die Kosten je kg Durchsatz ermittelt werden. Hierbei ist der Maschinen- und Röhrenumformer unterschiedlich zu behandeln.

B. Maschinenumformer

§ 61. Die vom Umformer abzugebende elektrische Arbeit bzw. Energie erhalten wir aus folgender Beziehung:

$$A_e = Q_e/\eta_{ü} \text{ kWh/kg}. \tag{141}$$

Die Stromkosten, bezogen auf die Ausgangsenergie des Umformers, sind:

$$K_u = K_s/\eta_n \text{ Pf/kWh}, \tag{142}$$

wo K_s der Strompreis in Pf/kWh und η_n der Wirkungsgrad des Umformers bei Vollast ist. Haben wir den Umformer dauernd voll belastet, so sind die Kosten je kg Erwärmungsgut:

$$K = \frac{Q_e K_s}{\eta_u \eta_n} \text{ Pf/kg}. \tag{143}$$

Die Höhe von $\eta_{ü}$ ergibt sich aus der Heizspulenanordnung, s. hierzu § 35, außerdem sind hier die Verluste durch die Kondensatorbatterie und die Mittelfrequenzzuleitungen einzubeziehen. Der Betrag von η_n wird sich größenordnungsmäßig zwischen 0,65 und 0,82 bewegen. Er hängt im wesentlichen von der Bauart des Generators, der verwendeten Qualität des Dynamobleches und der Art der Wärmeabfuhr (Luft- oder Wasserkühlung) ab. Ferner ist zu berücksichtigen, daß der Wirkungsgrad nicht so hoch liegt, wenn dem Umformer nur ein Teil seiner Nennlast entnommen wird. Abb. 228 gibt einen Anhaltspunkt über den Verlauf des Wirkungsgrades bei Teillast.

Findet keine dauernde Entnahme der Energie statt, d.h., wird nicht mit 100% E_D gearbeitet, so ist dies bei den Stromkosten wie folgt zu berücksichtigen:

$$K_u = \frac{K_s}{\eta_n} + K_s \frac{N_L}{N_n} \frac{t_p}{t_H} = K_s \left(\frac{1}{\eta_n} + \frac{N_L}{N_n E_D} - \frac{N_L}{N_n} \right) \tag{144}$$

und die Kosten je kg Erwärmungsgut werden:

$$K = \frac{Q_e K_s}{\eta_u} \left(\frac{1}{\eta_n} + \frac{N_L}{N_n E_D} - \frac{N_L}{N_n} \right) \text{ Pf/kg},$$

oder wenn man $N_L/N_n = \eta_L$ setzt:

$$K = \frac{Q_e K_s}{\eta_u} \left[\frac{1}{\eta_n} + \eta_L \left(\frac{1}{E_D} - 1 \right) \right] \text{ Pf/kg}. \tag{145}$$

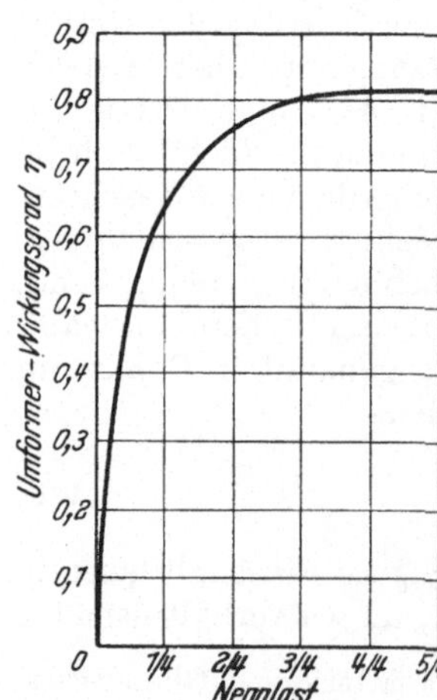

Abb. 228. Wirkungsgrad eines Maschinenumformers in Abhängigkeit der Belastung

Wird der Umformer nur mit einer Teillast belastet, so ist an Stelle von N_n die entnommene Leistung N und für η_n der für diesen Lastfall geltende Wirkungsgrad η_t und der Ausnutzungsgrad A zu berücksichtigen:

$$K = \frac{Q_e K_s}{\eta_{\ddot u}} \left(\frac{1}{\eta_t} + \frac{N_L}{N_n E_D A} - \frac{N_L}{N_n A} \right) \text{Pf/kg},$$

oder

$$K = \frac{Q_e K_s}{\eta_{\ddot u}} \left[\frac{1}{\eta_t} + \frac{\eta_L}{A} \left(\frac{1}{E_D} - 1 \right) \right] \text{Pf/kg}. \qquad (146)$$

Für die Gleichung (145) ist in Tafel IV eine Leitertafel wiedergegeben, die eine rasche Kostenermittlung für Stahl bei 850° und 1100 °C und Messing bei 650 °C für einen kWh-Preis von 10 Pf gestattet.

Ein Gesamtbild über die Energieaufteilung einer Mittelfrequenzanlage gibt Abb. 229 wieder. Sind die prozentualen Verluste bekannt, so kann man sich ein Bild über den Kühlwasserbedarf unter Verwendung der in § 19 angegebenen Gleichung

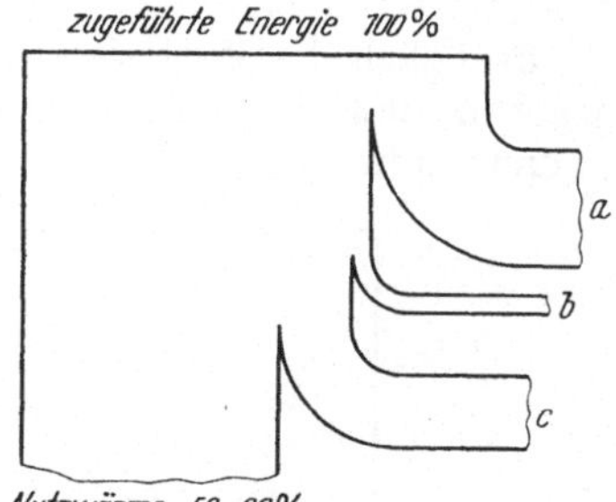

Abb. 229. Leistungsdiagramm einer Maschinenumformeranlage mit einer Leistung von etwa 25 kW
a Umformerverluste 20–30%; *b* Verluste durch Kondensatorenzuleitungen 5%; *c* Übertragorverluste und abgestrahlte Wärme 15–20%

machen. Werden Umformer und Kondensatoren mit Wasserkühlung verwendet, so ist dieser Bedarf natürlich genau so in der Rechnung zu berücksichtigen wie derjenige für die Heizspule.

C. Röhrenumformer

§ 62. Die Kostenberechnung für das Erwärmungsgut kann bei den Röhrenumformern ähnlich vorgenommen werden wie bei den Maschinenumformern. Jedoch sind hier noch die Röhrenverschleißkosten entsprechend zu berücksichtigen. In Abb. 230 ist eine Kurve wiedergegeben, die einen Anhaltspunkt über die spezifischen Oszillatorröhrenpreise, d.h. die Preise je kW, gibt, und zwar sind es Mittelwerte mehrerer großer deutscher Firmen. Am besten bezieht man die Röhrenkosten für die weitere Berechnung auf die Nennleistung N_n des Umformers. Die Kosten P_R in DM für eine Ersatzröhrenbestückung einschließlich Gleichrichterröhren, des Umformers und die durchschnittliche Lebensdauer L (in Stunden) eines Satzes dürften immer bekannt sein. Man kann also K_R wie folgt errechnen:

$$K_R = \frac{P_R}{N_n L} 10^2 \text{ Pf/kWh}. \qquad (147)$$

Unter Verwendung der Kurve *1* von Abb. 230 ergibt sich dann die in Abb. 230 eingetragene Kurve *2*. Wird der Umformer im Dauerbetrieb und bei Vollast benützt, so kann Gl. (143)

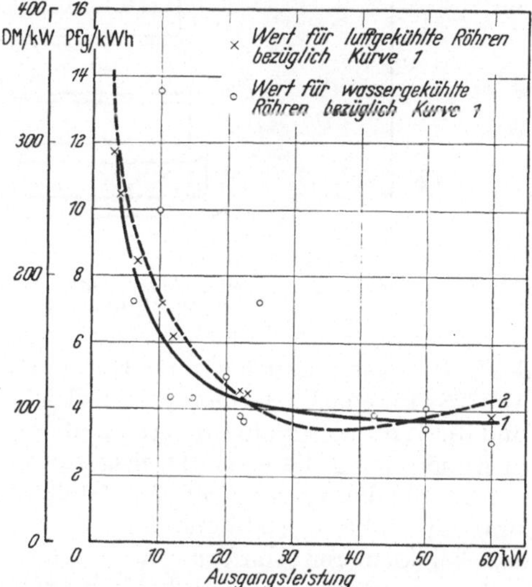

Abb. 230. Spezifische Preiskurven der Oszillatorröhren für induktive Röhrenumformer. Stand: Frühjahr 1953
Kurve 1: Mittlere Kurve der Preise für Oszillatorröhren in DM/kW verschiedener Lieferer in Abhängigkeit der Umformerausgangsleistung bei Vollast. DM/kW $= f(N_{max})$
Kurve 2: Anhaltskurve für Röhrenkosten bezogen auf das Produkt aus Umformerausgangsleistung bei Vollast und durchschnittlicher Röhrenlebensdauer lt. G. JABBUSCH, Elektro-Wärmetechnik Nr. 1, 1953 [*80*]. Bei der Kurve 2 sind auch noch die Kosten für die Gleichrichterröhren berücksichtigt. Pf/kWh $= f(N_{max})$

14*

unter Hinzufügen von K_R zur Berechnung der Glühgutkosten verwendet werden:

$$K = \frac{Q_e}{\eta_u}\left(\frac{K_s}{\eta} + K_R\right) \text{ Pf/kg}. \tag{148}$$

Bezüglich des Wirkungsgrades von Röhrenumformern wurde schon oben angegeben, daß er niedriger liegt als derjenige von Maschinenumformern. Dies ist in erster Linie durch die hohen Anodenverlustleistungen bedingt. Die Aufteilung

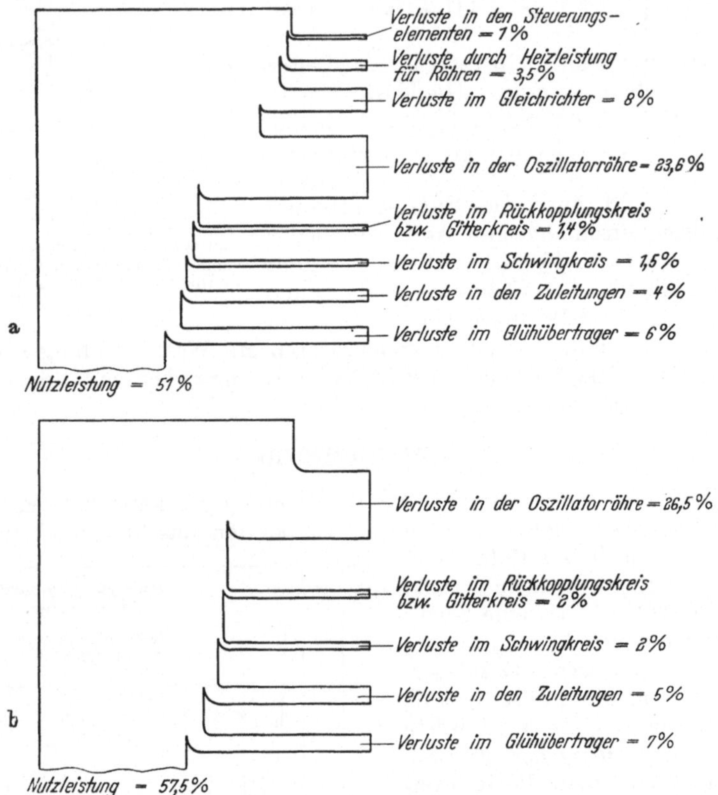

Abb. 231. Leistungsdiagramm eines Röhrenumformers (AEG). Hochfrequenzleistung 25 kW. $f = 500$ kHz. Netz-Wirkleistung: $a = 44$ kW und $b = 38{,}5$ kW

des Leistungsverbrauches einer Röhrenumformeranlage ist in dem Diagramm der Abb. 231 für eine Umformerausgangsleistung von 25 kW wiedergegeben. In Tab. 21 sind die Wirkungsgrade für serienmäßig gebaute Umformer wiedergegeben. Unter Zugrundelegung dieser Wirkungsgrade und der Röhrenkosten der Abb. 230 sind in Abb. 232 die Kosten K in Pf je Glühgut für verschiedene $\eta_{\ddot{u}}$ wiedergegeben, und zwar für Stahl bei 850° und 1100 °C sowie für Messing bei 650 °C. Man erkennt, daß bei kleineren Umformern und insbesondere mit kleinerem Übertragungswirkungsgrad die Kosten erheblich ansteigen. Am geringsten sind sie bei einem Umformer mit 35 bis 40 kW Nennleistung.

Tabelle 21. *Angenäherte Wirkungsgrade handelsüblicher Röhrenumformer*

N	kW	2	5	10	20	30	40	50	60
η_n	—	0,43	0,45	0,48	0,53	0,54	0,55	0,55	0,55
η_L	—	0,5	0,38	0,25	0,24	0,24	0,24	0,24	0,24

Insbesondere bei Röhrenumformern wird es häufig vorkommen, daß sie nicht mit 100% E_D ausgefahren werden. Die Röhrenkosten sind in Gl. (146) dann wie folgt zu berücksichtigen:

$$K = \frac{Q_e K_s}{\eta_ü} \left[\frac{1}{\eta_n} + \right.$$
$$\left. + \eta_L \left(\frac{1}{E_D} - 1 \right) \right] + \left. \vphantom{\frac{1}{1}} \right\} \quad (149)$$
$$+ \frac{Q_e}{\eta_ü} \frac{K_R}{E_D} \text{ Pf/kg} .$$

Wird zudem der Umformer nicht ganz ausgenützt, so nimmt Gl. (149) folgende Form an:

$$K = \frac{Q_e K_s}{\eta_ü} \left[\frac{1}{\eta_t} + \right.$$
$$\left. + \frac{\eta_L}{A} \left(\frac{1}{E_D} - 1 \right) \right] + \left. \vphantom{\frac{1}{1}} \right\} \quad (150)$$
$$+ \frac{Q_e K_R}{\eta_ü E_D A} \text{ Pf/kg} .$$

Zur Auswertung der Gl. (149) ist in Tafel V wiederum eine Leitertafel wiedergegeben, ebenfalls für Stahl bei 850° und 1100 °C, sowie für Messing bei 650 °C. Hierbei sind für

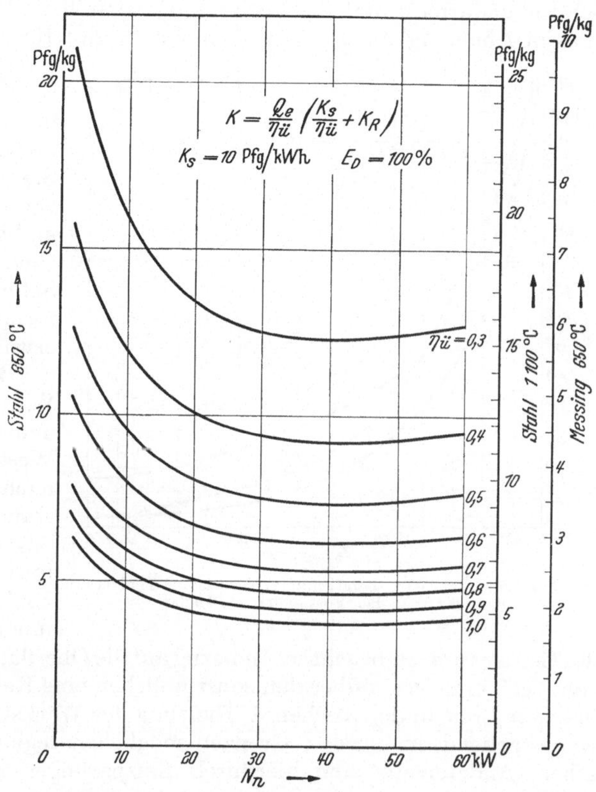

Abb. 232. Kosten je kg Glühgut in Abhängigkeit von der Nennleistung des Röhrenumformers

η_L die in Tab. 21 wiedergegebenen Werte zugrunde gelegt, die wohl allgemein für handelsübliche Umformer mit Gleichrichter Gültigkeit haben dürften.

VII. Induktive Wärmebehandlung, insbesondere Oberflächenhärtung, der Stähle

A. Allgemeines

§ 63. Es liegt in der Natur der induktiven Wärmebehandlung, daß sich für dieses Verfahren alle Werkstoffe eignen, die in der Lage sind, den elektrischen Strom zu leiten. Es können also grundsätzlich alle Metalle auf diese Weise erwärmt werden. Es ist hier jedoch zu bemerken, daß unter Umständen auch das Verfahren bei solchen Stoffen von Interesse wird, die bei den niedrigeren Temperaturen Nichtleiter des elektrischen Stromes sind und bei höheren Temperaturen zu Leitern werden. Dies trifft z. B. für Glas zu. Bei hochwertigen Verbindungen wärmt man die zu verbindenden Stellen mit geeigneten Gasbrennern so weit vor, bis das Glas zur Genüge den elektrischen Strom leitet. Alsdann kann man auf dem induk-

14 E

tiven Wege die Verbindungsstelle auf engstem Bereich auf die notwendige Temperatur erwärmen und die Verbindung herstellen. Den Widerstandsverlauf von Glas in Abhängigkeit von der Temperatur gibt für drei Glassorten die Abb. 233 wieder (s. E. M. GUYER [59, 60]).

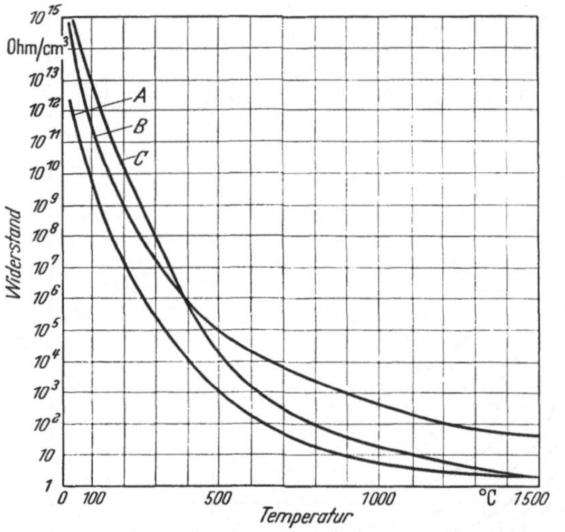

Von überwiegender Bedeutung für das Verfahren dürfte die Wärmebehandlung der Stähle sein. Sie können induktiv gehärtet, vergütet, weichgeglüht, gelötet und verschweißt werden. Desgleichen natürlich für nachfolgende Schmiede- und andere Warmverformungsarbeitsgänge induktiv erwärmt werden [158].

Bei der Werkstoffwahl für ein Werkstück können die verschiedensten Gründe maßgebend sein. Wesentlich ist für die Wahl der nachträglich zu erzielende Zustand, und es ist bei dem hier zu besprechenden Verfahren die geforderte Festigkeit bzw. Härte, Einhärtetiefe, die verbleibende innere Spannung, die Ausbildung

Abb. 233. Widerstands-Temperaturkurven für Glas. *A* Fensterglas; *B* Linsenglas (Borsilikat); *C* Bleiglas

des Gefüges u. a. zu beachten. In bezug auf die Oberflächenhärtung bietet das induktive Verfahren gegenüber den sonst üblichen eine Reihe von Vorteilen. Diese sind in erster Linie in der raschen Aufheizung des Werkstücks und insbesondere in der weitestgehend, in engsten Grenzen möglichen regionalen Wärmebehandlung zu sehen. Andererseits sind hierdurch Einsparungen an Fertigbearbeitungen, wie Schleifoperationen, auf Grund des geringeren Verzuges zu erzielen.

Für die Oberflächenhärtung der Stähle stehen mehrere Verfahren zur Verfügung. Tab. 22 versucht hierüber eine Übersicht zu geben. Jedes der Verfahren hat seine Vor- und Nachteile. Wie auch bei anderen Verfahren der Fertigungstechnik bieten sich hier ebenfalls verschiedene Möglichkeiten an und es ist vollkommen abwegig, für alle Erfordernisse nur ein Verfahren als richtig anzusprechen. Es wird immer eine der vornehmsten Aufgaben des Ingenieurs sein, das zweckmäßigste und wirtschaftlichste Verfahren den jeweiligen Erfordernissen des Betriebes entsprechend zu finden.

Um bei einem Werkstück aus Stahl eine Oberflächenhärtung zu erzielen, werden bei den üblichen Verfahren vorwiegend Einsatz- und Nitrierstähle verwendet. Bei der induktiven Oberflächenhärtung wird man bestrebt sein, um den Weg in die Härterei für die Bekohlung und diese zu vermeiden, Stähle zu benützen, die schon den der gewünschten Härte entsprechenden Kohlenstoffgehalt haben. Es sind dies die sog. Vergütungsstähle. Es sei aber hier gleich darauf hingewiesen, daß man diesen Vorteil unter Umständen mit dem Nachteil einer geringeren spanabhebenden Bearbeitbarkeit und einer höheren Preislage erkaufen muß. Dies führt dazu, daß, zumindestens in der deutschen Industrie, durchaus auch Einsatzstähle induktiv gehärtet werden, d. h., wenn ein Werkstück aus einem solchen angefertigt ist, wird es zuerst nach dem üblichen Verfahren bekohlt und dann an den gewünschten Stellen regional induktiv erwärmt und abgeschreckt. Allerdings wird man dies vorwiegend nur dann machen, wenn man den Vorteil ausnützen kann, daß das Abdecken von nicht zu härtenden Flächen in Fortfall kommt und womöglich auch noch mit Rücksicht auf den geringeren Verzug die spanabhebende Bearbeitung in einer günstigeren Reihenfolge als bei den üblichen Härteverfahren durchgeführt werden kann[1].

Bei dem hier besprochenen induktiven Verfahren erfolgt die Erwärmung in kürzesten Zeiten, die in vielen Fällen nur den Bruchteil einer Sekunde betragen. Die Erwärmungszeiten über den Ac_3-Punkt sind folgerichtig noch kürzer als bei allen anderen Verfahren. Die Ergebnisse zeigen, daß diese Zeiten ausreichen, um eine Gefügeumwandlung sicherzustellen. Die kürzesten Erwärmungszeiten werden bei der sog. Impuls- oder Mikrohärtung mittels HF-Umformern mit Energiespeicher (§ 56) angewendet. Die Zeiten liegen bei 10^{-2} bis 10^{-3} sek. Um bei diesen kurzen Zeiten die Umwandlung zu gewährleisten, wird mit Temperaturen bis zu 1100 °C gearbeitet. Bei den in der Feinwerktechnik angewendeten Kohlenstoffstählen, z. B. Sandvick 16 A (1% C) werden auf diese Weise ohne Schwierigkeiten 65 HRc erreicht. In Abb. 234 a und b sind als Beispiel ein nach diesem Verfahren gehärtetes Uhrenzahnrad und eine Uhrenachse wiedergegeben. Die Grenzen der gehärteten

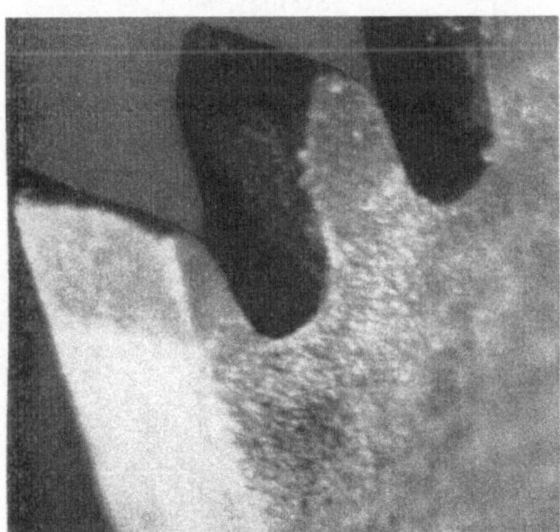 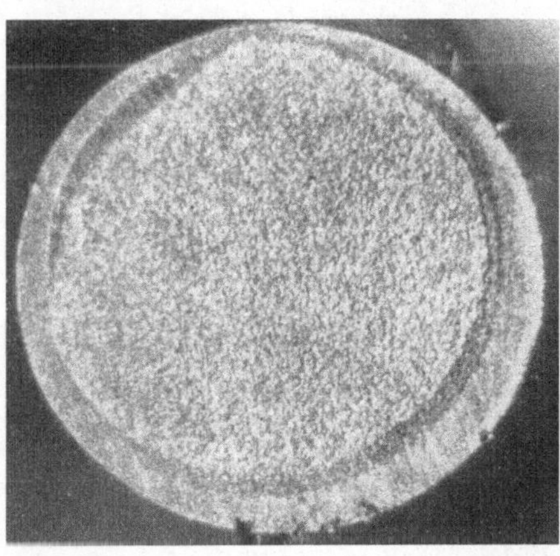

a   b

Abb. 234. Beispiele für Mikrohärtungen aus der Uhrenindustrie
a Schnitt durch ein gehärtetes Uhrenzahnrad. Teilkreisdurchmesser 9 mm; Zähnezahl 51; Modul 0,18 mm —
b Schnitt durch einen oberflächengehärteten Draht mit 2 mm Durchmesser

Randzonen sind durch die dunklere Färbung erkennbar. Die Auflösung des Karbids im Austenit ist ein Vorgang, der wohl zeitbedingt ist, aber um so schneller vor sich geht, je höher die Temperatur ist. Am günstigsten ist in der Regel für die Stähle oberhalb von 0,4% C ein Ausgangsgefüge mit feinkörnigem und unterhalb von 0,4% C ein solches mit lamellarem Perlit, das zugleich auch gut spanabhebend zu bearbeiten ist. Streifiger Perlit und Sorbit gehen schneller in Lösung, erfordern also kürzere Haltezeiten als kugeliger Zementit (s. W. CRAFTS und J. L. LAMONT [36]). Mit Rücksicht auf die verschiedenen möglichen strukturellen Bedingungen eines Stahles kann es von Vorteil sein, ihn vorher bei einer genügend hohen Temperatur (vorzugsweise 30° bis 50° über der α-, γ-Umwandlung) zu normalisieren, um die Diffusionsgeschwindigkeit zu steigern.

---

[1] Während der Drucklegung dieses Buches erschien der Aufsatz von O. PATTERMANN, Zahnradstähle und ihre Wärmebehandlung, Industrieblatt 56. Jahrg. (1956) H. 12, S. HT 111, in dem u. a. eine induktive Anlage mit Gasbekohlung beschrieben wird, siehe auch N. H. POLAKOWSKY, Metal Progr. (67) 1955, Jan. Nr. 1. Es wird bei den ungewöhnlich hohen Temperaturen von 1050—1080 °C im Gas aufgekohlt und eine Einsatztiefe von 0,8—1,2 mm in 39 Minuten, anstatt wie üblich 7—8 Stunden, erzielt. Die eintretende Kornvergröberung soll bis unter 1100 °C für die mechanische Festigkeit nicht nachteilig sein.

Tabelle 22. *Gegenüberstellung der*

Verfahren	Einrichtungen	Einhärtetiefe mm kleinste	Einhärtetiefe mm größte	Oberflächenhärte HRc	Kernfestigkeit kg/mm²	Dauerfestigkeit
Einsatzhärtung	*Pulver:* Pulveraufbereitungsanlagen, Silos, Aufkohlungskästen, Kammeröfen, Schachtöfen Normale, universell verwendbare Einrichtungen. Zentrale, abgeschloss. Härterei	0,4	5	60—65	50—150 je nach Stahlsorte	Es ist eine Steigerung d. Dauerfestigkeit möglich
	Salz: Salzbadöfen, gas- od. elektrisch beheizt. Universell verwendbare Einrichtungen. Zentrale Härterei	0,1	2	60—65	50—150 je nach Stahlsorte	Steigerung möglich
	Gas: Gasaufbereitungsanlage. Öfen in Sonderbauart. Universelle Einrichtungen	0,2	5	60—65	50—150 je nach Stahlsorte	Steigerung möglich
Nitrierhärtung	Nitrierofen. Zentrale Härterei	0,1	0,4	60—70 je nach Stahlsorte	85—110 je nach Stahlsorte und Vergütungsstufe	Steigerung möglich
0 Ce- („ohne Cementation") Härtung	Normales Salzbad, Warmbad. Zentrale Härterei	0,8	2,0	60—63	130—170 abhängig v. Wandstärke u. Gestalt	Hängt vom einwandfreien Verlauf der Härteschicht ab
Flammenhärtung	Acetylen-Sauerstoff- bzw. Leuchtgas- Sauerstoffanlagen. Besondere werkstückgerechte Härtevorrichtungen. Keine Öfen, keine zentrale Härterei notwendig	1,0	12 je nach Einhärtungsvermögen d. Stahles	40—65 je nach Stahlsorte bzw. dess. C-Gehalt	50—140 je nach Stahlsorte und Vergütungsstufe	Steigerung bei einwandfreiem Verlauf d. Härteschicht möglich
Induktionshärtung	Maschinen- oder Röhrenumformer. Vollmechanische Härtevorrichtung., Heizspulensätze. Keine zentrale Härterei notwendig	0,2	50 je nach Einhärtungsvermögen d. Stahles	40—65 je nach Stahlsorte bzw. dess. C-Gehalt	50—140 je nach Stahlsorte und Vergütungsstufe	Steigerung bei einwandfreiem Verlauf d. Härteschicht möglich

Oberflächenhärteverfahren (nach GÖBEL-MARFELS)

Verlauf der Härteschicht	Wärmebehandlung	Härteverzug	Wirtschaftlichkeit
Gleichmäßige Schicht, unabhängig von der Gestalt der Teile. Abdeckung nicht zu härtender Zone möglich	Gesamtes Werkstück nimmt an der Wärmebehandlung teil. Langzeitiges Einsatzglühen, Härten	Allgemeingültige Aussage nicht möglich. Geringster Verzug bei formrichtigem Einführen in Kühlmittel	Hohe Betriebskosten infolge langer Glühzeiten
Gleichmäßige Schicht, unabhängig von der Gestalt der Teile. Abdeckung nicht zu härtender Zonen möglich	Gesamtes Werkstück nimmt an der Wärmebehandlung teil. Langzeitiges Glühen	Allgemeingültige Aussage nicht möglich. Geringster Verzug bei formrichtigem Einführen in Kühlmittel	Hohe Betriebskosten infolge langer Glühzeiten
Gleichmäßige Schicht, unabhängig von der Gestalt der Teile. Abdeckung nicht zu härtender Zonen möglich	Gesamtes Werkstück nimmt an der Wärmebehandlung teil. Langzeitiges Glühen	Allgemeingültige Aussage nicht mögl. Geringster Verzug b. formrichtigem Einführen in Kühlmittel	Hohe Betriebskosten infolge langer Glühzeiten
Gleichmäßige Schicht, unabhängig von der Gestalt der Teile. Abdeckung nicht zu härtender Teile möglich	Gesamtes Werkstück nimmt an der Wärmebehandlung teil. Sehr lange Glühzeiten bei $500-580°$	Geringer Verzug, da kein Abschreckhärten	Hohe Betriebskosten infolge sehr langer Glühzeiten. Keine Kosten für Abschreckhärtung
Verfahren ist für Zahnräder u. ähnliche Werkstücke geeignet. Im Zahngrund, Querschnittsübergängen und Kerben keine einwandfreie Härteschicht	Gesamtes Werkstück wird oberflächengehärtet. Einzelne Zonen können nicht abgedeckt werden	Geringer Verzug infolge Warmbadabschreckung	Niedrige Warmbehandlungskosten. Kurze Stückzeiten
Von d. Gestalt d. Werkstückes abhängig. Mithärten v. Querschnittsübergängen, Quer- und Innenbohrungen sehr schwierig bzw. unmögl.	Örtliche Härtung d. zerspanten Werkstückes. Kern und nicht zu härtende Zonen nehmen an d. Wärmebehandlung nicht teil	Sehr geringer Verzug. Bei richtiger Wärmebehandlung vernachlässigbar klein	Kurze Behandlungszeit. Öfen entfallen. Normale Investitionskosten. Aufstellung in Fertigungsstraßen
Anpassungsfähigkeit an Form der Teile. Mithärten von Querschnittsübergängen, Quer- und Innenbohrungen teilw. schwierig. Verlauf der Härteschicht von d. Gestalt der Teile abhängig. Gute Regelbarkeit der Härtetiefe	Örtliche Härtung d. zerspanten Werkstückes. Kern und nicht zu härtende Zonen nehmen an d. Wärmebehandlung nicht teil. Sichere Beherrschung der Wärmezufuhr	Sehr geringer Verzug. Bei richtiger Wärmebehandlung vernachlässigbar klein	Hohe Investitionskosten. Sehr kurze Stückzeiten. Besonders für Massenfertigung geeignet. Aufstellung in Fertigungsstraßen

Es sei hier noch bemerkt, daß die Temperatur für die Austenitisierung mit der Korngrößencharakteristik des Stahles in Einklang sein muß. Für die Stähle der induktiven Warmbehandlung sind Feinkornstähle erwünscht, jedoch nicht Bedingung. Wie wir später sehen werden, haben die höheren Temperaturen bei der induktiven Oberflächenhärtung trotz der kurzen Zeiten einen etwas grobnadligeren Martensit zur Folge als bei den sonst üblichen Verfahren. Die Unterschiede sind aber nicht bedenklich.

B. Abschrecken der Stähle

§ 64. Gegenüber den üblichen Härteverfahren ist bei der Kennzeichnung der induktiven (Oberflächen-)Härtung, außer den hohen spezifischen Leistungen (bis zu $10\,\mathrm{kW/cm^2}$ Oberfläche) und der möglichen sehr raschen, regionalen Aufheizung, die Möglichkeit hoher Geschwindigkeiten der unmittelbar dem Erhitzungsvorgang folgenden Abkühlung nicht zu vergessen.

Hohe Abkühlungsgeschwindigkeiten der Oberfläche des Werkstückes werden durch entsprechende Maßnahmen erreicht, wie z. B. sofortiges Nachfolgen der Abschreckbrause hinter der Heizwicklung oder rasches Ausstoßen in den Abschreckbehälter. Vorzugsweise wird man bestrebt sein, die erstere Einrichtung, die der Brause, anzuwenden, weil hier die intensive Bewegung des Abschreckmittels gewährleistet ist. Vielfach wird die Abschreckbrause und der Abschreckbehälter zusammen verwendet. Hier wird dann zuerst das Werkstück mit der Brause bis zu dem Temperaturbereich abgeschreckt, bei dem der Beginn der Martensitbildung gewährleistet ist. Da dann die Abkühlung langsamer erfolgen kann, wird das Werkstück in dem Wasserbehälter ausgestoßen. Auf diese Weise kann in bezug auf die Stückzahl eine größere Leistung der Vorrichtung erreicht werden, weil das Werkstück eine kürzere Zeit in der Abschreckbrause sein kann. In manchen Fällen wird auch die unter der erhitzten Schicht liegende kalte Werkstoffmasse ausreichen, um eine genügend große Abkühlgeschwindigkeit infolge von Wärmeleitung zu erreichen. Dies führt zu sehr einfachen Härtevorrichtungen. Wie in § 56 schon angedeutet, wird diese Möglichkeit z. B. bei der Impuls- oder Mikrohärtung angewendet. Zu beachten ist hierbei jedoch, daß die Kaltmassen des Werkstücks gegenüber der zu härtenden Masse nicht zu klein werden. Es kann hier gleich eingefügt werden, daß sich auch die Güte der Oberfläche des Werkstückes unter Umständen auf die Abschreckung auswirkt. Zum Beispiel ist eine geschliffene Oberfläche einer Welle besser abzuschrecken als eine solche, deren Oberfläche ein grobes Drehbild hat, weil die Vertiefungen, insbesondere bei der Vorschubhärtung, weniger gut vom Abschreckmittel benetzt werden und hier bei Wasser die Neigung zur Dampfblasenbildung besteht. Setzt man einen vollkommen durchwärmten Rundstab voraus, so ist die Abkühlgeschwindigkeit bei einer bestimmten Temperatur von seiner Größe und von der Stärke der Abkühlung abhängig. Bei einer bestimmten Abkühlungsintensität nimmt die Abkühlungsgeschwindigkeit an der Oberfläche des Rundstabes mit der Zunahme des Durchmessers ab, was eine Abnahme der Abkühlgeschwindigkeit im Innern zur Folge hat. Wie allgemein in der Härtetechnik ist ebenso bei dem hier besprochenen Verfahren sowohl der Erwärmung als auch der richtigen Abschreckung die gleiche Bedeutung zuzumessen. Es muß immer eine genügende Menge des Abschreckmittels zugeführt werden, die auch in der Lage ist, die erforderliche Wärmemenge abzuführen, ohne daß z. B. bei Wasser, welches in erster Linie als Abschreckmittel in Frage kommt, Dampfblasenbildung und damit Weichfleckigkeit auftritt.

Für die Stahlhärtung wäre ein Abschreckmittel am besten, das diese erste Phase der Bildung des Dampffilms, was auch als LEIDENFROSTsches Phänomen bezeichnet wird, nicht hätte. Verwendet man Öl als Abschreckmittel, so ist dieses unter gewissen Umständen der Fall. In der zweiten Phase ist es außerdem erwünscht, daß langsamer gekühlt wird, als es das Wasser tut. In der letzten Phase ist mit Rücksicht auf die verbleibenden Spannungen die Abkühlgeschwindigkeit des Öles erwünscht. Für das induktive Härten stehen als Abschreckmittel Wasser, wäßrige Lösungen, Öle und Luft zur Verfügung. Die Wahl wird davon abhängen, mit welcher günstigsten Wirtschaftlichkeit die für den gewünschten Härtegrad notwendige Geschwindigkeit erreicht wird, ohne daß allzu hohe Spannung bzw. Rißbildung auftritt. Um einen Anhaltspunkt für den Einfluß der verschiedenen Abschreckmittel zu erhalten, hat H. J. FRENCH [42] eine Formel angegeben, mit der die Geschwindigkeiten der Abkühlung des Mittelpunktes von Kugeln, Zylindern und Platten für je 100 °C/sek bei 720 °C für solche Kühlmittel bestimmt werden können, die eine ähnliche Charakteristik wie Öl und Wasser haben. Die Formel lautet:

$$v = (s/w)^n C. \tag{151}$$

Hierin bedeuten:

$\quad v$ Geschwindigkeit in 100 °C bei 720 °C
$\quad s$ Oberfläche in Quadratzoll ($= 6{,}45$ qcm)
$\quad w$ Volumen in Kubikzoll ($= 16{,}39$ ccm)
$\quad n$ und C Konstanten des Abschreckmittels.

Aus der Gleichung kann man sehen, daß die Abkühlgeschwindigkeit in direkter Beziehung zum Verhältnis zwischen Oberfläche und Volumen des Werkstückes steht. FRENCH gibt für die Konstanten die in Tab. 23 aufgeführten Werte an. Trägt man diese in Kurvenform auf, s. Abb. 235, so gewinnt man eine Vorstellung darüber, welche unterschiedliche Wirkung die einzelnen Mittel haben. Zum Beispiel hat bei einem Verhältnis der Oberfläche zum Volumen von 6 das Öl eine Abschreckgeschwindigkeit von 38 °C/sek und das Wasser eine solche von 90 °C/sek, also weit über den doppelten Betrag. Die Werte gelten für ein Abschrecken von 875 °C aus in ruhendem Abschreck-

Tabelle 23. *Konstanten für Gl. (151) beim Abschrecken von 875 °C*

Abschreckmittel und Form	Zahlenwerte	
	n	C
5% NaOH, Rundstäbe	1,84	3,86
Wasser		
Kugeln	1,7	3,89
Rundstäbe	1,75	3,91
Platten	1,75	4,03
im Mittel		3,94
Öl		
Kugeln	1,40	3,22
Rundstäbe	1,40	3,03
im Mittel		3,12
Ruhende Luft		
Rundstäbe	1,15	0,31

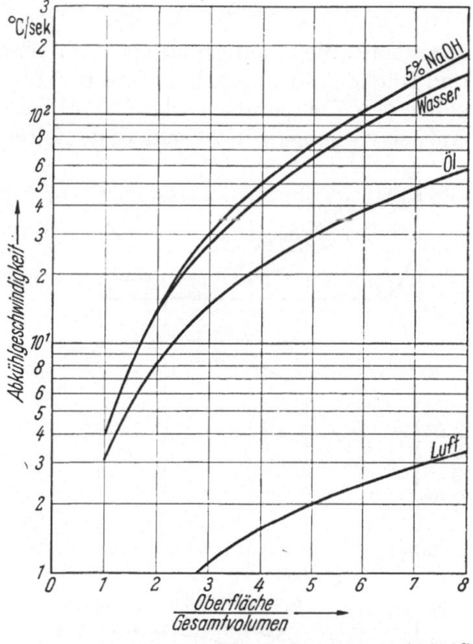

Abb. 235. Abkühlgeschwindigkeit der Mitten bei 720 °C in Funktion des Verhältnisses Oberfläche zu Volumen beim Abschrecken von Stählen von 875 °C aus

mittel. Diese Werte sind selbstredend nicht ohne weiteres auf das Abschrecken beim induktiven Härten zu übertragen, da wir es hier nicht vorwiegend mit einem ruhenden Abschreckmittel zu tun haben, sondern z. B. bei den Abschreckbrausen mit einem intensiv bewegten Mittel. Außerdem wirkt auch noch beim

Oberflächenhärten die rückwärtig an die erwärmte Zone anschließende Werkstoffmasse kühlend. Auch kann bei ebenen Werkstücken, z. B. Blechen, wenn sie gegenüber der Aufheizzone nicht allzu dick sind, das Abschrecken durch Brausen von der Rückseite erfolgen. K. Kegel [*90*] hat Rechen- und Meßergebnisse ver-

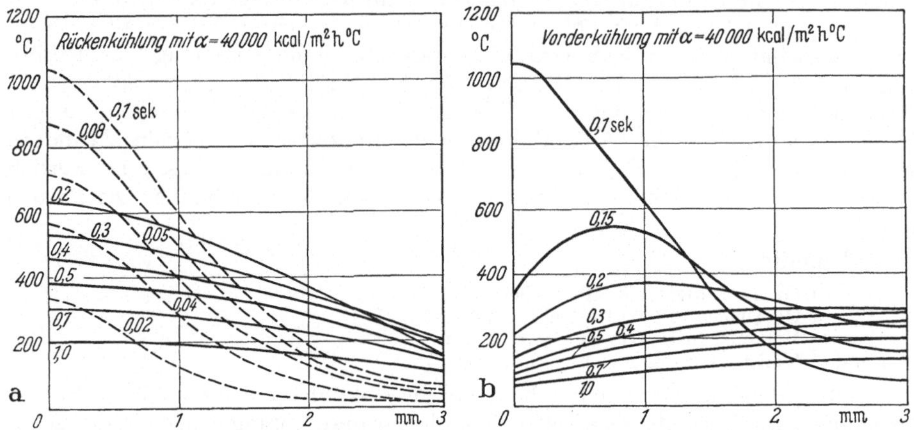

Abb. 236. Aufheiz- und Abkühlvorgang bei einer 3 mm dicken Stahlplatte
a) Rückenkühlung; b) Vorderkühlung. Aufheizung: N_s = 6,5 kW/cm²; μ = 1; ϱ = 1,2 Ω mm²/m; f = 250 kHz. (Die gestrichelten Kurven zeigen den zeitlichen Erhitzungsverlauf, die ausgezogenen Kurven den entsprechenden Abkühlungsvorgang über die Plattenstärke)

öffentlicht, die einen Anhaltspunkt über den unterschiedlichen Verlauf der Vorder- und Rückenkühlung geben. Die in Abb. 236a gestrichelt eingezeichneten Kurven geben den Temperaturverlauf in Abhängigkeit der Werkstückdicke während des Aufheizvorgangs für verschiedene Zeiten wieder. Die gesamte Aufheizzeit betrug

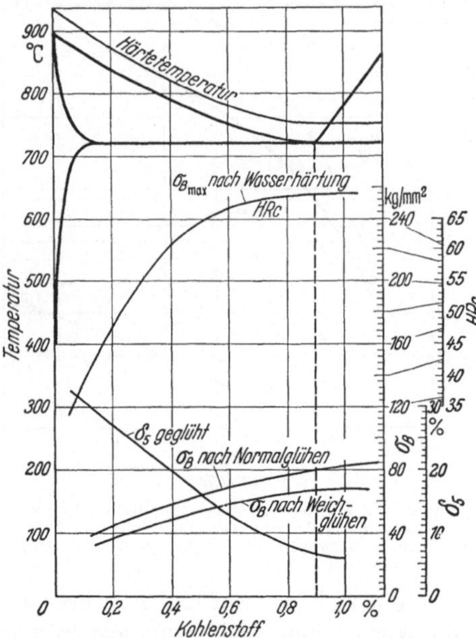

Abb. 237. Eisen-Kohlenstoff-Diagramm mit den durchschnittlich erreichbaren Festigkeitswerten bei verschiedenen Warmbehandlungen

0,1 sek. Die Rückseite der Platte wurde laufend mit Kühlwasser bespritzt, so daß immer die angegebene Wärmeabfuhr von 40000 kcal · m⁻² · h⁻¹ · °C⁻¹ vorhanden war. Die voll ausgezogenen Kurven geben den Temperaturverlauf während der Abkühlzeit bis zu einer Sekunde wieder. Interessant ist hierzu der Vergleich der Abkühlkurven, wenn sofort nach Abschalten des Heizstromes die Vorderseite mit Kühlwasser bespritzt wird; diese Kurven sind bei gleichen Aufheizbedingungen in Abb. 236b wiedergegeben. Man erkennt deutlich, daß die Abkühlgeschwindigkeit an der Oberfläche und in deren Nähe in diesem Fall wesentlich höher ist als im ersteren.

Soll der Stahl gehärtet werden, so muß er entsprechend der geforderten Härte die notwendige Zusammensetzung haben. Die Grundlage für jede Stahlhärtung ist der Kohlenstoffgehalt. Je höher er ist, eine um so größere Härte wird ermöglicht. Für die induktive Härtung kommen in erster Linie Stähle mit einem Kohlenstoffgehalt von 0,3 bis 0,7% in Frage. In Abb. 237 ist der Bereich im Eisen-Kohlenstoff-Diagramm wiedergegeben. Es sind zusätzlich Werte, die im Zusammenhang mit der Wärmebehandlung interessieren, eingetragen; die jeweilige Härtetemperatur für übliche Härtung; die bei dieser und Wasserabschreckung erreichbare Festigkeit bzw. Härte; die Festigkeiten nach dem Normal- und Weichglühen; außerdem die Dehnung in Prozenten im geglühten Zustand. Gegenüber dem Einfluß des Kohlenstoffs tritt die Wirkung anderer Legierungsbestandteile auf die maximal erreichbare Härte erheblich zurück. Unter dem Vorgang des Härtens versteht man die Abkühlung aus dem Austenitgebiet mit solcher Geschwindigkeit, daß die Umwandlung in der Perlit- und Zwischenstufe unterdrückt wird und Martensitbildung eintritt. Die maximal mögliche Härte wird bei vollständiger Martensitumwandlung erreicht. Hierbei tritt der Martensit in tetragonaler Form auf, der durch in das kubische Gitter eingelagerte Kohlenstoffatome und dieser hierdurch verzerrt entsteht (s. CRAFTS und LAMONT [36] und S. 206). SISCO hat auf Grund der Angaben von BURNS, MOORE und ARCHER die maximal erreichbaren Härtewerte in einer Kurve zusammengestellt, wie sie Abb. 238 wiedergibt. Die niedrigste Abkühlungsgeschwindigkeit, die zur vollständigen Unterdrückung der γ-, α-Umwandlung ausreicht, heißt „kritische Abkühlungsgeschwindigkeit". Diese ist stark von der Stahlzusammensetzung abhängig und

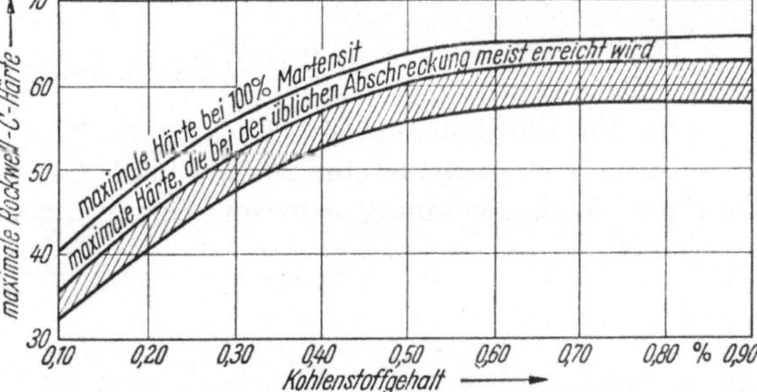

Abb. 238. Beziehung zwischen dem Kohlenstoffgehalt und der maximalen Martensithärte (obere Kurve) und der maximalen Härte, die üblicherweise erreicht wird (gestricheltes Band). (Gezeichnet von SISCO [142] auf Grund von Angaben von BURNS, MOORE und ASCHER [32] und von BOEGE-HOLD [11])

wird durch steigenden Kohlenstoffgehalt bis zu etwa 0,9% erniedrigt; kohlenstoffreichere Stähle brauchen beim Härten also nicht so schroff abgekühlt zu werden wie niedriggekohlte Stahlsorten. Eine Tatsache, die sich, wie wir später sehen werden, beim Oberflächenhärten in bezug auf den Übergang zwischen gehärteter und nicht gehärteter Zone auswirkt. Im Bereich der sehr hohen Kohlenstoffgehalte erhöht sich die kritische Abkühlgeschwindigkeit wieder. In erster Linie ist für das Härteergebnis diejenige Abkühlgeschwindigkeit maßgebend, mit der die Temperatur des Beginns der Martensit-

Tabelle 24. *Einfluß verschiedener Legierungselemente auf die kritische Abkühlungsgeschwindigkeit in Stahl* (nach ESSER, W. EILENDER und H. MAJERT)

C %	Legierungselement	Abschreck-temperatur	Kritische Abkühlgeschwindigkeit gemessen zwischen 800 und 700 °C/sek
0,42	0,55% Mn	950	550
0,40	1,60% Mn	950	50
0,35	2,20% Mn	950	8
0,42	1,12% Ni	950	450
0,52	3,13% Ni	950	180
0,40	4,80% Ni	950	85
0,55	0,56% Cr	950	400
0,48	1,11% Cr	950	100
0,52	1,96% Cr	950	22
0,38	2,64% Cr	950	10—15
0,31	0,48% W	950	650
0,38	1,10% W	950	300
0,35	4,22% W	950	200
0,36	5,52% W	1000	270
0,34	11,10% W	1100	550
0,44	2,00% Co	950	2000
0,42	3,96% Co	950	2000

bildung erreicht wird, weniger diejenige im eigentlichen Martensitgebiet, die nur von Einfluß auf die Gitterform des entstehenden Martensitgefüges ist. Bei den allgemein niedriglegierten Maschinenbaustählen ist die Martensitumwandlung oberhalb der Raumtemperatur abgeschlossen.

Das Handbuch „Stahl und Eisen" gibt tabellarisch die in Tab. 24 aufgeführten Werte an über den Einfluß von *Legierungselementen* auf die kritische Abkühlungsgeschwindigkeit von Stahl.

Für die beträchtliche Erhöhung der Härte durch den Kohlenstoff kann man laut E. HOUDREMONT [72] annehmen: Der martensitische Zustand ist ein Zwangszustand, bei welchem Fremdatome im Gitter des α-Eisens verteilt sind. Infolge dieser zwangsweise unregelmäßigen Verteilung können sich Gleitebenen nach gesetzmäßigen kristallographischen Ebenen nicht oder nur sehr schwer ausbilden. Daher leistet der Martensit einem eindringenden Körper bei der Härteprüfung erhöhten Widerstand, ist also mit anderen Worten härter.

C. ZTU(TTT)-Diagramm [1]

§ 65. Für die Beurteilung der Härtbarkeit bzw. der Austenitumwandlung eines Stahles hat sich in den letzten 20 Jahren die Verwendung der sog. ZTU-Diagramme bewährt. Die Bezeichnung bedeutet: Zeit-Temperatur-Umwandlung = ZTU-(time-temperatur-transformation = T — T — T -) Diagramm; sie wurden von E. S. DAVENPORT und E. C. BAIN [37] erstmalig entwickelt. Zur Aufstellung der Diagramme werden an Stelle der laufenden Abkühlung Proben in einem Salzbad von bestimmter Temperatur abgeschreckt und auf dieser eine bestimmte Zeit gehalten, um dann in Wasser abgeschreckt zu werden. Hierdurch gewinnt man die erforderliche Zeit, die für den Beginn und das Ende einer Umwandlung notwendig ist. Für ein Diagramm müssen auf diese Weise mehrere hundert Proben angefertigt werden. Ein Beispiel für eine Versuchsreihe zeigt Abb. 239. Die Proben wurden in einem Salzbad von 375° abgeschreckt und darin verschiedene Zeiten innerhalb von 2 sek bis

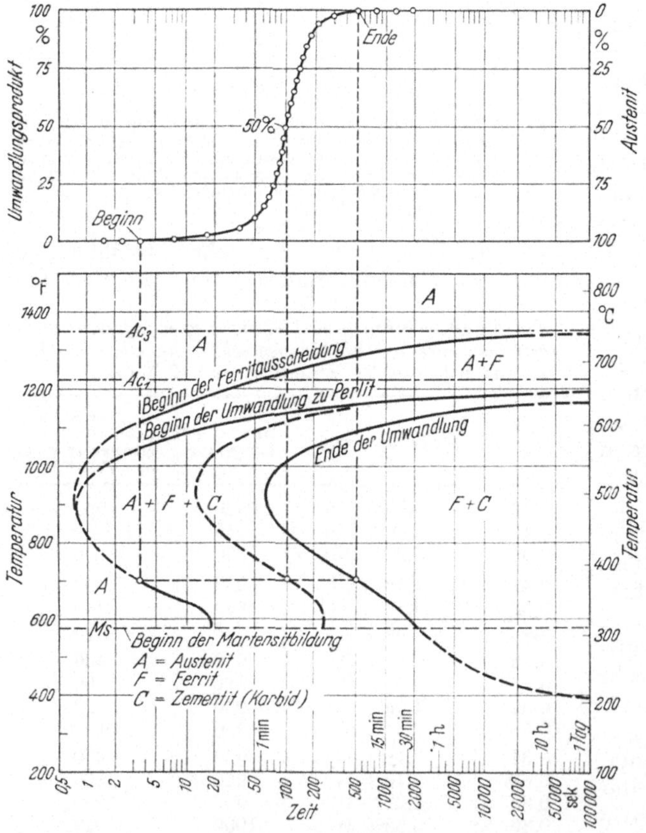

Abb. 239. Methode der Aufstellung eines ZTU-Diagrammes und das vollständige Diagramm eines Nickelstahles mit mittlerem Kohlenstoffgehalt (ATLAS [127])

[1] Siehe auch „Atlas für Wärmebehandlung der Stähle" [118].

2000 sek belassen und dann in eiskaltem Salzwasser abgeschreckt. Im Diagramm ist die Reaktionstemperatur über den Logarithmus der Zeit aufgetragen. Die gewonnenen Linien werden häufig auch auf Grund ihrer Form als S-Kurven bezeichnet. Man kann ihnen entnehmen, daß z. B. der Stahl der Abb. 239, wenn er zwischen 630 und 305° umwandelt, für den Beginn und das Ende der Umwandlung eine bestimmte Zeit benötigt, damit sich Ferrit oder Perlit bildet. Unter 305° bildet sich sofort und laufend Martensit. Die entscheidenden Punkte des ZTU-Diagramms sind einmal die „Nase", bei der die Austenitumwandlung am schnellsten verläuft, und der andere ist das „Kinn" unterhalb der „Nase", das der Bereich der langsameren Umwandlung ist. Demnach wird also die Kurve der kritischen Abkühlgeschwindigkeit an der „Nase" tangieren. Schematisch sieht dies dann für einen Kohlenstoffstahl derartig aus, wie es Abb. 240 wiedergibt. Im übrigen sind hier auch die

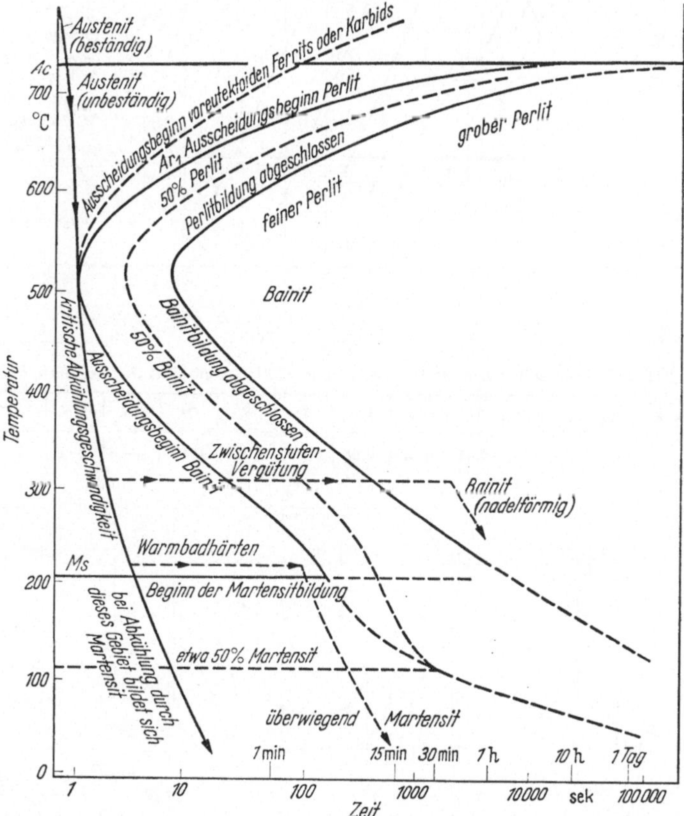

Abb. 240. Schematisches ZTU-Diagramm für einen Kohlenstoffstahl mit Kurve für kritische Abkühlungsgeschwindigkeit, Ms-Temperatur und den Temperaturen für Zwischenstufenvergütung und Warmbadhärten (McMulkin [108])

Linien für die unterbrochene Härtung (Thermal- und Warmbadhärtung) eingezeichnet. Das ZTU-Diagramm für den Stahl CK 45, der sehr viel induktiv gehärtet wird, ist mit den Linien für kontinuierliche Abkühlung in Abb. 241 wiedergegeben.

Im Zusammenhang mit der kritischen Abkühlgeschwindigkeit sei noch auf folgendes aufmerksam gemacht: Wird diese Geschwindigkeit für die Mitte, z. B. einer Welle, erreicht, so wird auch das Härtemaximum für den übrigen Querschnitt sichergestellt sein. Umgekehrt ist aber die erstrebte Härte für die Mitte nicht ohne weiteres gewährleistet, wenn zunächst nur an der Oberfläche der Welle die kritische Geschwindigkeit erreicht wird. Wird die Geschwindigkeit zur Mitte der Welle hin

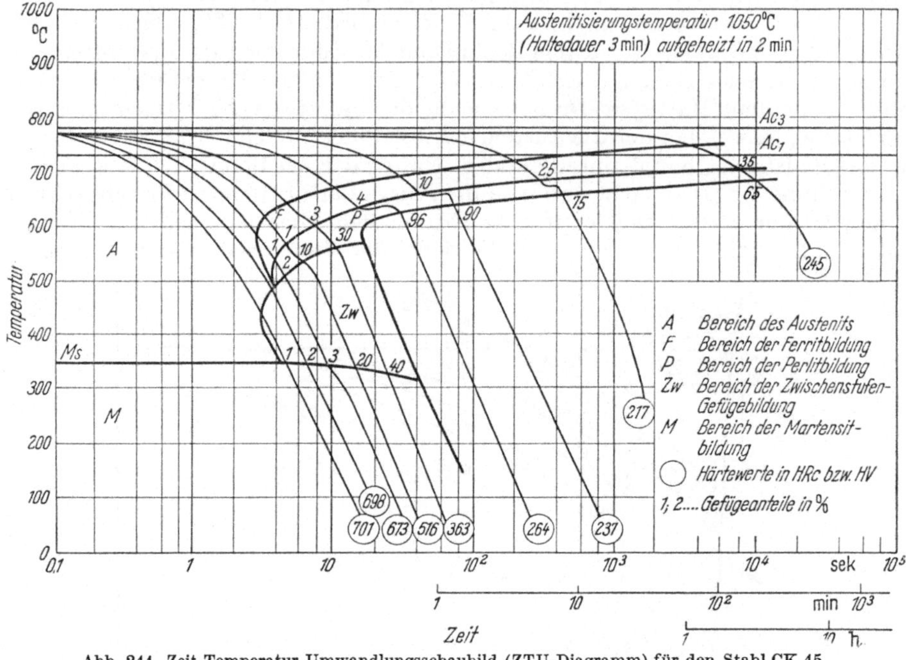

Abb. 241. Zeit-Temperatur-Umwandlungsschaubild (ZTU-Diagramm) für den Stahl CK 45

Chemische Zusammensetzung	C	Si	Mn	P	S	Cr	Cu	Mo	Ni	V
	0,44	0,22	0,66	0,022	0,029	0,15	—	—	—	0,02

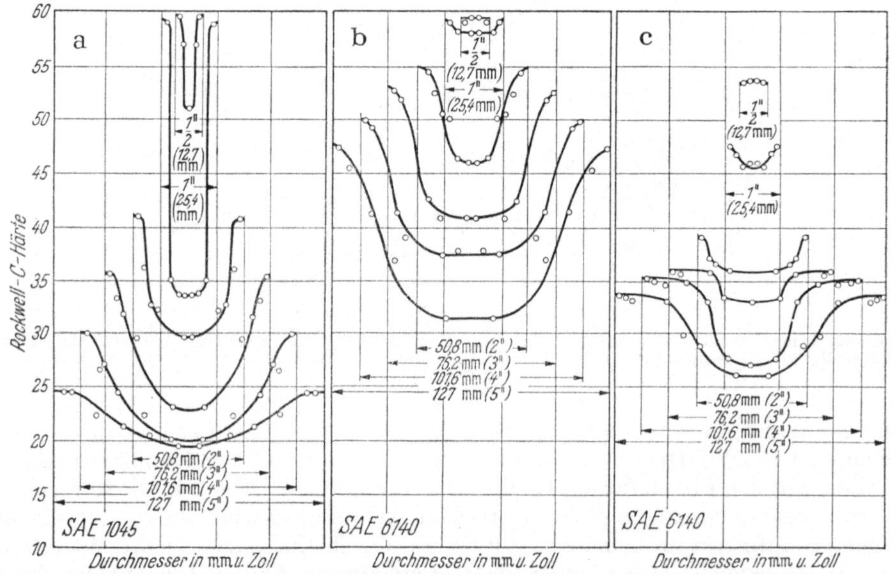

Abb. 242. Einfluß der Werkstückgröße auf die Härte der Stähle SAE 1045 und SAE 6140
a u. b Wasserabschreckung; c Ölabschreckung

abfallen, so kann auch unter Umständen die Härte geringer werden; d. h. es ergibt sich ein Härtegradient über dem Querschnitt des Werkstückes. Von Einfluß hierauf sind die Zusammensetzung[1] des Stahles, die Werkstückgröße, die Lage innerhalb des Werkstückes·und das Abschreckmittel. Als Beispiel möge hier eine Untersuchung von M. A. GROSSMANN [57] in Abb. 242 angeführt werden. Man erkennt hier deutlich den Einfluß der angegebenen Faktoren auf den Grad der Härtung. Will man z. B. bei einer Welle eine Mindesthärte von HRc 50 über den ganzen Querschnitt erreichen, so liegt diese Grenze beim Stahl SAE 6140 unterhalb des Durchmessers 25,4 mm bei Ölabschreckung und bei Wasserabschreckung weit oberhalb desselben, während der Stahl SAE 1045 trotz des gleichen Abschreckmittels bei weitem nicht den Durchmesser erreicht. Auf diese Weise kann man für einen Stahl und ein zugehöriges Härtemaximum einen sog. kritischen Durchmesser angeben. Er ist ein Maßstab für die Härtbarkeit eines Stahles, die um so größer je kleiner die kritische Abkühlgeschwindigkeit ist. Diese Dinge sind aber nicht nur für das Durchhärten eines Stahles von Bedeutung, sondern auch für das sog. Oberflächenhärten, wie die späteren Versuche zeigen werden. In diesem Zusammenhang sei auf den sog. JOMINY-Test verwiesen, der einen Vergleich der Stähle bezüglich ihres Abschreckvermögens bzw. Härtbarkeit gestattet; s. hierzu CRAFTS und LAMONT [*36*].

D. Härtespannungen

§ 66. Die Möglichkeit, insbesondere mit den hohen Frequenzen, ein Werkstück, wenn der notwendige C-Gehalt vorhanden ist, oberflächenzuhärten, hat dem induktiven Verfahren zum großen Teil seine Anwendungsmöglichkeit eröffnet. Ein derartig behandeltes Bauteil hat durch seinen zähen Kern trotz seiner hohen Oberflächenhärte ein hohes Maß an Zähigkeit. Ein Biegeversuch, wie ihn z. B. Abb. 243 wiedergibt, bestätigt dies. Man sieht, daß der Bruchbiegewinkel, d. h. die verbleibende Verformung beim Bruch der Biegeprobe, mit zunehmender Härteschichttiefe rasch abfällt. 100% Einsatzquerschnitt entspricht der durchgehärteten Probe. Allerdings wäre es falsch, aus dem Verlauf der Kurve in Abb. 243 nun allgemein gültig den Schluß zu ziehen, daß eine möglichst dünne Härteschicht anzustreben ist, um die Eigenschaften eines zähen Kernes und einer harten Oberfläche zu vereinigen.

Die gehärtete Oberflächenschicht ist je nach C-Gehalt durch hohe Härte und geringe Zähigkeit gekennzeichnet. Die Härtewerte liegen meist über 50 Rockwelleinheiten und die Zähigkeit, d. h. das plastische Formänderungsvermögen, wird mit steigender Härte geringer und bei den hohen Härtegraden sehr klein. Ein oberflächengehärtetes Teil darf also nicht den gleichen Verformungen, wie es z. B. bei vergüteten Stählen möglich ist, unterworfen werden. Die spröde Randzone würde einreißen und damit früher

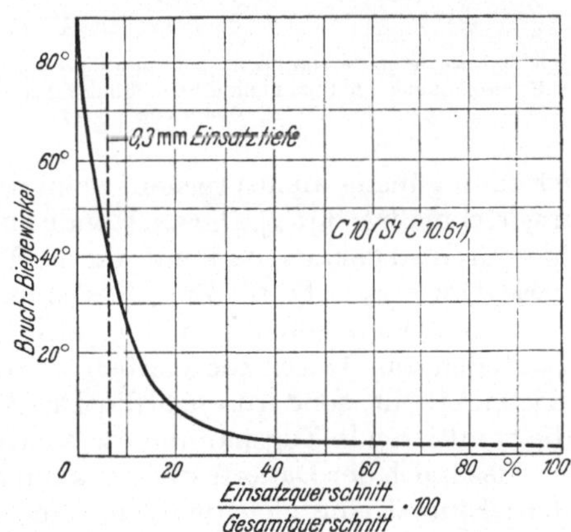

Abb. 243. Abhängigkeit des Bruchbiegewinkels im Einsatz gehärteter Biegeproben von der Einsatztiefe (nach MÜLLER)

---

[1] Durch Legierungselemente wird die kritische Abkühlungsgeschwindigkeit herabgesetzt, also fördern sie besonders die Durchhärtbarkeit.

oder später das gesamte Teil zu Bruch gehen. Die größten Dehnungen treten in der Randzone auf, so daß starke Verformungen in besonderem Maße die Randschicht beanspruchen. Die Eigenschaften des Kernes werden von dem verwendeten Werkstoff und dessen Wärmebehandlung bestimmt. Sie bestimmen einmal die Eigenschaften der Zonen des Bauteiles, die nicht oberflächengehärtet sind, zum anderen beeinflussen sie im Zusammenhang mit der harten Randzone die Festigkeit dieser gehärteten Zonen.

Mit der Oberflächenhärtung wird man daher schwerlich ein zähes Bauteil mit allseitiger hoher Oberflächenhärte erzielen. Muß man die Zähigkeit des Kernes in Anspruch nehmen, so wird eine dünne Härteschicht zerreißen. Um beide Vorteile ausnützen zu können, sollte man nur die Zonen des Werkstückes härten, die aus Funktionsgründen hart sein müssen, außerdem soll die Dicke der Härteschicht den Festigkeitsanforderungen angepaßt werden. Ein Bauteil, das mit der Flamme oder induktiv oberflächengehärtet ist, hat zwei verschiedene Gefügezustände des gleichen Werkstoffes, und zwar in der harten Oberflächenschicht Härtegefüge (Martensit) und im Kern den vergüteten oder normalisierten Ausgangszustand des Werkstoffes. Weiter treten in der harten Oberflächenschicht Volumänderungen auf. Wird Stahl gehärtet, so wächst sein Volumen, und zwar um so mehr, je höher sein Kohlenstoffgehalt ist. Die Zunahme kann bis zu 4% betragen. Dies bedingt, daß in der Randschicht Druckeigenspannungen entstehen, denen Zugeigenspannungen im Kern das Gleichgewicht halten. Diesem Spannungszustand sind noch durch äußere Lasten hervorgerufene Spannungen überlagert. Der gesamte Spannungsverlauf

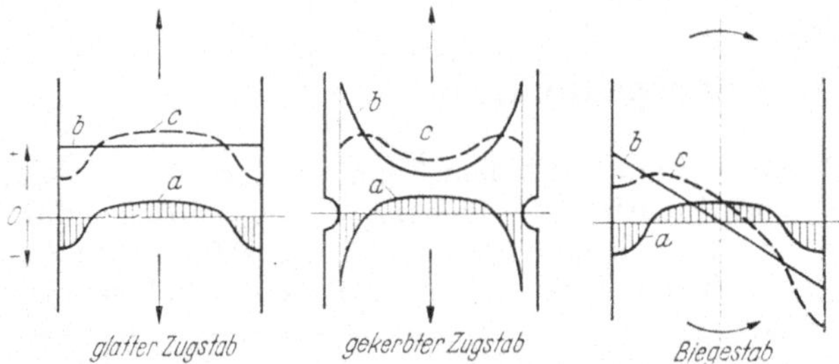

Abb. 244. Spannungsverlauf in Teilen, die an der Oberfläche gehärtet sind
a Eigenspannung; *b* Spannung durch äußere Lasten; *c* resultierende Spannung

ist dann günstig anzusprechen, wenn die Spannungsverteilung der äußeren Lasten ungleichmäßig ist [55]. Die am Rande auftretenden größten Zugspannungen werden hierdurch abgebaut und mit ihrem Maximum nach dem Innern des Bauteiles verlegt, wie es z. B. für Zug, Kerbe und Biegung Abb. 244 schematisch wiedergibt. Besonders günstig wirken sich die Druckeigenspannungen bei gekerbten Bauteilen aus. Durch die Kerben werden nicht nur die Spannungen der äußeren Lasten erhöht, sondern auch die Druckeigenspannungen der Randschicht, so daß die resultierende Zugspannung wesentlich reduziert wird.

Bezüglich der Dauerfestigkeit kann man zwei Beanspruchungsarten unterscheiden: Einmal eine gleichmäßige, ohne Lastspitzen und in ihrer Höhe nur wenig schwankende Schwingungsbeanspruchung. Zum anderen eine solche mit hohen Lastwechselzahlen und vereinzelt überlagerten hohen Lastspitzen. Aus den oben schon dargelegten Gedankengängen ergibt sich, daß allseitig oberflächengehärtete Teile nur wenig überlastungsfähig und daher für den zweiten Fall der Dauerbeanspruchung weniger geeignet sind, da die hier auftretenden Beanspruchungsspitzen zum Einreißen der gehärteten Schicht führen können. Für den ersten Fall der Dauerbeanspruchung ist das oberflächengehärtete Teil dem vergüteten Teil auf Grund der höheren Dauerfestigkeit überlegen, weil die Eigenspannungen der Randschicht eine statische Druckvorspannung darstellen, durch die die dauernd ertragene Wechselspannung erhöht wird. Diese Möglichkeit der Steigerung der Dauerhaltbarkeit durch die Oberflächenhärtung ist bei der Einsatzhärtung durch viele Fälle bewiesen. Bezüglich der induktiven Oberflächenhärtung liegen noch verhältnismäßig wenige Erfahrungen vor, aber es dürften doch die gleichen Auswirkungen zu erwarten sein, s. hierzu auch [*9*].

Für die Dauerfestigkeit eines oberflächengehärteten Werkstückes ist noch der Härteverlauf in Abhängigkeit der Werkstücktiefe maßgebend. In Abb. 245 zeigt die Kurve *a* zunächst den Härteverlauf, wie er mit jedem Verfahren erreicht werden kann. Die Härte ist über der sog. Härtezone ziemlich konstant, um dann in der Übergangszone steil abzufallen, und zwar auf den Wert der Kernhärte. Die Härteschichttiefe wird im allgemeinen bis zur Mitte der Übergangszone gemessen. Nun ist es bei der Induktions- und auch Flammenhärtung vielfach üblich, Stähle, die auf höhere Festigkeit vergütet sind, zu verwenden. Bei diesen besteht die Möglichkeit, daß sich zwischen Übergangszone und Kernwerkstoff infolge Anlaßwirkung ein Härteminimum ausbildet, das mit seinem Wert unter demjenigen des Kernwerkstoffes liegt. Der Härteverlauf ist dann ähnlich der Kurve *b* in Abb. 245.

Auf Grund verschiedener vom Verfasser durchgeführter Versuche mit dem Stahl C 60 scheint beim induktiven Oberflächenhärten die Möglichkeit zu bestehen, daß dieser Anlaßeffekt bei einer vorherigen Vergütung bis zu HRc 40 bei diesem Stahl vermieden werden

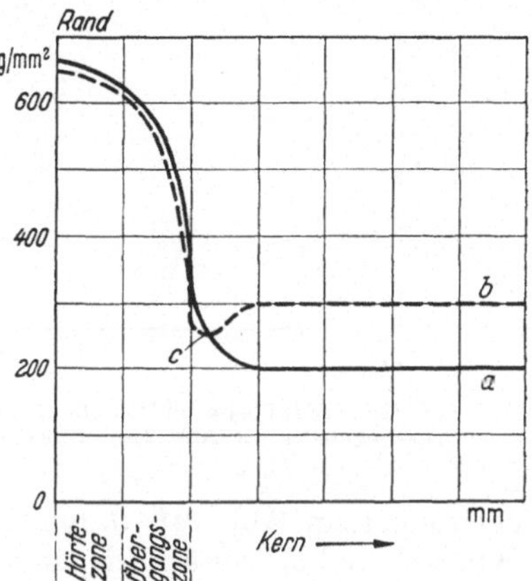

Abb. 245. Härteverteilung bei normaler Oberflächenhärtung (*a*) und solche mit ausgeprägtem Minimum (*c*) bei vergütetem Stahl (*b*)

kann. Den Verlauf einer derartigen Härtekurve zeigt Abb. 246. Es wurde bei einer spezifischen Leistung von 4 kW/cm² eine EHT 500[1] von 1,8 mm erreicht. Ist dagegen der gleiche Stahl auf etwa 46 bis 47 HRc vergütet, so tritt schon bei wesentlich kürzeren Zeiten und dadurch bedingten höheren spezifischen

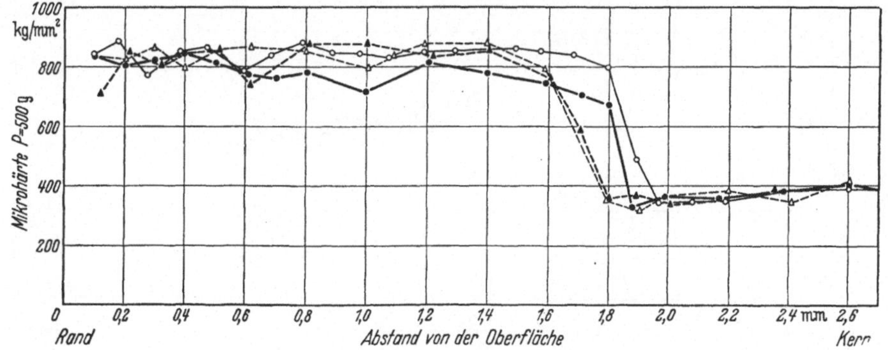

Abb. 246. Härteverlauf beim auf HRc 40 vorvergüteten und dann induktiv oberflächengehärteten Stahl C 60, Frequenz 700 kHz. Spezifische Leistung: 4 kW/cm², Heizzeit 1,0 sek. Werkstückdurchmesser 10 mm. Standerwärmung

Leistungen der Anlaßeffekt auf. Als Beispiel hierfür möge der Härteverlauf der Probe der Abb. 247 dienen. Es handelt sich um die gleiche Probe und Versuchsanordnung wie in Abb. 246; die Heizzeit ist jedoch nur 0,28 sek bei 7 kW/cm² und trotzdem tritt bei einer EHT 500 von 1,15 mm der Anlaßeffekt auf

---

[1] Zum Begriff der Einhärtetiefe (EHT) siehe auch § 68, S. 220.

15*

etwa 35 HRc auf. Der gleiche Effekt läßt sich auch unter ganz anderen Bedingungen herbeiführen, und zwar bei einer Vorschubhärtung mit 10 kHz und einem 3,4fachen Werkstückdurchmesser des Versuches der Abb. 246 u. 247. Für diesen Fall ist der Härteverlauf für zweierlei Vorschubgeschwindigkeiten und spezifische

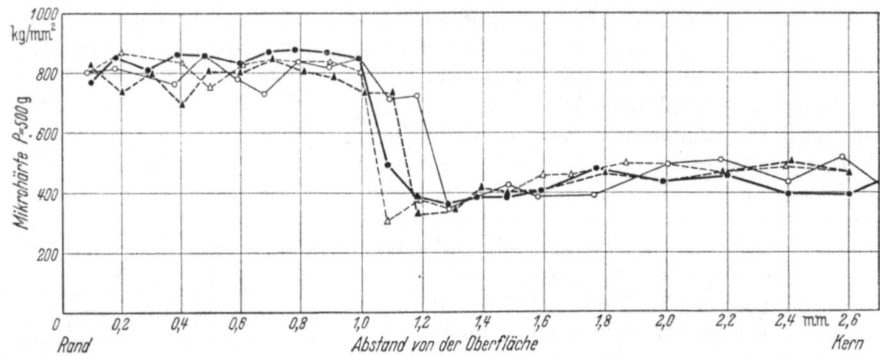

Abb. 247. Härteverlauf beim auf HRc 46–47 vorvergüteten und dann induktiv oberflächengehärteten Stahl C 60. Versuchsbedingungen wie Abb. 246, jedoch Heizzeit 0,28 sek bei einer spezifischen Leistung von 7 kW/cm²

Leistungen in Abb. 248 dargestellt. Hier beträgt die EHT 500 2,5 und 3,5 mm (Kurve b und c). Zusätzlich ist auch noch der Härteverlauf bei der auf HRc 47 vergüteten Probe vor der Oberflächenhärtung eingetragen. Die Härte ist bis zu einer Tiefe von etwa 6,5 mm konstant (HV 500), um dann auf die Kernhärte HV 350

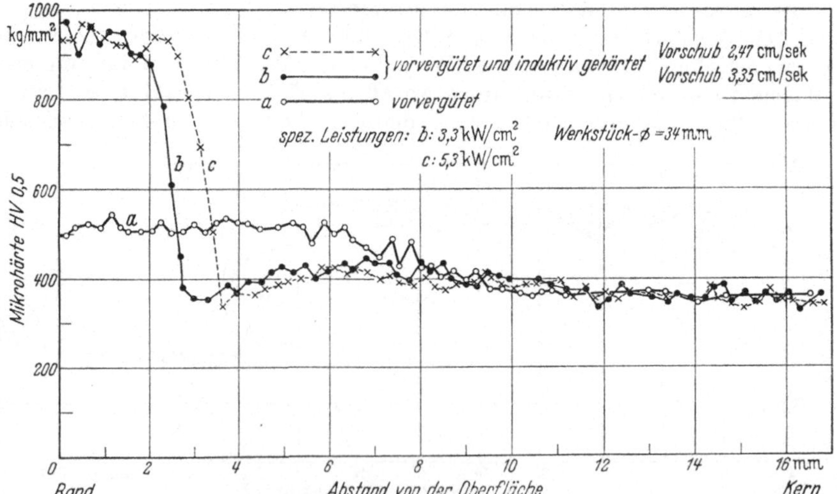

Abb. 248. Härteverlauf beim auf HRc 47 vorvergüteten und dann induktiv im Vorschubverfahren oberflächengehärteten Stahl C 60. Frequenz 10 kHz

bis 370 abzufallen. Bei den induktiv gehärteten Proben b und c fällt bei 2,5 mm Tiefe die Härte steil ab auf eine Härte von HV 350 und steigt dann wieder auf HV 420 bis 450 an, um dann bei ~8 mm wieder mit den Werten der Kurve a zusammenzufallen. Wie die beiden Kurven b und c erkennen lassen, hat die Vorschubgeschwindigkeit bei entsprechender spezifischer Leistung nur auf die Einhärtetiefe und nicht auf den Anlaßeffekt einen Einfluß.

Bezüglich des Gefüges kann ausgesagt werden: Es besteht in den induktiv gehärteten Randzonen aus tetragonalem, weißem Martensit; im Bereich des Härteabfalls tritt Troostit im Martensit auf. In der Anlaßzone ist der Troostitanteil mit ~90% am größten. In dem anschließenden Bereich, in dem die Härte wieder ansteigt, liegt ein reines Vergütungsgefüge vor.

Bei einem Härteverlauf mit dem gezeigten Anlaßeffekt ist bei dauerbeanspruchten Werkstücken Vorsicht geboten, weil die höchstbeanspruchte Zone oft dicht unter der Härteschicht liegt und damit in den Bereich des Härteminimums fällt.

Besondere Aufmerksamkeit ist dem Spannungsverlauf bei den nur zonenweise oberflächengehärteten Bauteilen im Bereich des Auslaufes der Härtezone zu widmen. Dies gilt vorwiegend, wenn die Härteschicht in Querschnittsübergängen aus-

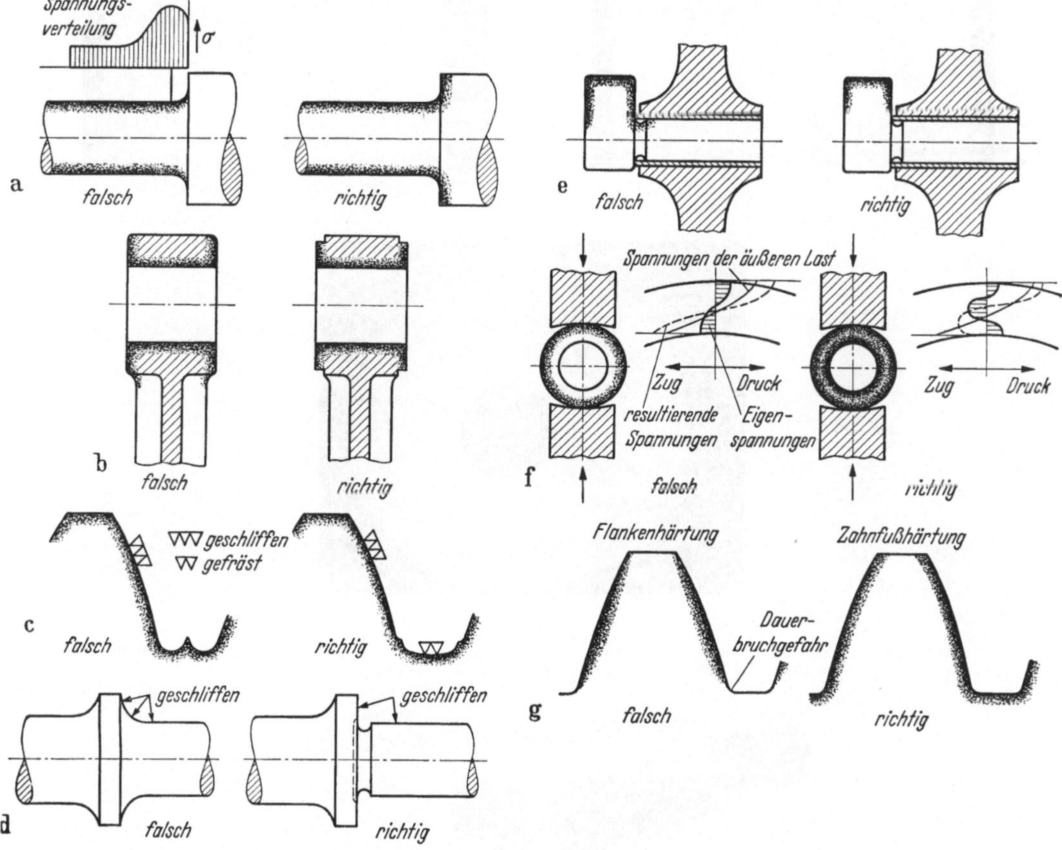

Abb. 249a—g. Beispiele für die Gestaltung von Bauteilen zur Oberflächenhärtung
a Auslaufen der Härteschicht in Querschnittsübergängen kann ungünstige Eigenspannungszustände ergeben; *b* Gestaltung der Härteschicht im bruchgefährdeten Querschnitt eines Schubstangenauges. Richtig ist eine klar abgegrenzte Härteschicht; *c* Bei oberflächengehärteten Zahnrädern ist die Ausbildung des Zahngrundes wichtig. Beim Schleifen der Zähne (z.B. nach dem MAAG-Verfahren), soweit dies nach dem induktiven Oberflächenhärten noch notwendig ist, darf der Zahngrund nicht angeschliffen werden, sondern ist wie im rechten Teilbild auszubilden; *d* Zapfen und Anlaufbund bei einer oberflächengehärteten Welle sollen wegen Schleifrißgefahr getrennt geschliffen werden. Hierzu Ausbildung wie rechts; *e* Schlagartig beanspruchte Wellenübergänge, wie bei diesem Nocken, nicht mithärten, da sonst Bruchgefahr wegen Kerbwirkung; *f* Oberflächenhärten eines Kolbenbolzens bei Ovalverformung. Linkes Teilbild zeigt, wie sich bei dem nur außen gehärteten Bolzen die Eigen- und Lastspannungen addieren. Wird die Bohrung mitgehärtet (rechtes Teilbild), so sind die Verhältnisse in der Bohrung infolge der Druckeigenspannungen günstiger; *g* Bei der Zahnflankenhärtung liegen die Verhältnisse ähnlich wie bei Abb. *a*. Bei dem Auslauf der Härteschicht, wie im linken Teilbild dargestellt, besteht am Übergang im Zahngrund Dauerbruchgefahr (nach GÖBEL-MARFELS)

läuft. In Abb. 249 ist an einigen Beispielen versucht, durch Gegenüberstellung einer falschen und richtigen Ausführung Anhaltspunkte für die Gestaltung der

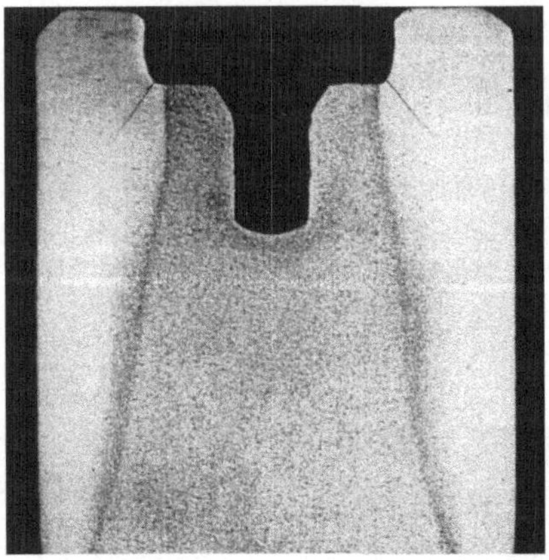

a 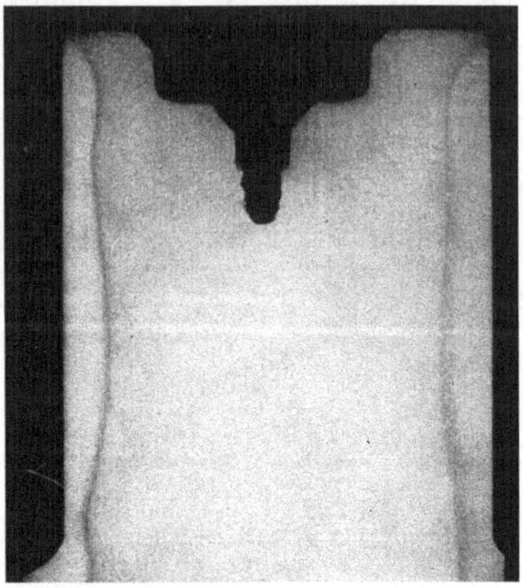   b

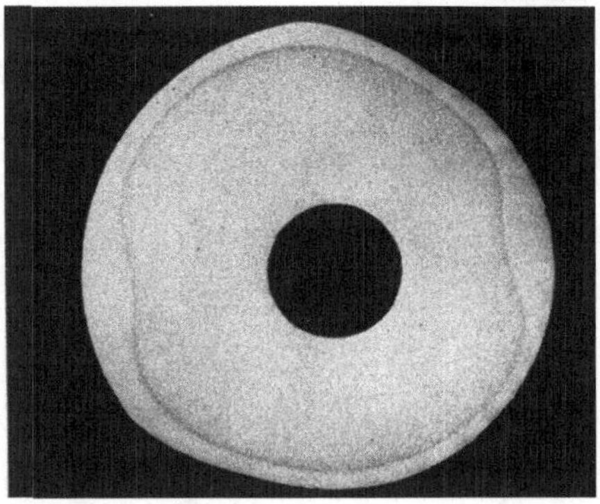

c

Abb. 250a–c. Beispiel für ungünstige Eigenspannungsverhältnisse bei falschem Verlauf der Härteschicht
a Falsch; b Richtiger Verlauf der Härteschicht; c Querschliff zu Abb. b

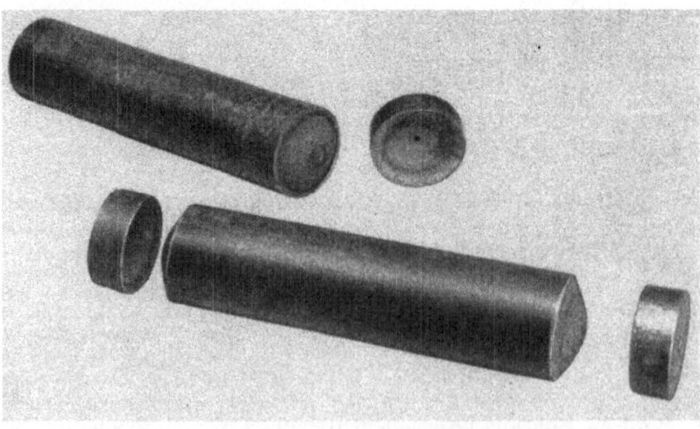

Abb. 251. Beispiel für das Abplatzen von Bolzenenden nach halbtätiger Lagerzeit infolge des Nichtanlassens
beim C 60 N (C = 0,6) (W.-Nr. 075)

Härtezone zu geben. Ein weiteres Beispiel für ungünstige Eigenspannungsverhältnisse infolge schroffer Querschnittsübergänge zeigt Abb. 250. Es handelt sich um eine Achse aus CK 45, bei der das eine Ende als Nocken ausgebildet ist. Die Zentrierbohrung ist zum Schutz versenkt angebracht. Wird hier nun nicht richtig oberflächengehärtet, so können die auftretenden Spannungsanhäufungen zu Rissen führen, wie es Abb. 250 a im Schliff zeigt. Das gleiche Werkstück mit richtigem Härteverlauf zeigt Abb. 250 b und c im Längs- und Querschliff.

Einen ähnlichen Fall zeigt der in Abb. 251 wiedergegebene Bolzen aus C 60 N, der auf seiner ganzen Länge mit Mittelfrequenz und Wasserabschreckung oberflächengehärtet wurde. Hierbei bauten sich von Grund der Zentrierbohrung ausgehend derartig hohe Spannungen auf, daß nach kurzer Lagerzeit alle Bolzenenden abplatzten, wie es Abb. 251 zeigt.

E. Stähle

1. Auswahl

§ 67. Bezüglich der Kernfestigkeit sollte man eine solche von höchstens 60 bis 70 kg/mm² anstreben, weil ja ein möglichst gut bearbeitbarer Zustand für die mechanische Bearbeitung gegeben sein muß. Wird eine höhere Kernfestigkeit verlangt, so geht in den meisten Fällen ein Teil der wirtschaftlichen Vorteile durch längere Bearbeitungszeit und höheren Werkzeugverbrauch verloren. Besteht die Notwendigkeit, die geringere Kernfestigkeit gegenüber früher auszugleichen, so ist dies unter Umständen durch Vergrößern der Dicke der Härteschicht möglich entsprechend der Erfahrung bei der Einsatzhärtung. Bezüglich der Vorbehandlung gehen die Erfahrungen dahin, daß durch ein vorheriges Vergüten eine gleichmäßigere Härteannahme erfolgt. Auch ist das sich ausbildende martensitische Gefüge feinkörniger.

Eine Zusammenstellung der wesentlichen für die Oberflächenhärtung geeigneten Stähle gibt Tab. 25 wieder. Außer der chemischen Zusammensetzung sind die erreichbaren Härten und Anwendungsbeispiele aufgeführt. Ferner wurde die Bearbeitbarkeit und ein Preisverhältnis angegeben, und zwar bezogen auf den zuerst genannten Automatenstahl. Auf diese Weise ist es möglich, sich ungefähr ein wirtschaftliches Bild über ein Werkstück zu machen, wenn man z. B. ein solches seither im Einsatzverfahren gehärtet hat und dies nun mit dem induktiven Verfahren und höhergekohlten Stahl machen will. Ein wesentlicher Anteil bei der Werkstoffwahl kommt dem Kohlenstoffgehalt zu. Bezüglich der erzielbaren Oberflächenhärten sei auf Tab. 27 verwiesen. Wird eine gewisse Kernzähigkeit und Festigkeit bzw. hohe Wechselbeanspruchung verlangt, so wird sich die Verwendung eines legierten Stahles nicht vermeiden lassen.

Die erzielte Einhärtetiefe wird auf dem induktiven Wege durch die Tiefe der erhitzten Zone bestimmt. Es kann aber auch Fälle geben, bei denen eine geringere Einhärtetiefe verlangt wird, die womöglich noch garantiert sein soll. Hierfür werden Stähle werkzeugstahlartigen Charakters vorgeschlagen, z. B. C f 70.

Die Gruppe der nichtlegierten Edelstähle Ck 35, Ck 45 und Ck 53 unterscheidet sich von der Gruppe der Nichtedelstähle C 35, C 45 und C 53 durch größere Gleichmäßigkeit und weitgehendere Freiheit von nichtmetallischen Einschlüssen. Die mit [3] bezeichneten Stähle sind im Werkstoffblatt des VDEh aufgeführt und werden für das Verfahren bevorzugt verwendet. Der Stahl 50 Cr V 4 ist empfindlich bezüglich seiner Warmbehandlung und muß daher auch beim induktiven Verfahren vorsichtig und sorgfältig behandelt werden. Mit steigendem Kohlenstoff- und

Tabelle 25. *Zusammenstellung der für die*

Lfd. Nr.	Marken-Bezeichnung lt. DIN 1660 u. 17006	Werkstoff[1] Nr.	Chemische				
			C	Si	Mn	P_{max}	S_{max}
1	9 s 20 k		0,08	—	0,60	0,10	0,22
2	C 15		0,15	0,3	0,3	0,045	0,045
3	C 35	0651	0,32—0,40	0,25—0,50	0,40—0,70	0,045	0,045
4	C 45	0721	0,42—0,50	0,25—0,50	0,50—0,80	0,045	0,045
5	C 53	0740	0,50—0,57	0.25—0,50	0,40—0,70	0,045	0,045
6	C 60	0751	0,57—0,65	0,25—0,50	0,50—0,80	0,045	0,045
7	Ck 35[3 6]	1181	0,32—0,40	0,15—0,35	0,40—0,70	0,035	0,035
8	Ck 45[3 6]	1191	0,42—0,50	0,15—0,35	0,50—0,80	0,035	0,035
9	Cf 53	1210	0,50—0,57	0,15—0,35	0,40—0,70	0,035	0,035
10	Ck 60	1221	0,57—0,65	0,25—0,50	0,50—0,80	0,035	0,035
11	Cf 70	1249	0,68—0,75	0,15—0,35	0,20—0,35	0,030	0,030

Fußnoten 1–6 siehe S. 218 und 219.

induktive (Oberflächen-) Härtung geeigneten Stähle

Zusammensetzung			Erreichbare Oberflächen-härte HRc[2]	Be-arbeit-barkeit[4]	Preis-ver-gleich[5]	Anwendungs-Beispiele Bemerkungen
Cr	V	Mo				
—	—	—	im Einsatz	100	1,0	Automatenstahl
—	—	—	im Einsatz	73	0,7	Wellen, Ziehstempel
—	—	—	50—56	70	1,0	Gering beanspruchte Bauteile. Fahrzeugbau. Allgem. Maschinenbau
—	—	—	55—61	48	0,75	Nockenwellen, Kolbenbolzen, kleinere Kurbelwellen, Getriebewellen
—	—	—	58—63	45	0,9	Kolben- u. Kettenbolzen, Spindeln sowie Schnecken u. Zahnräder im Maschinenbau
—	—	—	60—65	42	0,9	Ähnlich wie C 53
—	—	—	51—57	—	1,1	Gering beanspruchte Bauteile mit besonderer Gleichmäßigkeit
—	—	—	55—61	—	0,8	Triebwerksteile mit besond. Gleichmäßigkeit u. Reinheit
—	—	—	57—62	—	0,9	Kolbenbolzen, Getriebeteile, Zylinderbüchsen mit besond. Gleichheit und Reinheit und ähnliche Teile, bei denen hoher Verschleißwiderstand gefordert wird und die Gestalt keine Rißgefahr bereitet
—	—	—	60—63	—	0,9	Zylinderlaufbüchsen, Nockenwellen besond. Reinheit
—	—	—	60—63	40	2,2	Drehbankspindeln geringer Wanddicke, Armwellen für Nähmaschinen, Pedalachsen und ähnliche Teile aus dem Nähmaschinen-, Schuhmaschinen- und Fahrradbau, Zahnräder kleinen Moduls

Fußnoten 1—6 siehe S. 218 und 219.

Tabelle 25.

Lfd. Nr.	Marken-Bezeichnung lt. DIN 1660 u. 17006	Werkstoff[1] Nr.	Chemische				
			C	Si	Mn	P_{max}	S_{max}
12	40 Mn 4	5038	0,36—0,44	0,25—0,50	0,80—1,10	0,035	0,035
13	53 Mn Si 4[3]	5141	0,50—0,57	0,80—1,00	0,80—1,00	0,035	0,035
14	37 Mn Si 5	5122	0,33—0,41	1,10—1,40	1,10—1,40	0,040	0,040
15	50 Cr V 4	8159	0,47—0,55	0,15—0,35	0,80—1,10	0,040	0,040
16	58 Cr V 4	8161	0,55—0,62	0,15—0,35	0,80—1,10	0,040	0,040
17	42 Mn V 7	5223	0,38—0,45	0,15—0,35	1,60—1,90	0,040	0,040
18	34 Cr Mo 4[3]	7220	0,30—0,37	0,15—0,35	0,50—0,80	0,035	0,035
19	42 Cr Mo 4[3]	7225	0,38—0,45	0,15—0,35	0,50—0,80	0,035	0,035
20	50 Cr Mo 4[3]	7228	0,46—0,54	0,15—0,35	0,50—0,80	0,035	0,035

[1] Aus dem Güteschlüssel für Eisen und Stahl der allgemeinen deutschen Nummerung.

[2] Die Härtewerte gelten nach einstündigem Entspannen bei etwa 140—180°. Liegt die Entspannungstemperatur an der unteren Grenze, können sich die unteren Grenzwerte der angegebenen Härtespannen um 1 bis 2 Rockwell-C-Einheiten erhöhen. Voraussetzung für das Erreichen dieser Werte überhaupt ist, daß die Oberflächenhärtung am vergüteten Stahl vorgenommen wird, andernfalls muß mit niedrigeren Härtewerten gerechnet werden. Bei Abmessungen über 100 mm Dmr können die unteren Grenzwerte der angegebenen Härtespannen bis zu 3 HRc niedriger liegen.

(Fortsetzung)

Zusammensetzung			Erreichbare Oberflächenhärte HRc [2]	Bearbeitbarkeit [4]	Preisvergleich	Anwendungs-Beispiele Bemerkungen
Cr	V	Mo				
—	—	—	58—59	40	2,2	Getriebewellen, Zahnräder und wie Ck 45
—	—	—	57—62	33	2,4	Für Teile hoher Verschleißfestigkeit u. gleichzeit. höherer Kernfestigkeit, z.B. für Bohrstangen von Bohrwerken, für Ritzel und Zahnräder kleinen Moduls
—	—	—	52—58	44	1,1	Kurbelwellen und Zahnräder für Fahrzeugbau
0,90—1,20	0,07—0,12	—	58—63	42	1,3	Teile für Fahrzeug- und Maschinenbau mit höherer Kernfestigkeit
0,90—1,20	0,07—0,12	—	60—65	—	—	Stempel, Maschinen u. Scherenmesser
—	0,07—0,12	—	55—61	—	—	Höher beanspruchte Kurbelwellen im Fahrzeugbau
0,90—1,20	—	0,15—0,25	51—57	—	—	Kurbelwellen im Fahrzeug- und Dieselmotorenbau, ferner alle Teile, bei denen wegen der Kernfestigkeit ein legierter Stahl erforderlich ist, man anderseits aber mit einer mittleren Oberflächenhärte auskommt
0,90—1,20	—	0,15—0,25	54—60	—	—	Kugelbolzen, Hinterachswellen, Keilwellen
0,90—1,20	—	0,15—0,25	57—62	—	—	Für Teile des Fahrzeug- und Maschinenbaues, die auf Grund ihrer Beanspruchung höhere Kernfestigkeit erhalten müssen, z.B. Getriebewellen u. dgl.

[3] Im Werkstoffblatt des Vereins deutscher Eisenhüttenleute aufgeführt (Ausgabe Juni 1955).

[4] Diese Angaben sind lediglich Vergleichswerte, wobei der Automatenstahl 9 s 20 k als Vergleichsbasis angenommen wurde.

[5] Diese Angaben sind lediglich Vergleichswerte, wobei der Automatenstahl 9 s 20 k als Vergleichsbasis angenommen wurde. Stand 1953.

[6] Bei Teilen, die wegen geringer Querschnitte oder scharfer Querschnittsübergänge härterißempfindlich sind, ist die Verwendung der Stähle Cf 35 (Werkstoffnummer 1183) bzw. Cf 45 (Werkstoffnummer 1193) vorzusehen.

Legierungsgehalt nimmt die Rißgefahr beim Oberflächenhärten zu. Die notwendigen Temperaturen für die Wärmebehandlung der Stähle sind in Tab. 26 angegeben.

Tabelle 26. *Temperaturen für die Wärmebehandlung*

| Bezeichnung | Schmieden °C | Glühen °C | Normal-glühen °C | Härten | | Anlassen °C |
				in Wasser[1] °C	in Öl °C	
C 35 Ck 35	1100—850	650—700	860—890	840—870	850—880	530—670
C 45 Ck 45	1100—850	650—700	840—870	820—850	830—860	530—670
C 53 Cf 53	1050—850	650—700	820—850	800—830	810—840	530—670
C 60 Ck 60	1000—800	680—710	810—840	800—880	—	560—570
Cf 70	1000—800	680—710	810—840	780—810	810—840	530—670
40 Mn 4	1100—850	650—700	830—880	820—850	830—860	530—670
37 Mn Si 5	1050—850	680—720	850—880	830—900	840—860	530—670
42 Mn V 7	1050—850	640—680	840—870	840—910	850—870	530—670
50 Cr V 4	1100—850	680—720	850—880	830—900	850—870	530—670
58 Cr V 4						
34 Cr Mo 4	1050—850	680—720	850—880	820—840	830—850	530—670
42 Cr Mo 4	1050—850	680—720	850—880	820—840	830—850	530—670
50 Cr Mo 4	1050—850	680—720	850—880	820—840	830—850	530—670

2. Einhärtetiefe, Oberflächenhärte und Gefügeaufbau der Vergütungsstähle

§ 68. Wie schon früher erwähnt, hängt die beim Oberflächenhärten erzielte *Einhärtetiefe* von den verschiedensten Faktoren ab. Sie seien im folgenden nochmals zusammenfassend genannt:

Spezifische HF-Leistungsdichte im Werkstück, elektrische und Wärmeleitfähigkeit des Werkstückes, Erwärmungszeit und in gewissen Umfang die Frequenz.

Auf die Höhe der erzielten *Härte* haben folgende Faktoren einen Einfluß:

Werkstoffzusammensetzung z. B. C-Gehalt, kritische Abschreckgeschwindigkeit, Abschreckmittel, richtige Höhe der Abschrecktemperatur.

Den *Verlauf* der Härtezone bestimmen folgende Faktoren:

Die Spulenform. Art der Erwärmung (Stand oder Vorschub). Werkstoffzusammensetzung, kritische Abschreckgeschwindigkeit, Abschreckmittel, Wärmeleitfähigkeit des Werkstückes.

An dem Beispiel dreier typischer Vertreter der Vergütungsstähle sei nun noch gezeigt, wie sich die wesentlichen Faktoren im Falle hoher spezifischer Leistung der Standerwärmung auf Härte, Gefüge und Tiefe der Härtezone auswirken.

In Abb. 252 bis 255 sind für die Vergütungsstähle CK 35, C 45 und CK 60 die Einhärtetiefen, die bei verschiedenen Heizzeiten und unterschiedlichen spezifischen Leistungen ermittelt wurden, aufgetragen. Zur Bestimmung der Einhärtetiefe (EHT) wurde folgendermaßen vorgegangen:

An den Proben (Rundbolzen von 10 mm Durchmesser mit einer Länge von 25 mm) wurde auf der Mantelfläche die Rockwellhärte HRc gemessen, dann wurden Längsschliffe für die metallographische Untersuchung und zur Bestimmung des Härteabfalls vom Rand zum Kern angefertigt. Der Härteabfall wurde mit 500 g Belastung am Mikrotestor (HV 0,5) bestimmt. Als Einhärtetiefe wird die Breite der Zone mit einer Mikrohärte über 500 kg/mm² bezeichnet.

---

[1] In der Rubrik „Härten in Wasser" ist der Temperaturbereich speziell für induktive Oberflächenhärtung angegeben. Er liegt um etwa 50° höher als der für die sonst üblichen Härtebäder angegeben wird.

Vergleicht man nun die in Abb. 252 wiedergegebenen Härteverläufe miteinander, so kann folgendes gesagt werden:

Beim Stahl CK 60 (C = 0,6, DIN 17200, W.-Nr. 0751) wird eine maximale Oberflächenhärte von 63 bis 64 HRc erreicht. Dies dürfte durchaus den von Sisco s. Abb. 238) angegebenen maximal erreichbaren Härtewerten entsprechen. Be-

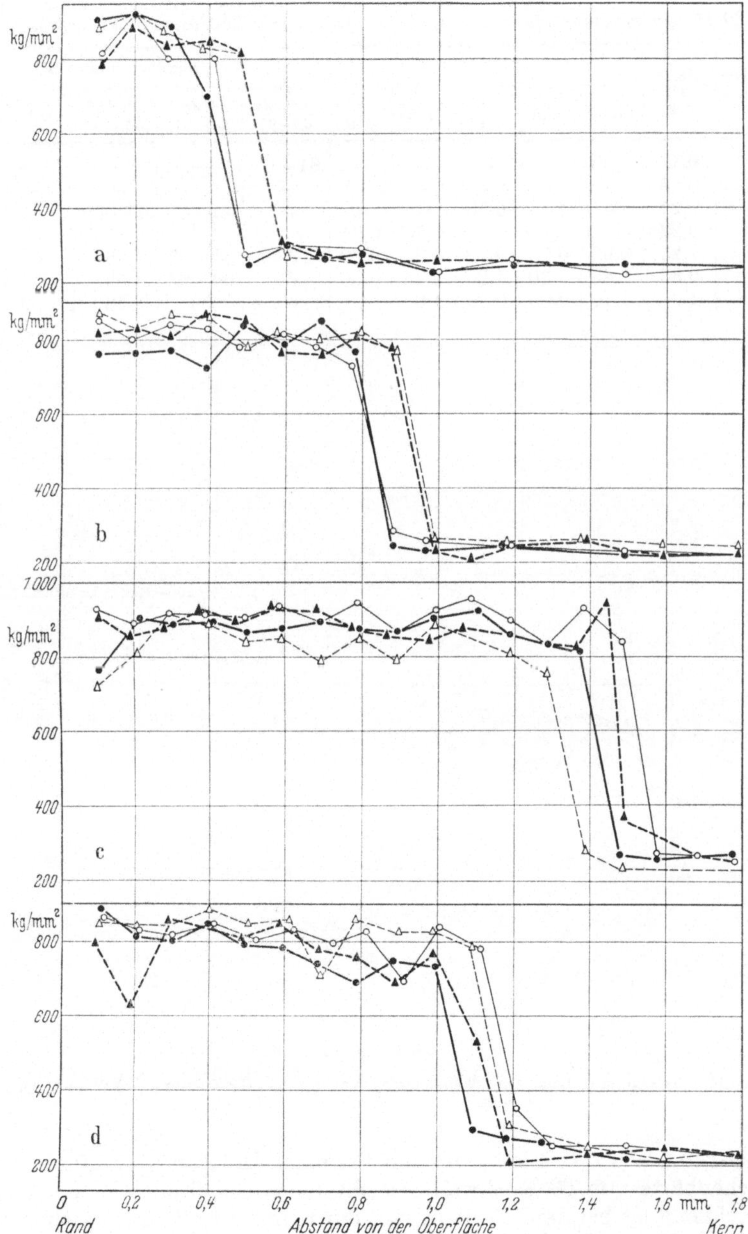

Abb. 252a–d. Härteverlauf beim Oberflächenhärten von CK 60. HF-Leistung 7 kW/cm²; Wasserabschreckung
a Heizzeit 0,12 sek; b Heizzeit 0,25 sek; c Heizzeit 0,35 sek; d HF-Leistung 4,2 kW/cm² und Heizzeit 1,0 sek

merkenswert ist, daß auch durch Erhöhen der Heizzeit keine Härtesteigerung im Mittel erreicht wurde, sondern daß die längere Heizzeit nur eine Erhöhung der EHT mit sich bringt. Diese Werte ergeben sich bei 7 kW/cm^2 für eine EHT 500, wie sie Tab 27 angibt. Demnach ergibt unter sonst gleichen Bedingungen eine Erhöhung der Heizzeit eine proportionale Erhöhung der EHT. Auch bei niedri-

Tabelle 27. *EHT 500 und Oberflächenhärte bei den Stählen CK 60; C 45; CK 33; 45 S 20 und 35 S 20 für verschiedene Heizzeiten und spezifische HF-Leistungen, Wasserabschreckung*

Spez. HF-Leistung kW/cm^2	Heizzeit sek	EHT 500					Oberflächenhärte HRc				
		CK 60	C 45	45 S 20	CK 35	35 S 20	CK 60 62—63[1]	C 45 54—57[1]	45 S 20 56—57[1]	CK 35 53—57[1]	35 S 20 49—51[1]
7	0,12	0,50	—	—	—	—	61—63	—	—	—	—
	0,15	—	—	—	—	—	—	—	—	—	—
	0,21	—	—	0,70	—	—	—	—	59—60	—	—
	0,22	—	—	—	0,75	0,35	—	—	—	56	50—51
	0,25	0,90	0,75	0,75	0,85	0,70	63	54—57	59	58	53
	0,35	1,45	1,30	1,20	1,15	0,90	64	60—61	59	55—56	52
4,2	1,0	1,10	0,95	0,90	1,0	—	63	59	56	59	52

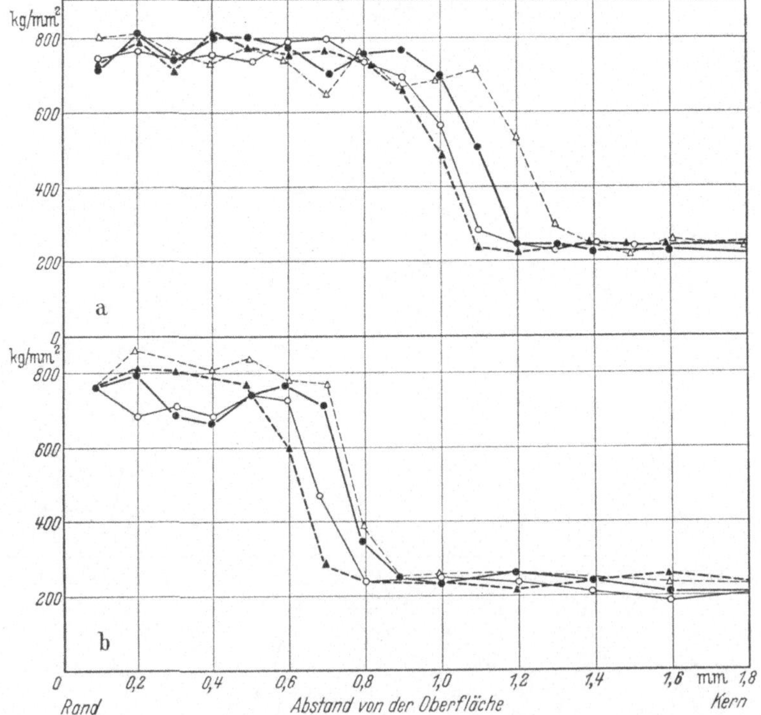

Abb. 253a u. b. Härteverlauf beim Oberflächenhärten von CK 60. HF-Leistung 7 kW/cm^2. Ölabschreckung
a Heizzeit 0,25 sek; *b* Heizzeit 0,15 sek

gerer Leistung, wie z.B. 4 kW/cm^2 und bei einer Heizzeit von 1,0 sek, wird eine Oberflächenhärte von 63 Rockwell erreicht bei sonst ähnlichem Kurvenverlauf. Kennzeichnend ist bei dem Verlauf, daß die Kurven steil zum weichen Kern hin abfallen. Die Breite der Übergangszone ist ungefähr 0,2 mm. In der Übergangs-

---

[1] Für die Proben erzielte Oberflächenhärte bei normaler Härtung.

zone tritt Troostit oder Ferrit in Martensit auf. In der Randzone ist tetragonaler, weißer Martensit; s. hierzu auch Abb. 258. Der Gefügeaufbau der Randzone deutet auf Sprödigkeit, was bei Querschnittsunterschieden zu Rissen führen kann,

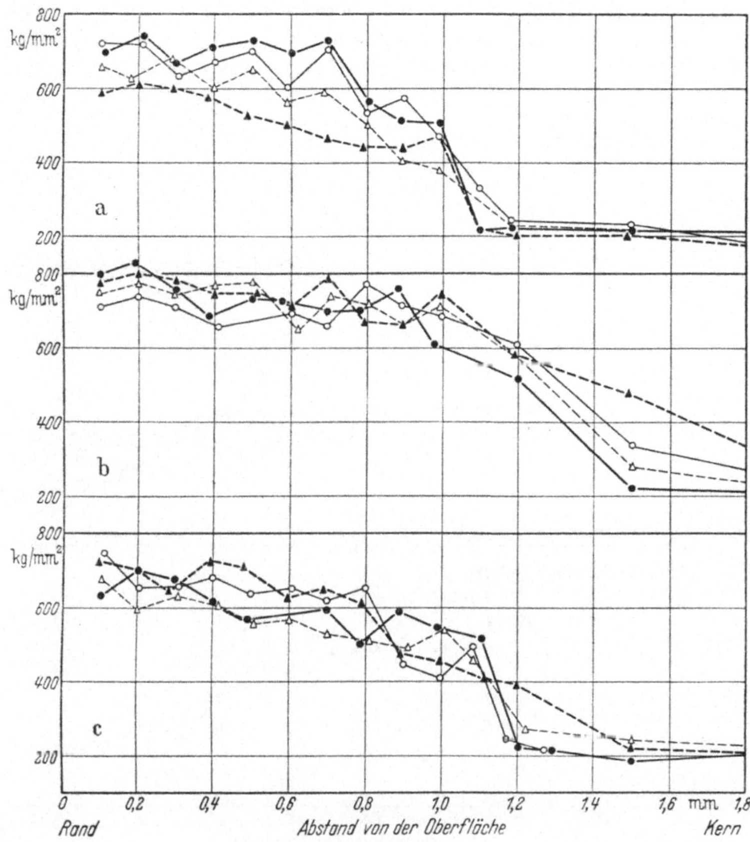

Abb. 254a—c. Härteverlauf beim Oberflächenhärten von C 45. HF-Leistung 7 kW/cm². Wasserabschreckung
a Heizzeit 0,25 sek; *b* Heizzeit 0,35 sek; *c* HF-Leistung 4,2 kW/cm² und Heizzeit 1,0 sek

s. hierzu Abb. 251. Die Rißgefahr kann durch geeignetes Anlassen wesentlich gemildert werden. Allerdings muß hier ein leichter Rückgang der Härte in Kauf genommen werden. Tab. 28 gibt für eine Anlaßdauer von einer Stunde hierfür Werte an.

Dieselben können allerdings je nach Charge sowie Werkstückgewicht und Form differieren.

Vergleicht man das Härtegefüge mit der Normalhärtung, s. Abb. 259, so stellt man fest, daß hier der Martensit etwas feinnadeliger ist als bei der Induktivhärtung.

Um festzustellen, wie sich auf die induktive Härtung die Ölabschreckung auswirkt, wurde diese unter sonst gleichen Verhältnissen untersucht. Als Beispiel ist der Härteverlauf bei 7 kW/cm² und 0,25 sek Heizzeit in Abb. 253 wiedergegeben. Die Oberflächenhärte liegt mit 58 bis 63 HRc etwas niedriger wie bei der Wasser-

Tabelle 28. *Einfluß der Höhe der Anlaßtemperatur auf dem Rückgang der Rockwellhärte bei CK 60 und 1 Stunde Glühdauer*

Anlaßtemperatur °C	Rückgang der Rockwellhärte
150	1,5
180	2
210	4

abschreckung. Ferner ist der Verlauf der Übergangszone bei annähernd der gleichen EHT etwas flacher als bei der Wasserabschreckung (s. Abb. 252). Der vergleichsweise Gefügeaufbau zeigt kubischen Martensit an Stelle des tetragonalen Martensits, Abb. 260.

Das Anlassen des Stahles dürfte auch bei der Ölabschreckung notwendig sein.

Vergleicht man nun den eben besprochenen Härteverlauf beim CK 60 mit demjenigen bei dem Stahl C 45 (C = 0,45 DIN 17 200, W.-Nr. 0721), s. Abb. 254, so

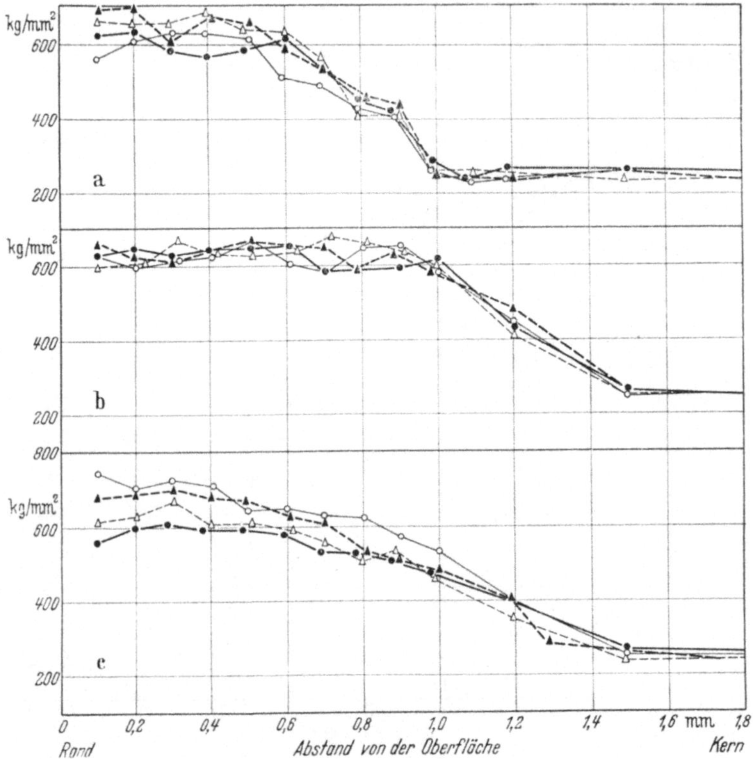

Abb. 255a—c. Härteverlauf beim Oberflächenhärten von CK 35. HF-Leistung 7 kW/cm². Wasserabschreckung
a Heizzeit 0,12sek; b Heizzeit 0,35 sek; c HF-Leistung 4,2 kW/cm², Heizzeit 1,0 sek

kann man bei gleichen Voraussetzungen, z. B. gleicher spezifischer Leistung von 7 kW/cm² und gleicher Heizzeit von 0,25 und 0,35 sek folgendes feststellen. Die Oberflächenhärte liegt um einige Rockwellgrade niedriger, bei der Heizzeit von 0,25 sek sogar um annähernd 8°. Trotzdem liegen die bei der längeren Heizzeit erreichten Werte (HRc 60 bis 61) in dem Bereich der von Sisco (s. Abb. 238) angegebenen überhaupt bei 100% Martensit erreichbaren Größenordnung. Die ermittelte EHT ist gemäß Tab. 27 um 0,15 mm geringer als beim CK 60. Die Übergangszone ist beim C 45 um ein Vielfaches breiter und damit auch der Härteabfall zum Kern hin nicht so schroff wie beim CK 60. Der Gefügeaufbau in der Übergangszone, Abb. 261, zeigt ebenfalls Troostit und Ferrit in Martensit. In der Randzone haben wir kubischen Martensit. Vergleicht man den Gefügeaufbau mit einer bei 850° in Wasser normal gehärteten Probe, HRc = 54 bis 67, Abb. 261 d, so sieht man, daß der Unterschied in der Feinheit der Martensitnadeln größer ist als beim CK 60. Der Härteverlauf bei niedrigerer HF-Leistung (Abb. 254 c) und längerer Heizzeit bringt einen wesentlich flacheren Verlauf der Übergangszone.

Der Vergleich des Härteverlaufes beim CK 35 (C = 0,36, DIN 17200, W.-Nr. 0651) unter sonst gleichen Bedingungen zeigt zunächst, daß die erreichte Oberflächenhärte entsprechend dem niedrigeren Kohlenstoffgehalt auch kleiner ist, s. Tab. 27 und Abb. 255.

Die Werte sind aber durchaus gleich hoch wie die in Abb. 238 (Sisco) angegebenen Maximalwerte. Der Härteverlauf ist ähnlich wie beim C 45, desgleichen

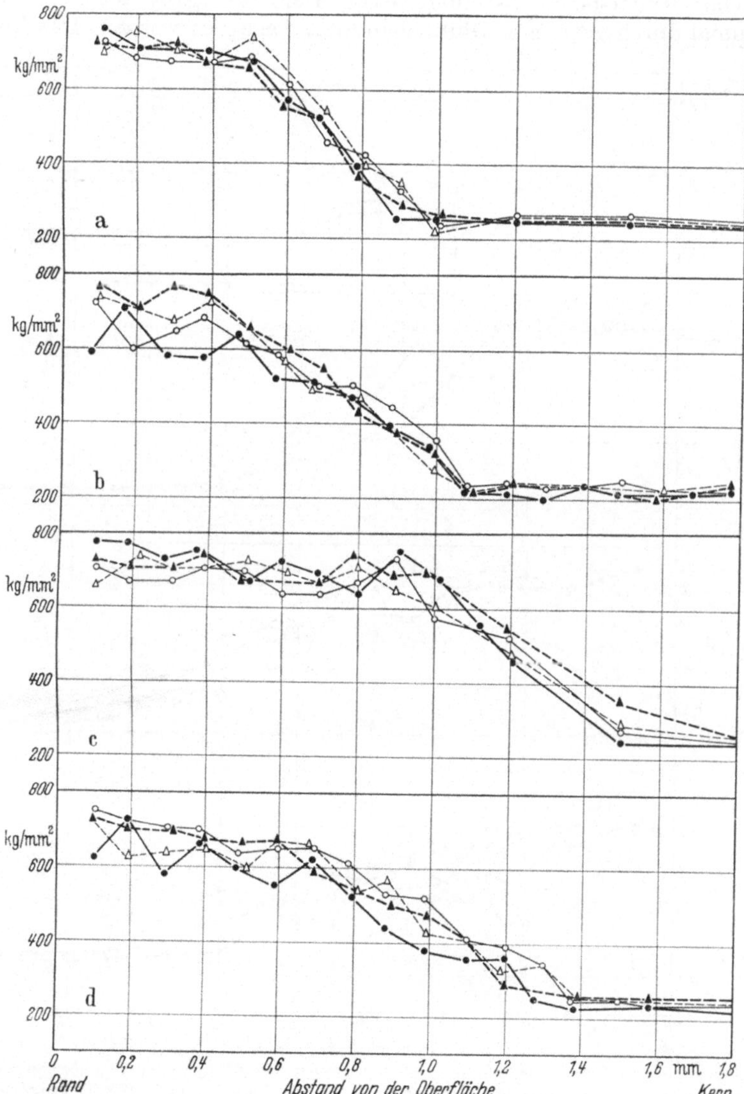

Abb. 256a–d. Härteverlauf beim Oberflächenhärten von 45 S 20. HF-Leistung 7 kW/cm². Wasserabschreckung
a Heizzeit 0,21 sek; *b* Heizzeit 0,25 sek; *c* Heizzeit 0,35 sek; *d* HF-Leistung 4,2 kW/cm², Heizzeit 1,0 sek

ist die Höhe der EHT ungefähr gleich. Die Übergangszone ist verhältnismäßig breit. Der Gefügeaufbau ist fast der gleiche wie bei dem Stahl C 45. Bemerkenswert ist noch, daß bei dem Stahl CK 35 fast kein Unterschied gegenüber dem normal gehärteten in der Martensitbildung festzustellen ist, Abb. 262.

Vergleicht man die EHT 500 bei den drei Stählen, so kann man eine Tendenz der Abnahme mit der Abnahme des C-Gehaltes feststellen bei gleichen sonstigen Bedingungen. Dies ist vermutlich darauf zurückzuführen, daß die kritische Abkühlgeschwindigkeit, die von der Zusammensetzung des Stahles abhängig ist, bei geringeren C-Gehalten eher unterschritten wird als bei höheren C-Gehalten.

Auf die Fragen der Zerspanbarkeit mit Rücksicht auf die höheren C-Gehalte wurde schon früher (s. S. 215) hingewiesen. Dem Rückgang der Bearbeitbarkeit kann einmal durch geeignete Glühbehandlung begegnet werden. Das Ziel dieses

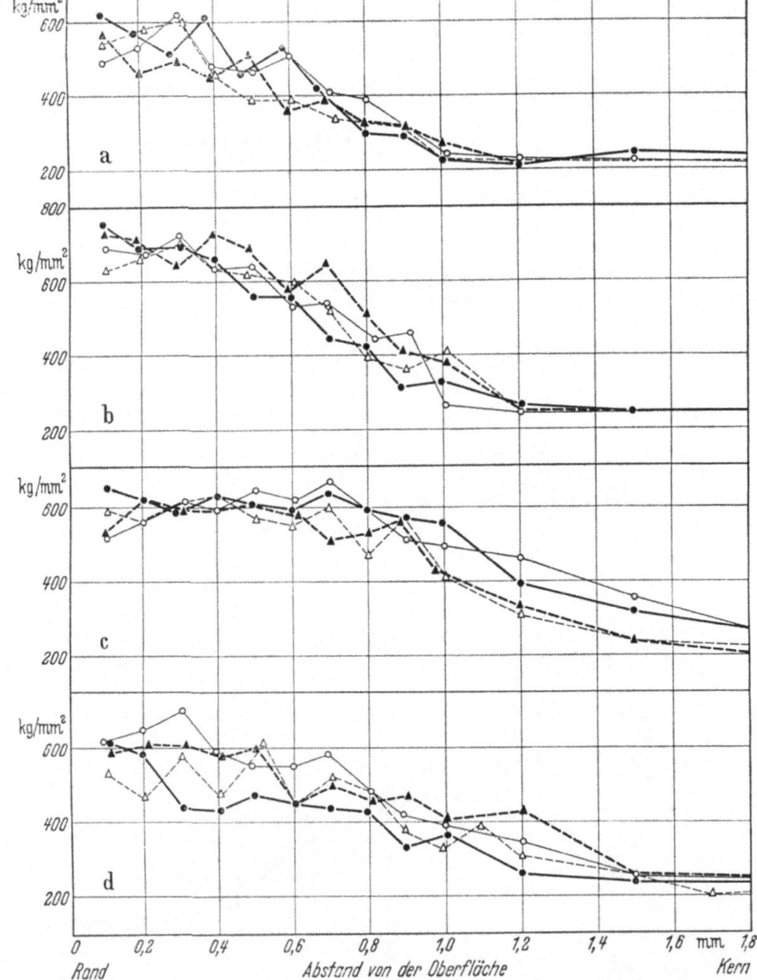

Abb. 257a–d. Härteverlauf beim Oberflächenhärten von 35 S 20. HF-Leistung 7 kW/cm². Wasserabschreckung
a Heizzeit 0,22 sek; b Heizzeit 0,25 sek; c Heizzeit 0,35 sek; d HF-Leistung 4,2 kW/cm², Heizzeit 1,0 sek

Glühens ist, den Zementit in kugeliger Form zu erhalten. Um diese Struktur zu bekommen, muß entweder bei über 700° eine langdauernde Glühung durchgeführt werden, oder man bringt den Werkstoff auf Normalisierungstemperatur, kühlt auf 700° ab und hält so lange, daß die isotherme Perlit-Umwandlung völlig ablaufen kann. Bei einer Haltedauer von etwa ½—1 h wird bereits in den meisten Fällen

Abb. 258 a

Abb. 258 c

Abb. 258 b

Abb. 259

Abb. 258a–c. Gefügeaufbau des Stahles CK 60. Spezifische HF-Leistung 7 kW/cm², Heizzeit 0,35 sek. Wasserabschreckung. V = 150fach *a* Rand; *b* Übergang; *c* Kern

Abb. 259. Gefügeaufbau des Stahles CK 60 bei normaler Abhärtung von 820 °C aus in Wasser. V = 150fach

16*

kugeliger Zementit erhalten. Auf die Untersuchungen von G. R. BROPHY [24] über Zusammenhänge zwischen Glühbehandlung und Bearbeitbarkeit sei verwiesen. Zum anderen wird bei den sog. Automatenstählen eine bessere Bearbeitbarkeit durch Erhöhen des Schwefelgehaltes, z. B. auf 0,2%, erreicht. Hierdurch läßt sich z. B. beim 45 S 20 eine Bearbeitbarkeit von etwa 60% des Automatenstahles 9 S 20 K gegenüber von nur 48% des C 45 erreichen (s. hierzu auch Tab. 25). Auch der Zusatz von Blei in Höhe von 0,15 bis 0,35% verbessert die Bearbeitbarkeit beachtlich. Da die Herstellung dieser Stähle in größeren Mengen erst im Anlaufen

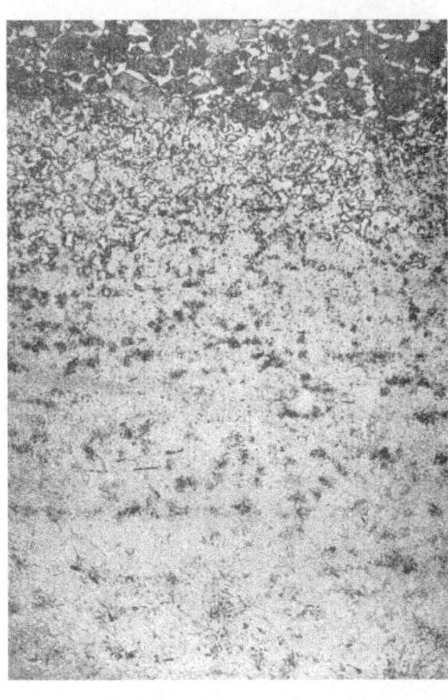

a   b

Abb. 260 a–b.   Gefügeaufbau des Stahles CK 60.   Spezifische HF-Leistung 7 kW/cm², Heizzeit 0,25 sek. Ölabschreckung. V = 150fach. *a* Rand; *b* Übergang

ist, liegen mit diesen bezüglich ihrer Härtbarkeit auf induktivem Wege noch wenig Erfahrungen vor. Um die bei den Stählen mit höherem Schwefelgehalt bestehende Gefahr von Einschlüssen und Zeilenbildung und deren Einfluß auf die induktive Härtung zu ermitteln, wurden auch die Stähle 45 S 20 und 35 S 20 untersucht. Bei ersterem Stahl entspricht der Härteverlauf demjenigen des C 45, s. hierzu Abb. 256 und Tab. 27, auch ist hier eine breite Übergangszone vorhanden. Die erzielte Oberflächenhärte liegt ebenfalls in der gleichen Größenordnung. Der Gefügeaufbau (Abb. 263) ist, abgesehen von den zahlreichen feinen Sulfidschlackenbändern, auch der gleiche wie beim C 45. Vergleicht man den Martensit mit der normalen Härtung, so stellt man fest, daß auch letzterer etwas feinnadeliger ist. Die EHT 500 ist allerdings nicht immer so tief wie beim C 45. Hier dürfte die kritische Abkühlgeschwindigkeit bzw. die unterschiedliche Wärmeleitfähigkeit der Stähle von Einfluß sein.

Bei dem Stahl 35 S 20 liegen die Härtewerte und die Eindringtiefen wesentlich niedriger als beim CK 35 (Abb. 257). Die Übergangszone ist durch ihren flachen Verlauf verhältnismäßig breit. Die geringeren Werte haben ihre Ursache, abgesehen von dem Vorhandensein der Sulfitschlacken, in der ausgeprägten

Zeilenstruktur. Das zeilige Gefüge (Abb. 264) bleibt auch in der gehärteten Zone erhalten und bewirkt dadurch nicht nur eine niedrigere Härte an der

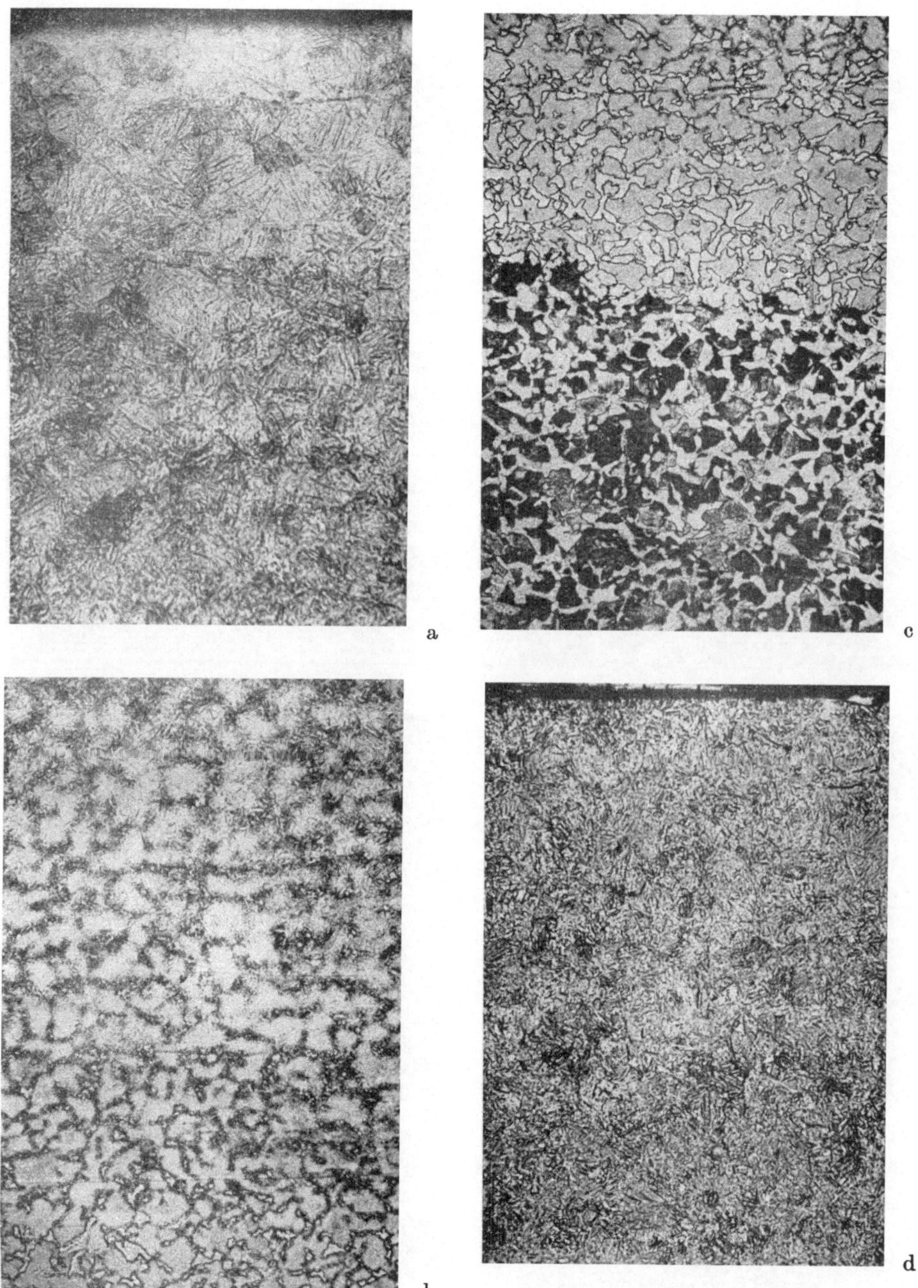

Abb. 261a–d. Gefügeaufbau des Stahles C 45. Spezifische HF-Leistung 7 kW/cm², Heizzeit 0,35 sek
a Rand; *b* Übergang; *c* Kern; *d* Normale Härtung von 850 °C aus in Wasser

Oberfläche, sondern auch größere Streuungen in den Härtewerten. Bei der kleineren spezifischen Leistung von 4,2 kW/cm² haben wir starke Streuungen, wie Abb. 257 d zeigt, und es kann kein Wert für die EHT 500 angegeben werden.

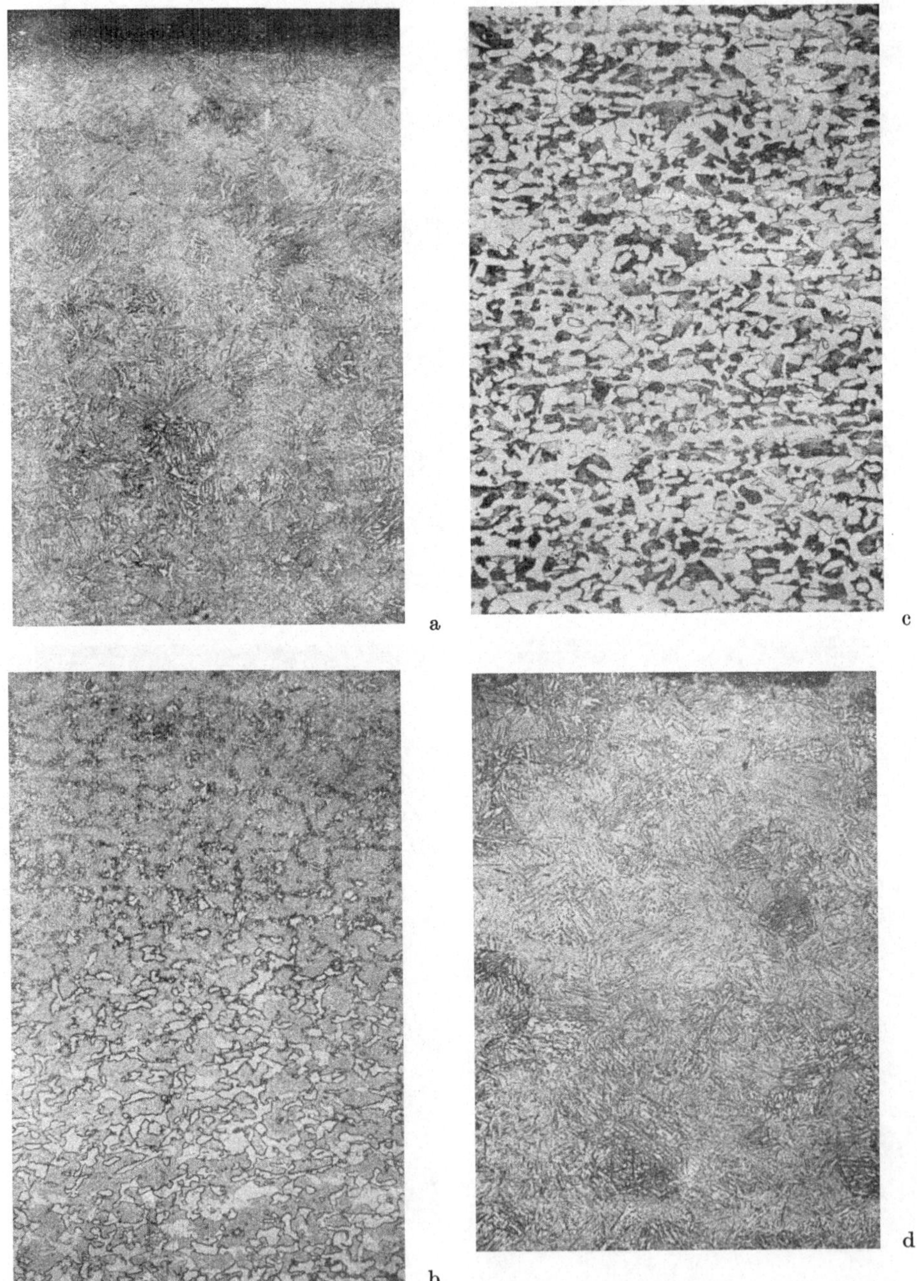

Abb. 262 a–d. Gefügeaufbau des Stahles C 35. Spezifische Leistung 7 kW/cm², Heizzeit 0,35 sek. V = 150fach
a Rand; b Übergang; c Kern; d Normale Härtung von 860 °C aus in Wasser

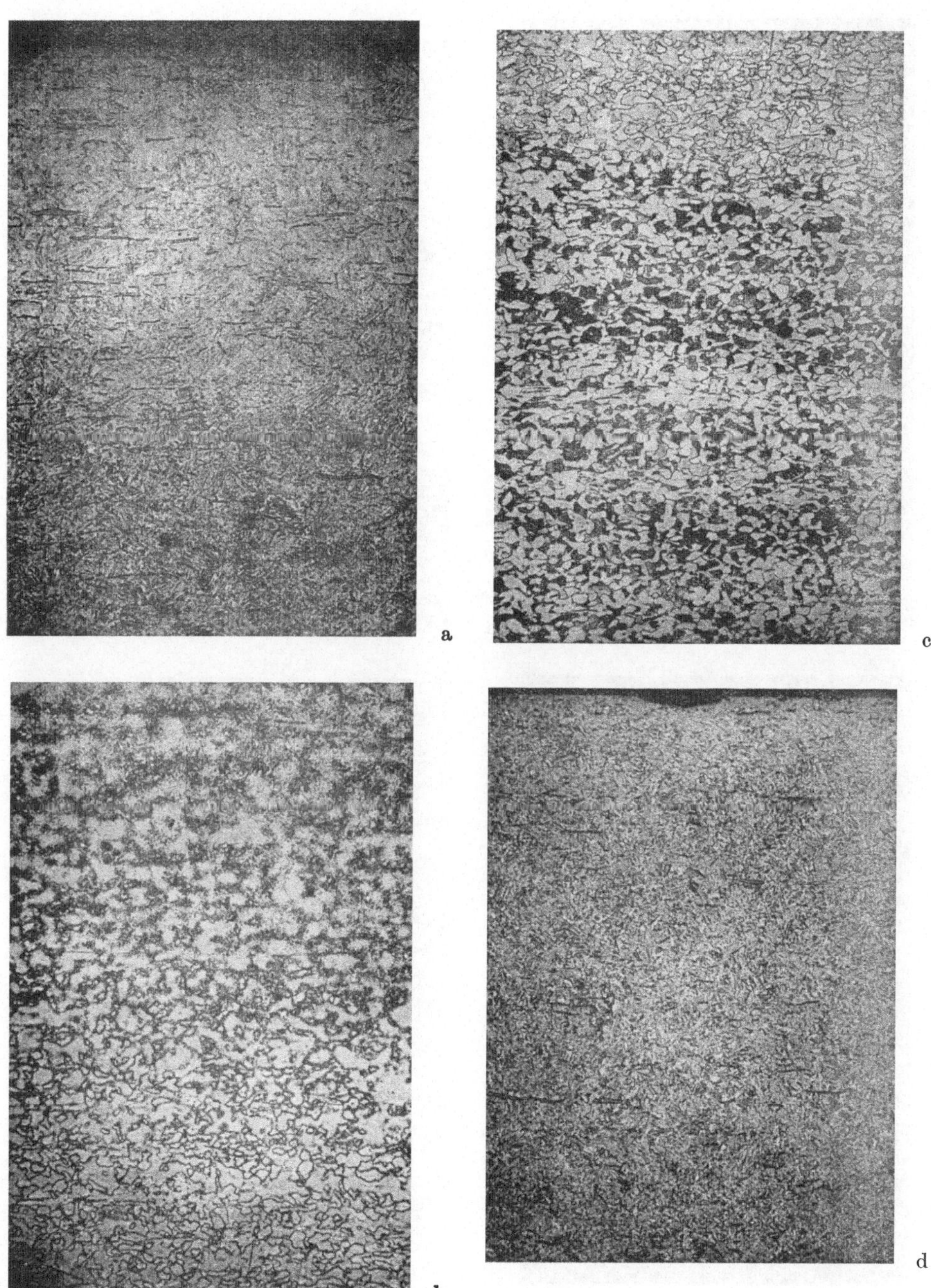

Abb. 263 a–d. Gefügeaufbau des Stahles 45 S 20. Spezifische HF-Leistung 7 kW/cm², Heizzeit 0,35 sek
a Rand; *b* Übergang; *c* Kern; *d* Normale Härtung von 850 °C aus in Wasser

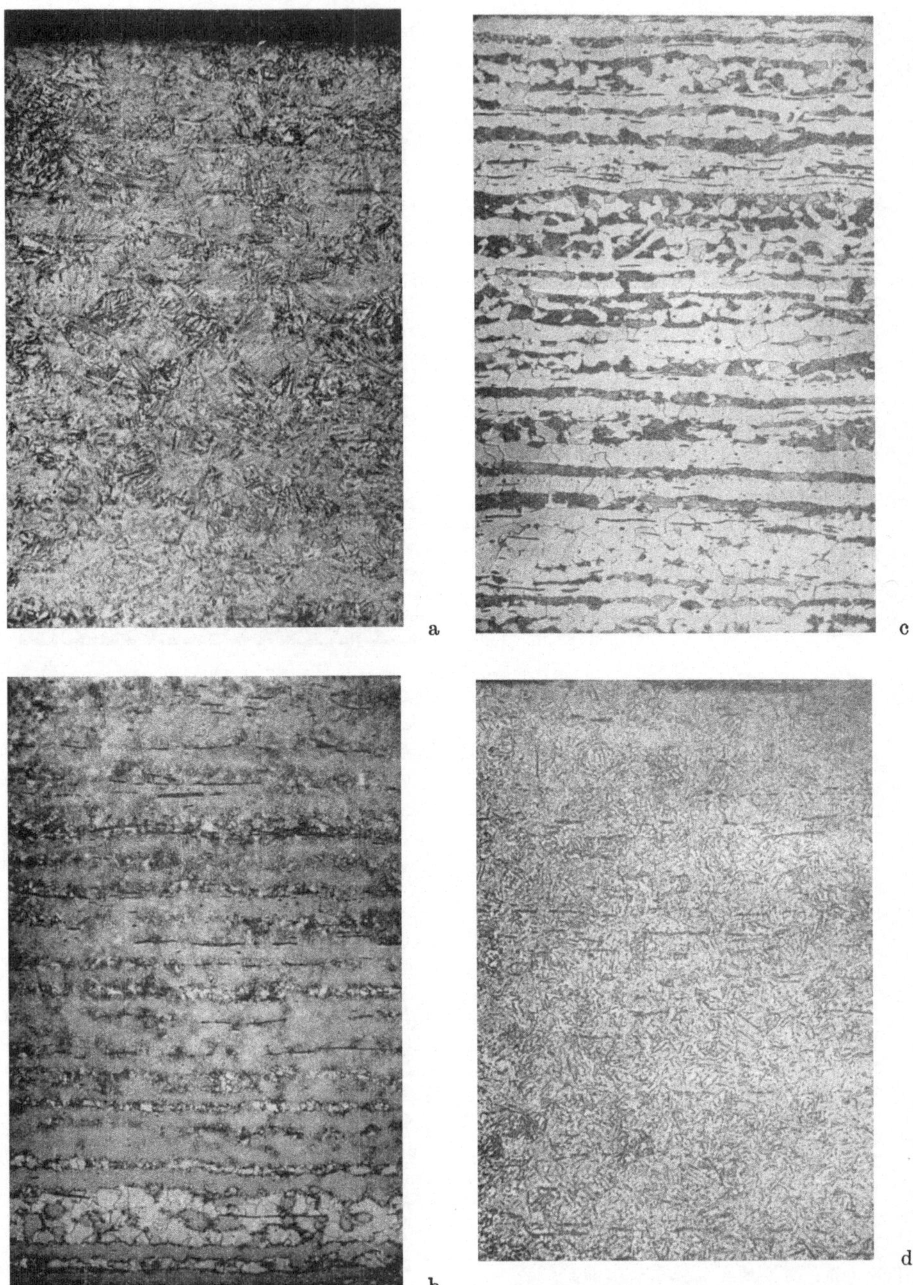

Abb. 264 a—d. Gefügeaufbau des Stahles 35 S 20. Spezifische HF-Leistung 7 kW/cm², Heizzeit 0,35 sek
a Rand; b Übergang; c Kern; d Normale Härtung von 860 °C aus in Wasser

Literaturverzeichnis

[*1*] BABAT, G., u. LOSINSKY: Heat Treatment of Steel by High-Frequency-Currents. The J. Inst. electr. Engrs. Vol. 86 (Febr. 1940), S. 518.

[*2*] BARKHAUSEN, H.: Lehrbuch der Elektronenröhren und ihrer techn. Anwendungen. Leipzig: S. Hirzel, I. Bd. 1937, S. 154.

[*3*] — Desgl. I. Bd. 1953, II. Bd. 1954, III. Bd. 1943, IV. Bd. 1943.

[*4*] BECKER, R., u. W. DÖRING: Ferromagnetismus. Berlin: Springer 1939, S. 236 und 311.

[*5*] BENEDICKS, C., H. BÄCKSTRÖM u. P. SEDERHOLM: J. Iron Steel Inst. Vol. 114 (1926) S. 162.

[*6*] BENISCHKE, G.: Die wissenschaftlichen Grundlagen der Elektrotechnik, 6. Aufl. Berlin: Springer 1922, S. 468.

[*7*] BEURTHERET, C.: Evaporation-cooled power tubes (Verdampfungsgekühlte Leistungsröhren). Electronics N.Y. Vol. 25 (1952) H. 3, S. 106—107.

[*8*] BLYTH, V. J.: Phil. Mag. (6) Vol. 5 (1903) S. 537.

[*9*] BOLLENRATH, F., u. W. DOMKE: Eigenspannungen nach Oberflächenhärtungen mit induktiver Erwärmung. Naturwiss. Bd. 42 (1955) H. 7, S. 174.

[*10*] BORDONI, U.: Nuovo Cim. (5) Vol. 20 (1910) und Ann. Phys., Paris Beibl. 1911, S. 295.

[*11*] BORGEHOLD, A. L.: Selection of Automative Steel on the Basis of Hardenability. S.A.E. J. Trans. Vol. 52 (1944) S. 472—485.

[*12*] TEN BOSCH, M.: Die Wärmebehandlung, 3. Aufl. Berlin: Springer 1936.

[*13*] BOSSA, E.: Atti Linc. Vol. 11 (1930) S. 487.

[*14*] — Atti Linc. Vol. 12 (1930) S. 582.

[*15*] BOSSE, H.: Automatische Anpassungsverfahren bei Hochfrequenzgeneratoren. „75 Jahre Lorenz 1880—1955", Stuttgart 1955, S. 174.

[*16*] BRANDENBURGER, J.: Aufstellen, Ingangsetzen und Abstimmen von Hochfrequenzgeneratoren. Der Plastverarbeiter 1952, H. 4.

[*17*] BRIDGMAN, P. W.: Proc. Amer. Acad. Vol. 52 (1917) S. 610.

[*18*] — Proc. nat. Acad. Sci., Wash. Vol. 3 (1917) S. 11.

[*19*] — Proc. Amer. Acad. Vol. 57 (1922) S. 131.

[*20*] — Phys. Rev. Vol. 19 (1922) S. 387.

[*21*] — Proc. Amer. Acad. Vol. 59 (1924) S. 127.

[*22*] — Proc. Amer. Acad. Vol. 60 (1925) S. 383.

[*23*] BROCKMAIER, K. H.: Die mechanischen Kraftwirkungen beim Induktionsofen. VDE-Fachberichte Bd. 17 (1953) III, S. 28—34.

[*24*] BROPHY, G. R.: Iron Age Vol. 156 (1945) Dez. 13, S. 69—71.

[*25*] BROWN, H. M.: Phys. Rev. (2) Vol. 30 (1927) S. 364 und Vol. 32 (1928) S. 512.

[*26*] BROWN-BOVERI-Druckschrift: Nützliche Hinweise zur Verlängerung der Lebensdauer und Erhöhung der Betriebssicherheit von Senderöhren — 1955.

[*27*] BROWN-BOVERI: BROWN-BOVERI-Sende- und -Gleichrichter-Röhren in Industriegeneratoren für die Hochfrequenzerwärmung. Brown Boveri Mitt. Nr. 9 (Sept. 1955) Bd. 42.

[*28*] — Electronic Tubes. Mit Nachträgen 1956, BBC Baden und Mannheim.

[*29*] BROWN, G. H., C. N. HOYLER u. R. A. BIERWIRTH: Radio-Frequency Heating. New York: D. V. Nostrand Co. 1947.

[*30*] BÜHLER, H.: Stähle für Oberflächenhärtung. Werkst. u. Betr. 83. Jg. (1950) H. 9, S. 406 bis 408.

[*31*] BURCH, C. R., u. N. R. Davis: Theory of Eddy-Current Heating. London: Ernst Benn Ltd. 1928.

[*32*] BURNS, J. L., T. L. MOORE u. R. S. ARCHER: Quantitative Hardenability. Trans. Am. Soc. Met. Vol. 26 (1938) S. 1—36.

[*33*] BUTTERWORTH, J.: On the Alternating-Current Resistance of Solenoid. Coils. Proc. Roy. Soc. (London) Vol. 107, Ser. A (1925) S. 693.

[*34*] CAMPBELL, E. D.: Proc. nat. Acad. Sci. Wash. Bd. 5 (1949) S. 427.

[*35*] — u. G. W. WITHNEY: Iron Coal Tr. Rev. Vol. 109 (1924) S. 390.

[*36*] CRAFTS, W., u. J. L. LAMONT: Härtbarkeit und Auswahl von Stählen. Berlin/Göttingen/Heidelberg: Springer 1954.

[37] Davenport, E. S., u. E. C. Bain: Transformation of Austenite at Constant Suberitical Temperatures. Trans. Amer. Inst. min. metallurg. Engrs. Vol. 90 (1930) S. 117—154.

[38] Donaldson, J. W.: J. Iron Steel Inst. Vol. 128 (1933) S. 261.

[39] Ekkers, G. J.: Eine neue Kathode für Elektroden-Röhren. BBC-Nachr. Bd. 43 (1956) Nr. 12, S. 554/555.

[40] Esmarch, W.: Zur Theorie der kernlosen Induktionsöfen. Veröffentlichungen aus dem Siemens-Konzern X. 2 (1931) S. 172—196.

[41] Fraenckel, A.: Theorie der Wechselströme, 3. Aufl. Berlin: Springer 1930.

[42] French, H. J.: The Quenching of Steels. Am. Soc. f. Steel Treating Cleveland 1930, 177 S.

[43] Freudenhammer, K.: Die von einer Senderendstufe über die Antenne abgestrahlte Oberwellenleistung. FTZ Jg. 6 (1953) Nr. 4, S. 158—164.

[44] Früngel, F., u. W. Thorwart: Mikro-Induktionshärtung. Feinwerktechnik 1952 (56) H. 5, S. 145—148.

[45] Gaus, R., u. J. v. Harlem: Ann. Phys., Lpz. (5) Bd. 15 (1932) S. 523.

[46] Geisel, H.: Die Hydrodynamik der wassergekühlten Kupferrohre für Induktionsspulen. E u. M Bd. 73 (1956) 15. 12., S. 553—557.

[47] Gmelin: Handbuch der anorgan. Chemie, 8. Aufl., Syst. Nr. 59 Eisen Teil A, Lfg. 6, 1934, S. 1278.

[48] — Handbuch der anorgan. Chemie, Teil A, Lfg. 7, Berlin: Verlag Chemie 1934, S. 1481.

[49] — Handbuch der anorgan. Chemie, Syst. Nr. 59 Eisen Teil A, Lfg. 7, 1934, S. 1552.

[50] — Handbuch der anorgan. Chemie, 3. Aufl., Syst. Nr. 59 Eisen Teil A, Lfg. 7, 1934, S. 1571.

[51] — Handbuch der anorgan. Chemie, Syst. Nr. 59 Eisen Teil A, Lfg. 8, S. 1669.

[52] — Handbuch der anorgan. Chemie, Syst. Nr. 59 Eisen Teil A, Lfg. 8, S. 1679.

[53] — Handbuch der anorgan. Chemie, Syst. Nr. 59 Eisen Teil A, Lfg. 8, S. 1684.

[54] — Handbuch der anorgan. Chemie, Eisen Teil 59 a, S. 1481.

[55] Göbel, E. F., u. W. Marfels: Die Oberflächenhärtung. Berlin/Göttingen/Heidelberg: Springer 1953.

[56] Gröber, H., u. S. Erk: Die Grundgesetze der Wärmeübertragung, 2. Aufl. Berlin: Springer 1933, S. 92—96.

[57] Grossmann, M. A.: Principles of Heat Treatment. Am. Soc. for Metals, Cleveland 1940, S. 244.

[58] Grüneisen, E.: Ann. Phys., Lpz. Bd. 40 (1941) S. 543.

[59] Gueyer, E. M.: Electrical Glass. Proc. JRE Vol. 32 (1944) S. 743.

[60] — Electric Welding of Glass. Electr. Engng., May 1948, S. 446/447.

[61] Gundlach, F. W.: Grundlagen der Höchstfrequenztechnik. Berlin/Göttingen/Heidelberg: Springer 1950, S. 229.

[62] Haase, R., R. Heierberg u. W. Walkenhorst: Aluminium Bd. 22 (1940) S. 631—635.

[63] Haebler, D. v.: Diplomarbeit TU-Berlin Sept. 1951.

[64] Hartel, W.: Anwendung von Hall-Generatoren. Siemens-Z. 28. Jg. (1954) S. 376—384.

[65] Hattory, D.: J. Iron Steel Inst. Vol. 129 (1934) S. 301.

[66] — Stahl u. Eisen Bd. 54 (1934) S. 935.

[67] Hennicke, G.: Netzfrequenz — Induktionserwärmung in der Eisen- und Metallindustrie. Techn. Mitt. 46. Jg. (1953) H. 6, S. 177—184.

[68] Heyboer, J. P., u. P. Zijlstra: Senderöhren. Philips Techn. Bibliothek, Bücherreihe über Elektronenröhren Bd. 7, 1951.

[69] Hörmann, E.: Induktives Schweißen, insbesondere von Rohrlängsnähten und seine Anwendung. ZVDI Bd. 96 (1954) Nr. 3, S. 64—67.

[70] Honda, K., u. T. Simida: Sci. Rep. Tôhoku Univ. Vol. 6 (1917) S. 225.

[71] Howe, G. W. O.: The High-Frequency Resistance of Wires and Coils. J. Inst. electr. Engrs. (1920) S. 152.

[72] Houdremont, E.: Handbuch der Sonderstahlkunde, 3. Aufl. Berlin/Göttingen/Heidelberg: Springer 1956.

[73] Hübner, R.: Das Einkreis-Magnetron. Elektronik Bd. 4 (1955) S. 49—52. Hier auch weitere Literatur.

[74] — Ein Amateursender für 3,7 MHz. Funktechnik 1953, S. 22—23, 54—55.

[75] — Oszillatorschaltungen für Industriegeräte unter Verwendung von strahlungsgekühlten Sendetrioden, Beispiel 4 nach F. Jenny. Radio-Service, Basel 1953, Nr. 115/116.

[76] — Der Industrieturbator. Brown Boveri Mitt. 1955 (42) Nr. 6, S. 217—221.

[77] — Industrie-Thyratrons nach einem neuen Füllsystem. Elektronik 6. Jg. (1957) Nr. 1, S. 23.

[78] — u. A. Leemann: Das Wesen der Hochfrequenz-Induktionsheizung und ihre Abgrenzung gegen andere Erwärmungsarten. Elektronische Rundschau Bd. 9 (1955) H. 8, S. 288.

[79] Industrie-Elektronik — Mitt. d. Elektro-Spezial GmbH., Hamburg, 3. Jg., H. 1 (Febr. 1955) S. 13—15.

[80] Jabbusch, G.: Wirtschaftlichkeit der Hochfrequenz-Wärmebehandlung. Elektrowärme-Technik Nr. 1 (1953) S. 2—7.

[*81*] Jahnke/Emde: Funktionstafeln. Leipzig: Teubner 1938, S. 246.

[*82*] Joos, G.: Lehrbuch der theoretischen Physik. Leipzig: Akademische Verlags-Gesellschaft 1943, S. 289.

[*83*] Justi, E.: Leitfähigkeit und Leitungsmechanismus fester Stoffe. Göttingen: Vandenhoeck & Ruprecht 1948.

[*84*] — u. Scheffers: Phys. Z. Bd. 37 (1936) S. 700 und Bd. 38 (1937) S. 981.

[*85*] Kaden, H.: Die elektromagnetische Schirmung in der Fernmelde- und Hochfrequenztechnik. Berlin/Göttingen/Heidelberg: Springer 1950, S. 156.

[*86*] Kammerloher, J.: Elektrotechnik des Rundfunktechnikers. Berlin: Deutscher Funkverlag 1950, S. 218.

[*87*] — u. H. Krebs: Entwicklung eines Kennlinienschreibers für Senderöhren. Funk und Ton, Nr. 9, S. 453—470.

[*88*] Kegel, K.: Ein Beitrag zu den elektrischen Problemen der induktiven Oberflächenbehandlung. Dissertation TU, Berlin 1946.

[*89*] — Vorausbestimmung der Einhärtetiefe. Härtereitechnische Mitteilungen Bd. 9 (1955) H. 2, S. 31—44.

[*90*] — Die Oberflächenbehandlung von Stahl mittels induktiver Hochfrequenzerwärmung. Elektrotechnik Nr. 10 (Okt. 1948) S. 285—291.

[*91*] Kisljuk, F. J.: Energiebilanz beim Widerstandschweißen und der physikalische Prozeß. Autogen Delo. Bd. 8 (1937) H. 9, S. 4—11.

[*92*] Klausius: Pogg. Ann. Bd. 104 (1858) S. 650.

[*93*] Köpke. H.: Belastungswiderstand und Wirkungsgrad von Glühübertragern. Elektrowärmetechnik 1954, H. 8, S. 157—163.

[*94*] — u. E. Uredat: Belastungsverhältnisse und Eigenschaften von Senderöhren im Industriegenerator, dargestellt am Beispiel eines 6-kW-Generators. AEG-Mitt. Bd. 45 (1955) S. 523—528.

[*95*] Köster, W.: Arch. Eisenhüttenw. Bd. 2 (1928/29) S. 506.

[*96*] — u. H. Tiemann: Arch. Eisenhüttenw. Bd. 5 (1931/32) S. 583.

[*97*] Kreielsheimer, K.: Ann. Phys., Lpz. (5) Bd. 17 (1933) S. 293.

[*98*] Kuczynski, G. C.: Effect of elastic strain on the electrical resistance of Metals. Phys. Rev. Vol. 2 (1954) 94, 61—64, 1/4.

[*99*] Küpfmüller, K.: Einführung in die theoretische Elektrotechnik, 5. Aufl. Berlin/Göttingen/Heidelberg: Springer 1955.

[*100*] Kuhrt, F., u. E. Braunersreuther: Drehmomentmessung an einem Gleichstrommotor mit Hilfe des Halleffektes. Siemens-Z. H. 7 (1954) S. 299—302.

[*101*] Lacmann, W.: Berechnung der Senderleistungsstufen aus den Röhrendaten (mit Formelsammlung). Frequenz 1953 (7) Nr. 12, S. 369—375.

[*102*] Lang, G.: Die Hochfrequenzerwärmung in den USA. Bull. schweiz. elektrotechn. Ver. Bd. 44 (1953) Nr. 15, S. 698.

[*103*] Laue, M. v.: Theorie der Supraleitung, 2. Aufl. Berlin/Göttingen/Heidelberg: Springer 1949.

[*104*] Leduc,A.: J.Phys. theor. (2) Bd. 6 (1887) S.184, 378 und Z. physik Chem. Bd. 2 (1888) S.107.

[*105*] Maggi, P.: Arch. phys. nat. (3) Bd. 14 (1850) S. 132.

[*106*] Maschkileisohn, D. E., u. W. B. Romanowski: Über Kontakte und Verteilergeräte. T.E.E. Nr. 5—6 (1932).

[*107*] Maurer, E. (A. Portevin): Iron Steel Inst. Carnegie Scholarship Mem. Vol.1 (1909) S.286.

[*108*] McMulkin, F. J.: Practical Tool Room Heat Treatment Iron Age, Vol. 157 (1946) Jun. 27, S. 55—59.

[*109*] Meinke, H., u. F. W. Gundlach: Taschenbuch der Hochfrequenztechnik. Berlin/Göttingen/Heidelberg: Springer 1956, S. 848.

[*110*] Merkel: Die Grundlagen der Wärmeübertragung. Dresden u. Leipzig: Steinkopff 1927.

[*111*] Model, S. I., u. Mitarbeiter: Hochfrequenzsender. Berlin: VEB-Verlag Technik 1953, S. 73.

[*112*] Nagaoka, H.: J. Col. Sc. Tokio Vol. 27 (1909) S. 18.

[*113*] — u. Sakuroi: Sci. Pap. Inst. phys. chem. Res., Tokio, Table I, 1922.

[*114*] Oatley, C. W.: The Power Loss and Electromagnetic Shielding. Due to the Flow of Eddy Currents in Thin Cylindrical Tubes. Phil. Mag. Vol. 22 (1936) 7th series, S. 445.

[*115*] Oberdorfer, G.: Lehrbuch der Elektrotechnik. I. Bd., S. 442.

[*116*] Ollendorf, B. F.: Grundlagen der Hochfrequenztechnik. Berlin 1932.

[*117*] Paul, H.: Die Erzeugung größerer Mikrowellenleistungen mit Turbatoren. Brown Boveri Mitt. Bd. 43 (1956) Nr. 10, S. 417.

[*118*] Max-Planck-Institut: Atlas zur Wärmebehandlung der Stähle. Düsseldorf: Verlag Stahl u. Eisen mbH. 1954.

[*119*] Potter, H. H., u. H. H. Wills: Phil. Mag. 7, 13 (1932) S. 235.

[*120*] PROKOTT, E.: Über Frequenzumsetzung technischen Wechselstromes auf Hochfrequenz mittels Elektronenröhren. FTZ Jg. 2 (1949) H. 10, S. 301—308.

[*121*] PUNGS, L.: Grundzüge der Hochfrequenztechnik. Bücher der Tecknik. Hannover: Wolfenbütteler Verlagsanstalt GmbH. 1947.

[*122*] RAISCH, E.: Forsch. Ing.-Wes. A 3 (1922) S. 211.

[*123*] RATHEISER, L.: Streuungen, Toleranzen und ihre Auswirkungen. Radiohandel u. Export Wien 1947, Nr. 4, S. 2—5.

[*124*] RCA Tube Handbook, HB — 3, Vol. 4.

[*125*] RCA Tube Handbook, Vol. 1. Tube Ratings, Types of Cathodes.

[*126*] RECHE, K.: Theoretische und experimentelle Untersuchungen über den kernlosen Induktionsofen. Wiss. Veröff. Siemens-Werk Bd. XII (1933) S. 17.

[*127*] Research Laboratory, United States Steel Corporation: Atlas of Isothermal Transformations Diagrams. The Corporation, Pittsburgh 1943, S. 103.

[*128*] RIGHI, A.: Phil. Mag. (6) Vol. 6 (1903) S. 725.

[*129*] ROTHE, H., u. W. KLEEN: Grundlagen und Kennlinien der Elektronenröhren. Bücherei d. Hochfrequenztechnik Bd. 2. Leipzig: Akad. Verlagsges. Becker & Erler KG.

[*130*] — — Elektronenröhren als End- und Senderverstärker. Bücherei d. Hochfrequenztechnik, Bd. 4 (1940) S. 79. Leipzig: Akad. Verlagsges. Becker & Erler KG.

[*131*] SALDAU, P.: Carnegie Scholarship Memoirs Vol. VII (1916) S. 195 und Journal Russ. chem. Ges. Bd. 1 (1915) S. 655.

[*132*] SCHMIDT, E.: Über die Anwendung der Differenzrechnung auf technische Anheiz- und Abkühlprobleme. Beiträge z. techn. Mechanik u. techn. Physik (Föppl-Festschrift) Berlin 1924, S. 179—189.

[*133*] — Das Differenzverfahren zur Lösung von Differentialgleichungen der nicht stationären Wärmeleitung, Diffusion und Impulsausbreitung. Forsch. Ing.-Wes. Bd. 13 (1942) Nr. 5, S. 177—185.

[*134*] SCHÖNBACHER, K.: Kompensation von Induktionserwärmungsanlagen mit Maschinengeneratoren. ETZ-A. A. 18 (1953) S. 529.

[*135*] SCHÖNHERR: Senderöhren für UKW und Fernsehen. Neuere Erkenntnisse der Elektrotechnik. Berlin: VEB-Verlag Technik 1954, S. 761—771.

[*136*] SCHWARZ, C.: Arch. Eisenhüttenw. Bd. 7 (1933/34) S. 285.

[*137*] SHELTON, S. H.: Bur. Stand. J. Res. Wash. Vol. 12 (1934) S. 447.

[*138*] SHELTON, S. W., u. W. H. SWANGER: Trans. Amer. Soc. Steel Treating Vol. 21 (1933) S. 1070.

[*139*] SIEMENS: Röhren und Gleichrichter. Techn. Daten 2 Bde. Ringbuch.

[*140*] SIMMEN, E.: Theoretische Betrachtungen über induktive Hochfrequenzerwärmung. Brown Boveri Mitt. Bd. 28 (1951) S. 361.

[*141*] SIMON, A.: Über Koppelschaltungen bei Sendern. FTZ Bd. 11 (1954) S. 241.

[*142*] SISCO, F. T.: Modern Metallurgy for Engineers, 2. Aufl. New York: Pitman Publishing Corporation 1948, S. 499.

[*143*] SMITH, A. W.: Phys. Rev. Bd. 30 (1910) S. 31.

[*144*] — Phys. Rev. Bd. 28 (1909) S. 69.

[*145*] SOMMERFELD, A., u. H. BETHE: Elektronentheorie der Metalle, in: Handbuch d. Physik v. Geiger u. Scheel, 2. Aufl. Bd. 24/2, Berlin: Springer 1933.

[*146*] — u. N. H. Frank: Rev. mod. Phys. Vol. 3 (1931) S. 1.

[*147*] STANSEL, N. R.: Induction Heating. New York: McGraw-Hill Book Company Inc. 1949 Glchg. (18).

[*148*] STEIMEL, K.: Über Röhrengeneratoren mit höchstem Wirkungsgrad. Elektronik Bd. 5 (1956) H. 4 und 5.

[*149*] TAMMANN, G., u. W. BOEHME: Ann. Phys., Lpz. (5) Bd. 22 (1935) S. 503.

[*150*] Telefunken-Ringbuch: Sende-, Verstärker- und Gleichrichterröhren.

[*151*] — Allgemeine Richtlinien für Betrieb und Wartung von zusätzlich gekühlten Großröhren, S. 394.

[*152*] TERMAN, F. E.: Radio Engineers Handbook. New York und London: McGraw-Hill Book Company Inc. 1943.

[*153*] — u. W. C. ROAKE: Calculation and Design of Class-C Amplifiers. Proc. J. R. E., Vol. 24 (April 1936) S. 620.

[*154*] — — Calculation and Design of Class-C Amplifiers. Proc. J. R. E., Vol. 24 (April 1936) S. 447.

[*155*] — — Calculation and Design of Class-C Amplifiers. Proc. J. R. E., Vol. 24 (April 1936) S. 284.

[*156*] THOMSON, W.: Proc. roy. Soc. [Lond.] Vol. 8 (1851) S. 516 und Phil. Mag. Vol. 15 (1858) S. 468.

[*157*] THORWART, W.: Mikro-Induktionshärtung mittels hochfrequenter Impulse. ZVDI Bd. 59 (1953) Nr. 11/12, S. 341—344.

[158] TRIPMACHER: Erfahrungen mit industriellen Hochfrequenzanlagen – Aufgaben der Gegenwart und Perspektiven. Neuere Erkenntnisse der Elektrotechnik. Berlin: VEB-Verlag Technik 1954, S. 489.
[159] URTEL, R.: Max. Leistung, Wirkungsgrad und optimaler Außenwiderstand von Endröhren. Telefunkenztg. Bd. 13 (1933) Nr. 62, S. 28–44.
[160] VALVO: Technische Informationen für die Industrie, Heft 26 – Erläuterungen zum Betrieb von Senderöhren und Hochvolt-Gleichrichterröhren.
[161] – Spezialröhren (Senderöhren).
[162] VAUGHAN, J. T., u. J. W. WILLIAMSON: Design of Induction Heating. Coils for Cylindrical Nonmagnetic Loads. Electr. Engng. Vol. 64 (1945) S. 587.
[163] – u. H. B. OSBORN: Proper Frequency for induction heating of nonmagnetic metals. Metal Progr., July 1948, S. 49/50.
[164] VILBIG: Lehrbuch der Hochfrequenztechnik. Leipzig: Akademische Verlagsgesellschaft Geest & Portig 16, 1953.
[165] WELKER, H.: Neue Werkstoffe mit großem Halleffekt und großer Widerstandsänderung im Magnetfeld. ETZ-A Bd. 76 (1955) H. 15, S. 513–517.
[166] WEYSS, N.: Die Selbstinduktivität von runden Luftspulen. Braun u. Braun-Nachrichten 8 (1951) Nr. 90, S. 3.
[167] WRIGHT, D. A.: A survey of present knowledge of thermionic emitters. Proc. I.E.E. 1953, 99 III, S. 125–142.
[168] ZAREW, B. M.: Berechnung und Konstruktion von Elektronenröhren. Berlin: VEB-Verlag 1955, S. 28 und 137.

Sachverzeichnis